# 环境中典型污染物检测技术的专利分析研究

任　华　沈晓霞　唐艳艳　等著

上海大学出版社
·上海·

**图书在版编目(CIP)数据**

环境中典型污染物检测技术的专利分析研究 / 任华等著. -- 上海 ：上海大学出版社，2024. 11. -- ISBN 978-7-5671-5117-8

Ⅰ. X502；G306

中国国家版本馆 CIP 数据核字第 2024EM5307 号

责任编辑　李　双
封面设计　缪炎栩
技术编辑　金　鑫　钱宇坤

**环境中典型污染物检测技术的专利分析研究**

任　华　沈晓霞　唐艳艳　等著

上海大学出版社出版发行

（上海市上大路 99 号　邮政编码 200444）

（https://www.shupress.cn　发行热线 021-66135112）

出版人　余　洋

*

南京展望文化发展有限公司排版

江苏凤凰数码印务有限公司印刷　　各地新华书店经销

开本 787mm×1092mm　1/16　印张 21.75　字数 401 千字

2024 年 11 月第 1 版　2024 年 11 月第 1 次印刷

ISBN 978-7-5671-5117-8/X·14　定价　98.00 元

# 序 | Preface

在当今全球经济迅猛发展和人类活动不断扩张的背景下，环境污染问题已经成为影响生态平衡和公共健康的关键因素。随着科技的进步和环保意识的增强，环境污染检测技术也在不断创新。作为科技成果重要体现的专利，承载了技术发展的宝贵信息和市场趋势的前瞻性信号。

在现代社会，技术竞争已经成为企业间竞争的核心要素。专利分析，作为专利信息分析的关键手段之一，能够对研究对象进行基于大量现有技术的客观和全面的统计与分析。通过该方法，能够揭示研究对象的发展趋势，预测其技术发展的潜在方向，同时有助于创新主体明确其技术定位，提高研发效率，并获得技术优势。此外，专利分析还能有效维护创新主体推动创新发展的能力，从而全面提升创新主体的综合竞争优势。在环境污染检测领域，现有的文献资料主要包含了检测技术的原理阐述与技术发展，但缺少基于专利数据来展示各项技术的发展状况和竞争格局的相关内容。然而，随着专利保护逐渐成为维护技术创新主体优势的关键手段，专利的重要性日益凸显。在技术研究领域，掌握专利分析的现状对于全面理解技术发展和准确预测技术趋势具有决定性的作用。在技术保护方面，将专利布局置于技术实施之前，对于占据技术制高点和维护自身技术优势具有至关重要的意义。

本书详尽探讨了大气微生物检测、重金属检测、农药残留检测以及核污染检测等环境污染物检测技术。基于相关领域的专利检索，本书深入挖掘并分析了各项检测技术的申请趋势、区域分布、技术主题以及国内外主要申请人的发展状况和关键技术的发展历程。此外，本书还研究了相关领域在专利布局和技术转让等方面的特点，旨在为各创新主体在技术研究和战略发展方面提供参考依据。

本书由任华，沈晓霞，唐艳艳，郁亚红，张咏，王奇云，韩莉莉，代明珠，于园园，牛琳，牛牧川，丁晓燕，顾洪共同撰写，顾洪负责统稿。

我们期望通过对环境污染监测领域的深入分析，为企业在专利技术研发、专利战略部署以及市场竞争中提供一定的助力。鉴于时间紧迫，加之编者能力有限且产业技术前沿领域发展迅速，本书内容可能存在疏漏、偏差甚至错误，对于任何不足之处，我们诚挚地希望广大读者能够提出批评和指正。

编　者

2024 年 4 月

# 目录 | Contents

# 第一章

# 概　　述

由于各种人为的或自然的原因，进入环境的污染物的量超过了环境的自净能力，从而造成环境质量的下降和恶化，直接或间接影响到人体健康，称之为环境污染。当代环境污染已经成为危及人类生存的重大因素，对人类的生存发展、经济、社会的可持续发展造成严重威胁。

## 1.1　环境污染检测概述

微生物污染是主要传染性疾病的源头之一，细菌与细菌毒素、霉菌与霉菌毒素、病毒等微生物均能造成食品和饮水污染。近年来一些大的公共卫生事件的发生，如SARS、禽流感、SARS-CoV-2等都与微生物污染有关；农业生产过程中各类农药的长期广泛应用，造成农作物、畜产品及野生生物中的农药残留；工业生产中化工原料的合成制造过程中产生的重金属污染；原子能及放射性同位素机构可能产生的各类放射性废弃物和飘尘等，均可对空气、水、土壤造成不同程度的污染。污染物通过迁移进入机体，如不能完全排出而逐渐蓄积于体内，将会产生引起慢性中毒的物质基础。有些蓄积在组织器官内的污染物，在人过劳、患病、饮酒等诱因下可重新进入血液循环，引起慢性中毒的急性发作。毒物进入体内后，用现代技术不能发现其在体内有明显贮留，但由该物质引起的功能改变却逐渐累积。环境污染对人类健康的影响不仅有产生急性、慢性危害，还具有遗传、生殖和发育毒性，并且可能会对人体免疫功能造成影响，甚至致癌。我国首份经环境污染调整的GDP(Gross Domestic Product)核算研究报告——《中国绿色国民经济核算研究报告2004》中显示，2004年，我国因环境污染造成的经济损失为5 118.2亿元，占当年GDP的3.05%。其中，水污染的环境成本为2 862.8亿元，占总成本的55.9%；大气污染的环境成本为2 198.0亿元，占总成本的42.9%；固体废物和污染事故造成的经济损失为57.4亿元，占总成本的

1.2%。2004—2015 年共 12 年的全国环境经济核算研究报告显示，我国经济发展造成的环境污染代价持续增长。2015 年，环境退化成本和生态损失成本合计 26 476.6 亿元，约占当年 GDP 的 3.7%。因此，对环境污染的治理、防范和对污染物的检测、分析等方面的工作变得尤为重要。本章将对环境中的四类主要污染物，即微生物污染、重金属污染、农药残留污染、核污染的检测和分析方法进行简要介绍。

## 1.2　微生物检测

### 1.2.1　微生物简介

微生物是指个体体积直径一般小于 1 mm 的生物群体，它们结构简单，大多是单细胞，有些甚至连细胞结构也没有。人们通常借助显微镜或电子显微镜才能看清它们的形态和结构。微生物是生物地球化学循环的驱动者，在生态系统中扮演着重要的角色。对环境中微生物的检测是指对环境中的微生物(如细菌、真菌、病毒等)的种类、数量和活性进行分析的过程。其目的在于评估环境的微生物质量，监测环境中的微生物污染，预防和控制微生物相关的疾病和风险，以及探索环境中微生物的多样性和功能。

微生物种类繁多，人类所了解的污染物种类至少有 10 万种。按其结构、化学组成及生活习性等差异可分成三大类。① 原核细胞型微生物：仅有原始核，无核膜、无核仁，染色体仅为单个裸露的 DNA 分子，无有丝分裂，缺乏完整的细胞器。属于这类微生物的有细菌、放线菌、螺旋体、支原体、衣原体、立克次体。② 真核细胞型微生物：细胞核分化程度较高，有典型的核结构(有核膜、核仁、多个染色体，由 DNA 和组蛋白组成)，通过有丝分裂进行繁殖，胞浆内有多种完整的细胞器。属于这类微生物的有真菌和原虫。③ 非细胞型微生物：结构最简单，体积最微小，能通过细菌滤器，无细胞结构，由单一核酸(DNA 或 RNA)和(或)蛋白质外壳组成，无产生能量的酶系统，必须寄生在活的易感细胞内生长繁殖。属于这类微生物的有病毒、亚病毒和朊粒。

### 1.2.2　微生物检测的必要性

微生物检测在环境检测中起着相当重要的作用。例如，空气中微生物无处不在，一直在我们身边。它们附着于尘埃或液滴上，随载体悬浮于空气中。在湿度大、灰尘多、通气不良、日光不足的条件下，空气中的微生物不仅数量较多，而且存活时间也较长。空气受微生物污染，可成为传播呼吸道传染病的媒介，因此，需要对空气中微生物的种类和数量进行检测。空气中的一些病毒极易通过空气进行传播，患者在打喷嚏、咳嗽、说话时喷出带有病毒的飞沫，其在空气中能够悬浮几个小时，如果易感者吸入带有病毒的飞沫，可能会感染该种病毒。在密闭的环境中，由于通风不良，一些病毒可以形成气溶胶，通过气溶胶进行传播。

在水体中因溶解或悬浮着多种无机或有机物质，可供给微生物生长繁殖所需要的营养，以及各种微生物的生长要件。水体中的微生物主要源自土壤及人类和动物的排泄物污染，水体中微生物种类及数量因水源不同会有所差异。一般地面水比地下水含菌数量多，其主要来自人和动物的粪便及环境污染。检测水体中的病原菌是比较困难的，一般常用测定细菌总菌落数和大肠杆菌菌群数来判断水质的污染程度。依据我国现行法规，饮用水的标准为每 1 mL 水中细菌总数不超过 100 个；每 100 mL 水中大肠杆菌菌群数不超过 6 个。若超过此数值，表示水源可能受到粪便污染且可能有病原菌存在。水中常见的致病性细菌主要包括：大肠杆菌、志贺氏菌、沙门氏菌、小肠结炎耶尔森氏菌、霍乱弧菌、副溶血性弧菌等。现行的各国对于控制饮用水的安全卫生质量管理皆采用检测大肠杆菌群及总菌落数两个指标。

由食源性致病菌引起的疾病越来越多，食品微生物是影响食品安全的重要因素。食品微生物的检测指标主要包括以下五个。① 菌落总数：菌落总数是指食品检样经过处理，在一定条件下培养后所得 1 g 或 1 mL 检样中所含细菌菌落的总数。它可以反映食品的新鲜度、被细菌污染的程度、生产过程中食品是否变质和食品生产的一般卫生状况等，是判断食品卫生质量的重要依据之一。② 大肠菌群：大肠菌群包括大肠杆菌和产气杆菌的一些中间类型的细菌。这些细菌是寄居于人及温血动物肠道内的肠居菌，其随着的大便排出体外。食品中大肠菌群数越多，说明食品受粪便污染的程度越大。③ 致病菌：致病菌，即能够引起人们发病的细菌。针对不同的食品和场合，应该选择相应的参考菌群进行检验。例如，海产品以副溶血性弧菌作为参考菌群；蛋与蛋制品以沙门氏菌、金黄色葡萄球菌、变形杆菌等作为参考菌群；米、面类食品以蜡样芽孢杆菌、变形杆菌、霉菌等作为参考菌群；罐头食品以耐热性芽孢菌作为参考菌群等。④ 霉菌及其毒素：如曲霉属的黄曲霉、寄生曲霉等；青霉属的桔青酶、岛青酶等；镰刀酶属的串珠镰刀酶、禾谷镰刀酶等。⑤ 其他指标：微生物指标还包括病毒，如肝炎病毒、猪瘟病毒、鸡新城疫病毒、马立克氏病毒、口蹄疫病毒，狂犬病病毒，猪水泡病病毒等。

此外，在农业领域，环境中微生物检测可用于土壤肥力和植物健康的评估，以及对农药残留和转基因作物的检测；在能源领域，环境中微生物检测可用于油气田开发和利用过程中的微生物腐蚀和增产的监测；在生态领域，环境中微生物检测可用于全球环境变化和污染对自然界中微生物群落结构和功能影响的研究；在医药领域，环境中微生物检测可用于无菌制剂的质量控制，以及医院环境清洁度和卫生度的监测。

### 1.2.3　微生物检测手段

微生物检测方法主要分为传统的培养法和现代的分子生物学法。培养法是利用不同的培养基和条件来分离和鉴定环境中的微生物。该方法需要较长的时间，且不能检测到非培养性或低活性的微生物，也不能反映出微生物之间的相互作用。分子生物学法是利用核酸或蛋白质等分子标记来直接检测环境中的微生物，或者直接利用微生物本身的荧光物质来检测环境中的微生物。该方法具有快速、灵敏、准确和全面等优点，但也存在一些局限性，如样品处理、标记选择、信号干扰等。在分子生物学检测方法中，根据检测手段可将其分为光学法、电化学法、质谱/色谱法等。利用光信号的检测方法及质谱/色谱法是目前的主流方法。

目前，国标方法是以传统的培养检测方法为主，例如，《食品安全国家标准　食品微生物学检验　菌落总数测定》(GB 4789.2—2016)记载了菌落总数检测标准；《食品安全国家标准　食品微生物学检验　大肠菌群计数》(GB 4789.3—2010)记载了大肠菌群平板计数法标准；《食品安全国家标准　食品微生物学检验　霉菌和酵母菌计数》(GB 4789.15—2010)记载了霉菌和酵母菌检测标准；《食品安全国家标准　食品微生物学检验　沙门氏菌检验》(GB 4789.4—2010)记载了沙门氏菌等食源性致病细菌检测标准。

综上所述，对环境中微生物的检测对于保障人类健康、促进社会发展、维持生态平衡具有重要意义。因此，本书对微生物的专利技术进行了分析，提出了一些建议和意见。

## 1.3　重金属检测

### 1.3.1　重金属概述

重金属是指密度大于 4.5 $g/cm^3$ 的金属。在环境污染检测领域，其概念与种类并不是很严格，一般是指生物毒性显著的元素，如汞、镉、铅、铬、锌、铜、钴、镍、锡、钡等，从毒性这一角度来说，通常把砷、铍、锂、硒、硼、铝等也包括在内。人们最为关注的重金属是汞、镉、铅、砷等。环境中的重金属主要来源于工业污染、交通污染以及生活污染，比如，工业废渣、废水、废气，汽车尾气的排放，废旧电池，破碎的照明灯，没用完的化妆品，以及上彩釉的碗碟等。

### 1.3.2 重金属检测的必要性

地壳和岩石中含有 80 多种金属和类金属元素，人可以通过食物、饮水等方式接触和摄入这些元素。进入人体的这些元素有些是人体代谢所必需的，在一般膳食情况下不会对机体造成危害，但诸如铅、镉、汞、砷等对人体有明确毒害作用的元素，被称为有害重金属。又如，铬等元素对人类营养有一定的意义，但如果通过食物和饮水进入人体的量超过一定的剂量，就会引发对机体的潜在危害。这些有害金属和类金属，在环境中很难被微生物分解，却能在食物链的生物放大作用下成千百倍地富集，最后进入人体。重金属在人体内能和蛋白质及酶等发生强烈的相互作用，使它们失去活性，也可能在人体某些器官中累积，造成慢性中毒，且有些重金属进入人体后，可以转变成为毒性更强的化合物，一次性大剂量摄入可能会引起急性中毒。部分重金属在人体内累积，对人体造成的危害，见表 1－3－1。随着社会经济的快速发展，重金属的污染程度在加剧，污染面积也呈逐年增加的趋势。

**表 1－3－1 部分重金属在人体内累积，对人体造成的危害**

| 重金属 | 主要存储部位 | 对人体的危害 |
| --- | --- | --- |
| Hg | 肝、肾、大脑、骨头、牙齿 | 危害中枢神经系统，如听力受损、运动失调、口腔病变，可对皮肤黏膜、泌尿、生殖系统造成损害 |
| Cd | 肾脏、骨骼 | 可引起急、慢性中毒（如呕血、腹痛），肾功能损伤，骨质软化，瘫痪 |
| Cr | 皮肤、肠胃 | 对皮肤、黏膜、消化道有刺激和腐蚀性，致使皮肤充血、糜烂、溃疡、鼻穿孔，引发皮肤癌，可在肝、肾、肺积聚 |
| As | 肝、肾、皮肤 | 慢性中毒可引发皮肤病变、神经系统、消化和心血管系统障碍，有积累性毒性作用，破坏人体细胞的代谢系统 |
| Pb | 骨骼 | 主要对神经、造血系统和肾脏造成危害，损害骨胳造血系统引发贫血、脑缺氧、脑水肿，出现运动和感觉异常 |

《中共中央国务院关于深入打好污染防治攻坚战的意见》要求“加强重金属污染防控，到 2025 年，全国重点行业重点重金属污染物排放量比 2020 年下降 5%”。《“十四五”生态环境保护规划》对加强重金属污染防控也作出了专门部署。加强重金属污染防控，是深入落实习近平总书记生态文明思想的重要举措，是深入打好污染防治攻

坚战的重要内容，是解决损害群众健康的突出环境问题的必然要求，对改善生态环境质量、保障人民群众健康、防范生态环境风险具有重要意义。

### 1.3.3 重金属检测手段

重金属分析方法，包括光学检测法、生物学检测法、电化学检测法、中子活化分析法、环境磁学法等。

1. 光学检测法

常用的光学检测法，包括分子荧光分析法、原子荧光法、X 射线荧光光谱法、原子吸收光谱法、紫外可见分光光度法、电感耦合等离子体原子发射光谱法、电感耦合等离子体质谱法、表面增强拉曼光谱法、激光诱导击穿光谱法等。其原理为基于对光的吸收、发射、散射等效应的分析，使用光学仪器记录相关光谱的波长和强度，对重金属含量进行定性和定量分析。光学检测法是目前最为常用的检测手段。

2. 生物学检测法

目前的重金属检测方法，包括酶分析法、生物传感器法、免疫分析法、间接生物量测定技术。生物学检测法的优点是操作简单、快速高效；检测成本低；对环境破坏性低。但该方法只能进行定性或半定量检测，灵敏度和准确度相对较低，相关酶及络合物匹配难度较大。间接生物量测定技术仍处于实验室试验阶段，尚未得到广泛推广。

3. 电化学检测法

电化学检测法，主要包括离子选择电极法、极谱分析法、电位溶出法、溶出伏安法、电化学传感器法。其原理为通过仪器分析溶液中物质的电化学性质。电化学检测法操作简单、快速高效；不但准确度高，而且成本低廉，并且可以同时检测多种重金属。但样品前处理过程繁琐复杂，易产生二次污染；当同时检测多种重金属时，波峰可能重叠，易产生相互干扰。

4. 中子活化分析法

中子活化分析法利用中子射线轰击待测试样原子使其发生核反应，通过测定反应过程中的射线来对元素定性或定量。中子活化法对大多数元素分析的灵敏度都可达 $10^{-6}$～$10^{-13}$ g/g，可采用固体样品分析，且样品用量很少。但中子活化分析法需要小型核反应堆，有核辐射风险，且对不同元素的灵敏度差异大。比如，用该法测量铅和金，它们的灵敏度差异可高达 10 个数量级。

5. 环境磁学法

大多数重金属都具有一定的磁性质，在外加磁场下重金属产生的电流信号可用于定量分析。与传统方法相比，环境磁学方法具有快速、灵敏、信息大(包括磁性矿物的种类、含量、粒度等)、对样品无破坏性等显著优点。但对于一些磁性矿物来源复杂的地区,磁学特征与重金属含量的关系解释起来相对困难,需结合具体背景进行分析。同时磁性矿物的粒径大小、成分,甚至人类活动均会对磁学参数产生影响,还需要开展更深入的磁性机理研究。

## 1.4 农药残留检测

### 1.4.1 农药残留概述

在当今的农业生产中,农药已成为人类生产、生活中一种必需的生产资料,在农业生产活动中发挥着至关重要的作用。最早的农药使用可追溯到公元前 1 000 多年。早期人类的生产力水平有限,经过长期的生产实践活动后,人类开始认识到农牧业病虫害治疗的重要性,并逐渐开始在各类农业生产活动中使用农药来抑制杂草生长、防治病虫害,从而实现农业的增收增产,并减少各种杂草或病虫害对整个农田系统的破坏,满足了人类对农产品的需求。特别是对拥有 14 亿多人口的中国而言,作为农业大国,农作物种植面积广阔,农产品种类丰富,农药在减少病虫草的危害和保障粮食丰产增收方面,发挥着至关重要的作用。施用农药以后,既能保障农业生产,降低农业损失,还能促进农业增产增收。此外,农药对我国非农产业的建筑、林业、畜牧业等方面的害虫防治也发挥了积极的作用。但随着农药使用率的日益提高和使用面积的不断扩大,农药在使用中的弊端与危害也逐渐显现出来。据调查,我国三大粮食作物水稻、小麦、玉米的农药利用率较低,大部分农药施用后会污染生态环境,且操作不规范、用药量大、严重流失现象也常有发生。

农药残留,指的是在完成农药喷洒后经吸收以后仍然残存在生物体内、特定的环境中及农副产品内部的各种农药原体、有毒物质和代谢杂质等。残存在特定位置的农药含量就被称为农药残留量。在农业生产中,喷洒的农药,大部分会散落到土壤里,一部分会黏附在作物表面,还有一部分会随风飘散或被冲入水中,从而对水源造成污染。有些农药在环境中随着时间的推移会缓慢分解为无害物质,但仍有一些难以降解,在环境中残留性极强。土壤和水源中残留的农药会被农作物吸收,进而导致农作物中农药残留量超标。

### 1.4.2 农药残留检测的必要性

“民以食为天,食以安为先”,食品安全一直是社会关注的热点话题。在社会高速发展的背景之下，食品产业发展迅猛，各类新产品不断涌现。但是随之而来的食品安全问题也逐渐凸显。食品安全问题主要集中在违法添加、食品掺假、食品污染等方面。其中，食品污染涉及范围较广，情况也比较复杂，可能发生在食品生产、制造、加工、包装、运输和储藏的任意一个环节，因此需要格外关注。农药残留是常见的食品化学污染物，它的污染来源非常广泛。人类一旦食用了被农药污染的食品，农药便会在人体内蓄积。由于农药的高毒性，会对身体造成不可逆转的伤害。在我国颁布实施的《食品安全国家标准　食品中农药最大残留限量》(GB 2763—2021)中，新版农药残留限量标准规定了 564 种农药在 376 种(类)食品中的 10 092 项残留限量，全面覆盖了我国批准使用的农药品种和主要植物源性农产品，完成了国务院批准的《加快完善我国农药残留标准体系的工作方案》规定的“十三五”末 1 万项的目标任务，农药品种和限量标准数量达到国际食品法典委员会(CAC)相关标准的近 2 倍。

农药残留对人体或其他生命体产生危害，主要是通过误食农残超标的食物、皮肤接触、呼吸道吸入等途径。长期食用农残超标的食物会使毒素在人体内不断蓄积，时间久了会造成胃肠道疾病，加重肝硬化，使人的免疫力和抵抗力逐渐下降，甚至会引起头晕、健忘，严重情况下还会影响下一代，导致胎儿出现早衰、畸形、先天发育不足等现象。如果食物中含有未被分解的高毒或剧毒农药，会使人产生急性中毒现象，严重的会直接危害生命安全。

在农药使用过程中，除了用于目标对象之外，其余的会以多种方式残留在土壤、水体和大气等生态环境中。土壤中的农药以吸附、扩散稀释和降解等方式发生转换，会改变土壤的内部结构，引起土壤板结，从而危害土壤中的生物种群，使土壤的生态系统功能下降。对水体的污染主要在地表水和地下水中，残留在地表中的农药会随着雨水的冲刷，伴随着水体的不断流动，最终都会流入河流和湖泊等水体中。对大气的污染，主要是其在使用后会以漂浮物或气体凝胶的形式分散在大气中，随着大气中气流的运动而持续扩散，不断扩大污染范围。各种不规范、不合理的农药使用，最终都会使农药污染生态环境，影响人与自然之间的和谐。

因此，开发用于农药残留检测的快速、准确、简便的分析方法，对于保障食品安全、捍卫民众健康、维护社会稳定，具有非常重大的现实意义。

### 1.4.3　农药残留检测手段

目前，农药残留检测技术可以分为以下几类。

1. 基于光学手段的检测技术

基于光学手段的检测技术是比较传统且成熟的检测手段，主要基于相关光学技术来进行检测。其作为一种样品前处理技术，操作简单、检测速度较快且污染较少，已成为农药残留的主要检测手段。按照光学技术的检测原理，这类检测技术主要包括比色法（分光光度法）、荧光法、表面增强拉曼散射技术（Surface Enhancement of Raman Scattering，SERS）、红外检测法等。

2. 基于色谱/质谱的检测技术

色谱/质谱分析技术是当前农药残留检测中重要的分析手段之一，该技术可以在痕量水平下对物质进行分离和分析。基于色谱/质谱的相关检测技术发展也较为久远，在农药残留检测领域发挥着重要作用，其中，液相色谱通常与经典检测器配对，如紫外、荧光和二极管阵列检测器，用于一步检测农药的残留。色谱/质谱检测技术经过对检测器和分离技术的不断创新，已向多个方向发展。

3. 电化学检测技术

电化学检测是基于待测物质的电化学性质，将待测物质的化学量转变成电学量来进行检测。其工作原理如下：首先，在工作电极表面固定电极修饰材料，在完成电极表面修饰后对被测物质进行特异性识别；然后，通过电化学工作站将识别到的信息转换为电信号；最后，通过将识别前后的信号变化与反应作对比，实现待测物质的精确分析。电化学检测技术是新兴的检测方法，相较于传统检测方法中前处理复杂、操作不便等问题，电化学检测方法无须复杂的样品前处理过程，且具有操作简单、检测时间短、稳定性好、成本低廉和高效灵敏等优点。随着研究人员的关注与重视，电化学检测技术在农药残留检测方面有着非常广阔的应用前景。

4. 免疫检测技术

免疫检测技术是充分利用抗原和抗体特异性识别和结合反应，来进行农残检测分析的一种检测技术。因精确度高、检测时间短、速度快且检测范围广，免疫检测技术在农药残留检验、检测领域已被逐步推广和应用。

## 1.5 核污染检测

### 1.5.1 核污染概述

核污染主要指核物质泄漏后的遗留物对环境的破坏，包括核辐射、原子尘埃等本身引起的污染，还有这些物质污染环境后带来的次生污染，比如被核物质污染的水体对人畜的伤害。核辐射就是放射性物质以波或微粒形式发射出的一种能量，核辐射主要有α、β、γ、中子四种射线，其中，α、β、γ三种射线在自然界中原本就存在，也可以通过人工方法获得；中子辐射通常是用人工的方法从原子核中释放出来的。α射线是氦核，外照射穿透能力很弱，只要用一张纸就能挡住，但吸入体内危害大；β射线是电子流，照射皮肤后烧伤明显；γ射线的穿透力很强，是一种波长很短的电磁波。α、β这两种射线由于穿透力小，影响距离比较近，因此只要辐射源不进入体内，影响不会太大；γ辐射和X射线相似，能穿透人体和建筑物，危害距离远。宇宙、自然界能产生放射性的物质不少但危害都不太大，只有核爆炸或核电站事故泄漏的放射性物质才能大范围地对人员造成伤亡。中子通过物质时具有很强的穿透力，对人体产生的危险比相同剂量的X射线、γ射线更为严重。当中子与人体发生作用时，它会使造血器官衰竭、消化系统损伤、中枢神经损伤，还会引起恶性肿瘤、白血病、白内障等疾病。中子辐射还会产生遗传效应，会影响人体后代发育；中子穿透性高而且能量可变，对人体的伤害取决于其自身的能量大小。

### 1.5.2 核污染检测的必要性

核污染物主要来源有核武器试验、使用，核电站泄漏，工业或医疗上使用的核物质丢失等。危害最大的就是核武器爆炸产生的核污染。核污染的另一个主要来源是核泄漏，人类历史上发生过多次大型核泄漏事件。核污染的第三个主要来源是工业或医疗产业的核废料。

核污染产生的放射性物质会通过多种途径造成对人体的伤害，其不仅能对人体进行外照射，还能进入人体内产生危害性更大的内照射。相关资料显示，原子弹爆炸会形成放射性尘埃。例如，α射线和β射线虽然很容易防护，但其形成尘埃后容易被人体吸收并停留在体内形成内照射，甚至都无法从体内彻底清除，这些尘埃长期停留在体内，对人体造成的危害性相当大。此外，海洋生物可以通过新陈代谢从环境中吸收和积累放射性物质，从而成为放射性物质的携带者与传播者。人类处于食物链金字塔的顶端，海鲜等生物富集的放射性元素，会通过食物链的传递影响到人类。人类通过食用海产品，间接摄取了海水中的各种放射性同位素。实验证明，长期、大量食用放射性污染海产品，有可能使体内放射性物质积累超过允许量，从而引起慢性射线病等疾病，造成造血器官、内分泌系统、神经系统等损伤。因此，对大气、水体、土壤、食品、放射性场所等进行经常性的放射性检测是必要且重要的。

### 1.5.3 核污染检测手段

核污染看不见摸不着，必须要借助于专业的辐射探测器及探测方法来探测各种辐射,从而了解辐射的类型、强度、能量及时间等特性。核辐射探测器是利用核辐射在气体、液体、固体中引起的电离效应、发光现象、物理或化学变化进行核辐射探测的元件,即在射线作用下能产生次级效应的器件,而且这种次级效应能被电子仪器检测到。基于这些原理开发出了各种探测器。从早期的气体探测器到 20 世纪 50 年代的闪烁体探测器、二十世纪六七十年代的半导体探测器。尤其是 20 世纪 80 年代以后,随着核技术的发展,出现了很多新型探测器,但其类型主要还是气体探测器、闪烁体探测器和半导体探测器。气体探测器是以气体作为探测介质的辐射探测器,其内部充有气体,两极加有一定电压,入射带电粒子通过气体时,使气体分子电离或激发,在通过的路径上生成大量的离子对、电子和正离子,电子和正离子沿着电场方向向两极漂移并被收集。根据收集的电荷数与外加电压的关系,又可以将气体探测器分为电离室、正比计数器和 G－M 计数管。闪烁体探测器是利用某些物质在核辐射的作用下会发光的特性来探测核辐射的,这些物质被称为闪烁体。闪烁体探测器的主要组成部分有闪烁体、光学收集系统(光电倍增管或半导体光电二极管)及读出电路。半导体探测器是一种反向偏置的 P－N 结二极管,其实质是一个固体电离室。半导体探测器的工作原理与气体电离室十分相似,不同的是半导体的密度比气体大很多,因而其对射线的阻止能力也比气体要强很多。

# 第二章

# 微生物检测技术专利分析

为了了解与微生物检测领域相关的专利申请的整体情况及重点专利技术，本章对微生物检测领域的全球专利申请情况和中国专利申请状况进行分析，分别从专利申请的发展趋势、专利申请的区域分布、专利申请人分布，以及专利申请的技术主题四个方面进行分析，挖掘重点技术分支及各技术分支的重点专利，以期为微生物检测领域的技术发展提供参考。

## 2.1 全球专利申请状况分析

全球专利申请状况分析，主要包括全球专利申请趋势、全球专利申请区域分布、全球专利申请的申请人、全球专利申请技术主题四个方面。

### 2.1.1 全球专利申请趋势分析

微生物检测技术的全球专利申请趋势，如图 2－1－1 所示。从时间和申请量的分布来看，自 1924—1983 年，专利申请共有 739 件，年申请量从个位数升至两位数。1984—2008 年，专利申请量呈平稳式上升趋势，从 1984 年的 116 件发展为2008 年的 942 件。2009—2021 年，专利申请发展最为迅速，2020 年，专利申请量高达3 733件。2022 年，专利申请量相较于前两年有所回落，这与专利申请尚未公开有关。另外，由于专利数据检索时间为 2023 年 2 月 28 日，所以图 2－1－1 中，2023 年的专利申请量并不能体现整年的趋势。

### 2.1.2 全球专利申请区域分布分析

如图 2－1－2 所示，根据全球微生物检测技术的同族专利申请统计，选取了申请量较多的前五个国家/地区，它们依次为中国（占 48.7%）、欧洲（占 18.1%）、美国（占

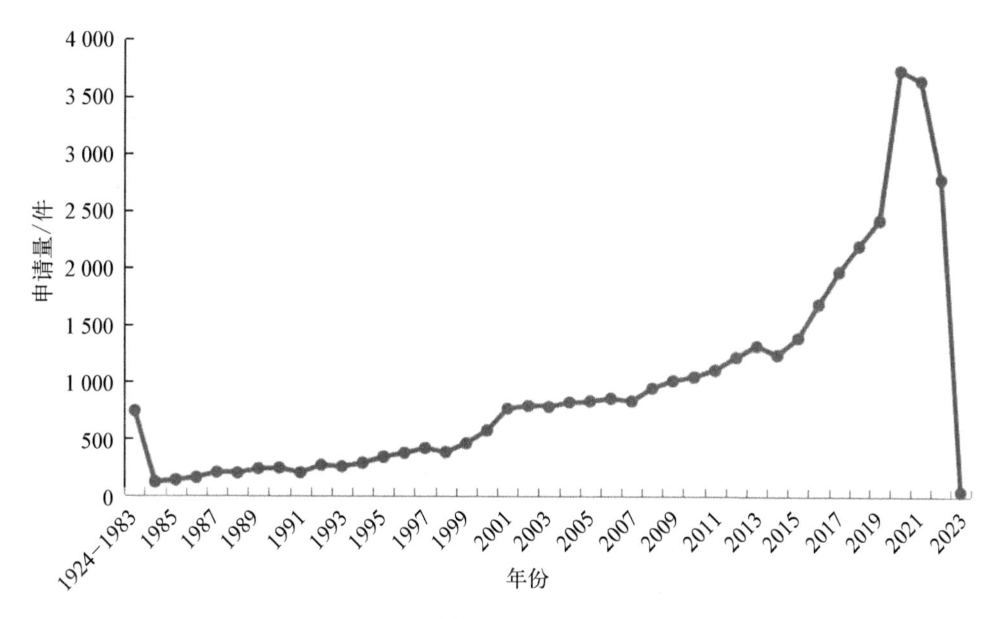


**图 2-1-1　微生物检测技术全球专利申请趋势图**

12%)、日本(占 11.8%)、韩国(占 4.6%)。在这些国家/地区中,中国的专利申请量显著高于其他国家/地区,美国和日本的专利申请量则相近。

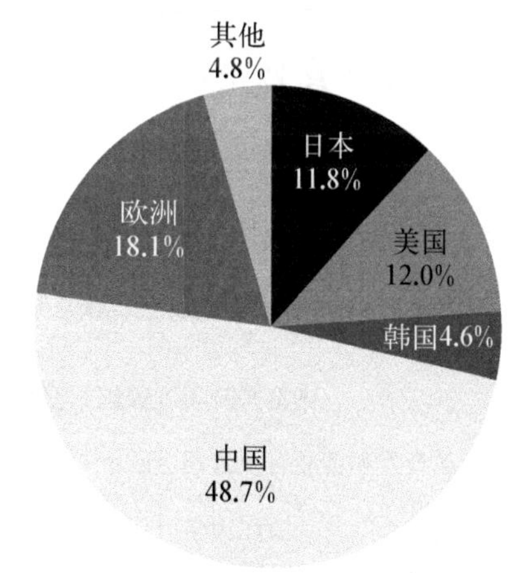


**图 2-1-2　全球主要专利申请国家/地区在微生物检测技术领域的分布图**

(注:"欧洲"包含在欧专局即欧洲专利局、德国、荷兰、英国、法国的专利申请之和,占比=该国家或地区的总申请量/全球总申请量)

从图 2-1-3 中可以看出,在 2000 年之前,欧洲在专利申请量上占据领先地位,紧随其后的是日本与美国。当时,中国和韩国的专利申请量均未超过 10 件。2000—2007 年,欧洲、日本和美国的专利申请量平稳发展,中国专利申请量开始呈上升趋势。自 2007 年开始,中国专利申请量逐年递增,年申请量超越了欧洲、美国和日本,且增长趋势显著,2021 年更是达到了高峰。其中,2017—2021 年,欧洲、日本以及美国的专利申请量均呈现不同程度的上升趋势,而韩国的专利申请量则保持了稳定增长。至 2022 年,各国/地区的专利申请量均有所下降,这一现象可能与专利申请尚未公开有关。此外,鉴于专利数据检索的截止时间为 2023 年 2 月 28 日,图 2-1-3 所展示的 2023 年专利申请量无法全面反映该年度的整体趋势。

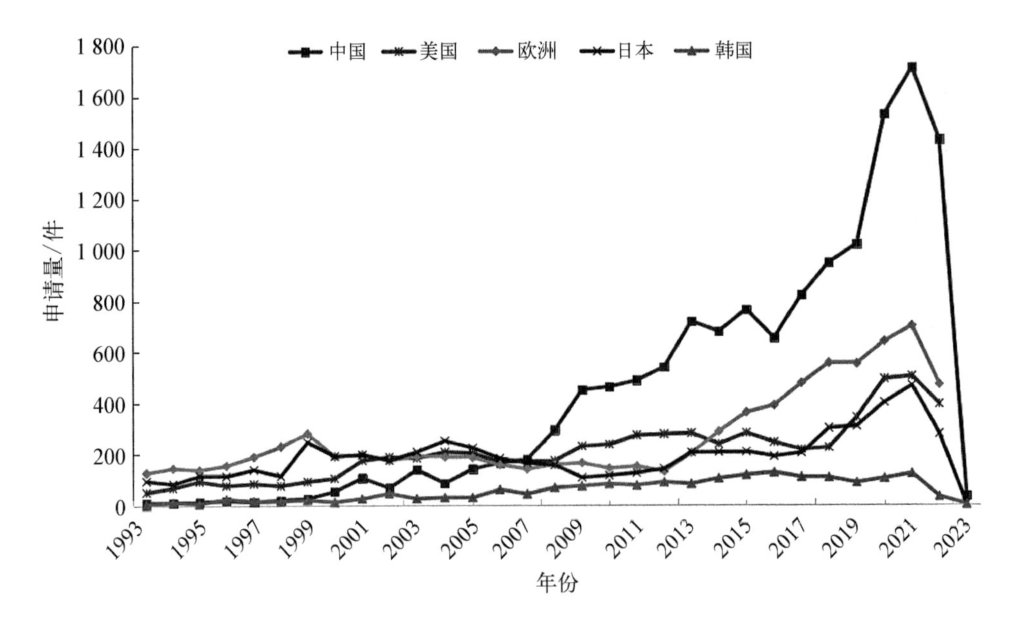


图 2-1-3 全球微生物检测技术领域主要专利申请国家/地区的申请量趋势图

## 2.1.3 全球专利申请的申请人分析

微生物检测技术全球专利申请量排名前十的主要申请人，如图 2-1-4 所示。其中，格雷弗公司排名第一，其专利申请量为 338 件，处于相对领先的地位；鹿特诺瓦营养和食品有限公司排名第二，其专利申请量为 307 件；浙江大学排名第三，其专利

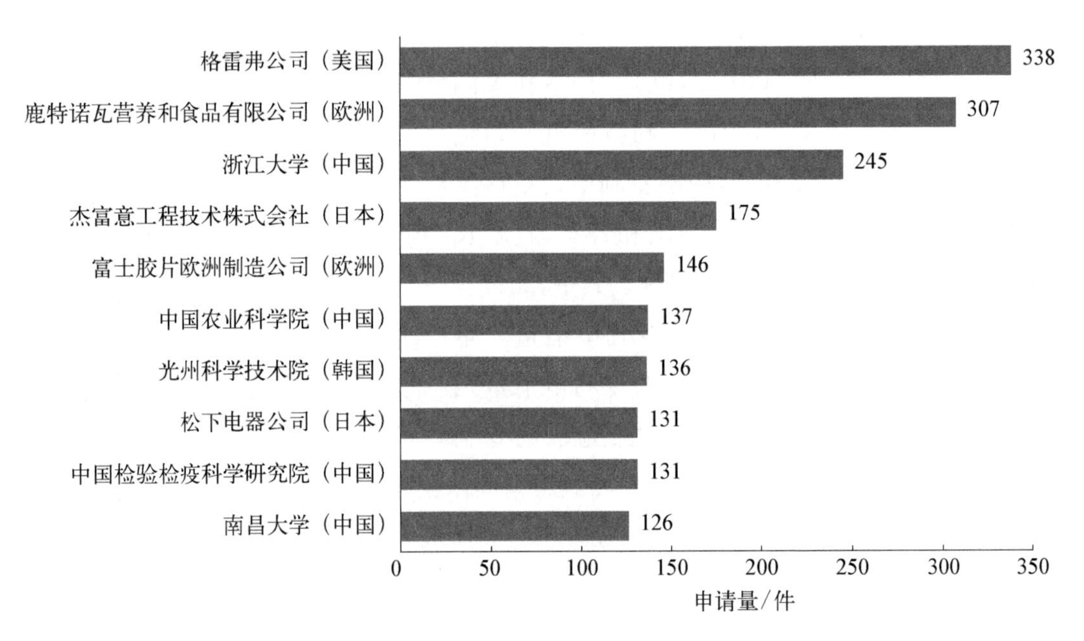


图 2-1-4 微生物检测技术全球专利申请量排名前十的主要申请人

申请量为245件；杰富意工程技术株式会社的专利申请量为175件；富士胶片欧洲制造公司的专利申请量为146件；中国农业科学院的专利申请量为137件；光州科学技术院的专利申请量为136件；松下电器公司的专利申请量为131件；中国检验检疫科学研究院的专利申请量为131件；南昌大学的专利申请量为126件。排名前十的主要申请人中，有6家来自国外，其中，2家日本企业，2家欧洲企业，1家韩国企业和1家美国企业，中国则有4家，均为科研院校。

### 2.1.4　全球专利申请技术主题分析

微生物检测技术的全球专利申请技术主题，主要包括光学、质谱或色谱、电化学三个技术分支。如图2-1-5所示，光学技术分支的申请量最高，占比69%；其次是色谱/质谱技术，占比19%；电化学技术占比8%。图中的“其他”指代检测技术手段不明确或不归属于上述三个技术分支的专利申请。

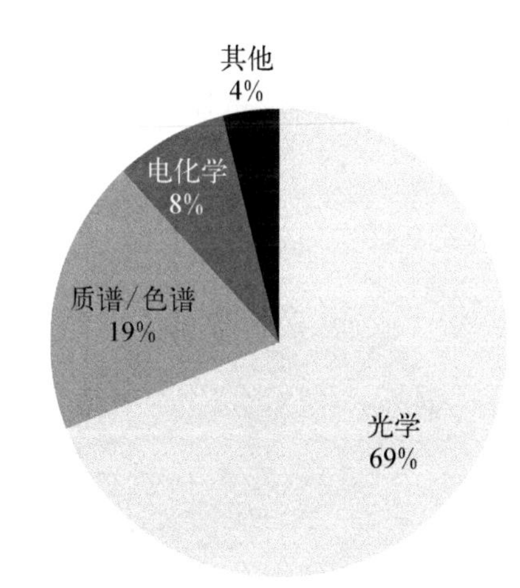


图2-1-5　全球专利申请量在微生物检测技术各分支领域的分布图

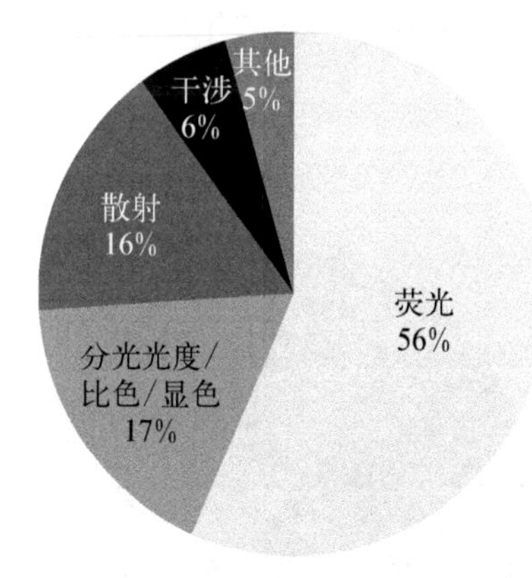


图2-1-6　微生物检测技术中光学技术分支的全球专利申请量分布图

在光学技术领域中，申请数量最多的分支主要包括荧光技术、散射技术、分光光度/比色/显色技术以及干涉技术。从图2-1-6中可以看出，在光学技术69%的占比中，荧光技术分支的专利申请量最高，占比56%；其次是分光光度/比色/显色技术，占比17%；散射技术占比16%；干涉技术占比6%。图中的“其他”指代检测技术手段不明确或不归属于上述四个技术分支的光学专利申请。

基于荧光检测微生物的技术分支，专利申请量最高，同时专利申请呈上升趋势，活跃度较高。病毒的传播方式有直接传播、通过气溶胶和接触传播等，比如近年来爆发的SARS(重症急性呼吸综合征)、甲型流感等疾病。直接传播是指患者打喷嚏、咳嗽、说话的飞沫，呼出的气体近距离被直接吸入而导致的感染；气溶胶传播是指飞沫混合在空气中，形成气溶胶，被吸入后导致感染；接触传播是指飞沫沉积在物品表面，接触污染手后，手再接触口腔、鼻腔、眼睛等黏膜，导致感染。三种感染途径均是通过大气形式进行传播的，由此可以看出检测大气中的微生物对于预防病毒感染来说相当重要。

以下将对基于荧光分析技术检测大气中微生物的全球专利申请在不同国家/地区的分布情况、技术主题分类、各分支领域专利申请量的发展趋势以及不同国家/地区在这些分支领域的专利申请量分布进行详细分析。

1. 全球专利申请在不同国家/地区的分布情况

根据全球专利申请数据，图 2-1-7 展示了在荧光分析大气中微生物领域中，专利申请量较多的前五个国家/地区的分布情况。统计结果显示：中国以 32%的占比位居首位；其次是美国，占比 23%；韩国以 18%的占比位列第三，超过了日本和欧洲；欧洲的总占比为 12%，包括欧洲专利局以及德国、荷兰、英国和法国。值得注意的是，韩国在气体微生物污染检测方面的专利申请量显著，占比超过了日本和欧洲。

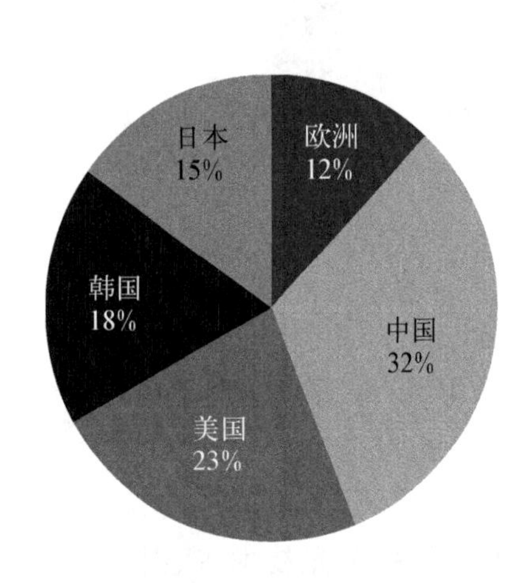


**图 2-1-7　基于荧光分析大气中微生物的全球专利申请量分布图**

(注："欧洲"包含欧专局、德国、荷兰、英国、法国的专利申请之和，占比=该国家或地区的总申请量/全球总申请量)

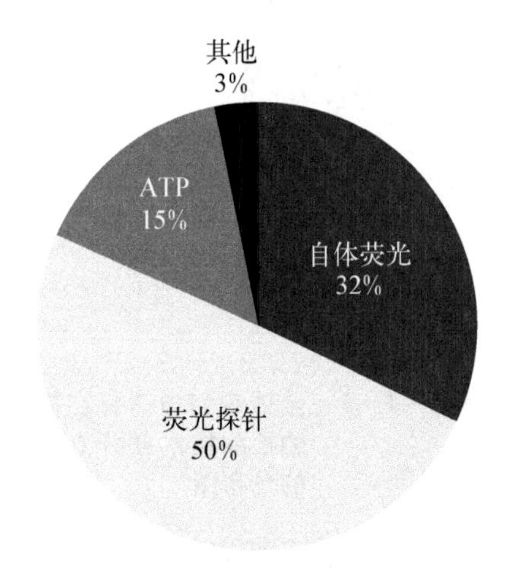


**图 2-1-8　基于荧光分析大气中微生物的各分支全球专利申请量分布图**

2. 全球专利申请的技术主题分类

全球专利申请中，以荧光分析技术为主题的专利申请主要涉及三个技术领域：荧光探针、自体荧光以及 ATP(腺嘌呤核苷三磷酸)化学发光。如图 2-1-8 所示，三个技术分支的专利申请量从高到低依次是荧光探针、自体荧光、ATP(腺嘌呤核苷三磷酸)化学发光,其中,50%的专利申请为荧光探针,32%的专利申请为自体荧光,15%的专利申请为ATP化学发光,其他3%的专利申请为手段无法集中分类的其他专利申请。

3. 各分支领域专利申请量的发展趋势

由图2-1-9所展示的荧光分析技术在大气微生物检测领域的各分支全球专利申请量发展趋势,可以观察到荧光探针技术与自体荧光技术的全球专利申请趋势大致相同,尽管存在一定的波动,但总体上呈现增长态势。

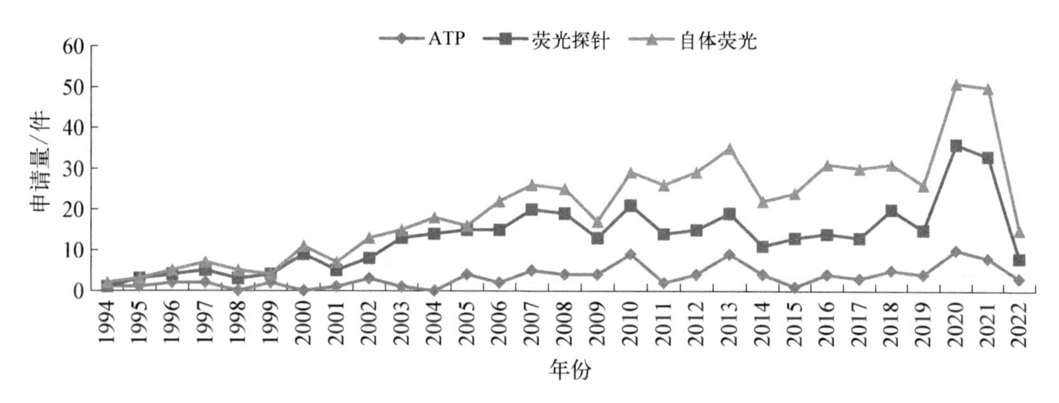


**图2-1-9 基于荧光分析大气中微生物的各分支全球专利申请量发展趋势图**

第一件自体荧光技术的专利申请可追溯至1968年,第一件荧光探针技术的专利申请于1981年提出,第一件APT技术的专利申请于1985年。鉴于1986—1993年期间,这三个技术领域的专利申请量较少或近乎空白,故此时间段内的数据未在趋势图中予以展示。每年的ATP专利申请量均保持相对平稳,未见特别突出的年份。荧光探针与自体荧光的申请趋势颇为相似,特别是在2020年,两者相较于以往年度均呈现出显著的增长,在其他年份,申请量的波动相对较小,2009年和2014年,两者的申请量均有小幅下降。

4. 不同国家/地区在各分支领域的专利申请量分布

从图2-1-10中可以看出,欧洲在荧光探针方向专利申请量占比明显高于其他国家,且明显高于ATP和自体荧光两个技术分支。中国、印度、日本、韩国及美国在荧光探针、自体荧光、ATP三个技术领域的研究均表现出相对均衡的态势,各技术分支的专利申请量差异不大。根据申请量的多少,依次排列为荧光探针、自体荧光、ATP。在上述国家/地区中,荧光探针技术均为研究的重点领域,其次是自体荧光技术。通过图2-1-9的分析亦可观察到,这三个技术分支在年度申请量的发展趋势上大体相似，表明这三个领域均处于技术发展的上升阶段。鉴于纳米科技、量子科技等领域的快速发展，荧光探针检测技术的专利申请量亦高于其他技术分支。

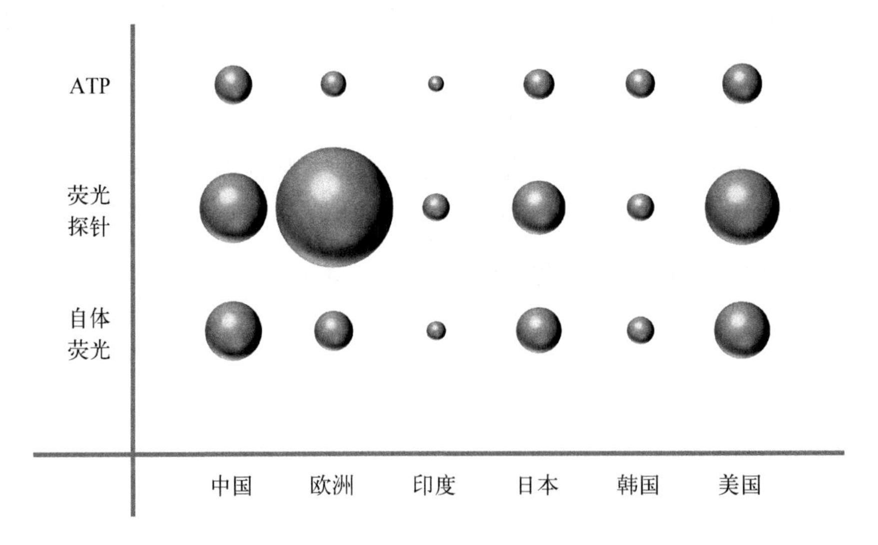


**图 2-1-10 基于荧光分析大气中微生物的各技术分支的国家/地区专利申请量分布**

（图中圆圈大小代表申请量大小；“欧洲”包含在欧专局、德国、荷兰、英国、法国的专利申请之和，占比＝该国家或地区的总申请量/全球总申请量）

## 2.2 中国专利申请状况分析

中国专利申请状况分析主要包括中国专利申请趋势、中国专利申请的申请人、中国专利申请区域分布、中国专利申请技术主题四个方面的分析。

### 2.2.1 中国专利申请发展趋势分析

如图 2-2-1 所示，中国的微生物检测技术专利申请始于 1985 年。尽管从专利申请的角度来看，这一时间点较全球专利申请的起始时间晚了约 60 年，但值得注意的是，中国的专利制度是在 1984 年才正式确立，并于次年即 1985 年开始执行。因此，微生物检测技术在中国的实际发展并非始于 1985 年。鉴于 1995 年以前的专利申请量较少，无法在图表中清晰展示，故图表数据的起始年份定为 1995 年。在 2000 年之前，专利申请的总量未达到百件；2000—2010 年，专利年度申请量呈现轻微的增长趋势；2010—2019 年，专利年度申请量呈现稳定的快速增长态势；2020 年，微生物检测领域的专利申请数量显著增加；2019—2022 年的三年期间，专利申请量远超过

1985—2018年间的总和，且这三年的申请量占据了整体专利申请总量的78%，专利申请呈现集中且大规模的态势。

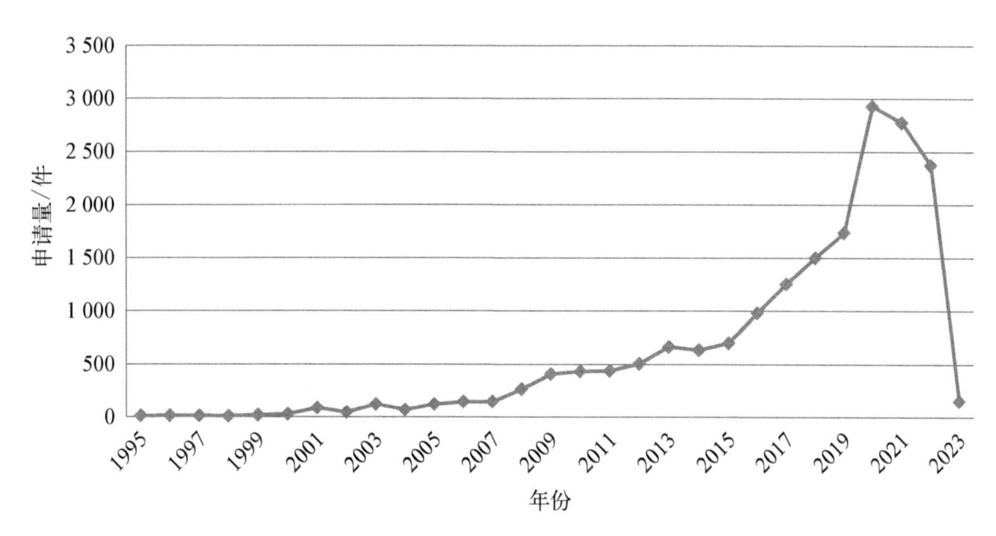


**图2-2-1　微生物检测技术的中国专利申请趋势图**

## 2.2.2　中国专利申请的申请人分析

微生物检测技术的国内专利申请人分布情况，如图2-2-2所示。对微生物检测技术国内专利申请人的类型进行划分，包括企业、高校、科研(院)所、医院、疾病预防控制中心及个人申请等。其中，企业的申请数量占比最多，为40%，高校申请量占比27%，科研(院)所申请量占比15%，医院和疾病预防控制中心(疾控中心)的申请量占比分别为2%和1%，个人及其他申请人的申请量占总申请量的15%。

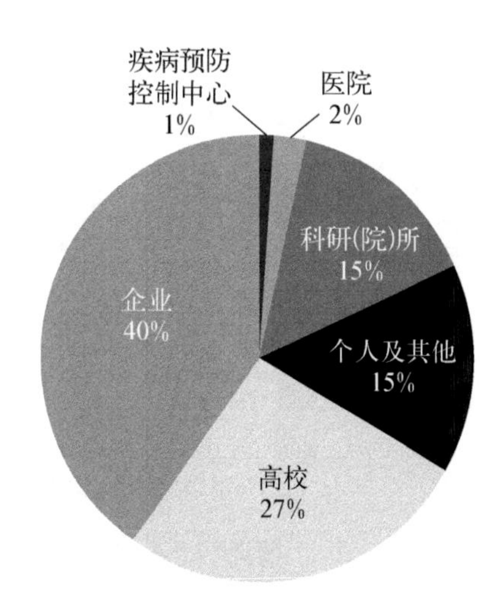


**图2-2-2　微生物检测技术的国内专利申请人分布图**

图2-2-3显示了中国专利申请人的排名情况，位列前七的均为高校或科研(院)所。尽管企业总体上占据了较大比例，但其分布相对分散。大量研究活动主要集中在高校和科研(院)所中。

## 2.2.3　中国专利申请区域分布分析

微生物检测技术的中国专利申请区域分布情况，如图2-2-4所示。从图中可以看出：江苏省以2 327件的申请总量位居榜首；排名第二的是广东省，共计2 206

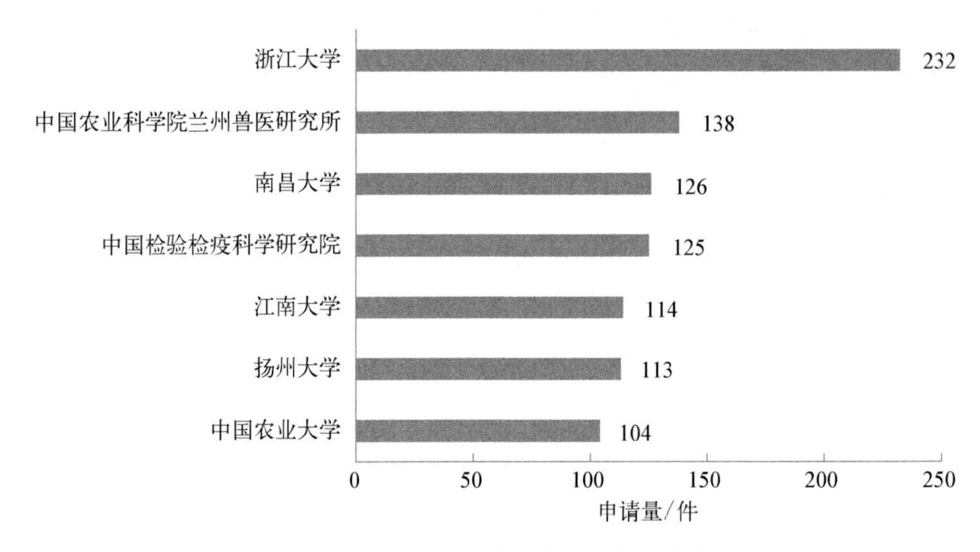


**图 2-2-3 微生物检测技术国内重要专利申请人分布**

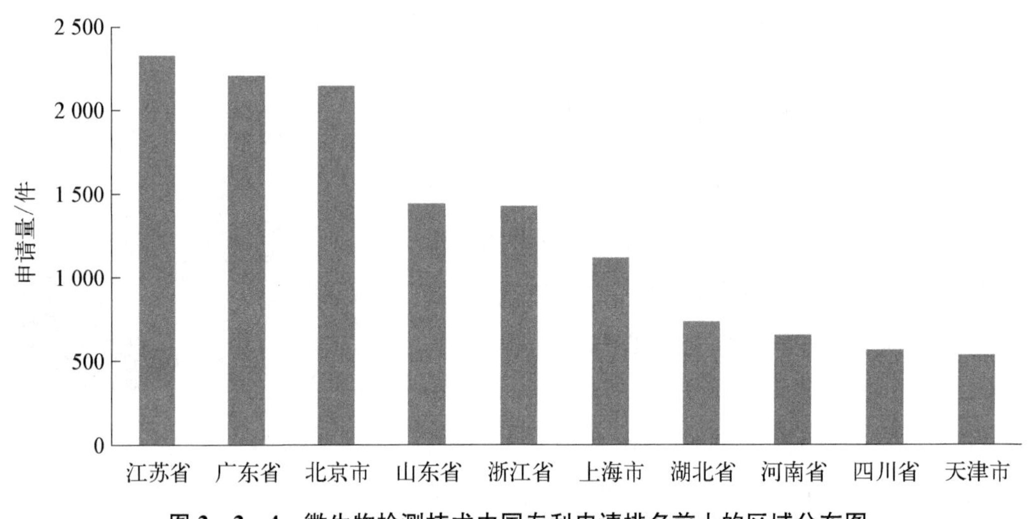


**图 2-2-4 微生物检测技术中国专利申请排名前十的区域分布图**

件;排名第三的是北京市,共计 2 144 件;排名第四的是山东省,共计 1 440 件;排名第五的是浙江省,共计 1 425 件;排名第六的是上海市,共计 1 116 件;排名第七的是湖北省,共计 736 件;排名第八的是河南省,共计 655 件;排名第九的是四川省,共计 567 件;排名第十的是天津市,共计 535 件。

排名第一的江苏省的创新主体有 1 044 个,包括 110 个高校和科研(院)所,789 家企业,23 个医院和百余件个人申请。其中,江苏省的江南大学、扬州大学在微生物检测技术中国专利申请人排名中分别位居第五、第六位。排名第二的广东省的创新主体有 1 166 个,包括 132 个高校和科研(院)所,782 家企业,23 个医院和 200 余件个人申请。同江苏省一样，虽然在广东省的创新主体中，高校和科研院所数量不及企业，但其专利申请量相对较多，而企业主体中大部分申请量都只有个位数。排名第三的北京市的创新主体有770个，包括176个高校和科研(院)所、453家企业、18个医院和百余件个人申请。其中，北京市的中国检验检疫科学研究院和中国农业大学在微生物检测技术中国专利申请人排名中分别位居第四位和第七位。

### 2.2.4 中国专利申请技术主题分析

本节对微生物检测技术的中国专利申请技术主题的分析，主要包括对光学、质谱或色谱、电化学三个技术分支的分析。

微生物检测技术各分支的中国专利申请量分布情况，如图2-2-5所示。光学技术分支的专利申请量最高，占比70%；色谱/质谱技术分支的专利申请占比14%；电化学技术分支的专利申请占比8%。图中“其他”指代检测技术手段不明确或不归属于上述三个分支的专利申请。

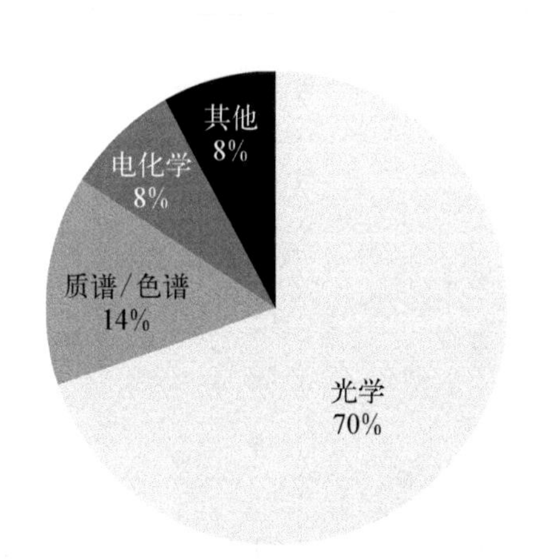


**图2-2-5 微生物检测技术各分支的中国专利申请量分布图**

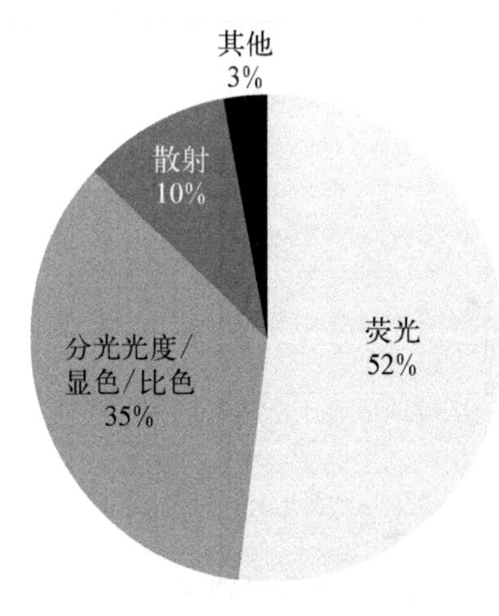


**图2-2-6 微生物检测技术中光学分支的中国专利申请量分布图**

申请量最大的光学技术分支，主要包括荧光、散射、分光光度/比色/显色三个技术分支。微生物检测技术中光学技术的中国专利申请量分布情况，如图2-2-6所示。从图中可以看出，在光学技术70%的占比中，荧光技术分支的专利申请量最大，占比52%；其次是分光光度/比色/显色技术分支，占比35%；散射技术分支占比10%。图中“其他”指代检测技术手段不明确或不归属于上述3个分支的专利申请。

在我国微生物检测技术的专利申请中，荧光技术领域的占比达到52%，这与全球专利申请的趋势相吻合，表明无论是在全球范围还是在中国，荧光技术都是微生物检

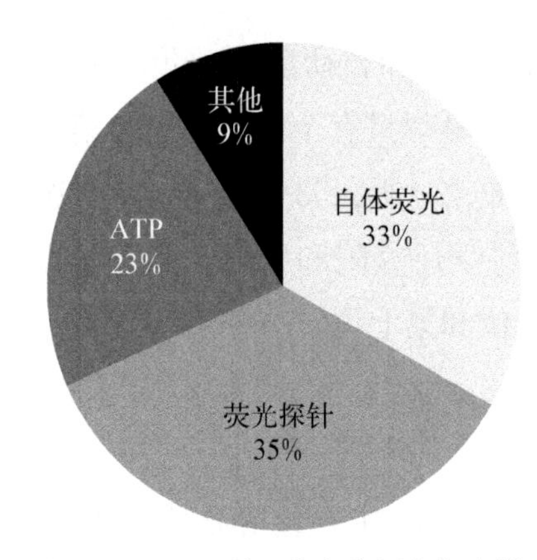


**图 2-2-7 基于荧光分析大气中微生物各分支的中国专利申请量分布**

测技术领域中最为重要的技术分支。根据图 2-2-7所示,自体荧光技术与荧光探针技术的占比大致相当,其中荧光探针技术略高于自体荧光技术,而 ATP 技术的占比相对较低。自体荧光技术和荧光探针技术是荧光技术分支的核心技术。

如图 2-2-8 所示,荧光探针和自体荧光技术的全球专利趋势大致相同,尽管存在波动,但总体上呈现增长态势。由于在 1986—1993 年期间,三个相关分支的专利申请量较少或未见申请,故此时间段内的数据未在趋势图中予以反映。每年的 ATP 专利申请量相对稳定,仅在 2010 年和 2013 年出现了小幅增长;荧光探针的专利申请自 2003 年起显著增加,至 2008 年均保持在较高水平。相比之下,自体荧光技术的专利申请量在 2003—2008 年这五年中仅略有上升,直至 2010 年才开始显著增长,表明自体荧光技术的发展起步较荧光探针技术为晚。

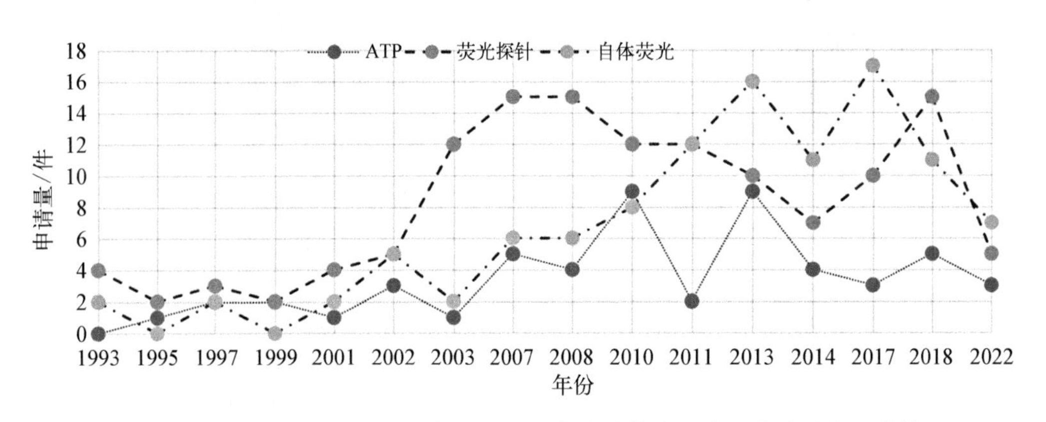


**图 2-2-8 基于荧光分析大气中微生物各分支的中国专利申请量发展趋势**

图 2-2-9 展示了荧光技术领域下三个主要技术分支的申请主体分析。在自体荧光和荧光探针技术分支中,企业申请占据了较大比例,其专利申请数量均超过高校。然而,在 ATP 技术分支方面,高校和科研单位的专利申请量却超过了企业。这表明,利用 ATP 技术检测大气中的微生物在商业应用方面的活跃度不及自体荧光和荧光探针技术。

在三个技术分支中,均有企业和高校联合开发的专利申请,尽管比例较低。通过横向对比企业的专利申请情况,可以看出在自体荧光技术领域的专利申请量最多,其

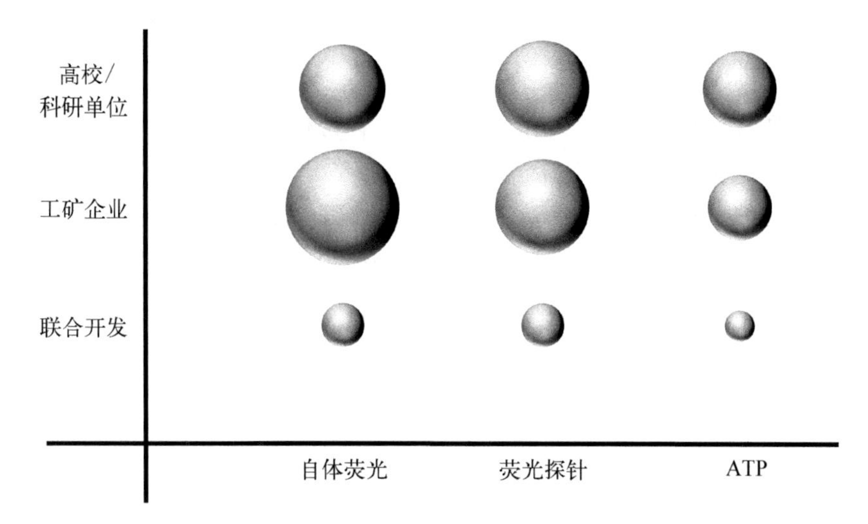


**图 2-2-9　基于荧光分析大气中微生物各分支的申请主体申请量分布**

次是荧光探针技术和 ATP 技术。而高校及科研单位在荧光探针技术领域的专利申请量最多，其次是自体荧光技术和 ATP 技术。由此可见，自体荧光技术相较于荧光探针技术在商业应用方面更为成熟。然而，高校通常代表着新技术的研究趋势，因此可以推断荧光探针技术可能成为未来发展的主要方向。

## 2.3　重点技术专利分析

根据第 2.1.4 节和第 2.2.4 节所阐述的全球及中国在荧光分析大气中微生物领域的专利申请技术主题情况，可以发现荧光探针技术和自体荧光技术这两个分支在专利申请量上均占据显著比例。因此，本节将依据专利申请的时间顺序，对这两个技术分支进行深入的专利技术分析。

### 2.3.1　荧光探针技术发展脉络

荧光探针检测微生物，是指采用强荧光的标记试剂或光生成试剂对微生物进行标记或衍生，生成具有高荧光强度的共价或非共价结合的物质，从而实现对微生物定性定量分析的一种方法。

基于荧光探针反应机理的不同可将其分为荧光染料染色探针、荧光抗体探针、荧光核酸探针，以及其他特殊的荧光探针技术。其中，荧光染料染色探针是主要采用荧光染料对微生物细胞内的成分进行染色的技术。荧光抗体探针是根据抗原、抗体反应的原理，将已知的抗原或抗体标记上荧光探针，再用带有荧光探针的抗原或抗体作为分子探针去检测微生物体内的特异性抗体或抗原。荧光核酸探针是将DNA(脱氧核糖核酸)探针用荧光染料标记，然后将标记后的探针直接进行原位杂交，再与荧光素分子偶联的单克隆抗体与探针分子特异性结合，通过荧光杂交信号来检测 DNA 序列在染色体上的定位及进行定性、定量分析。关于其他特殊的荧光探针技术，主要是利用微生物的代谢物能够与某些特定的荧光分子进行结合，通过结合前后荧光信号的变化情况来反应微生物的情况。以下重点对四种荧光探针技术进行分析。

#### 2.3.1.1 荧光染料染色探针

图 2-3-1 展示了荧光染料染色探针相关专利技术的发展脉络。

荧光染料染色探针技术最早见于 1985 年，专利申请 JPS62111680A 提出了一种能够实时测定空气中微生物数量的微生物计数器。该微生物计数器，包括通过用荧光染料染色微生物来促进微生物计数的样品空气预处理区域、用荧光激发被荧光染料染色的微生物的区域，以及检测微生物的区域。这种微生物计数器能够实现自动化测量，并且无须培养微生物。

1989 年，专利申请 JP2735626B2 提出了一种快速测量微生物的装置。该装置包括用于放置经荧光染色的微生物样品的电动载物台，具备光源结构的荧光显微镜，向样品照射一定波长的激发光，以及在荧光显微镜后方设置的用于检测荧光信号的光电倍增管。这种装置通过驱动载物台来执行微生物样品的整体扫描，通过将荧光显微镜和光电倍增管组合，减少了来自光电倍增管中电信号的噪声，即使微生物在量很少的情况下也能快速测定，节省了现有技术因培养微生物而花费的时间。

1993 年，专利申请 US5480804A 提出了一种被荧光染料染色的微生物快速测量装置。该装置包括载物台装置，用于承载经过荧光染料染色的微生物样品并运送样品以实现对微生物样品扫描；光源装置，用于将预定波长的激发光投射到样品上，从而微生物样品发出荧光；来自样品的荧光通过具有预定宽度的狭缝；第一滤光器装置，用于过滤来自样品的荧光以获得第一波段的光；第二滤光器装置，用于过滤来自样品的荧光以获得第二波段的光；第一感测装置，用于感测穿过狭缝的第一波段的光以获得第一电信号；第二感测装置，用于感测穿过狭缝的第二波段的光以获得第二电信号；信号滤波器装置，用于将来自感测装置的电信号的频带设定在基于狭缝的宽度和样品的扫描速度而预先确定的频带范围内；处理装置，用于处理频带设定后的第一和第二电信号，利用来自微生物的荧光染色后的荧光信号与微生物自发荧光信号之

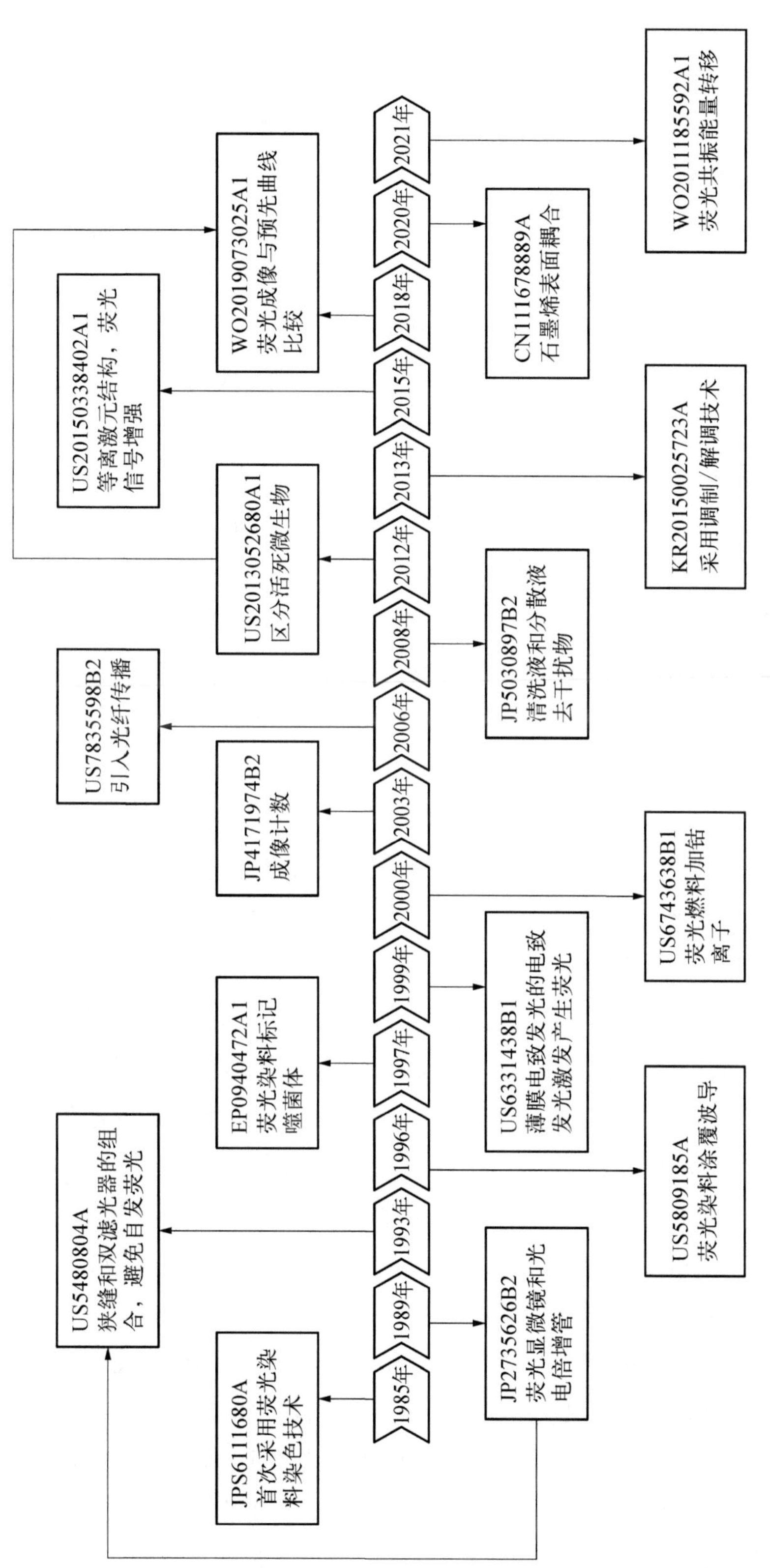


图 2-3-1 荧光染料染色探针相关专利技术的发展脉络

间的差异，将微生物与生物样品中的自发荧光区分开来。

1996年，专利申请US5809185A提出了一种用于检测微生物的传感器。该传感器包括至少一个光源；接收光源的多个波导；设置在光源和波导之间的第一滤波器，该滤波器使波长对应于荧光染料涂层的吸光度的光通过；在每个波导上具有不同的荧光染料涂层；用于检测通过波导的光的斯托克斯位移的装置，该斯托克斯位移响应于当微生物与所述荧光染料涂层接触时发出荧光的微生物；第二滤波器，其设置于波导与用于检测的装置之间，该第二滤波器使波长对应于荧光染料涂层的发射率的光通过。该传感器体积小、重量轻、便携且能原位使用，对微生物的测定响应时间短。

1997年，专利申请EP0940472A1提出了一种检测细菌的方法。首先，借助捕捉手段捕获空气或液体中包含的细菌；其次，将捕获到的细菌与噬菌体颗粒接触，该噬菌体颗粒被荧光染料标记，且作为细菌的宿主；最后，借助光学检测装置对细菌进行检测。上述噬菌体颗粒通过破坏宿主细胞而从细菌细胞中分离出来，因此不会引起宿主细胞的细菌分解，这使得用荧光染料标记噬菌体DNA(脱氧核糖核酸)能够稳定保持在宿主细胞中，避免了检测精度受前处理时间长短的影响。

1999年，专利申请US6331438B1提出了一种检测微生物的光学传感器。该传感器包括光学耦合到TFELD(薄膜电致发光器件)的分析物敏感层，该TFELD可以沉积在玻璃或其他合适的透明基板的一个表面上，基板的另一个表面支撑传感器层，该传感器层包含荧光染料分子的聚合物基质。传感器层和TFELD在基板的相对侧上呈面对面配置。通过TFELD连接到电源以激活来自TFELD的发光薄膜层的电致发光，该电致发光激发传感器层以提供荧光响应，该荧光响应根据分析物的存在而变化，上述响应由光电二极管、CCD(电荷耦合元件)阵列或其他合适的光电检测器检测，并分析并确定分析物的特性。该传感器具有高灵敏度和强特异性的优点。

2000年，专利申请US6743638B1提出了一种用于检测微生物的方法。通过在荧光染料中添加钴离子的方式来对微生物进行染色，这可以提高荧光染料的能级，使其发射强度增加，同时还解决了现有的常规荧光染料(如钙黄绿素、荧光素和罗丹明)在检测所需的浓度下会自猝灭的问题。

2003年，专利申请JP4171974B2提出了一种细菌的检测方法。首先，借助抗原、抗体反应，该细菌被抗体捕获至溶液中；之后，以规定的流量导入含有细菌作为抗原的样品溶液，通过施加电场，进一步对抗体上的细胞进行浓缩和反应吸附；随后，注入荧光染色剂以对细菌抗原进行荧光标记，利用清洁液洗涤荧光染色剂；最后，利用图像测量装置获取图像，通过图像可以进行细菌计数，该图像是将由荧光染料染色后细菌抗原的图像信息与荧光染料染色前的图像信息作差而得到的。此外，由于荧光输出与细菌的浓度成比例地增加，因此，可以基于在标准浓度下预先校准的数据对细菌的浓度进行计数。

2006年，专利申请US7835599B2提出了一种用于分析细菌的设备。该设备包括具有芯的光纤；穿过光纤的通道；引导系统，用于引导细菌通过上述通道，通道中添加了荧光染料；光源系统，该光源系统与光纤光学耦合，以使光在光纤的芯中传播并穿过通道；光检测系统，与光导耦合，用于检测在已经传播穿过通道中的细菌之后，离开光纤的光的强度。该设备解决了已知的流式细胞仪中激光器发出的激光束的杂散光，会干扰从某些细菌发出的荧光的问题。

2008年，专利申请JP5030897B2提出了一种微生物测量方法。该方法通过使用荧光微粒测量装置来测量待检测的微生物。首先，将与荧光染料结合的物质引入待检测微生物样品中。然后，该物质与待检测微生物特异性结合。之后，在过滤器中过滤检测目标微生物，用清洗液清洗捕获在过滤器上的检测目标微生物，其中清洗液不分解荧光染料，荧光染料和被检测微生物之间没有被解离，但是荧光染料和污染物之间的键被解离了。随后，被过滤器捕获的检测目标微生物中注入分散液来回收微生物，其中分散液的盐浓度低，其不分解荧光染料，但会分离荧光染料和污染物之间的键。最后，使用荧光微粒测定装置对回收的微生物进行测定。即使在检测对象样品中混入大量杂质，该测定方法也能够避免采用流式细胞仪检测时出现错误计数的情况，并且能够容易地检测到目标微生物，进行高精度的检测和测量。

2012年，专利申请US2013052680A1提出了采用能够对活微生物进行荧光染色的第一荧光染料和能够对死微生物进行荧光染色的第二荧光染料的组合，通过测量微生物被第一荧光染料和第二荧光染料染色所发出的荧光，以确定活微生物的数量和死微生物的数量。其中，第一荧光染料可以结合到活微生物的细胞壁上，从而在大约520～550 nm的波长处发射绿色荧光。第二荧光染料可以结合到死亡微生物的核酸上，从而在大约660～680 nm的波长处发射红色荧光。比如，Syto9和碘化丙啶可以分别用作第一荧光染料和第二荧光染料。

2013年，专利申请KR20150025723A提出了一种用于检测微生物的设备。该设备包括：液晶快门，用于阻挡微生物和荧光染料发出的光；快门驱动器，用于驱动液晶快门；光接收二极管，用于接收荧光染料发出的光；电流-电压转换器，用于将光接收二极管的电流转换成电压；乘法器，用于接收电流电压转换器的输出；开关控制器，用于向快门驱动器和乘法器施加同步信号；LPF(低通滤波器)，用于接收乘法器的输出;一个 AD(模数)转换器,用于接收 LPF 的输出。该设备使用调制和解调的方法来去除噪声并增加微生物检测装置的灵敏度,使其能够检测量少的微生物。

2015 年,专利申请 US20150338402A1 提及 MEF(金属增强的荧光)具有的如下几点缺点:金属必须在其吸收固有的、较低的波长下显示出等离子体共振,这将金属限制为 Ag、Au 和 Al,以及偶尔用于 MEF 的其他一些金属;在距离金属表面 10 nm 处有一个最佳的金属增强距离,但是距离较近的荧光团经常被猝灭;金属是有损耗的,并且会很快耗散光能,因此,MEF 通常随着兴奋-弛豫循环速率的增加而发生。此外,激发角和发射角与法线相差甚远,使得成像应用存在问题。为了克服上述金属增强的荧光所具有的缺陷,该专利提出使用等离激元结构作为基底的技术,实现荧光信号的增强。该等离激元结构的基板包括沉积在布拉格光栅上的金属纳米级层,该金属纳米级层包括纳米孔金属膜,其孔径大到足以容纳包括荧光团的分子复合物,或者金属纳米级层包括多个纳米管中的相邻介电层的纳米级孔,在介电层的表面上,每个孔足够大以容纳包括荧光团的分子复合物;布拉格光栅包括多个介电层,每个介电层包括与多个低折射率层交替的多个高折射率层,介电层平行于金属纳米级层,每一介电层的厚度约为该层中目标光频率波长的四分之一。金属纳米级层被配置为容纳荧光团,使得来自荧光团的 S 偏振发射以目标光学频率垂直于多个介电层的方向从基板传播出去。

2018 年,专利申请 WO2019073025A1 提出了一种基于活/死微生物染色原理确定样品中完整微生物浓度的方法。首先,提供含有微生物的样品,稀释样品的等分试样,在稀释步骤期间或之后,使样品的稀释等分试样的至少一部分能够与 DNA 的第一和第二染色剂接触,以提供样品-染色剂混合物。该第一染色剂是荧光染色剂,是细胞可渗透的,并且具有第一发射波长;第二染色剂是细胞不可渗透的,并且能够在 FRET(荧光共振能量转移)中充当受体分子,而第一染色剂充当供体分子。之后,在第一次发射时对等分试样-染色剂进行成像,并确定完整微生物对应的图像分析值。最后,将等分试样的图像分析值与预定校准曲线进行比较,确定样品中完整微生物的浓度。

2019 年,专利申请 KR102159346B1 提出了一种实时收集和分析空气中微生物的方法。第一步,引入空气,即将外部空气引入一个具有空间的上部主体中。第二步,流入空气。在此步骤中,引入的空气会穿过一个由透明材料构成的光源透射构件的喷嘴,并迅速改变方向后排放至外部。第三步,收集空气中的微生物。在空气进入过程中,引入的含有微生物颗粒的空气以规则的间隔排列于喷嘴下方,并包含微生物染色材料,由透明材料制成的荧光碰撞板通过惯性作用进行收集。第四步,染色,即利用微生物染色材料对在空气中传播的微生物颗粒进行染色处理；随后，通过光照射至经过染色的微生物颗粒，激发其产生荧光反应。第五步，过滤荧光。此步骤仅允许在荧光阶段产生的荧光通过位于荧光碰撞板下方的荧光过滤器，并通过设置在荧光滤光器下方的图像传感器进行荧光图像测量。该方法能够实现对空气中污染物的连续测量，无须进行额外的提取或化学处理过程。

2020年，专利申请CN111678889A提出了利用石墨烯量子点与荧光分子掺杂改性的石墨烯生物传感器，可对痕量，甚至超痕量生物标志物（病毒、冠状病毒2019-nCoV）实现超高灵敏度即时检测。第一步，制备氧化石墨烯/还原氧化石墨烯溶液。第二步，制备二氧化硅基石墨烯传感器基体：对二氧化硅薄片进行清洗、擦拭处理，去除表面有机物，在二氧化硅薄片上涂布制备一层氧化石墨烯或石墨烯膜作为二氧化硅复合石墨烯传感器基体。第三步，制备石墨烯量子点与荧光分子自组装结合体改性生物传感器：利用氧化石墨烯/还原氧化石墨烯制备石墨烯量子点，石墨烯量子点与荧光分子自组装成复合膜，再利用氧化石墨烯/还原氧化石墨烯采用溶剂热法制备石墨烯量子点，石墨烯量子点与荧光染色剂在溶液中自组装，制成检测痕量病毒的量子点与荧光分子掺杂石墨烯生物传感器。通过调控光场将光学表面波引到石墨烯表面，即形成石墨烯表面波，通过在二氧化硅片表面制备石墨烯或氧化石墨烯膜再复合石墨烯量子点与荧光分子自组装的薄膜，这样就能使石墨烯和光场充分耦合。石墨烯表面波是通过一种特殊结构形成的，新型结构下石墨烯的光耦合效率可高达100%，同时这一超高的耦合效率可以在0～100%范围内有效调控，具有超高的灵敏度、超快的响应速度，可以检测空气中的痕量冠状病毒，降低空气中以气溶胶形式痕量或超痕量分布的病毒传播疾病的可能。

2021年，专利申请WO2022185592A1提出了病毒测定方法。该方法具有捕集工序、染色工序和测定工序。其中，捕集工序是捕集浮游在空气中的病毒；染色工序是利用膜透过性荧光色素对病毒的内容物进行荧光染色，并且利用与膜透过性荧光色素不同的其他荧光色素对病毒进行荧光染色。在测定过程中，通过照射具有膜透过性的荧光色素或其他荧光色素之一的激发波长光，并检测基于荧光共振能量转移的膜透过性荧光色素或其他荧光色素的另一者所发出的光，从而测定病毒的粒径分布。

2021年，专利申请GB2605697A提出了一种便携式气载真菌实时采集检测方法。第一步，进行准备工作，即根据分离检测目标所需的流量调整扭力调节螺栓的位置，并将气动活塞调节至限位环。随后，使用移液枪将荧光染料加入反应罐中。第二步，检测设备的组装，确保透光孔、手动恒流气泵的进气通道、出气通道以及反应罐保持在同一水平线上，以保证细菌的无障碍传播。第三步，空气中真菌颗粒的收集和染色，通过手动恒流气泵将收集到的含有真菌颗粒的空气匀速送入冲击器进行分离，将分离后的目标气载菌颗粒在反应槽中进行富集染色。第四步，空气中真菌颗粒的检测，即将分离出的真菌颗粒染色后，启动光源装置对染色后的真菌颗粒进行激发，并启动荧光数据采集处理装置对染色后的荧光图像进行采集处理，从而得到空气中微生物含量的计算结果。该方法融合了免疫荧光技术、气体微粒分离技术和图像处理技术，能够实时准确地检测空气中真菌浓度，具有创新性、结构简单、操作便捷以及高度集成的优点。

#### 2.3.1.2 荧光抗体探针技术

图 2－3－2 展示了荧光抗体探针相关专利技术的发展脉络。

荧光抗体探针技术最早见于 1997 年，专利申请 US5955376A 提出了基于抗体－抗原反应，利用荧光标记抗体的方式对大气中的微生物进行免疫标记，并在荧光显微镜下进行观察。

1999 年，专利申请 US6331438B1 提出了用于检测化学生物和物理分析物的光学传感器、探针和阵列设备。该装置包含一个与薄膜电致发光层光学耦合的分析物敏感层，该层通过激活分析物敏感层来产生光学响应。光学响应会因分析物的存在而产生变化，进而被光电探测器所检测并进行分析，以确定分析物的特性。分析物可为抗体或抗原。具体检测方法涉及使用光学传感单元和薄膜电致发光器件，其中传感层能够吸收特定波长的光并产生针对特定分析物存在的光学信号。首先，将样品引入并使其与传感层接触。随后，激活薄膜电致发光器件，向传感层发射特定波长的光能。通过光学检测手段对传感层的光学信号进行检测，并对所得信号进行评估，以确定样品中至少一种感兴趣的分析物或其浓度。薄膜电致发光器件包括有机电致发光材料。该检测方法能够根据工作人员可能接触到的病原体或其他分析物选择适当的传感化学物质，并具备同时监测多种有害物质的能力。

2002 年，专利申请 CN101551337A 提出了一种探测样品中的靶颗粒的方法。第一步，通过撞击、静电吸附或自静态空气落下使空气样品中的靶颗粒定位到一个室的内表面上。第二步，发光细胞加入到该室的内表面上以形成一种混合物，其中的发光细胞包括一种或多种适合于与靶颗粒发生相互作用的抗体和能在应答于一中或多种抗体与靶颗粒相互作用时发射荧光的发光分子。第三步，测量混合物中的细菌或病毒细胞的荧光。整个方法在很短的时间内进行，并且能同时对一个样品中的多种靶颗粒进行分析。

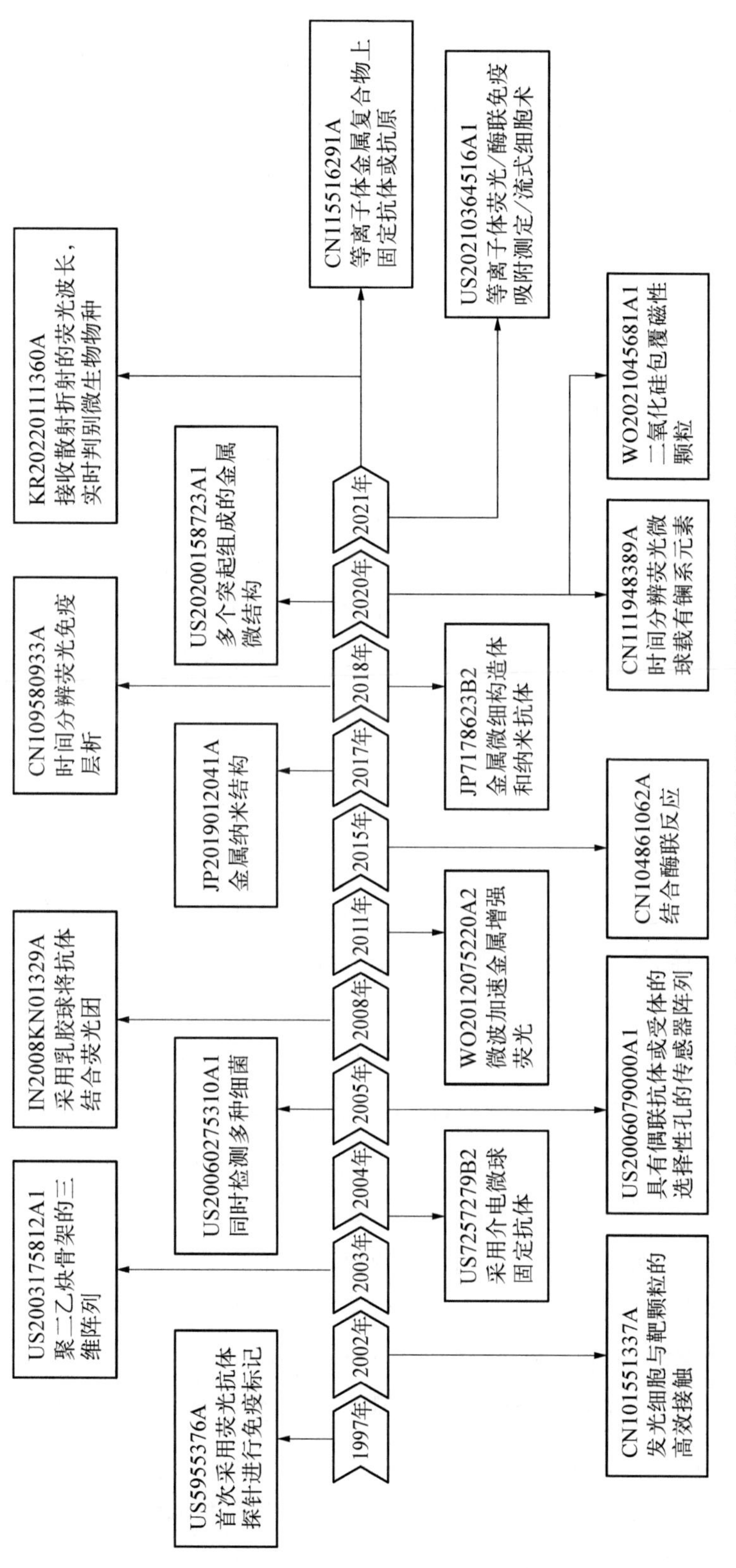


图 2－3－2　荧光抗体探针相关专利技术的发展脉络

2003 年，专利申请 US2003175812A1 提出了一种检测样品中分析物的方法。第一步，将待测试样品与聚二乙炔骨架的三维阵列相接触，该聚二乙炔骨架具有结合在阵列中的底物，该底物对分析物具有直接亲和力且能与分析物反应。第二步，检测荧光的变化以指示分析物的存在。分析物是抗原，底物是该抗原的抗体。将荧光团添加到聚二乙炔骨架的三维阵列中可以使测定过程中阵列荧光变化的程度增加，从而提高测定灵敏度。

2004 年，专利申请 US7257279B2 提供了一种基于微球的生物传感器。使用该生物传感器，先要将抗体固定在微球表面，之后细菌与抗体结合可产生能用相关检测器检测到的荧光信号。由于微球生物传感器的表面积很小，细菌样本中的很大一部分将在到达球体表面附近之前就被抽出传感器室。所以，微球生物传感器开发中的挑战之一就是将细菌有效地传递到发生结合事件的传感表面。通过采用三明治形配置，抗原首先与传感器表面的抗体结合，然后添加用荧光染料标记的第二层抗体，使其与捕获的抗原结合，结合到第二层抗体上的荧光分子被在微球的回音壁模式中传播的光引起的逝场激发，进而收集由激发的染料产生的荧光并将其用作抗原结合事件的指示剂。

2005 年，专利申请 US2006079000A1 提出了一种微生物检测方法。该方法采用包含一个或多个具有大孔的传感器阵列，通过将流体中的微生物（如细菌，孢子和原生动物）捕获到大孔中，同时将抗体或半选择性配体（如凝集素）的受体偶联至珠子的内部孔区域以产生选择性孔，流体中的微生物在选择性孔中产生荧光信号。同时，通过引入可视化抗体，使其能够与捕获的分析物偶联以产生可以由 CCD（电荷耦合元件）检测器记录的荧光特征。

2005 年，专利申请 US20060275310A1 提出了一种检测两种或更多种细菌的方法。第一步，获得第一荧光纳米颗粒，该第一荧光纳米颗粒能够结合在与细菌特异性结合的抗体上，且该纳米颗粒在一个波长发射。第二步，获得第二荧光纳米颗粒，该第二荧光纳米颗粒能够结合在与细菌特异性结合的抗体上，该纳米颗粒在另一个波长发射。第三步，将第一和第二荧光纳米颗粒放置在怀疑是细菌的位置上，随后将该位置暴露于能够激发第一和第二荧光纳米颗粒的光的波长下。第四步，测量第一和第二荧光纳米颗粒的荧光发射，通过与未暴露于细菌的第一和第二荧光纳米颗粒的荧光发射的波长相比，观察测得的荧光发射的波长，其中第一和第二荧光纳米粒子与细菌结合后显示较低的发射波长。

2006 年，专利申请 US8216797B2 提出了一种用于测试植物样品中是否存在病毒、真菌或细菌的方法。第一步，制备用于检测植物病原体的植物样品。第二步，在植物样品中加入珠子，这些珠子能够与植物病原体特异性结合。第三步，将发射细胞添加至珠子上，这些发射细胞含有受体，受体可能是对特定靶抗原具有特异性的抗体，或者是对一般靶具有特异性的抗体，比如标记物、生物素或免疫球蛋白等。这些受体在发射细胞表面表达，并对特定的植物病原体具有特异性，植物病原体与受体的结合会导致钙浓度的增加。发射细胞的细胞质中包含发射分子，这些分子能够响应细胞内钙浓度的增加而发射光子。第四步，通过检测光子的发射来指示样品中是否存在植物病原体。

2008 年，专利申请 IN2008KN01329A 提出了一种用于检测样品中成分的生物测量系统。该系统包括：收集装置，用于收集气溶胶形式的样品；浓缩装置，用于从收集装置的内表面浓缩样品；标记装置，用于对浓缩样品中存在的成分进行荧光标记，该荧光标记包括通过乳胶球这一中间载体与抗体结合的荧光团，利用多个荧光团与抗体相关联；询问装置，用于光学询问经过荧光标记的成分并由此产生样品中成分的浓度测定值。

2011 年，专利申请 WO2012075220A2 提出了一种用于检测样品中的病原微生物的方法。第一步，提供一种系统，该系统包括固定有三角形金属结构的第一表面基底，该三角形金属结构为领结的图案形状，且两个三角形的顶点对齐排列，并在顶点之间形成反应区。固定有金属岛或胶体的第二表面基底，该金属岛或胶体已附着有与病原微生物的已知 DNA 序列互补的捕获 DNA 序列探针。与病原微生物的已知 DNA 序列互补的游离捕获 DNA 序列探针，其中所述游离捕获 DNA 序列探针上附着有可激发的发光分子，如荧光团。提供微波范围内的能量和能辐射并激发可激发发光分子的能量的电磁能源，该源可以是一个或两个。测量电磁辐射的测量设备。第二步，使样品与第一表面基底接触并将病原微生物置于反应区中。第三步，将能够导致病原微生物细胞膜发生裂解的微生物量置于微波能量的作用区域。第四步，从第一底物中除去裂解的微生物，并从裂解的病原微生物中分离 DNA。第五步，使分离的 DNA 与第二底物上的固定的捕获 DNA 序列探针接触，其中病原微生物的分离的 DNA 与固定的捕获 DNA 序列探针结合。第六步，引入游离捕获 DNA 序列探针以与致病微生物的任何结合的 DNA 接触，其中游离捕获 DNA 序列探针与致病微生物的 DNA 的结合导致可激发的发光分子与固定的金属分子定位足够的距离，金属岛或胶体在被辐射源激发时提高发射水平。第七步，将第五步和第五步的结合反应暴露于足以提高反应速率的量的微波能下。第八步，通过用电磁能照射系统来激发可激发的发光分子，通过发光发射来鉴定病原微生物。上述方法提供了一种超快、高度灵敏的微波加速金属增强荧光技术。该技术结合了两种技术的优点：第一，金属增强荧光可提高基于荧光的生物测定的灵敏度，这是由于存在金属纳米颗粒，从而增强了近场中的荧光发射，受激发的荧光团将其能量部分转移至银纳米颗粒；第二，低功率微波加热，可通过动态加速生物测定来缩短生物测定的运行时间，整个测定运行时间缩短了1 000倍以上，并且可以大大提高检测的灵敏度。

2015年，专利申请CN104861062A提出了一种流感病毒H5N1的时间分辨荧光免疫检测方法。第一步，将包被有用于检测禽流感病毒H5N1的特定的单链抗体的酶联板加入H5N1病毒标准品或待测样品。第二步，加入分析缓冲液室温震荡反应，洗涤液洗涤后加入用分析缓冲液按1∶(50～100)体积比稀释的$Eu^{3+}$、标记抗体100～200微升/孔，室温震荡反应后用洗涤液洗涤。第三步，加入增强液进行荧光检测。

2017年，专利申请JP2019012041A指出在表面增强荧光法中，固定在金属纳米结构上的固定抗体经由待测物质捕获标记抗体，由标记抗体的荧光物质发射的荧光信号增强，检测该增强的荧光，并由该荧光的强度计算出被测定物质的浓度。此时，如果固定抗体在金属纳米结构上的固定密度不足，则可以捕获的标记抗体的数量也减少，并且表面增强的荧光强度也降低，使得被测物质的浓度被计算为过低。为了克服上述问题，该专利提出：首先，用光照射具有金属纳米结构，该金属纳米结构上固定有能够与被测物质结合的第一特异性结合物质，检测第一特定结合物质的表面增强拉曼散射光；然后，基于表面增强拉曼散射光的强度确定是否可以使用测量单元，在该步骤中可引入第二特异性结合物质和待测物质，其具有与待测物质结合的荧光物质标记，从特异性和稳定性的观点出发，特异性结合物质可以是抗原和抗体；最后，用第二光照射，以检测荧光物质的表面增强荧光，并测量被测物质的浓度。

2018年，专利申请JP7178623B2提出了一种能够检测微量流感病毒的检测装置。该装置包括：第一纳米抗体，其具有与A型流感病毒的核内蛋白质特异性结合的性质；金属微细构造体，其通过被照射激发光而产生表面等离子体激元；第二纳米抗体，用荧光物质标记，且具有与A型流感病毒的核内蛋白质特异性结合的性质；导入部，将能够包含甲型流感病毒的核内蛋白质的试样导入金属微细结构体；光照射部，照射激发光至金属微细结构体中；检测部，检测通过激发光的照射而由荧光物质产生的荧光，进而检测甲型流感病毒的核内蛋白。在利用表面等离子激元增强并检测，待检测物质的表面增强荧光这一方法中，通过使用纳米抗体作为检测对象，可以解决荧光方法中检测灵敏度低的问题。

2018年，专利申请CN109580933A提出了一种检测甲型/乙型流感病毒的时间分辨免疫层析试纸条。该试纸条包括底板及依次粘贴在底板上的样品垫、结合垫、反应膜和吸水垫。结合垫上包被有时间分辨荧光微球标记的甲型/乙型流感病毒单克隆检测抗体，结合垫为玻璃纤维。反应膜包括平行设置且相互间隔的检测区和质控区，检测区靠近结合垫，质控区靠近吸水垫，检测区和质控区分别包被有识别单一抗原表位的甲型/乙型流感病毒单克隆捕获抗体和羊抗鼠 IgG(免疫球蛋白)抗体。反应膜为结合聚合物的硝酸纤维膜，聚合物为在小于 450 nm 波长下具有 10%以下透光率，在大于 500 nm 波长上具有 95%以上透光率的材料。将时间分辨荧光免疫层析技术引入甲型/乙型流感病毒的检测中，不仅大大地节约了检测时间，提升了检测的稳定性和灵敏度，而且操作简便，可用于现场检测，同时也具有成本低、性价比高的优点。

2020 年，专利申请 US20200158723A1 提出了一种检测装置。该装置包括传感器基板、引入口、光照射部和检测部。第一抗体被固定在传感器基板的金属微结构上，该抗体具有与分析物特异性结合的性质。其中，金属微结构由布置成平面形状的多个突起组成；多个突起以在俯视时分别穿过相邻的多个突起之间的中心的假想线呈蜂窝状的方式配置；多个突起中的每个突起在平面图中具有大致六边形的形状；在相邻的突起之间存在的间隙，在传感器基板的厚度方向上的深度大于蜂窝形状的六边形的内切圆的半径。第二抗体和样品通过引入口到达金属微结构，其中第二抗体具有与分析物特异性结合的特性，并用荧光物质标记。以激发光照射已经引入了第二抗体和样品的金属微结构，当用激光照射时会产生表面等离子体。根据通过激发光的照射而从荧光体产生的荧光来检测分析物。

2020 年，专利申请 CN111948389A 提出了一种检测甲型、乙型流感病毒和新型冠状病毒抗原的时间分辨免疫层析试纸条。该试纸条包括 PVC(聚氯乙烯)底板，依次设在底板上的样品垫、结合垫、反应膜和吸水垫。结合垫上包被有时间分辨荧光微球标记的抗甲型、乙型流感病毒和新型冠状病毒单克隆检测抗体。反应膜包括平行设置且相互间隔的检测区和对照区，比如，T1 检测区、T2 检测区和 T3 检测区分别包被有识别单一抗原表位的甲型流感病毒单克隆捕获抗体、乙型流感病毒单克隆捕获抗体和新型冠状病毒单克隆捕获抗体，对照区包被羊抗鼠多抗抗体。反应膜为结合聚合物的硝酸纤维膜，该聚合物的材料在小于 450 nm 的波长下具有 10%以下透光率，在大于 500 nm 波长下具有 95%以上的透光率。时间分辨荧光微球载有镧系元素或其螯合物，镧系元素优选为钐、铕或铽。荧光免疫层析检测技术具有安全、费用低、操作简便、可实现床旁快速检测等优点，其中，时间分辨荧光免疫层析无放射性污染、无背景荧光干扰。

2020年,专利申请WO2021045681A1提出了一种用于对包含细菌细胞的样品进行定量的光致发光测定法。第一步,将样品与二氧化硅涂层的磁性颗粒一起温育以使二氧化硅涂层的磁性颗粒与细菌细胞接触。第二步,将与二氧化硅涂覆的磁性颗粒接触的细菌细胞暴露于外部磁场,以形成第一磁性颗粒和第一上清液。第三步,从第一上清液中分离出第一磁性颗粒。第四步,将第一磁性颗粒与纳米颗粒一起温育以允许纳米颗粒接触细菌细胞。该纳米颗粒具有表面的光致发光无定形核,该核包含苏氨酸和聚乙烯亚胺,并且其表面被官能化至少含有碳水化合物。第五步,将与二氧化硅包覆的磁性颗粒和纳米颗粒接触的细菌细胞暴露于外部磁场,以形成第二磁性颗粒和第二上清液。第六步,量化第二磁性颗粒的可发射光致发光。源自生物分子,比如,氨基酸和碳水化合物的光致发光纳米点,与未官能化的纳米颗粒相比,这些碳水化合物官能化的纳米颗粒对某些细菌菌株表现出高亲和力。纳米颗粒可以使用聚合物前体聚乙烯亚胺形成,这些纳米颗粒显示明亮的荧光,可用于目标特异性细菌细胞的定量荧光检测,灵敏度高。

2021年,专利申请KR20220111360A提出了一种微生物种类识别装置。该装置包括:腔室外壳,其支撑异质腔室,其中圆形直径的一部分和椭圆体的一部分彼此耦合;带式过滤器,与腔室外壳部分耦合,并采样和收集空气中的气溶胶颗粒,将特异性抗体暴露于带式过滤器以诱导抗原-抗体反应进入和离开异质腔室的捕集空气采样器;紫外光源单元连接到腔室外壳的一侧,将输入光源传输到异质腔室;荧光受光部A和荧光受光部B,检测从异质室发出的荧光;荧光受光部A可以检测圆形标本中微生物的总量,荧光受光部B可以检测抗原标本的特定波段的密度。

2021年,专利申请CN115516291A提出了一种通过使用抗原-抗体反应来量化固定化金属基材上的病毒或抗体的荧光计数方法。第一步,使等离子体子金属复合物溶液与第一抗原或第一抗体的缓冲液凝聚。第二步,形成相固化基材,该相固化基材包含金属基材及凝聚的等离子体子金属复合物,其中凝聚的等离子体子金属复合物上具有第一抗原或第一抗体。第三步,使目标与在凝聚的等离子体子金属复合物上的第一抗原或第一抗体形成抗原-抗体反应。第四步,形成附着有凝聚的等离子体子金属复合物的目标,该目标包含标记荧光材料。第五步,通过照射激发光而制作目标的荧光图像。第六步,通过显微镜观察该荧光图像。第七步,计数荧光点。第八步,定量该目标。

2021年,专利申请US20210364516A1提出了一种测定病毒特异性抗体、病毒特异性免疫球蛋白至少一种的方法。该测定方法包括等离子体荧光、免疫微阵列、酶联免疫吸附测定、荧光联免疫吸附测定、基于珠的荧光免疫测定和流式细胞术中的至少一种。病毒特异性抗体选自 IgG(免疫球蛋白)和 IgM(血清免疫球蛋白);病毒特异性免疫球蛋白是识别病毒核衣壳蛋白、病毒刺突蛋白 1、病毒刺突蛋白 2 的受体结合域。

#### 2.3.1.3　荧光核酸探针技术

图 2-3-3 展示了荧光核酸探针相关专利技术的发展脉络。

荧光核酸探针技术最早见于 1998 年,专利申请 EP1236807A2 提出了通过将单链核酸与互补探针序列相结合的杂交机制,利用核酸探针与微生物 DNA 杂交时产生的荧光信号,实现对微生物的检测。相较于传统荧光染料染色技术,本方法具有更高的检测速度和灵敏度。

1998 年,专利申请 JP2002511934A 提出了一种检测靶核酸的生物传感器系统。该系统至少由三层组成,其中两层为波导,另一层包含可与靶核酸杂交的核酸或核酸类似物。荧光物质与核酸或核酸类似物结合,生物传感器可以通过直接激发来发挥作用。该生物传感器足够灵敏,可以直接检测样品中非常少量的靶核酸,而无须采用诸如 PCR(生物学的聚合酶链反应)的核酸扩增方法。

2001 年,专利申请 WO2002023188B1 提出了一种检测分类流体及空气中化学物质、颗粒、病毒和细菌的方法。该方法包括:制定感兴趣的靶标,例如,J 细菌、花粉、病毒、代谢毒素以及其他病原体;收集 T 细胞和 B 细胞种群;制备大量核酸伪随机序列,并与目标混合,随后去除未结合或结合力较弱的分子;持续收集黏附候选物,直至达到所需亲和度;附着光子报告分子;将结合的分子固定于生物膜底物上;进行测试与重复实验。基于细胞的生物受体可采用分离感兴趣的 B 细胞表面抗体的 mRNA(信使核糖核酸)。

2003 年,专利申请 EP1578896A4 提出了一种智能检测和识别空气样本中微生物的传感系统。该系统包括:基于核酸/荧光团的传感器阵列,其包含多个附着于荧光团的核酸;检测器阵列,其包括与传感器阵列连通的多个检测器;采样室,容纳传感器阵列和检测器阵列;采样装置封闭在腔室中,用于将环境空气吸入腔室中,与传感器阵列接触一段受控的曝光时间;与采样装置和检测器阵列通信的微控制器,控制器装置协调并切换采样装置和检测器阵列,以对环境空气进行采样,测量传感器对空气样本的响应,检测分析物并报告微生物检测结果;用于指导微控制器的采样算法,以及一种与采样算法和微控制器通信的微生物识别算法,识别算法将暴露于微生物之前和之后的所测得的传感器光学响应,与传感器对微生物的特征响应进行比较,并识别空气样品中的微生物。

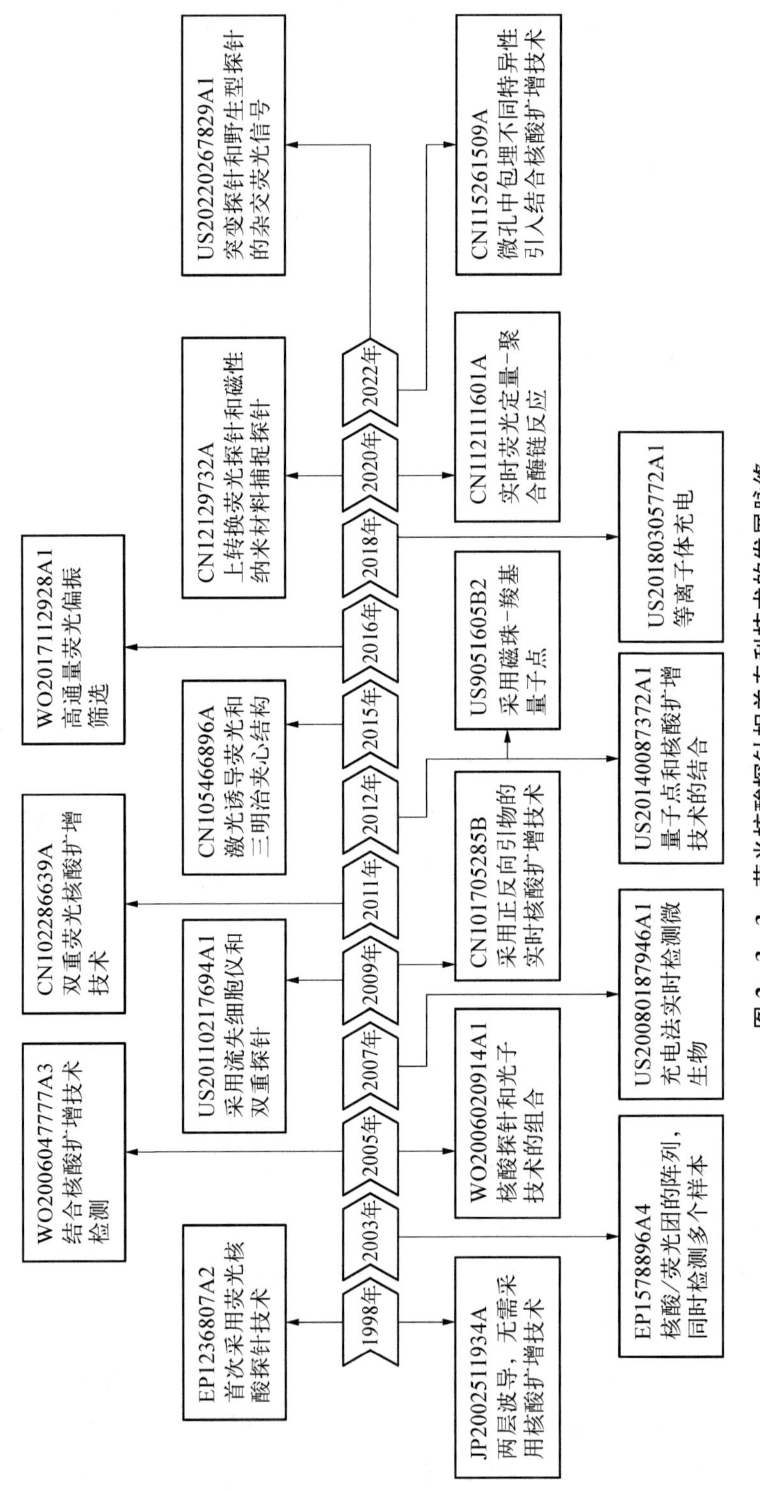


图 2-3-3 荧光核酸探针相关专利技术的发展脉络

2005 年，专利申请 WO2006020914A1 提出了一种使用时间分辨光子计数来检测已知特定目标分析物的方法。该分析物是通过荧光探针与附着于核酸 5′末端的聚赖氨酸低聚物的 ε 氨基共价反应而被标记的核酸。第一步，将单链核酸结合到固体基质上。第二步，在杂交条件下，使基质结合的核酸与一种或多种荧光标记的探针接触，该荧光标记的探针具有与靶分析物互补的部分。第三步，在严格条件下洗涤与基质结合的核酸，以除去未与基质结合的核酸结合或未特异性结合的荧光标记探针。第四步，使用时间分辨的光子计数来检测荧光标记的探针的存在，其中，荧光标记的探针的存在指示靶核酸分析物的存在。核酸在从生物样品中分离出来之后，没有通过聚合酶链反应扩增。本测定法比常规核酸测定法更有效，因为没有对样品核酸混合物的任何进一步分离，也没有任何核酸扩增步骤。另外，由于使用荧光标记的核酸探针和光子计数间接检测特异性核酸序列，在检测少量特定已知核酸方面比常规核酸测定法更灵敏。

2005 年，专利申请 WO2006047777A3 提供了检测一种或多种靶多核苷酸是否存在于样品中的方法。第一步，在流体封闭反应系统中，使用第一阶段扩增试剂在第一反应混合物中扩增来自样品的一种或多种靶多核苷酸，形成一种或多种第一扩增子，第一阶段扩增试剂包括针对每一种靶多核苷酸的初始引物。第二步，在流体封闭反应系统中分离第一反应混合物的样品。第三步，在流体封闭反应系统中，使用第二阶段扩增试剂在第二反应混合物中扩增该样品中的一种或多种第一扩增子，形成一种或多种第二扩增子，第二阶段扩增试剂包括针对一种或多种第一扩增子的每一种的至少一种次级引物，使每一种次级引物相对于第一扩增子的初始引物均嵌套在第一扩增子中。另外，该专利还提供了控制嵌套扩增反应的方法。首先，在第一阶段扩增反应中，在反应混合物中存在荧光指示剂的情况下，扩增靶多核苷酸，荧光指示剂能够产生与第一阶段扩增反应中扩增子数量相关的光信号。然后，监测第一阶段扩增反应中荧光指示剂的光信号。最后，当光信号达到或超过预定水平时，自动分离有效部分的第一阶段扩增反应的反应混合物来启动第二阶段扩增反应。该方法具有单阶段技术的便利性，以及具有使用嵌套引物的多阶段扩增所赋予的更高灵敏度。

2007 年，专利申请 US20080187946A1 提出了用充电法实时检测微生物的方法。该方法包括过滤大气中大于预定尺寸的微生物；使大气中的微生物带电，并且通过使用电势差来收集带电的微生物；通过将荧光材料施加到收集的微生物上来对收集的微生物进行预处理；将光照射到微生物上，并且感测与照射的光反应的微生物，从而检测大气中微生物的浓度。其中，荧光材料是牢固地黏附于特定微生物，并且不牢固地黏附于其他材料的材料。例如，将荧光抗生素用作荧光材料，它是一种新材料，即利用荧光材料黏附在抗生素上，能够特异性结合 DNA。

2009 年，专利申请 US20110217694A1 提出了一种用于检测样品中目标微生物的流式细胞仪方法。第一步，将样品与多种探针混合以形成标记的样品，其中，上述多个探针包括至少一个第一探针和至少一个第二探针，至少一个第一探针靶向靶微生物；每个第一探针包括至少一个具有第一波长发射范围的第一标签，每个第一标签具有基本上彼此相似的第一波长发射范围；第二探针靶向样品的非靶微生物组分，每个第二探针包含至少一个第二标签，每个第二标签的第二波长发射范围不同于第一标签的第一波长发射范围。第二步，将标记的样品引入流式细胞仪。第三步，在流式细胞仪中分析标记的样品，分析内容包括：检测至少一个第二标签的第二波长发射范围；从与第一标签的第一波长发射范围重叠的第二波长发射范围中选择至少一个发射波长，在与该发射波长重叠的区域中检测第一标签的第一波长发射范围。上述多种探针选自肽核酸、DNA 探针、RNA（核糖核酸）探针。

2009 年，专利申请 CN101705285B 提出了一种利用引物的实时 PCR（生物学的聚合酶链反应）定量检测钩端螺旋菌属的方法。第一步，选择阳性克隆，提取该克隆的 DNA，以该 DNA 为模板用上述引物进行 PCR 扩增，切胶纯化，以纯化后的 PCR 产物为模板用引物进行 PCR（生物学的聚合酶链反应）扩增，测定产物的吸光度，并将吸光度转化成 DNA 浓度，再将 DNA 产物的质量转化为拷贝数；纯化的 PCR 产物定量后，进行梯度稀释，并以 PCR 产物为模板，数据构建标准曲线。第二步，在实时定量 PCR 仪中以上述引物扩增环境中钩端螺旋菌属的 DNA 基因，通过仪器检测扩增过程中相应的荧光信号，利用第一步中已建好的标准曲线将荧光信号转换为起始反应的核酸分子拷贝数。上述的引物对包括正向引物和反向引物，其中，正向引物的序列是 5′- GAGTTTGATCCTGGCTCAG - 3′，反向引物的序列是 5′- GTTGCTGCGTCAGGGTTT - 3′。

2011 年，专利申请 CN102286639A 提出了甲型 H1N1/甲型流感病毒核酸双重荧光 PCR 检测试剂盒。该试剂盒包括 RNA 酶抑制剂、RT - PCR（实时荧光定量-生物学的聚合酶链反应）反应液、酶混合液、甲型 H1N1/甲型流感病毒双重反应液、阳性对照和阴性对照。甲型 H1N1/甲型流感病毒双重反应液的组分包括：组分 1，由一对检测甲型 H1N1 流感病毒的引物和一条检测甲型 H1N1 流感病毒的探针组成，其中，两条引物的碱基序列分别为 SEQ ID No.1 和 SEQ ID No.2 所示，探针的碱基序列为 SEQ ID No.3 所示，该探针的 5′端标记有荧光报告基团，3′端标记有荧光猝灭基团；组分 2，由一对检测甲型流感病毒的引物和一条检测甲型流感病毒的探针组成，其中，两条引物的碱基序列分别为 SEQ ID No.4 和 SEQ ID No.5 所示，探针的碱基序列为 SEQ ID No.6 所示，该探针的 5′端标记有荧光报告基团，3′端标记有荧光猝灭基团；酶混合液，包括 Taq 酶(从水生栖热菌中分离出的具有热稳定性的脱氧核糖核酸聚合酶)和逆转录酶。表 2-3-1 为上述甲型 H1N1/甲型流感病毒引物和探针的序列。

**表 2-3-1 甲型 H1N1/甲型流感病毒引物和探针的序列**

| 名 称 | 序 列 |
|---|---|
| 甲型 HIN1-FP | TCGATTATGAGGAGCTAAGAGAGC(SEQ ID No.1) |
| 甲型 HIN1-RP | AGGACATGCTGCCGTTACAC(SEQ ID No.2) |
| 甲型 HIN1-P | FAM-TGGCCCAATCATGACTCGAACAAAG-BHQ1(SEQ ID No.3) |
| 甲型-FP | CTAACCGAGGTCGAAACGT(SEQ ID No.4) |
| 甲型-RP | TCTTGTCTTTAGCCAYTCCA(SEQ ID NO.5) |
| 甲型-P | HEX-CCCTCAAAGCCGAGATCGC-BHQ1(SEQ ID No.6) |

2012 年，专利申请 US20140087372A1 提出了一种在含有核酸的样品中检测目标病原微生物的方法。第一步，在反应系统中将含核酸的样品与发夹探针混合，该发夹探针具有茎环结构且包含直径为 1～50 μm 的微珠和具有 3′端与该微珠偶联的寡核苷酸。其中，寡核苷酸从 5′至 3′基本上有如下组成：可与靶病原微生物的特定识别序列杂交的标签序列；内部控制序列，包含至少四个词，每个词由具有 75%AT 含量的 4 个核苷酸组成。内部控制序列可用于形成环，抗标签序列是标签序列的反向互补序列，因此抗标签序列和标签序列可用于形成茎，并且包含至少两个连续的胸苷残基的尾巴。第二步，在 95～98 ℃的变性温度下使样品和发夹探针中包含的核酸变性，然后在 50～55 ℃的第一杂交温度下进行第一次杂交，持续 20～40 min，使发夹探针与样品中所含核酸之间的第一次杂交不完全。第三步，在反应系统中加入过量的内部对照缀合物和报道分子缀合物，然后在 50～55 ℃的第二杂交温度下进行第二次杂交，持续 30～120 min，使发夹探针可与内部对照缀合物、报道分子缀合物和/或含核酸样品中包含的核酸杂交。其中，上述内部对照缀合物包括：第一量子点，其可操作以产生具有第一峰值发射波长的第一发光；内部对照探针，其与第一量子点缀合，内部对照探针具有与内部量子探针互补的内部对照探针序列。发夹探针的控制序列及报告共轭物包括：第二量子点，其可操作以产生具有第二峰值发射波长的第二发光，以及与第二量子点共轭的报告子探针，其中报告子探针具有与第二探针互补的报告子探针序列。第四步，从反应体系中除去未杂交的内部对照结合物和报道结合物。

第五步，以激发波长激发反应系统中的第一、第二量子点。第六步，检测第一发光和第二发光的存在，其中，第二发光的存在指示靶病原微生物的存在，第一发光的事件数指示靶的数量样品中的病原微生物。

2012 年，专利申请 US9051605B2 提供了快速分析样品中的至少一个靶基因的方法。第一步，用第一羧基量子点(QD)纳米颗粒封装胺化的磁珠(MB)以形成磁珠-羧基量子点(MB-QD)颗粒复合物。第二步，将捕获探针 DNA 缀合至 MB-QD 颗粒复合物。第三步，用第二个羧基纳米颗粒标记信号探针 DNA。第四步，使靶基因组 DNA 与结合了 MB-QD 的捕获探针 DNA(脱氧核糖核酸)和结合了第二羧基纳米颗粒标记的信号探针 DNA(脱氧核糖核酸)杂交。第五步，通过磁性分离法分离 DNA 杂交后的颗粒。第六步，通过荧光测量检测和定量靶基因。

2015 年，专利申请 CN105466896A 提出了一种核酸适配体修饰磁纳米粒子分离富集金黄色葡萄球菌，并利用激光诱导荧光在线检测的方法。第一步，将金黄色葡萄球菌适配体修饰在磁纳米颗粒表面，该材料可以快速识别并捕获待测样品中的金黄色葡萄球菌。第二步，将捕捉到的金黄色葡萄球菌与羧基荧光素标记的适配体进行结合，实现夹心结构的荧光标记。第三步，将磁纳米-金黄色葡萄球菌-羧基荧光素夹心结构复合体注射入毛细管中，利用磁场进行富集。第四步，撤掉磁场，以恒定流速推动复合体通过激光诱导荧光检测池得到一定荧光峰面积。第五步，在一定范围内金黄色葡萄球菌的浓度与荧光峰面积的趋势呈线性相关，以达到对金黄色葡萄球菌定量检测的目的。

2016 年，专利申请 WO2017112928A1 提出了一种高通量荧光偏振微生物的筛选方法。第一步，在多个分开的隔室中培养多种产生代谢产物的微生物菌株，以产生多个样品。第二步，向从多个隔室获得的多个样品中添加受体和荧光报告物。第三步，在多室荧光偏振测定装置中检测多个样品中报告分子的荧光偏振，其中报告分子的荧光偏振与任何给定样品中代谢产物的浓度成反比，因为代谢产物与荧光报告分子竞争结合受体和荧光报道分子与受体的结合增加了荧光的极化。第四步，计算或评估多个样品中至少一部分的代谢物浓度。第五步，基于样品的代谢物浓度或等级，将多种微生物菌株中的至少一种指定为高产或低产。受体可以是感兴趣的代谢物结合的任何分子，比如，基于 DNA 的分子或基于 RNA(核糖核酸)的分子。

2016 年，专利申请 IN201637027391A 提出了一种机载微生物测量设备及其方法。该测量设备由几个关键组件构成：放电设备，其配备了放电电极和一个电压供应单元，后者负责向放电电极施加高电压；基板安置于放电设备一侧，利用施加于放电电极的高压从空气中捕获微生物；试剂注入装置，其负责向基板上收集的微生物或其 DNA 提供染色试剂；发光测量装置，用于检测经染色试剂处理后微生物 DNA 产生的光量。放电装置内含一个控制器，该控制器负责调节电压供应单元，以施加适当电压来收集或破坏空气中的微生物外壁。该机载微生物测量设备能够检测包括病毒、细菌和霉菌在内的多种微生物。控制器通过调节电压供应单元，能够逐步提高电压水平，以破坏病毒细胞的蛋白质壳。第一步，通过对放电装置施加电压，实现在基板上收集空气中的微生物。第二步，继续对放电装置施加电压，以破坏收集在基板上的微生物的细胞壁，并进一步提取其 DNA。第三步，向提取的 DNA 中注入特定的染色剂，以便进行发光或荧光标记。第四步，利用发光测量设备检测所发射的光或荧光的强度。在破坏微生物细胞壁并提取 DNA 的过程中，通过逐步提升电压，依次破坏多个微生物的细胞壁。

2018 年，专利申请 US20180305772A1 提出了一种自动微生物检测的方法。第一步，将空气颗粒收集到固态采样器中，该空气颗粒包括微生物。第二步，使用由推进电极产生的等离子体场给空气颗粒充电。第三步，将带电的空气颗粒聚焦在微流控测试盒的样品孔上。第四步，用荧光标记物标记带电的空气颗粒。第五步，使用荧光检测器检测一定数量的微生物。标记带电空气颗粒的步骤如下：第一步，刺穿具有细胞溶解化学物质的液体药筒，从而释放细胞溶解化学物质，该液体药筒具有嵌入式微流体，测试药筒中的刺穿结构；第二步，使释放的细胞溶解化学物质流入样品孔；第三步，将流动的细胞溶解化学物质与带电的空气颗粒混合，形成混合物；第四步，使混合物流入微流测试盒的混合室中，以将带电粒子重新悬浮在细胞溶解化学物中，将混合物分配到微流体测试盒的至少一个测定室中。混合物分配到至少一个测定室中的步骤如下：第一步，在每个检测室中激活预先存在的 DNA 聚合酶，特定微生物的基因型特异性 DNA 寡聚物引物和荧光标记物；第二步，加热每个化验室以实现等温 DNA 扩增；第三步，将扩增的 DNA 与荧光标记结合。

2020 年，专利申请 CN112129732A 提出了一种基于上转换磁分离的快速检测蜡样芽孢杆菌的方法。第一步，采用高温热分解法合成稀土元素掺杂的上转换荧光纳米颗粒。第二步，采用液相包覆沉积法对上转换荧光纳米颗粒表面进行氨基修饰，使上转换荧光纳米颗粒具有水溶性。第三步，采用水热法合成具有氨基基团的四氧化三铁纳米颗粒。第四步，合成目标菌体的适配体以及与该目标菌体的适配体碱基互补配对的 cDNA 核酸单链。第五步，采用戊二醛交联法完成 cDNA 核酸单链在水溶性上转换荧光纳米颗粒表面的再修饰，得到上转换荧光探针。第六步，采用戊二醛交联法完成目标菌体的适配体单链在氨基化四氧化三铁纳米颗粒的表面修饰，得到磁性纳米材料捕捉探针。第七步，将第五步制得的上转换荧光探针和第六步制得的磁性纳米材料捕捉探针混合，并在 37 ℃下孵育连接，得到检测探针，用荧光光谱仪测得 980 nm 激发波长时 548 nm 波长的荧光值。第八步，制备不同浓度梯度的菌液，用第七步制得的检测探针对菌液进行检测，测得复合物荧光强度减弱值并绘制标准曲线。第九步，制备待测样品的检测体系，测得加入待测样品后的荧光值，得到待测样品中的实际目标细菌的数量。

2020 年，专利申请 CN112111601A 提出了一种新型冠状病毒 RT－PCR（实时荧光定量-生物学的聚合酶链反应）检测试剂盒。该试剂盒包括正反向引物对集和荧光探针组。正反向引物对集包括第一引物对、第二引物对和内参质控引物对，还包括阳性标准品、内参质控品、阴性标准品和反应酶系。采用该试剂盒的检测方法包括以下步骤：第一步，提供待检测对象的核酸样本、引物对集和探针组，配制扩增反应体系；第二步，设置反应条件进行 RT－PCR 反应，得到扩增曲线，对扩增曲线进行结果分析。采用上述试剂盒进行检测可以实现对新型冠状病毒的高灵敏度的检测，能稳定检测出低至 100 copies/mL 的核酸样本；还可以降低出现非特异性扩增及假阳性结果的概率，提高检测结果可靠性。

2022 年，专利申请 US20220267829A1 提出了一种用于检测基因分型和鉴定受试者中严重急性呼吸综合征冠状病毒变体的方法。第一步，从受试者获取样本。第二步，从样品中分离总 RNA。第三步，在单一测定中使用一组荧光标记的引物对对总 RNA 进行组合的逆转录和不对称 PCR 扩增反应，每个引物对包括未标记的引物和荧光标记的引物，对冠状病毒基因内的序列具有选择性，病毒产生多个荧光标记的冠状病毒扩增子。第四步，将多个荧光标记的冠状病毒扩增子与多个核酸探针杂交。这些核酸探针包括一组通用探针、野生型探针和突变探针，每个探针具有与荧光标记的冠状病毒扩增子和至少一个与荧光标记的冠状病毒扩增子不杂交的对照探针，每个核酸探针连接到固体微阵列载体上的特定位置。第五步，至少清洗一次微阵列；对微阵列成像，以检测与荧光标记的冠状病毒扩增子杂交后产生的所有核酸探针高于阈值的荧光信号。第六步，从荧光标记的冠状病毒扩增子与通用探针的杂交中测量至少 $N$ 个高于阈值的荧光信号，从而检测样品中的冠状病毒。第七步，在每个靶序列上对基因进行基因分型。对基因进行基因分型的步骤如下：第一步，比较来自荧光标记的冠状病毒扩增子与野生型探针的杂交，以及来自荧光标记的冠状病毒扩增子与微阵列上每个位置的突变探针的杂交的荧光信号；第二步，直接分析与突变探针杂交的荧光信号和与野生型探针杂交的荧光信号的相对大小，以在冠状病毒中的每个靶序列上产生野生型与突变基因分型的杂交模式；第三步，通过将杂交模式与已知病毒中野生型与突变基因型变异的已知模式进行比较，将冠状病毒的变体鉴定为已知的关注变体、或已知的感兴趣变体、或其组合、或未知变体冠状病毒变体。

2022年，专利申请CN115261509A采用在微孔中进行恒温扩增的方法，只需要将反应体系和RNA病毒核酸混匀后，离心流向包埋有7组引物组靶标的微孔，在荧光检测仪上进行65℃加热反应的同时即可进行检测。在不同微孔里包埋有特异性引物组，以及包含Bst（嗜热脂肪芽孢杆菌）酶和逆转录酶的反应混合液。该方法可以同时检测SARS-CoV-1、SARS-CoV-2（包括SARS-CoV-2-N和SARS-CoV-2-E）、甲型流感病毒（Influenza A virus，Inf A）、乙型流感病毒（Influenza B virus，IBV）、呼吸道合胞病毒A（Respiratory syncytial virus A，RSV A）和呼吸道合胞病毒B（Respiratory syncytial virus B，RSV B）这6种呼吸道RNA病毒核酸。由于在微孔中进行反应，对样品量和试剂量要求低，检测样本可以为环境样本。

#### 2.3.1.4　其他荧光探针技术

图2-3-4展示了其他荧光探针相关专利技术的发展脉络。

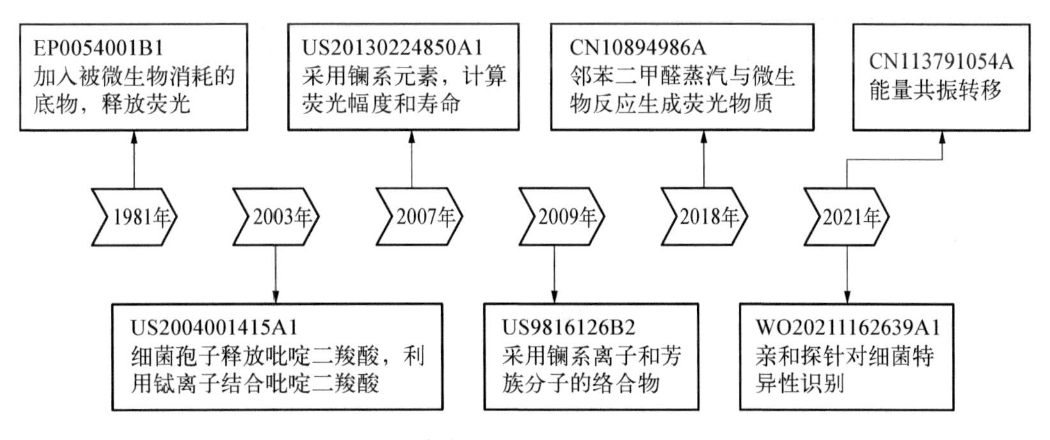


**图2-3-4　其他荧光探针相关专利技术的发展脉络**

1981年，专利申请EP0054001B1提出在给定时刻测量给定样品中存在的微生物浓度，在样品中加入可被微生物消耗的荧光底物。这些荧光底物由氨基或脂质碱基组成，潜在的荧光基团能够与之连接，这种消耗具有释放荧光的作用。该方法通过荧光复合物的荧光信号的性质来区分微生物，所以具有高选择性。

2003年，专利申请US20040014154A1提出了一种用于细菌孢子检测和定量的侧向流免疫测定方法。第一步，将未知细菌孢子样本添加到试纸中。第二步，将未知细菌孢子的样品吸到试纸上的第一个样品区域。第三步，当未知细菌的孢子与物种特异性抗体匹配时，将物种特异性抗体选择性地结合到样品上，否则使样品未结合。从结合样品中的细菌孢子释放吡啶二羧酸；将铽离子与吡啶二羧酸结合，并激发结合的铽离了和吡啶二羧酸，通过检测铽离子和吡啶二羧酸结合时的发光特征，以检测细菌孢子。另外，该专利还提出了一种用于细菌孢子的生/死测定的方法。第一步，在活细菌孢子和死细菌孢子的样品中提供包含铽离子的溶液。第二步，通过在样品的第一单元内生长，从活细菌孢子释放吡啶二羧酸。第三步，在从活细菌孢子释放的溶液中结合铽离子与吡啶二羧酸。第四步，激发从活细菌孢子中释放出结合的铽离子和吡啶二羧酸，以产生结合后的铽离子和吡啶二羧酸的第一发光特征，以检测出活细菌芽孢。第五步，通过高压灭菌、超声或微波，处理从样品的第二单位中的死细菌孢子释放吡啶二羧酸。第六步，在死细菌孢子释放的溶液中结合铽离子和吡啶二羧酸。第七步，激发从死细菌孢子中释放出结合的铽离子和吡啶二羧酸，以产生结合后的铽离子和吡啶二羧酸的第二种发光特征，来检测死细菌孢子。

2006 年，专利申请 IN2006DN04378A 提出了一种用于检测样品中生物剂存在及其数量的试剂盒。该试剂盒包含两个主要组成部分：第一部分为一种颗粒状固体载体，该载体具有磁性，其表面涂覆有能够与生物制剂结合的受体；第二部分包含一种荧光剂，该荧光剂能够与生物制剂结合，并由多种荧光物质组成，这些物质在相互结合时能够增强荧光信号的超猝灭效应。此外，颗粒状固体载体本身含有猝灭剂，当其与荧光剂共同结合到生物制剂上时，猝灭剂将抑制荧光剂发出的荧光。

2007 年，专利申请 US20130224850A1 提出了一种用于检测悬浮在大气中的细菌内生孢子的方法。第一步，在给定的时间内从大气中收集空气样本。第二步，在气溶胶浓缩器中从空气样本中产生多个气溶胶样本。第三步，将至少一种气溶胶样本与镧系元素溶液混合。第四步，用光源照射镧系元素溶液。第五步，收集镧系元素溶液发出的荧光。第六步，计算镧系元素溶液发出荧光的幅度和寿命。另外，可以选择性地执行测量所收集的气溶胶的时间分布这一步骤，并且作为第六步的替代，可以将在延迟之后发生的荧光进行时间积分。

2009 年，专利申请 US9816126B2 提出了一种用于检测和定量表面上的细菌孢子的方法。第一步，将细菌孢子从含有细菌孢子的表面转移到测试表面。第二步，在测试表面上提供包含镧系元素离子的基质。第三步，从测试表面上的细菌孢子释放官能化的芳族分子。第四步，在测试表面上形成镧系离子和芳香族分子的络合物。第五步，激发镧系离子和芳族分子的配合物，在测试表面产生配合物的特征发光。第六步，检测和定量显示受试物表面发光的细菌孢子。

2009 年，专利申请 JP2012509079A 提出了一种基于荧光共振能量转移的病原体快速检测技术。该技术涉及向待测样品中添加特定底物，并在含有细菌酶的细菌生长培养基中进行培养，随后在一定的孵育时间后检测底物的 FRET 荧光信号。若待检测的病原体为铜绿假单胞菌，则底物会通过接头分子或接头部分与由甘氨酸组成的三肽、四肽或五肽相连结；若病原体为炭疽杆菌，则底物会通过接头分子或接头部分与由特定氨基酸组成的二肽或三肽相连结，其中 X1 为 D-氨基酸，而 X2 和 X3 可以是 D-或 L-氨基酸中的任意一种。

2018 年，专利申请 CN108949896A 提出了一种空气中微生物的荧光标记方法。该方法将待测空气和邻苯二甲醛蒸气接触，以使邻苯二甲醛蒸气与空气中的微生物反应生成荧光物质，实现微生物的荧光标记，进而能够增强空气中的微生物在紫外光激发下的荧光强度。研究表明，邻苯二甲醛溶液和能够与含氨基的化合物反应，生成荧光物质，并能在紫外光激发下产生荧光。但是，意外发现邻苯二甲醛蒸气与空气中的微生物接触后也可以发生反应，并生成荧光物质，从而可以增强微生物在紫外光激发下的荧光强度，实现微生物的荧光标记。而空气中的其他颗粒物质，如粉尘等，则不能与邻苯二甲醛蒸气反应生产荧光物质。当采用紫外光激发时，微生物表面的荧光物质被激发发出荧光，其强度要远强于其他颗粒物质的自发荧光，从而能够被荧光检测器准确地区分并检测出来。

2021 年，专利申请 WO2021162639A1 提出了一种定量样品中细菌细胞的方法。第一步，使液态样品通过多孔基材，该多孔基材用于在其表面捕获或保留细菌细胞。第二步，使纳米颗粒水溶液通过多孔基材，纳米颗粒水溶液包含荧光纳米颗粒和第一离子表面活性剂，纳米颗粒用亲和探针官能化以结合捕获或保留在多孔基材表面的细菌细胞底物，且通过亲和结合。第三步，使第二水溶液通过多孔基材，第二水溶液用洗涤多孔基材上未结合的纳米颗粒。其中，样品中的细菌细胞可通过从与细菌细胞结合的纳米颗粒发射的荧光输出来量化。所选用的荧光纳米粒子包括金纳米粒子、银纳米粒子以及硒化镉/硫化镉核/壳纳米棒；而纳米粒子则选取蛋白质、糖结合蛋白、肽或适体，其选择依据是亲和探针对细菌细胞共性所具有的特异性识别能力。

2021 年，专利申请 CN113791054A 提出了一种病毒检测探针，该探针包括能量供体、能量受体和连接单元。其中，连接单元包括靶向结合部分和连接器；能量供体是在共振能量转移过程中提供转移所需光能量的物质；能量受体是在共振能量转移过程中接收能量供体转移的光能量，并能够发出波长更长的光的物质。能量供体的发射光谱与能量受体的吸收光谱存在重叠。检测探针在检测过程中所发生的共振能量转移可以是荧光共振能量转移也可以是生物发光共振能量转移。据此，能量供体可以是能够发生荧光共振能量转移的荧光物质，比如，荧光蛋白、有机荧光分子、纳米无机荧光材料等，可以是能够发生生物发光共振能量转移的生物发光蛋白等。能量受体也可以是荧光蛋白、纳米无机荧光材料、有机荧光分子等。连接器是指介导能量供体和能量受体之间连接的任何分子，如氨基酸形成的肽链、G蛋白偶联受体等。在一些情况下，G蛋白偶联受体作为连接器是指能量供体和能量受体位于G蛋白偶联受体或其亚单位的特定区域内，从而直接或间接将能量供体和能量受体连接起来，并使两者之间的距离等满足共振能量转移的相关要求。靶向结合部分是指能够通过与待测物质的特异性结合捕获待测物质，从而改变能量供体和能量受体之间的间距，对共振能量转移起到“开关”作用。

### 2.3.2 自体荧光发展脉络

采用微生物自身物质产生荧光的技术，是一种基于细菌代谢产物的荧光检测技术。该技术原理在于利用特定的荧光染料或探针与细菌代谢产物，例如，卟啉、NADH（还原型辅酶Ⅰ）、NADPH（还原型辅酶Ⅱ）等，进行特异性结合或反应，进而产生荧光信号。这种方法的优点是可以直接利用细菌自身的特性，无须对细菌进行预处理或标记，从而实现快速、简便、无损伤的检测。这种方法的缺点是可能受到其他荧光物质的干扰，而且不能区分不同种类或状态的细菌。例如，基于卟啉的荧光检测。卟啉是一种含有四个吡咯环的有机化合物，是细菌合成血红素和细胞色素等重要生物分子的前体。卟啉在紫外光或可见光的激发下可以发出红色荧光，因此，可以用来检测一些能够积累卟啉的细菌，如牙菌斑、痤疮丙酸杆菌等。再如，基于NADH和NADPH的荧光检测。NADH和NADPH是两种重要的辅酶，参与细菌的多种代谢途径。NADH和NADPH在紫外光或近紫外光的激发下可以发出蓝色荧光，因此，可以用来检测一些具有较高代谢活性的细菌，如大肠杆菌、金黄色葡萄球菌等。

经过技术梳理发现，利用自体荧光检测微生物存在以下缺点：① 荧光信号微弱，因为单个颗粒仅包含几皮克的物质，只有一小部分生物颗粒由荧光团组成，并且粒子通常在空气中分布不均匀；② 最佳检测器应激发紫外线中能有效发出荧光的粒子，如生物粒子、生物分子，但是紫外线激光源价格昂贵且能量输出相对较低；③ 来自生物材料的固有荧光带往往在光谱上很宽，容易被其他荧光物质干扰；④ 由于光学结构较为复杂，导致仪器成本增加，仪器体积增大。

因此，本节从以下几个改进方向来对重要专利进行梳理。

#### 2.3.2.1 辐射光源的改进

辐射光源为激发微生物中荧光物质发射荧光的组件，其发展是随着激光光源而逐步发展的。早期采用汞灯作为辐射光源,之后采用激光二极管等。对激发微生物中荧光物质的辐射光源进行改进的重要专利梳理,如图2-3-5所示。

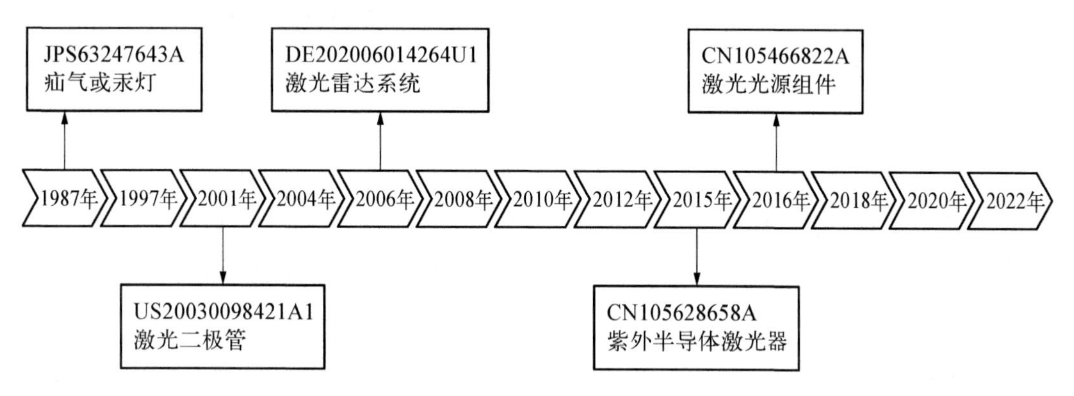


**图2-3-5 辐射光源相关的专利技术发展脉络**

关于辐射光源的重要专利详细情况,见表2-3-2。

**表2-3-2 辐射光源相关专利列表**

| 公开(公告)号 | 申请时间/年 | 发明名称 | 申请人 | 创新点 |
| --- | --- | --- | --- | --- |
| JPS63247643A | 1987 | 测量悬浮细菌的方法 | KONDO KOGYO KK | 采用光源为疝气或汞灯,是当时最合适的激发光源 |
| US20030098421A1 | 2001 | 激光二激光二极管激发的生物粒子探测系统 | CA MINISTER NAT DEFEN | 采用激光二极管作为激发光源,功率转换效率高,尺寸小 |
| DE202006014264U1 | 2006 | 激光雷达系统 | STIFTUNG A WEGENER INST POLAR | 采用激光雷达系统进行遥感 |
| CN105628658A | 2015 | 一种生物气溶胶光学检测系统及检测方法 | 南京先进激光技术研究院 | 紫外光源使用紫外半导体激光器,功率较高、体积小。在不增加系统体积的情况下,具有更高的检测灵敏度 |
| CN105466822A | 2016 | 气溶胶实时监测仪 | 无锡迈通科学仪器有限公司 | 激光光源组件结构可以形成具有单一波长和集中能量的线形激光点,从而可以消除除主要斑点以外的杂散光 |

1987年，专利申请JPS63247643A采用的光源为氙气或汞灯，因为当时激光技术还不发达。通过在采样期间以规定的抽吸速率将UV射线投射到样品空气，并测量从细菌发射的荧光光谱的脉冲数、脉冲峰值值和脉冲宽度，来实时测量细菌的数量。

2001年，专利申请US20030098421A1提出了一种激光二极管激发生物粒子检测系统。该专利对激光器进行了改进，因为传统的HeCd或YAG激光器价格昂贵，并且需要对激光器进行冷却，这严重限制了其便携性。该专利使用约8～15 mW的功率输出和功率要求操作的激光二极管来激发活颗粒(包括孢子)，以发射荧光。二极管激光器与传统的气体或固态激光器的区别在于其能够被电流直接泵浦，转换效率接近50%。二极管和其他激光器之间的另一个差异是其物理尺寸，其中，气体和二极管泵浦固态激光器的长度通常为数十厘米，激光二极管组件通常约为盐颗粒的尺寸，并且仅略微膨胀至约1 cm。

2006年，专利申请DE202006014264U1公开了一种激光雷达系统(光检测和测距)，可用于对具有长时间(约1～2 min)和高空间分辨率(约10～50 m)的大气气溶胶的类型和数量进行主动遥感。

2015年，专利申请CN105628658A提出了一种生物气溶胶光学检测系统及检测方法。该检测系统的荧光检测单元采用分光路系统，紫外光源使用紫外半导体激光器，功率较高、体积小。与以发光二极管为激发光源的装置相比，在不增加系统体积的情况下，生物气溶胶检测系统具有更高的检测灵敏度。

2016年，专利申请CN105466822A公开了一种激光光源组件结构。该组件结构可以形成具有单一波长和集中能量的线形激光点，可以消除除主要斑点以外的杂散光，实现对生物颗粒的荧光的有效激发。激光光源组件包括冷却板、光源电路板、激光二极管、激光二极管位置调节框架、光源结构固定块、球面镜、带通发射滤光片、镜组固定块、柱面镜和消光管子。其中，带通发射滤光片可使激光二极管发出的特定波长范围内理想的波长激光通过，而其他波长的激光被截止，从而保证光源波长的单一性。激光光束与气流正交，激发气流中的粒子后继续向前传播，投射于消光反射镜表面，从而将大部分的激光吸收，少部分激光被反射至光陷阱，被光陷阱吸收。该方式可有效消除散射光干扰，提高信噪比。

#### 2.3.2.2 荧光信号的增强

微生物中的荧光物质信号较弱，因此本节对增强荧光信号的重要专利技术进行了梳理。重要专利技术的发展脉络，如图2-3-6所示。

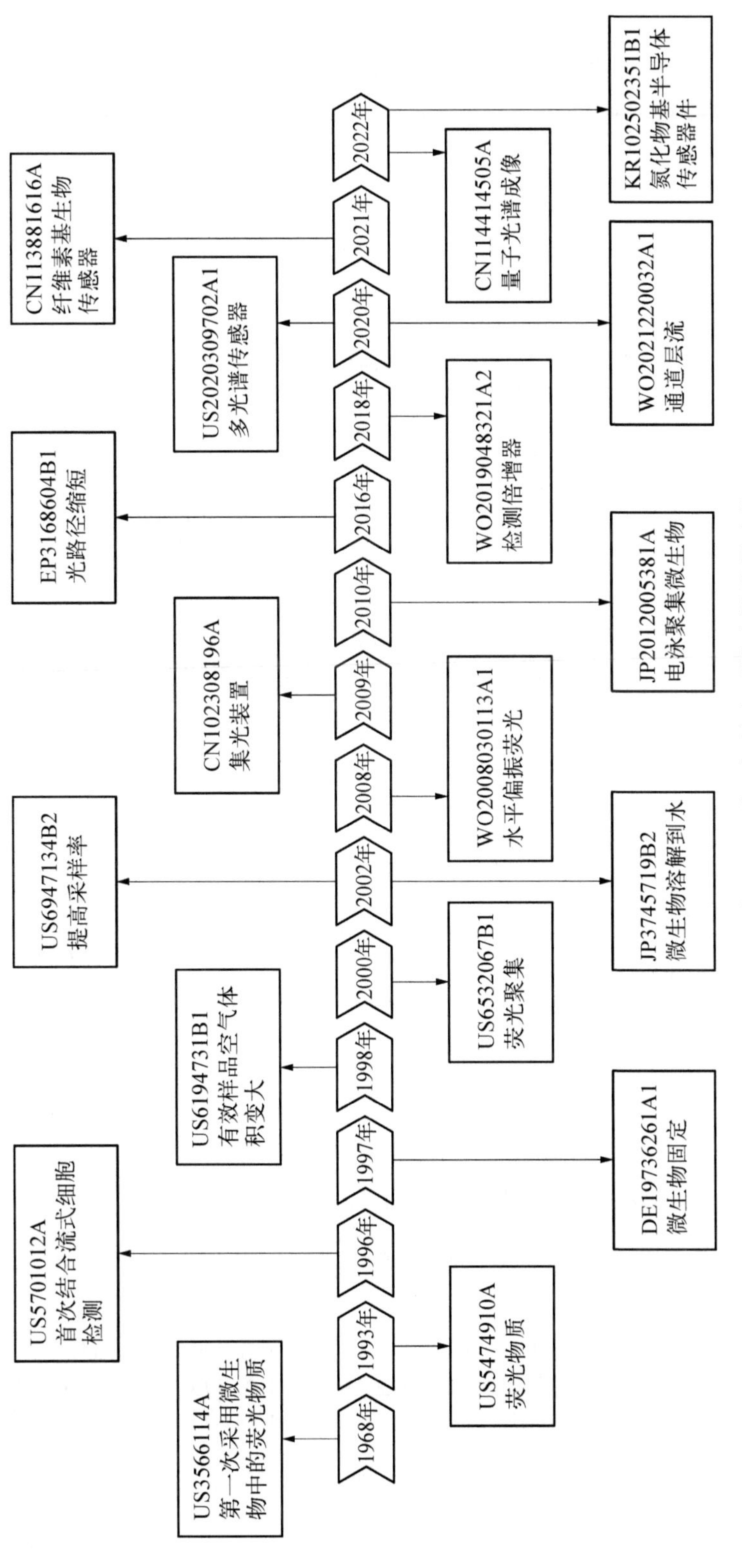


**图 2-3-6　荧光信号增强相关专利技术的发展脉络**

荧光信号增强相关专利技术的重要专利情况，见表2-3-3。

**表2-3-3 荧光信号增强相关专利列表**

| 公开(公告)号 | 申请时间/年 | 发明名称 | 申请人 | 创新点 |
|---|---|---|---|---|
| US3566114A | 1968 | 检测大气中微生物的方法和装置 | KONDO KOGYO KK | 第一次采用微生物中的荧光物质检测微生物 |
| US5474910A | 1993 | 用于检测期望区域或空间内的生物分子和/或微生物的方法和装置 | ALFANO R R | 对生物体内天然存在的荧光物质做了进一步公开 |
| US5701012A | 1996 | 荧光生物粒子检测系统 | UNITED KINGDOM GOVERNMENT | 首次将流式细胞检测的理念引入到生物粒子检测中 |
| DE19736261A1 | 1997 | 用于检测化学品和物质混合物的毒性和诱变效应的方法和装置 | IUT PRIVATES INST FUER UMWELTT | 利用将微生物固定到传感器中的聚集方法从而实现荧光增强 |
| US6194731B1 | 1998 | 生物粒子荧光检测器 | US AIR FORCE | 相对的反射镜为每个单个脉冲光束产生穿过管道的多个紫外线光束，从而增加检测到的荧光信号的幅度，使有效样品空气体积变大 |
| US6532067B1 | 2000 | 快速测量单颗粒气溶胶荧光光谱分析仪 | US ARMY | 将粒子发射的荧光收集到检测空间，并将其聚焦在检测区域中，解决了荧光信号微弱的技术问题 |
| US6947134B2 | 2002 | 测量从环境空气中取样的单个气载颗粒的荧光光谱的方法和仪器 | US ARMY | 对采样率低导致的荧光弱的问题提出了改进 |
| JP3745719B2 | 2002 | 微生物分析仪和用于分析微生物的方法 | NIPPON PASTEC CO LTD | 利用将微生物溶解到水中产生混合溶液，从而增强荧光信号 |
| WO2008030113A1 | 2008 | 检测或鉴定细菌或细菌孢子的方法 | REINISCH LOU | 通过参考水平偏振荧光来评估细菌或孢子，以增强辨别力 |

续　表

| 公开(公告)号 | 申请时间/年 | 发明名称 | 申请人 | 创新点 |
| --- | --- | --- | --- | --- |
| CN102308196A | 2009 | 用于同时检测粒子的尺寸和荧光性的紧凑型检测器 | 百维吉伦特系统有限公司 | 采用更高效的集光装置以允许收集更多由于粒子荧光性所发出的光 |
| JP2012005381A | 2010 | 收集机构、检测装置以及用于收集和检测的方法 | SHARP KK | 通过电泳聚集微生物，提高荧光强度 |
| EP3168604B1 | 2016 | 测量漂浮微生物的装置 | LG ELECTRONICS INC | 利用从集光板到光接收单元的路径被缩短从而提高荧光强度 |
| WO2019048321A2 | 2018 | 用于通过在频率范围内的荧光寿命测量来实时确定材料的测量装置 | SWISENS AG | 采用有机硅照片作为检测器的倍增器，可实现足够大的信噪比 |
| US2020309702A1 | 2020 | 污染负荷传感装置 | VITAL VIO INC | 通过多光谱传感器来增强荧光信号 |
| WO2021220032A1 | 2020 | 空气细菌检测系统 | TOMASOV VIKTOR | 通过在通道中形成层流，完全吸收来自通道外部的任何光线，以增强荧光信号 |
| CN113881616A | 2021 | 一种细菌纤维素基生物传感器及其应用 | 江南大学 | 细菌纤维素基生物传感器，可实现细胞在细菌纤维素基质上的高效和特异性固定，可维持细胞生物活性，增强荧光信号输出 |
| CN114414505A | 2022 | 量子光谱微生物智能监测终端 | 山东润一智能科技有限公司 | 利用量子光谱成像来提高荧光识别度 |
| KR102502351B1 | 2022 | 细菌检测元件、细菌检测传感器、具有上述元件和传感元件的电子设备以及使用其检测细菌的方法 | EMTAKE INC | 通过增强检测器的灵敏度来增强荧光信号，氮化物基半导体细菌传感器件，可以替代传统的光电倍增管，并能够提供细菌检测和杀菌功能 |

1968年，专利申请US3566114A提出了一种检测大气中微生物的方法和手段。该专利公开了检测和识别大气中的细菌的方法和设备。紫外线被引导到大气中，光被生物物质反射回去，细菌之类的微生物将被激发并产生荧光。提供与光源相邻的装置以接收和区分反射光和荧光。不同种类的细菌将产生其特征波长，因此可以据此识别出不同种类的细菌。

1993年，专利申请US5474910A提出了一种用于检测期望区域或空间内的生物分子和/或微生物的方法和装置。第一步，用具有合适波长的光照射区域或空间以激发微生物内存在的（至少一些天然存在的）荧光生物分子，所述光具有约300 nm的波长。第二步，在指示激发的荧光生物分子的荧光波长处（至少一个），测量来自照射区域或空间的所得荧光。第三步，在指示激发的荧光生物分子的荧光波长处（至少一个），检测到荧光指示微生物在给定区域或空间内的存在。天然存在的荧光生物分子选自蛋白质、氨基酸、核苷酸、辅酶、脂质和核酸。

1996年，专利申请US5701012A提出了一种荧光生物粒子检测系统。该发明专利首次将流式细胞检测的理念引入生物粒子检测中。流式细胞仪将激光投射到在液体载体中传送的移动颗粒流上，并使用由此产生的光散射或荧光来识别单个颗粒的特征。第一步，以顺序的方式沿着通过空气的线性路径引导所包含的每一个颗粒，并且对它们进行采样，以确定它们的尺寸、是否是微生物且是有活力的、是否以大于背景水平的浓度存在。第二步，通过颗粒粒度将颗粒鉴定为可吸入的或不可吸入的，并且通过使每个颗粒依次经受340 nm紫外激光照射，并寻找从细菌或细菌孢子发射的荧光，将颗粒表征为微生物且是有活力的。第三步，在400～540 nm范围内检测到的荧光表示，烟酰胺腺嘌呤二核苷酸的存在指示生物活性或活力。通过该方法，操作者能够实时检测可呼吸尺寸范围内的生物气溶胶的危害，并确定该生物气溶胶是惰性的还是有生物活性的。

2014年，专利申请JP6456605B2公开了一种颗粒检测装置。该发明同样采用流式细胞仪技术来检测生物粒子。光学颗粒检测装置包括腔室、设置于腔室内的注射喷嘴以及面向注射喷嘴的排放喷嘴。颗粒检测装置在其安装场所吸入流体（如空气），并将其作为样品流体从注射喷嘴喷射至腔室内。腔室内的流体通过排放喷嘴排放至颗粒检测装置外部。颗粒检测装置配备检测机构，该机构负责利用光束对从注射喷嘴喷射出的样品流体进行照射，以识别样品流体中所含颗粒。当样品流体中含有颗粒时，通过光照射，颗粒会发射荧光或产生散射光，从而使得样品流体中的颗粒数量和尺寸得以检测。然而，在腔室的注射喷嘴中，样品流体的横截面面积会因外部引入而缩小，导致流速增加，周围压力降低。因此，在注入喷嘴与排放喷嘴之间形成的样品流体流周围，会产生逆向流动。另外，由于腔室内压力的降低，流体从排放喷嘴的排出无法保持平稳。鉴于此，本发明对喷嘴进行了进一步的优化，改进后的颗粒检测装置构成如下：一个腔室；位于腔室内的注射喷嘴；设置于腔室内且与注射喷嘴相对的排放喷嘴；检测机构，该机构负责照亮从注射喷嘴喷射出的样品流体，并检测样品流体中包含的颗粒；加压流体管，该管连接至腔室，用于向腔室内输送用于加压的流体；整流构件，其作用是对加压流体进行整流，确保在轴向上，喷射喷嘴与排放喷嘴之间的流体流速分布相对于轴线是对称的。

1997 年，专利申请 DE19736261A1 提出了一种用于检测化学品和物质混合物的毒性和诱变效应的方法和装置。该专利通过将微生物固定到传感器中聚集的方法，实现荧光增强；通过固定合适的质粒载体的转移来固定能够进行生物发光的发光细菌或微生物，并为固定物提供用于光测量的光电组件，从而形成生物传感器。

将样品固定到传感器中通常不利于实时监测微生物。1998 年，专利申请 US6194731B1 提出了一种生物粒子荧光检测器，其可使有效样品空气体积变大，进而增大检测到的荧光信号的强度。该生物粒子荧光检测器包括：用于通过管道抽吸可能含有试剂的空气的装置；用激光束照射管道内的空气的照射装置；光电检测器装置，用于检测由照明装置的操作产生的通过管道抽吸的空气中的生物试剂的荧光；激光束路径倍增装置，用于使激光束来回通过管道，通过管道内部的分离部分。

2000 年，专利申请 US6532067B1 提出了一种快速测量单颗粒气溶胶荧光光谱分析仪。该分析仪通过将粒子发射的荧光收集到检测空间，并将其聚焦在检测区域中，解决了荧光信号微弱的技术问题。对流体中流动的粒子进行荧光探测的方法如下：通过使多个基本上正交瞄准的触发激光束相交来在流体中限定触发体积，每个触发激光束具有不同的波长，通过多个粒子检测器检测从触发体积附近散射的光，每个粒子检测器对与触发激光束的波长相对应的波长敏感，用由粒子检测器触发的脉冲激光探测粒子，收集从触发体积中的粒子发射的荧光并将其聚焦在检测区域中，检测聚焦在检测区域中的荧光。

2002 年，专利申请 US6947134B2 提出了一种测量从环境空气中取样的单个气载颗粒的荧光光谱的方法和仪器。该方法对采样率低导致的荧光弱的问题提出了改进，具体为将样品池制成气密性，可对周围空气进行采样。首先，通过空气动力学虚拟撞击器浓缩吸入含有微米级目标颗粒的空气。然后，通过圆锥形喷嘴从集中器抽出气溶胶，使气溶胶粒子在空气动力学上聚焦，从而提供另一阶段的气溶胶浓度，以与(激发荧光的)激光束相交。虚拟撞击器首先会浓缩气溶胶颗粒，然后在负压下通过仪器入口中的空气动力学聚焦喷嘴，将气溶胶颗粒吸入样品区域，从而进一步浓缩。当粒子入口位于一些室内生物粒子常见来源的几米之内时，通过 FPS(Frames Per Second)测量的粒子光谱速率会显著增加，获得的光谱具有各种光谱形状。

2009 年，专利申请 US8358411B2 提出了一种集成微生物收集器的设计，该设计针对采样率低下导致的荧光强度不足的问题进行了优化。该专利通过使用过滤器对样本进行浓缩处理，具体操作为使取样流体流经采样区域，并使其暴露于光照之下。通过分析流体中颗粒散射的光来判定颗粒的尺寸。利用流体中颗粒的荧光特性来鉴别颗粒的生物或非生物属性。将微生物收集过滤器安装于采样区域之后，确保其位于待测流体路径中，过滤器安置于圆形支撑板的上端。该圆形支撑板设计有穿孔，以允许流体通过，而微生物收集过滤器则负责从流体中截取部分生物颗粒。

2020 年，专利申请 CN112285077A 公布了一种生物气溶胶浓度监测装置及其监测方法。该方法针对采样率低下导致的荧光信号弱的问题进行了相应的技术改进。该生物气溶胶浓度监测装置由采样进气口、采样杯、检测池、遮光盒、荧光探测器、采样液储液瓶、洗涤液储液瓶、反应试剂 1 储液瓶、反应试剂 2 储液瓶以及留样瓶等部分构成。采样进气口与采样杯连通；采样杯的杯口部分配置了进液管，该进液管通过选通阀与蠕动泵分别与采样液储液瓶和洗涤液储液瓶相连；采样杯的底部设有排液管，排液管通过选通阀与蠕动泵与检测池相连，检测池设置于遮光盒内部，遮光盒内同时安装有荧光探测器，检测池通过蠕动泵与反应试剂 1 储液瓶、反应试剂 2 储液瓶相连；排液管与检测池通过选通阀与蠕动泵与留样瓶相连通。采样进气口与采样杯共同构成生物气溶胶采集单元，其功能在于迅速将空气中的微生物颗粒收集至采集液中；检测池、遮光盒及荧光探测器组成荧光探测单元，负责侦测荧光信号；采样液储液瓶、洗涤液储液瓶、反应试剂 1 储液瓶、反应试剂 2 储液瓶及留样瓶构成储液单元，用于储存检测过程中的样本液、检测试剂、废液和洗涤液。该装置具备对生物气溶胶进行快速自动化采样与检测的能力，进而实现环境卫生的实时、连续监测。

2002 年，专利申请 JP3745719B2 提出了一种微生物分析仪和用于分析微生物的方法。该方法通过将微生物溶解到水中产生混合溶液，来增强荧光信号。该微生物分析装置包括：一种用于存储微生物和微粒的液体混合物(至少一种)的容器，用于抽出混合溶液；激光照射装置，用于向混合溶液照射激光的；温度调节装置，用于改变混合溶液的温度的；激光束，透射通过混合溶液；检测装置，通过检测并输出检测信号，并控制温度调节装置以在混合溶液温度不同的状态下改变混合溶液的温度，并从检测装置输出；处理装置，用于获取要生成的多个检测信号，并基于多个检测信号的波形，来识别混合溶液中所含的微生物和微粒(至少一种)；抽气装置包括泵，将空气吸入并送至预定位置；气溶胶收集器，使从泵送入的大气通过预先积存于内部的水，将大气中所含的微生物及微粒(至少一种)与水混合,并将其收集,生成上述混合液。

2007年,专利申请WO2008030113A1提出了一种检测或鉴定细菌或细菌孢子的方法。该方法通过参考水平偏振荧光来评估或鉴定细菌或孢子的存在,以增强辨别力。具体操作方法如下:将样品与镧系元素混合;加热样品介质,如果样品培养基中存在细菌孢子,则镧系元素与孢子中的CaDPA反应产生镧系元素螯合物,特别是吡啶二甲酸铽,其中镧系元素是Tb;用激发光谱内的能量激发组合的镧系元素-样品介质。吡啶二甲酸铽的激发能量在(270±5) nm和/或(278±5) nm的范围内。吡啶二羧酸铽的发射波长包括在(490±10) nm、(546±10) nm、(586±10) nm和(622±10) nm范围内的发射峰。镧系元素-样品组合暴露于激发光所激发的荧光通过基本上仅水平偏振的滤光片,当仅检测水平偏振荧光时获得的分辨率显著优异。

2009年,专利申请CN102308196A提出了一种紧凑型检测器,该检测器具备同时测定粒子尺寸与荧光性质的功能。该检测器采用了更为高效的集光装置,以便于收集由粒子荧光性质产生的更多光线。集光装置内含粒子检测与分类系统。该检测器系统包括:待测流体的采样区、位于采样区第一侧的光源、位于采样区第二侧的第一检测器、位于采样区第二侧的第二检测器、顶点位于采样区第一侧而焦点在采样区内的抛物面反射器。光源沿第一轴线向采样区提供基本准直的光,第一检测器测量以预定角度向采样区第二侧方向散射的光,抛物面反射器收集采样区内的受照射粒子因荧光性而发出的光,并使所收集的光以基本准直的方式导向第二采样区的第二侧方向,第二检测器测量由抛物面反射器收集的荧光。

2012年,专利申请JP2012005381A提出了一种收集机构、检测装置以及用于收集和检测的方法。该方法通过电泳聚集微生物来提高荧光强度。具体操作流程如下:为检测装置通过驱动腔泵从开口吸入空气,腔室中存储了适合介电电泳的液体。通过打开阀并驱动泵,腔室中的液体在接触电极的同时循环。在该状态下向电极施加预定的电压,通过介电电泳进入液体的微生物,由于向电极施加预定电压而黏附到电极上。在该状态下,停止向电极施加电压,最终使微生物浓度被浓缩。随后,打开阀将液体转移到测量池中,并通过荧光等的量来测量微生物的量。

2016年,专利申请EP3168604B1提出了一种测量漂浮微生物的装置。该装置利用从集光板到光接收单元的路径被缩短,从而提高荧光强度。浮游微生物检测装置包括:空气流路,含有浮游微生物的空气在空气流路流动;第一本体,设置在空气流路的一侧,具有第一空间部和第二空间部;第二本体,设置在空气流路的另一侧,设置有用于捕集浮游微生物的捕集部;发光部,设置在第一空间部,用于朝向捕集部照射预设定的波长区域的光;受光部,设置在第二空间部,用于检测从作用于浮游微生物中含有的核黄素的光发生的荧光信号;从发光部朝向捕集部的一地点的光的第一路径和从捕集部的一地点朝向受光部的荧光信号的第二路径相互交叉。

2018年,专利申请WO2019048321A2提出了一种通过在频率范围内的荧光寿命测量,来实时确定材料的测量装置。该测量装置采用有机硅照片作为检测器的倍增器,可实现足够大的信噪比,可在短时间内对荧光强度非常低的样品进行快速、精确的测量,而不必将样品固定在载体上。该测量装置包括:光源和检测器(均至少一个)。该检测器是用于检测光的基于半导体技术的电子光子检测器,荧光寿命测量在频率范围内进行,并且检测器是硅光电倍增管。

2020年,专利申请US20200309702A1提出了一种污染负荷传感装置。该传感装置通过多光谱传感器来增强荧光信号。传感器阵列可用于检测和测量整个波长范围内的荧光发射光谱,并测量每个波长的强度。与在一个波长范围内测量总体强度的光电二极管阵列相比,多光谱传感器或光谱仪可以提供更高分辨率的自发荧光响应测量。由多光谱传感器或光谱仪生成的污染图,图中的每个像素可以由光谱功率分布组成,该光谱功率分布包含所测量的每个波长的强度。带通滤波器可以阻挡或减小除已知由靶微生物荧光发射的波长以外的波长,从而使相机只能看到二维场中微生物的荧光。观察到的颜色和/或波长的强度可以用于确定细菌的相对数量。

2020年,专利申请WO2021220032A1提出了一种空气细菌检测系统。该检测系统通过在通道中形成层流,完全吸收来自通道外部的任何光线,以增强荧光信号。空气细菌检测系统光学结构包括:具有入口和出口单元的气流通道、具有激发单元的激发通道和具有传感器单元的传感器通道。气流通道是具有两个区段(第一区段和第二区段)的长管,其中,第一区段的纵向轴线与第二区段的纵向轴线之间的角度为α,α小于180°。可检测颗粒流过气流通道并从激发通道辐射,产生进入传感器通道和传感器单元的荧光信号。设备的操作模式由与处理器组合的控制器控制,处理器计算颗粒的浓度。气流通道的构造解决了以下问题:① 其构造可使气流在通道中形成层流,完全吸收来自通道外部的任何光线,并改善信号记录;② 气流通道是一根长管,有两段;气流通道的第一部分从输入单元开始,与激发通道位于同一轴线上,这允许在通道入口处立即照射粒子,第二部分将气流从检测区转向并通过输出单元到达出口;第二部分位于与第一部分成最小角度的位置,以便绕过激励通道而不会在流动中产生湍流;③ 选择通道的材料以确保粒子不会附着在壁上,且不会吸收光源的辐射或激发信号。

2021年,专利申请CN113881616A提出了一种细菌纤维素基生物传感器及其应用。细菌纤维素基生物传感器包括:细菌纤维素和表面展示纤维素结合结构域的细胞。细胞通过纤维素结合结构域与细菌纤维素连接。该细菌纤维素基生物传感器可实现细胞在细菌纤维素基质上的高效和特异性固定，维持细胞生物活性，增强荧光信号输出，为检测物出入提供了足够的孔隙，显著提高了检测灵敏度。

2022年，专利申请CN114414505A提出了一种量子光谱微生物智能监测终端，其利用量子光谱成像来提高荧光识别度。该量子光谱微生物智能监测终端包括：微生物量子光谱成像系统、微生物图像输出计数及分类系统和电源模块。微生物量子光谱成像系统包括：激光器、信号接收模块、量子增强相敏无噪放大模块和探测器。其中，激光器用于激发微生物粒子发出荧光信号；信号接收模块用于收集荧光信号，并利用量子效应接收光谱信号；量子增强相敏无噪放大模块包含注入量子光场真空压缩态和无噪相位敏感放大，量子光场真空压缩态的注入用于通过软边光澜的模糊图像中的高频信息所对应的散粒噪声；无噪相位敏感放大模块用于弥补因探测器的量子效率不足而引起的光子损失；探测器用于接收经压缩光注入和相敏无噪放大的信号光，以实现微生物光学成像。微生物图像输出计数及分类系统包括：图像识别算法模块和无线通信模块。其中，无线通信模块用于连接云平台，云平台连接有数据库，数据库连接有网页和APP端；电源模块由充电电池和外部电源接口组成。

2022年，专利申请KR102502351B1提出了一种细菌检测元件、细菌检测传感器，具有上述元件和传感器的电子设备以及使用该电子设备检测细菌的方法。细菌检测传感器通过增强检测器的灵敏度来增强荧光信号，具有能够有效检测340～350 nm波段荧光信号的PIN结构的氮化物基半导体细菌传感器件，可以替代传统的光电倍增管，并能够提供细菌检测和杀菌功能。传感器结构中基板设置于第一半导体层与第二半导体层之间，且第一半导体层与第二半导体层的材质均为氮化物系材料，且材质为氮化物。第一半导体层与第二半导体层包括吸收某一波长的光的光吸收层，其中光吸收层包括吸收第一波长的光的第一光吸收层和吸收不同于第一波长的光的第二光吸收层。第三吸收层吸收具有与第一波长和第二波长不同的第三波长的光，第一光吸收层和第二光吸收层由但一组分形成，并且设置在第一半导体层与第二半导体层之间。

#### 2.3.2.3　降噪的方法

除了微生物自身的荧光物质外，大气中还存在其他干扰荧光物质，易导致微生物检测准确度不高，出现假阳性。本节对降噪技术的重要专利做了梳理，降噪方法相关专利技术的发展脉络，如图2-3-7所示。

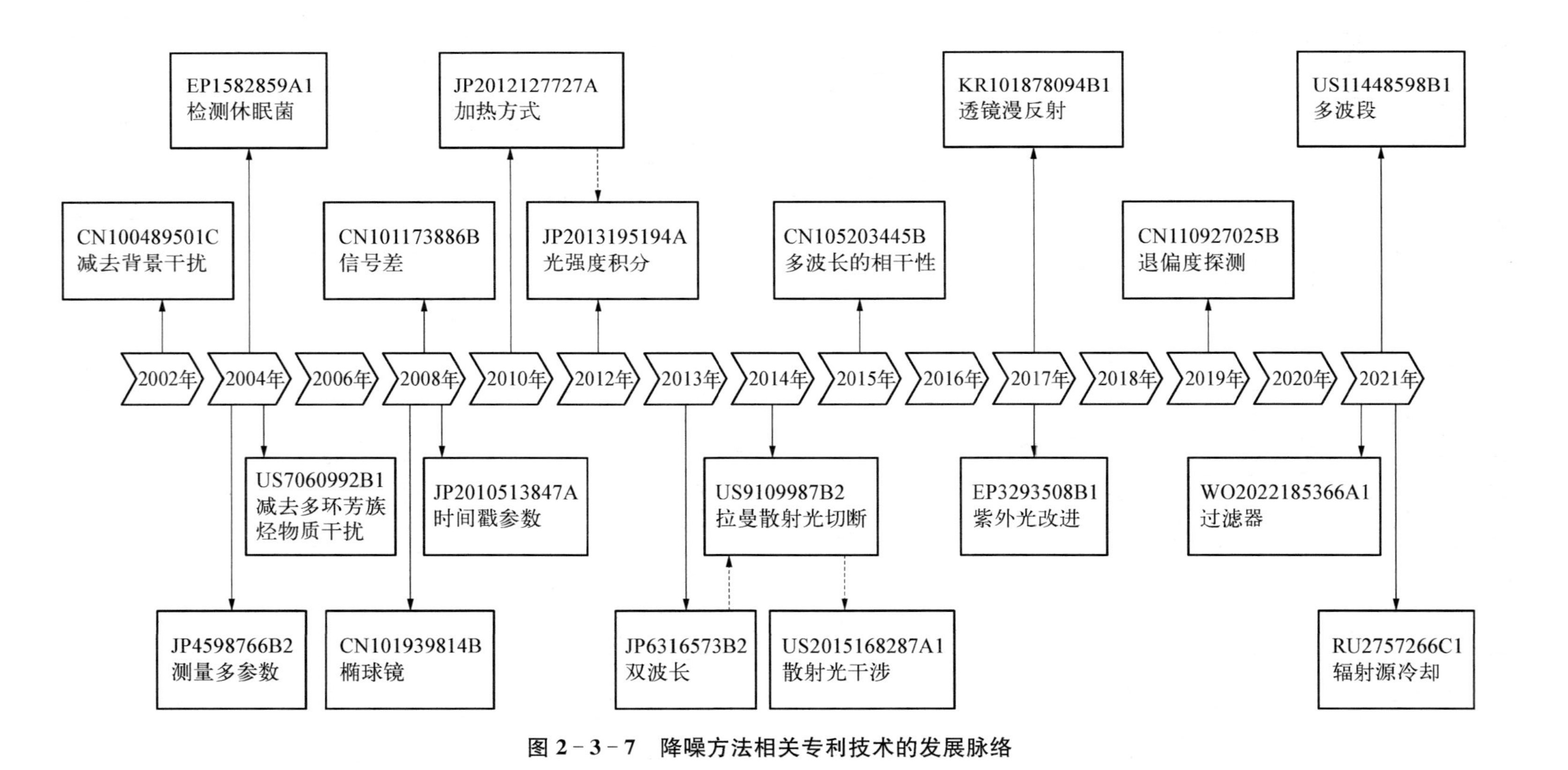


图 2-3-7 降噪方法相关专利技术的发展脉络

降噪技术相关重要专利方法详细情况，见表 2－3－4。

**表 2－3－4　降噪方法相关专利列表**

| 公开(公告)号 | 申请时间/年 | 发明名称 | 申请人 | 创新点 |
|---|---|---|---|---|
| CN100489501C | 2002 | 用于探测微生物的存在并确定它们的生理状态的方法和装置 | 微生物系统有限合伙公司 | 通过减去最小背景来计算最大的微生物荧光的反射和散射强度 |
| US7060992B1 | 2004 | 通过时间分辨荧光鉴别生物气溶胶的系统和方法 | TIAX LLC | 多环芳烃类物质也会产生荧光从而产生干扰，因此利用时间发射衰减曲线或荧光寿命来鉴别或表征气溶胶颗粒的样品，以区分非生物样品 |
| JP4598766B2 | 2004 | 用于检测和分类生物和非生物颗粒的多光谱光学方法和系统 | SILCOTT DAVID B | 同时测量单个颗粒在尺寸和密度、弹性散射特性，以及吸收和荧光方面的特征来实时检测和分类生物和非生物颗粒 |
| EP1582859A1 | 2004 | 检测休眠隐生微生物存在的方法 | MICROBIOSYSTEMS LTD PARTNERSHI | 发现了新的荧光物质来检测休眠微生物 |
| CN101173886B | 2006 | 气溶胶粒子双通道激光探测仪及其探测方法 | 中国科学院安徽光学精密机械研究所 | 根据雪崩二极管两次输出的信号时差和强度，以及光电倍增管的荧光信号，获得气溶胶粒子的粒径和粒谱分布信息 |
| JP2010513847A | 2007 | 通过同时测量粒径和荧光来检测病原体 | JIANG JIAN－PING | 测量粒径并同时从颗粒中检测内部荧光 |
| US8628976B2 | 2008 | 用于检测生物颗粒污染的方法 | BOLOTIN CHARLES E | 增加了新的检测参数-时间戳 |
| CN101939814B | 2008 | 通过同时的尺寸/荧光测量进行的病原体检测 | 百维吉伦特系统有限公司 | 利用一对椭球镜的配置来提高信噪比 |
| JP2012127727A | 2010 | 检测装置和检测方法 | SHARP KK | 以加热方式来区分微生物和非微生物 |

续 表

| 公开(公告)号 | 申请时间/年 | 发明名称 | 申请人 | 创新点 |
|---|---|---|---|---|
| JP2013195194A | 2012 | 微量光量检测装置及微生物传感器 | SHARP KK | 利用光强度的测量值的积分值,采用电压积分方式进一步增强荧光采集 |
| JP6316573B2 | 2013 | 颗粒检测装置和颗粒检测方法 | AZBIL CORP | 采用双波长荧光测量的相对值来区分微生物和非微生物 |
| US9109987B2 | 2014 | 颗粒检测装置和颗粒检测方法 | AZBIL CORP | 采用拉曼散射光切断的方式来减少对荧光信号的干扰 |
| US2015168287A1 | 2014 | 颗粒检测装置和颗粒检测方法 | AZBIL CORP | 利用散射光的干涉来评估是否是微生物荧光粒子 |
| CN105203445B | 2015 | 粒子检测装置及粒子检测方法 | 阿自倍尔株式会社 | 利用多波长下光强度的相关性来区分微生物和非微生物 |
| KR101878094B1 | 2017 | 一种非均匀镜耦合的微尘和有机物检测装置 | MEDIAEVER CO LTD | 解决透镜漫反射而导致检测效率降低的问题 |
| EP3293508B1 | 2017 | 微生物颗粒计数系统和微生物颗粒计数方法 | RION CO | 紫外光包含具有使碳-碳共价键断开的波长的第一紫外光,并且第一紫外光具有短于200 nm的波长,可以有效区分微生物和非微生物 |
| CN110927025B | 2019 | 一种气溶胶粒子监测设备 | 北京华泰诺安探测技术有限公司 | 为了提高精度,加入了退偏度探测 |
| WO2022185366A1 | 2021 | 室内卫生评价装置 | FUJI DR SECURITY CO LTD | 通过对过滤器照射紫外线杀菌以降低检测信号的噪声 |
| RU2757266C1 | 2021 | 用于检测空气中生物病原体的装置 | PUBLICHNOE AKTSIONERNOE | 辐射源增加冷却元件以降低信号噪声 |
| US11448598B1 | 2021 | 用于检测复杂临床和环境样品中的生物危害特征的方法和系统 | PHOTON SYSTEMS INC | 选择多波段进行检测以提高检测精度 |

2002 年，专利申请 CN100489501C 提出了一种用于探测微生物存在，并确定它们生理状态的方法和装置。该方法通过减去最小背景，来计算最大的微生物荧光的反射强度和散射强度。第一步，激发至少一个本征微生物荧光团，其在 200 nm 以上电磁辐射波长的特定激发范围内；激发微生物内的本征荧光团以发射荧光。第二步，探测与最大和最小的受激微生物荧光团有关的荧光信号强度。第三步，探测在没有激发的情况下，在最小和最大微生物荧光处的背景信号强度。第四步，由减去背景的最小强度计算最大的微生物荧光的反射和散射强度。第五步，从探测到的微生物荧光团的信号中减去计算的反射和散射信号强度，以及测量的背景强度；已减去上述因素探测到的荧光大小与微生物的数量直接成比例。第六步，由探测到的，已减去上述因素的荧光大小来定量样本中的微生物。

2007 年，专利申请 CN100595564C 公开了一种用于检测病原体和粒子的系统及方法。该系统和方法通过阻断未散射部分的背景干扰，以降低检测造影。该粒子检测器具备一个样本区域，其截面不超过约 2 mm。样本区域包含环境流体；一光源，置于样本区域一侧，能够发射准直或近似准直的光线穿过样本中的空气或水体，使得其中悬浮的任何颗粒物引起部分光线散射，而其余光线则保持直线传播；一束光线偏转装置，配置于样本区域的对侧，用于偏转或阻断至少部分未散射的光线，并将至少部分散射光线引导至检测器。检测器能够产生输出脉冲，每个脉冲的幅度与粒子的尺寸成比例。通过检测器的输出，脉冲高度鉴别器能够在特定时间内确定空气或水样本中检测到的气媒粒子的尺寸分布。此外，检测器还配备了一种装置，用于区分生物制剂与无机粒子。

2004 年，专利申请 US7060992B1 提出了一种通过时间分辨荧光鉴别生物气溶胶的系统和方法。该方法利用时间发射衰减曲线或荧光寿命来鉴别或表征气溶胶颗粒的样品，以区分非生物样品和荧光化合物，例如，多环芳烃典型来源是燃烧源，利用汽油或柴油的内燃机。此类气溶胶颗粒源通常将烟尘颗粒上的多环芳烃排放出去，尽管烟尘颗粒很小，但会聚集并长大。一些多环芳烃类物质是半挥发性的，会部分蒸发成气相，并可能在其他颗粒上再凝结。因此，在某些情况下，非荧光颗粒可能会变成荧光，特别是在存在大量多环芳族烃物质的情况下。在某些情况下，由于多环芳烃在非荧光颗粒上凝结而产生的荧光可能等于或超过类似大小生物气溶胶颗粒的荧光。此类被多环芳烃污染的颗粒会产生错误的状况。例如，当存在非生物物种时，检测仪器可能会记录假阳性，或者来自非生物物种的高水平荧光可能掩盖来自生物物种的荧光，从而导致假阴性。生物分子通常具有较短的荧光寿命，约小于 1～7 ns。相比之下，多环芳烃类物种的寿命通常更长，通常超过 7 ns，有时甚至从 10 ns 到数百纳秒。该专利利用时间发射衰减曲线或荧光寿命来鉴别或表征气溶胶颗粒的样品，根据到达检测器的时间将光源分类。例如，光速极快，相对于初始发射源（如激光脉冲）中心的到达时间通常少于约 0.1 ns，这类光可被划分为散射光；而快速到达的光，其到达时间通常不超过 7 ns，这类光可被归因于生物荧光的起源；至于那些到达时间通常大于 7 ns 的光，则可被归类为非生物性质或来源的荧光。

2004 年，专利申请 JP4598766B2 提出了一种用于检测和分类生物和非生物粒子的多光谱光学方法和系统。该方法基本上通过同时测量单个颗粒在尺寸和密度、弹性散射特性及吸收和荧光方面的特征，来实时检测和分类生物和非生物颗粒。在检测方案中利用了三种物理现象：气溶胶颗粒与光的相互作用，弹性散射，吸收和荧光。除了这些光学现象外，还可以同时确定粒径（尺寸）和密度及复杂的折射率，从而实时改善颗粒检测和识别/分类的能力。

2020 年，专利申请 US11467088B 公开了一种检测器及其多参数检测方法，该方法利用散射、反射、吸收和荧光技术，能够同时有效地对颗粒类型、颗粒量等进行定性和定量分析。检测器内部配置有感测空间，其构成要素包括：光源单元，负责向感测空间发射光线；反射器，具备一对分别向不同方向延伸的延伸部，用于反射光线；样品供应器，用于将样品引入光线路径；第一传感器单元，用于检测由反射器反射的光线；第二传感器单元，用于检测样品散射的光线或荧光中的至少一种。光源与第一及第二传感器单元被配置于检测空间内，其中由一对延伸部分构成的角度是依据光线的传播路径来设定的。从光源单元发出的光线中，一部分会经历一个延伸部分的反射，随后又在另一个延伸部分发生反射，最终朝向第一传感器单元传播。第二传感器单元配备有针对不同波长带的第一至第三传感器，能够通过散射、反射、吸收以及荧光反应来精确检测光线的波长和强度，进而详细识别颗粒的尺寸、种类、数量和密度等。

2004 年，专利申请 EP1582859A1 提出了一种检测休眠隐生微生物存在的方法，通过检测在 610～680 nm 范围内的电磁能激发时，从 710～860 nm 范围内的固有碱土金属吡啶二羧酸盐发出的电磁辐射，来检测休眠的隐生微生物。利用固有的二吡啶甲酸钙盐的新型低能发射技术，可以快速检测细菌孢子、真菌孢子和卵囊，而无须添加任何试剂进行样品处理或与样品接触。休眠隐生微生物包括：细菌内生孢子、真菌孢子和原生动物卵囊。

2006 年，专利申请 CN101173886B 提供了一种气溶胶粒子双通道激光探测仪及其探测方法。该探测仪包括：相连接的粒子进样部件，光学采样部件和分别与气体压力传感器、气流泵、激光器、紫外激光器、雪崩二极管和光电倍增管电连接的控制处理部件，该控制处理部件含有电源模块、气控模块、探测模块、模拟模块、数据模块、工控机模块和显示器。探测方法如下：设定气流泵工作压力，根据雪崩二极管两次输出的信号时差和强度，以及光电倍增管的荧光信号，获得气溶胶粒子的粒径和粒谱分布信息、生物活性物质和核黄素信息并生成相应的图像，将图像存储和送往显示器显示，实时在线检测大气中气溶胶粒子。

2007年，专利申请JP2010513847A提出通过同时测量粒径和荧光来检测病原体，公开了多参数检测以降噪的手段，即从流体中的惰性颗粒中区分出生物活性颗粒的方法。第一步，测量颗粒粒径并同时检测颗粒内部荧光。第二步，粒径信息用于确定颗粒是否为微生物。第三步，基于测量的粒径和荧光强度，将颗粒分为非活性颗粒或生物活性颗粒。

2008年，专利申请US8628976B2提出了一种用于检测生物颗粒污染的方法。该专利增加了新的检测参数——时间戳。检测流体中的颗粒并识别颗粒来源的方法如下：当颗粒通过样品池时，连续不断地照亮流体中的颗粒；使用检测器系统在颗粒穿过样品池时连续检测单个颗粒，对来自检测器的信号进行时间戳处理，以指示样品池中是否存在颗粒；使用一个或多个图像记录设备来记录检测器环境的图像数据，对图像数据进行时间戳标记；将带时间戳的图像数据与带时间戳的检测器信号相关，以确定污染源；根据测量的单颗粒的粒径和荧光强度，将单颗粒分为生物颗粒或非生物颗粒。

2008年，专利申请CN101939814B提出通过同时的尺寸/荧光测量进行的病原体检测，利用配置一对椭球镜来提高信噪比。现有技术只使用一个椭球镜，因而导致大量荧光信号逃逸，采用球面镜与椭球镜一起使用，可以捕获逃逸的荧光信号。球面镜放置在椭球镜的对面，颗粒流和电磁辐射交叉点在球面镜的焦点上。球面镜反射光通过焦点回到椭球镜上，椭球镜引导光通过球面镜上的开口进入荧光检测器。该专利不需要添加额外的荧光检测器便能捕获更多的荧光信号。

2010年，专利申请JP2012127727A提出了一种检测装置及检测方法，以加热方式来区分微生物和非微生物，对生物颗粒和化学纤维的粉尘进行了热处理，并测量了它们加热前后的荧光变化。根据测量结果发现，通过热处理，灰尘的荧光强度没有发生改变，而生物颗粒的荧光强度有所增加。如图2-3-8所示，作为生物颗粒的大肠杆菌在200 ℃下热处理5 min时的荧光光谱的测量结果。其中，曲线79为热处理前的测量结果；曲线72为热处理后的测量结果。根据图2-3-8所示的测量结果发现，通过热处理，大肠杆菌的荧光强度显著增加。此外，如图2-3-9和图2-3-10所示，通过对比热处理前后的荧光显微照片发现，大肠杆菌的荧光强度显著增加。

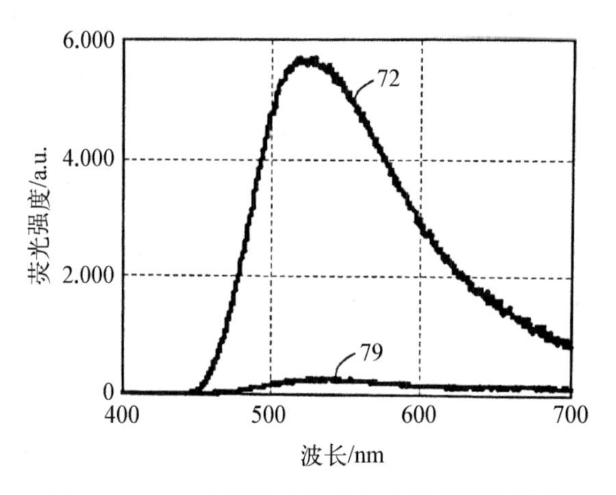


**图 2-3-8 大肠杆菌的荧光光谱的测量结果**

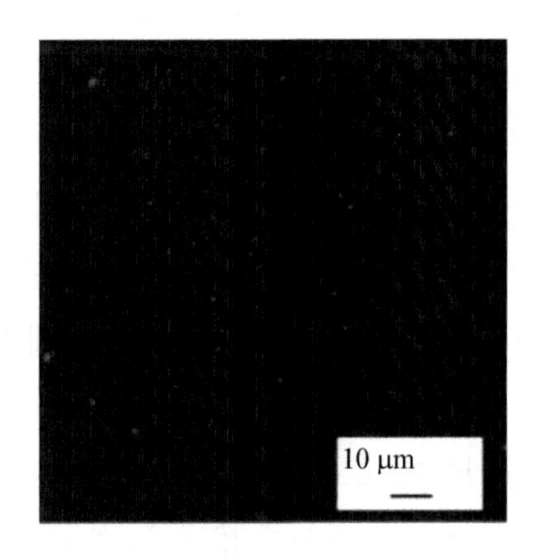


**图 2-3-9 热处理之前的荧光显微照片**

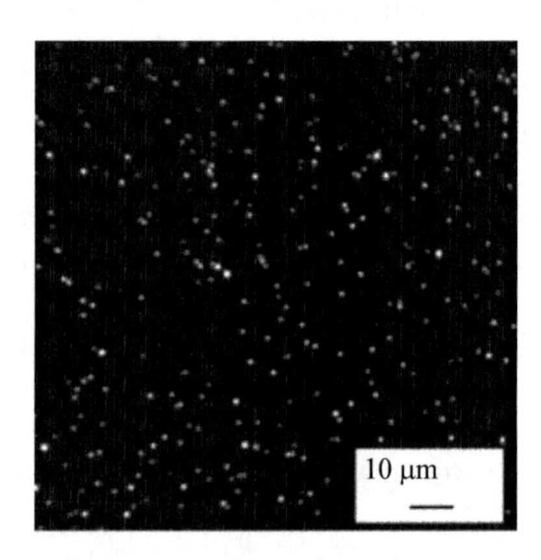


**图 2-3-10 热处理之后的荧光显微照片**

2012 年,专利申请 JP2013195194A 提出了一种微量光量检测装置及微生物传感器。利用光强度测量值的积分值,采用电压积分方式来进一步增强荧光采集。检测弱荧光时,比如,当检测来自微生物的荧光时,使用光强度的测量值的积分值。但是在测定弱荧光时,由于微小的噪声成分对检测结果的影响较大,所以存在难以准确检测的问题。在微光量检测装置中,通过对可响应光接收元件接收的光量的电流进行积分,来以预定间隔获得电压值。获得每个电压值时,将电压值除以测量时间得到电压值的变化。如果变化与规定值之间的差值小于阈值,根据规定间隔得到预定规定的电压值,分别计算出变化的平均值。如果差值大于阈值,则不计算平均值,并且再次重复获得电压值的过程。

2013 年,专利申请 JP6316573B2 提出了一种颗粒检测装置和颗粒检测方法。采用双波长荧光测量的相对值来区分微生物和非微生物。检测装置包括:光源,用激发光照射流体；荧光强度测量仪，其测量在用激发光照射的区域中产生的、荧光带中的至少两个波长处的光强度。光源和荧光强度测量仪连接到中央处理单元。中央处理单元包括：相对值计算单元，计算在至少两个波长处测量的光的强度的相对值；基准值存储装置，基准值存储设备存储光的强度的相对值和预定物质发射的光的相对值，作为基准值；确定单元，其将计算的相对值与参考值进行比较，并确定流体是否包含要检测的荧光粒子。

2014年，专利申请US9109987B2提出了一种颗粒检测装置和颗粒检测方法，采用拉曼散射光切断的方式来减少对荧光信号的干扰。拉曼散射光的波长带与荧光的波长带重叠，检测装置将拉曼光检测为荧光带中的光，所以传统的颗粒检测装置在检测拉曼散射光时，可能会错误地评估包括NADH在内的微生物颗粒。为了将拉曼散射光切断，在荧光测定器的前方设置滤光器来测定是否存在来自微生物粒子的荧光。当检测含有大量水分的微生物颗粒，如大肠杆菌等，同时检测由微生物中的水分产生的拉曼散射光和源自黄素的荧光，能够更精确地评估是否存在微生物颗粒。

2014年，专利申请US20150168287A1提出了一种颗粒检测装置和颗粒检测方法，利用散射光的干涉来评估是否是微生物荧光粒子。颗子检测装置包括：光源，其用激发光束照射包含多个颗粒的流体；荧光测量仪，测量在激发光束照射的区域中产生的荧光；散射光测量仪器，测量在激发光束照射的区域中产生的散射光；干涉状态评估部分，评估被测量的散射光是正在产生相长干涉还是正在产生相消干涉；颗粒计数部分，其根据所测量的光的干涉对多个颗粒进行计数。在规定的时间内测量散射光，并且散射光强度的时间变化低于规定的时间变化，则评估测量的散射光不产生干涉。在规定时间内测量散射光，并且散射光强度的时间变化等于或大于规定的时间变化，则评估测量的散射光正在产生相长干涉。

2015年，专利申请CN105203445B提出了一种粒子检测装置及粒子检测方法，利用多个波长下光强度的相关性来区分微生物和非微生物。多个波长下的物质发出的荧光强度会因物质而不同。例如，激发光照射到的表皮葡萄球菌、枯草杆菌芽孢、大肠杆菌、玻璃及铝发出的荧光波段的光。以530 nm以上波段中的波长的光强度为横轴，以440 nm附近波段中的波长的光强度为纵轴绘图。如图2-3-11所示，两个波段中的波长的光强度之比具有非生物粒子变小、微生物粒子变大的趋势。通过测定多个波长中每个波长下物质发出的荧光波段的光的强度，找到相关性，即可识别该物质是生物还是非生物。

在图2-3-12中，$x$轴表示第1荧光波段的光强度，$y$轴表示第2荧光波段的光强度，可划定确定生物和非生物粒子识别边界的函数$y=f(x)$。光强度位于$y>f(x)$

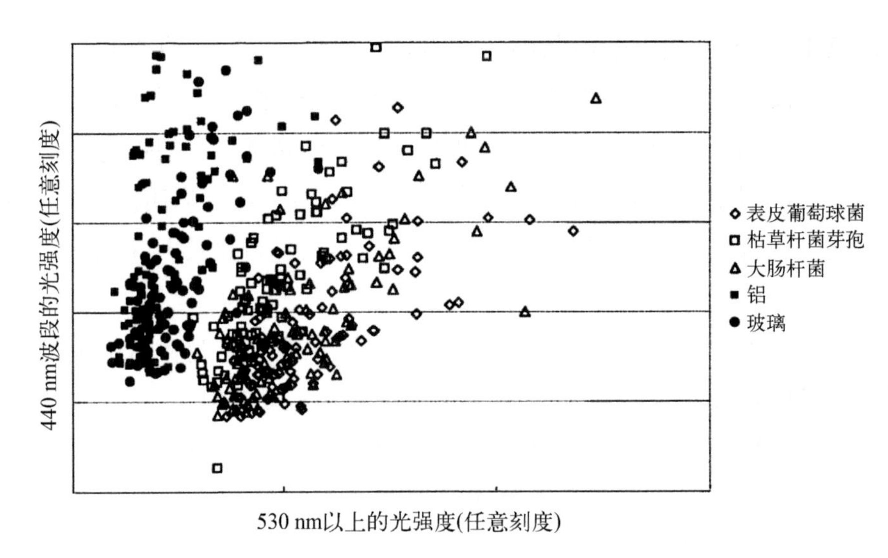


图 2-3-11 生物与非生物物质不同波长下光强度的散点图

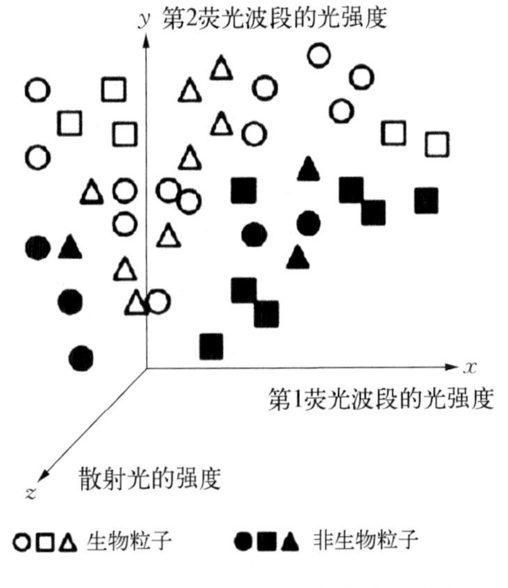


图 2-3-12 确定生物和非生物粒子识别边界函数图

区域的粒子可划分为非生物粒子，光强度位于$y<f(x)$区域的粒子可划分为生物粒子。

2017 年，专利申请 KR101878094B1 提供了一种非均匀镜耦合的微尘和有机物检测装置，解决了因透镜漫反射而导致检测效率降低的问题。该检测装置包括：样品室、光入射孔、样品室主体和光接收单元。其中，样品室中有引入的测量样品及内反射镜；光入射孔中入射入射光。样品室主体包括：第一光输出端口和第二光输出端口，用于发射照射到测量样品的入射光，以及光发射部分将入射光发射到光入射部分，并阻挡被引入入射光中的环境光；光接收单元，通过执行分离将从第一光输出端口发射的发射光传输到第一路径和第二路径，检测来自透射到第一路径的发射光的散射光，并且阻挡引入透射到第二路径的发射光中的环境光，以检测荧光。

2017 年，专利申请 EP3293508B1 提供了一种微生物颗粒计数系统和微生物颗粒计数方法。该微生物颗粒计数系统包括：微生物颗粒计数仪，检测样品中微生物颗粒的自发荧光，从而对样品中的微生物颗粒进行计数；前级照射器，设置在微生物颗粒计数仪的前级处，其用紫外光照射样品。其中，紫外光具有第一紫外光，其波长可使碳-碳共价键断开，且具有短于 200 nm 的波长。该微生物颗粒计数系统，即使在其他混合有机物质产生荧光的情况下，也可以准确地实时计数微生物颗粒。

2019年，专利申请CN110927025B提供了一种气溶胶粒子监测设备，为了提高精度，加入了退偏度探测。该气溶胶粒子监测设备包括：进气管、光学检测室、出气管和气泵、激发光源、用于将荧光激发光束偏振成水平线偏振光的起偏器、用于吸收激发光束的消光陷阱、第一准直镜、用于将米散射光信号分成水平偏振分量信号和垂直偏振分量信号的偏振分束镜、用于探测所述垂直偏振分量信号的第一光电探测器、用于探测所述水平偏振分量信号的第二光电探测器、米散射滤光片以及用于探测荧光信号的第三光电探测器。该气溶胶粒子监测设备能够同时进行米散射信号探测、荧光信号探测及退偏度探测，可以同时测量粒子直径、判断是否为生物气溶胶粒子，并对粒子形状特性进行分析，精确分辨气溶胶粒子的类别，有效排除干扰信号。

2021年，专利申请WO2022185366A1提供了一种室内卫生评价装置，通过紫外线照射过滤器杀菌来降低检测信号的噪声。该装置包括：壳体，有进气口和排气口；抽吸装置，设置在空气排放开口处，抽吸壳体内部的空气，并将其排放到外部；吸附过滤器，设置在壳体的内部和空气排放开口的前方，能够捕获气溶胶；LED光源，将激发光发射到吸附滤光器上，从而使气溶胶中的自发光蛋白发光，LED光源发射不同波长的激发光；照相机，拍摄吸附滤光器上的自发光蛋白；评估装置，基于相机捕获的吸附过滤器图像中的光发射区域来评估室内空间的安全程度。

2021年，专利申请RU2757266C1提供了一种检测空气中生物病原体的装置，通过为辐射源增加冷却元件来降低信号噪声。生物源颗粒的荧光发射光谱受颗粒的温度影响，会随着温度的变化而变化，因此，将空气流加热到高温可以提高检测空气中生物病原体的准确度，但是会影响辐射源的精确性。本装置包括：空气制备单元、集中器、光学相机和辐射源。其中，辐射源指向光学室内的气流以激发空气流中的颗粒产生荧光和散射；在光学相机的输出处存在分离器，测量荧光的第一测量装置位于该分离器的第一输出位置，测量散射的第二测量装置位于分离器的第二输出位置；空气流的热稳定元件被引入浓缩器和光学室之间的装置中，在热稳定元件之前引入辐射源的冷却单元，从辐射源移除热量，该装置提高了操作温度范围内的检测准确度。

2021年，专利申请US11448598B1提供了一种检测复杂临床和环境样品中生物危害特征的方法和系统，并且为了提高检测精度，选择多波段进行检测。该系统对样品的多个位置进行UV荧光光谱分析，各个位置的分类结果被组合并在空间上相关，以提供生物危害特征存在的阳性或阴性结论。使用该方法可减少样品处理时间（几分钟至几分之一分钟）、降低采样成本（几美元至几分之一美元）、高可靠性（与实时RT-PCR相当）。

### 2.3.2.4 减小体积

随着技术的发展,虽然设备荧光信号、抗干扰能力有所增强,但同时也带来了仪器成本增加、体积增大的问题。本节对与减小设备体积技术相关的重要专利技术的发展脉络进行了梳理,如图 2-3-13 所示。

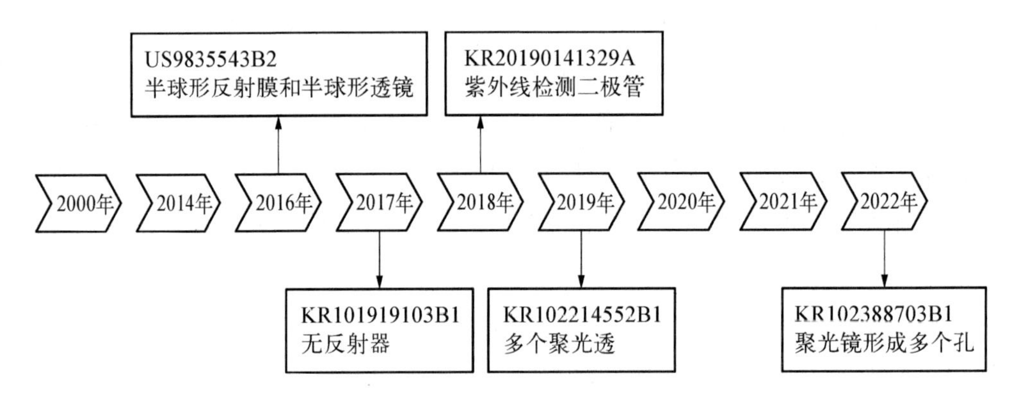


**图 2-3-13 减小设备体积相关的专利技术发展脉络**

减小设备体积相关的重要专利情况,见表 2-3-5。

**表 2-3-5 减小设备体积相关专利列表**

| 公开(公告)号 | 申请时间/年 | 发明名称 | 申请人 | 创新点 |
|---|---|---|---|---|
| US9835543B2 | 2016 | 粒子探测器 | AZBIL CORP | 流动池包括半球形反射膜和半球形透镜部分,从而避免采用高数值孔径的镜头 |
| KR101919103B1 | 2017 | 微生物无损光学检测装置 | MEDIAEVER CO LTD | 采用不具有反射器的光学微生物检测装置以减小装置的体积 |
| KR20190141329A | 2018 | 基于紫外发光二极管的生物粒子检测系统 | LINK OPTICS CORP | 为了减小检测装置的体积,紫外线检测二极管可以仅使用期望的波长而无须额外的滤光器 |
| KR102214552B1 | 2019 | 一种用于细颗粒检测的小型荧光传感器装置 | AGENCY DEFENSE DEV | 光源照射的光被多个漫射透镜单元反射,并且漫射光被多个聚光透镜单元聚集在一个焦点处,从而减小体积。 |
| KR102388703B1 | 2022 | 用于检测生物颗粒和非生物颗粒的传感器装置 | NIDS CO LTD | 聚光镜能够通过形成多个孔而不是传统的单个孔来减小产品的厚度 |

2016 年，美国申请的专利 US9835543B2 提供了一种粒子探测器。该探测器流动池中颗粒产生的荧光和散射光是从颗粒全向发射的，所以会聚荧光和散射光的透镜的数值孔径必须较高。但是，高数值孔径的镜头需要复杂的光学系统。此外，高数值孔径透镜具有短焦距。因此，透镜的光学系统相对于流通池，布置的灵活性降低了。本专利的颗粒检测器包括：检查光源，检查光照射流动池；流动池，允许包含颗粒的流体流过，流动池包括半球形反射膜和半球形透镜部分，半球形反射膜反射由颗粒产生的反应光，半球形透镜部分使半球形反射膜反射的反应光穿过；椭圆镜，在流动池的位置处具有第一焦点；光学检测器，设置在椭圆镜的第二焦点处，且检测由椭圆镜反射的反应光。

2017 年，专利申请 KR101919103B1 提供了一种微生物无损光学检测装置。该专利采用不具有反射器的光学微生物检测装置，以减小装置的体积。该光学微生物检测装置通过在检测过程中去除装置内壁表面由反射器构成的样品室，从而使生产成本最小化。该装置包括：透镜镜筒，引入待测量样品的喷嘴部分、光入射端口、光出射端口；光发送部分，采用单个 LED，将入射光照射在光入射端口上，并阻挡环境光；光收集部分，分离从光出射端口射出的出射光，并将其传输到第一路径和第二路径，将与入射光具有相同波长的出射光传输到第一路径，阻挡引入并传输到第二路径的出射光的环境光，检测荧光，最小化生产成本。

2018 年，专利申请 KR20190141329A 提供了一种基于紫外发光二极管的生物粒子检测系统。为了减小检测装置的体积，紫外线检测二极管可以仅使用期望的波长而无须额外的滤光器。紫外线发光模块包括：多个紫外线二极管；基板，在其前侧安装有紫外线二极管；控制器，驱动该紫外线二极管；电源，在基板的一侧以接收电力。紫外线发射模块包括以下至少一类紫外线：第一 LED 发出 320～420 nm 波段的紫外线；第二 LED 发出 280～320 nm 波段的紫外线；第三 LED 发出 250～280 nm 波段的紫外线。

2019 年，专利申请 KR102214552B1 提供了一种用于细颗粒检测的小型荧光传感器装置。为了减小体积，光源照射的光被多个漫射透镜单元反射，并且漫射光被多个聚光透镜单元聚集在一个焦点处，从而减小光源与透镜的距离，使器件小型化，提高聚光效率及紫外光源的光效。传感器装置包括：紫外线光源单元，将紫外线发光二极管光束照射到微粒上；光学单元，收集由紫外线光源照射的光束产生的光，并将其传输至散射荧光检测器；散射荧光检测器，同时检测来自光学单元的光的散射光和荧光；多个扩散透镜单元，扩散由光源产生的光束；多个聚光透镜单元，将由扩散透镜单元扩散的光束聚集到焦点上。

2021 年，专利申请 KR102388703B1 提供了一种检测生物颗粒和非生物颗粒的传感器装置。该专利公开了因传统传感器装置的反射镜中的第一和第二反射镜,必须形成具有半球形尺寸的单个球面反射镜来反射荧光信号,所以存在第一和第二反射镜的厚度增加的问题。本专利的聚光镜能够通过形成多个孔而非传统的单个孔来减小装置的厚度。通过在不同方向上下交替设置多个分束器和多个荧光滤光片,并排设置在相同的现有方向上,可以进一步减小装置的厚度和尺寸,使装置进一步纤薄。

综上所述,对于采用微生物自体荧光来检测微生物的技术分支,主要研究重点在于如何提高荧光信号的强度,以及如何排除其他信号对自体荧光信号的干扰两个方面。辐射光源随着激光光源的发展而发展,其改进也进一步提高了自体荧光检测的灵敏度及检测成本等方面。此外,从 2017 年开始,人们也开始关注改进整体装置的体积,以及如何降低装置的成本。

## 2.4 与新冠病毒检测相关的专利申请人分析

在进行专利分析时,针对关键技术领域,我们注意到有若干项专利申请涉及使用荧光技术对呼出气体或环境中的新型冠状病毒(SARS-Cov-2,简称新冠病毒)进行检测。在本节中,我们将重点分析第 2.3 节所涉及的关键技术专利分支中,与新冠病毒检测相关的专利申请主体。

1. 浙江大学

根据图 2-2-3 微生物检测技术国内重要专利申请人分布可以看出,在微生物检测领域,浙江大学的专利申请量国内排名第一。同时,在第 2.3 节的重点技术分支中也发现,浙江大学针对环境中新冠病毒的荧光检测存在相关申请。除该技术分支外,该高校还采用不同技术手段,针对不同样本中的新冠病毒检测进行了研究,并申请了多项专利技术,属于该技术分支的主要相关申请人。对其申请的重要专利按照申请时间顺序进行梳理,见表 2-4-1。

**表 2-4-1 浙江大学重要专利梳理情况**

| 公开(公告)号 | 申请时间/年 | 发明名称 | 技术要点 | 检测样本 |
| --- | --- | --- | --- | --- |
| CN112111601A | 2020 | 一种新型冠状病毒双重快速 RT-PCR 检测试剂盒 | 采用包括正反向引物对集和荧光探针组,实现对新冠病毒的高灵敏度检测 | 环境样本 |

续　表

| 公开(公告)号 | 申请时间/年 | 发明名称 | 技术要点 | 检测样本 |
|---|---|---|---|---|
| CN112014260A | 2020 | 利用光阱捕获微粒进行微生物快速检测 | 利用光阱技术捕获微粒，微粒表面设病毒特异性结合位点或配体，测量导入待测气体前后微粒的质量变化，可快速检测新冠病毒 | 气体 |
| CN214270910U | 2020 | 一种用于核酸提取、扩增及检测的装置 | 将核酸提取、扩增及检测集成为小型化的家用核酸检测装置 | 其他 |
| CN112410198A | 2020 | 基于RPA和CRISPR技术的快速新冠病毒检测仪 | 采用RPA和CRISPR技术相结合，可缩短扩增时间并给提升检测灵敏度 | 唾液 |
| CN112268874A | 2020 | 一种基于光纤生化探针的快速超灵敏传感装置 | 通过与光纤传感器结合，实现取样检测一步到位，并进行多参数、多通道的测量，可用于大型传染疾病现场、快速、超高敏的早期诊断 | 生物样本 |
| CN114790492A | 2021 | 一种基于葡萄糖信号的便携式核酸检测方法 | 借助化学偶联，将产糖酶修饰至磁珠上，对扩增片段进行识别，借助血糖仪检测葡糖浓度，进而对核酸定量 | 生物样本 |
| CN113777297A | 2021 | 一种基于磁性纳米颗粒的荧光差分快速检测方法 | 利用磁性纳米粒子的固有属性，将其作为载体直接在复杂环境中捕获新冠病毒，简化步骤并解决了对复杂环境中目标分析物分离提纯的问题；利用荧光差分检测方法，消除了颗粒自身吸光度的影响 | 生物样本 |
| CN113943781A | 2021 | 一种大体积液体样品中病原微生物的快速绝对定量方法 | 利用径迹蚀刻膜截留和水凝胶反应体系对新冠病毒双重纳米限域，使细菌、病毒在初始位置扩增且扩增产物不会扩散，形成形状鲜明的扩增荧光点 | 液体样本 |
| CN114015810B | 2021 | 冠状病毒RNA双基因同时检测及突变毒株识别的检测试剂盒 | 通过用不同荧光基团标记MB探针，可在同一体系内同时检测两个目标基因，可同时检测新冠病毒ORF1ab基因和N基因 | 其他 |
| CN114414552A | 2022 | 一种微粒光散射谱分析装置及其应用方法 | 双光束光镊系统形成捕获光阱，实现对微粒的快速稳定捕获 | 气体样本 |

通过对上述专利技术的梳理可以看出：按照取样标本不同，新冠病毒的检测方法可划分为抗原/抗体检测与核酸检测两大类；按照检测手段，新冠病毒的检测手段可分为荧光检测和拉曼检测。浙江大学涉及新冠病毒检测手段的重要专利分布，如图 2-4-1 所示。

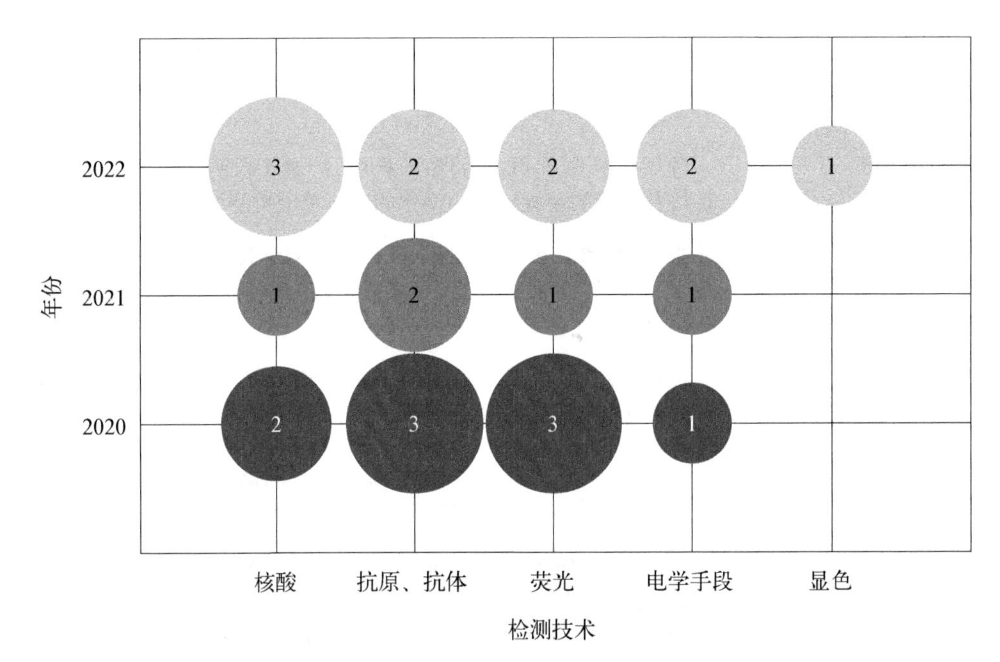


**图 2-4-1　浙江大学新冠病毒检测检测手段的重要专利分布图**

（圆圈中数字代表所涉及检测手段的专利数量）

2020 年，专利申请 CN112111601A 公开了一种新冠病毒双重快速 RT-PCR 检测试剂盒。该检测试剂盒包括正反向引物对集和荧光探针组，其中，正反向引物对集包括：第一引物对、第二引物对、内参质控引物对，阳性标准品、内参质控品、阴性标准品和 RT-Taq Mix 试剂。第一步，以样本 RNA 为模板，加入 RNase free $H_2O$，RT-Taq Mix 试剂，正反向引物对集和荧光探针组，配制扩增反应体系。第二步，设置反应条件进行 RT-PCR 反应得到扩增曲线，对扩增曲线进行结果分析。样本 RNA 模板来自对环境样本的核酸提取，在提取之前，环境样本中需要提前加入内参质控品。扩增反应体系包括：样本模板、正反向引物对集和荧光探针组、RT-Taq Mmix 试剂。使用该专利的检测试剂盒进行检测可以实现对新冠病毒高灵敏度的检测，能稳定检测出低至 100 copies/mL 的核酸样本；还可以降低出现非特异性扩增及假阳性结果的概率，提高检测结果的可靠性。

除专利申请 CN112111601A 外，浙江大学针对气体中新冠病毒检测的相关专利申请还包括2020年申请的专利CN112014260A和2022年申请的专利CN114414552A。

专利申请CN112014260A利用光阱捕获微粒进行微生物快速检测，通过利用光阱技术形成稳定的捕获光场，实现对微粒的稳定捕获；通过对微粒运动信息的处理，实现对微粒质量的高精度测量，微粒表面根据检测需要设有新冠病毒特异性的结合位点或配体；通过测量导入待测气体前后微粒的质量变化，即可对新冠病毒进行快速检测，检测步骤简便、快速、灵敏度高。

专利申请CN114414552A通过双光束光镊系统形成捕获光阱，实现对微粒的快速稳定捕获；利用在捕获光的垂轴方向放置散射光收集系统和光谱仪，实现光悬浮微粒侧向散射光的收集和利用。该专利还提供了一种利用该装置搭建的双光束光镊系统进行微粒光散射谱分析的方法，通过对射双光束捕获表面修饰有病毒特异性结合抗体的聚苯乙烯微粒，实现微粒的快速稳定悬浮。在对射双光束的垂轴方向放置物镜，实现表面修饰有病毒特异性结合抗体的聚苯乙烯微粒侧向散射光收集最大化。通过集成的光谱处理系统解析散射光信号，记录聚苯乙烯微粒未与病毒结合前的初始光谱，将病毒投送到被捕获微粒附近，再次通过集成的光谱处理系统解析散射光信号，记录聚苯乙烯微粒与病毒结合后的光谱，通过比较表面修饰有病毒特异性结合抗体的聚苯乙烯微粒与病毒结合前后表面增强拉曼散射光谱信号，实现对气体中新冠病毒的检测。

此外，根据不同的检测需求，浙江大学也采用多样化的检测技术对不同介质（如生物样本）中的新冠病毒进行检测分析，并申请专利保护。

2020年，专利申请CN214270910U提供了一种用于核酸提取、扩增及检测的装置。该装置包括多个竖直布置的腔室，相邻腔室之间利用通道进行连通；腔室和通道均为柔性可反复按压材质，通道中间为通道按压位置，通道按压位置设置有按压件，通过按压件进行阻塞通道，防止相邻腔室之间的液体互相混合，各个腔室底部预先放置有用于核酸检测所需的不同试剂，或者在反应操作前再在各个腔室中加入核酸检测所需的不同试剂。腔室的外部设有磁铁或电磁铁，用于吸取腔室中的磁性微纳颗粒，带动磁性微纳颗粒在各个腔室间来回移动。本专利的技术方案能有效分隔各个腔室中的反应液体，通过简单按压来实现阻塞液体，反复按压或震动来实现搅拌液体，且在密闭的状态下进行操作，避免了污染。

为满足高灵敏性的检测需求，2020年，专利申请CN112410198A公开了基于RPA和CRISPR技术的快速新冠病毒检测仪。该检测仪包括：生物检测模块、光电探测模块及报警显示模块。该检测系统将新冠病毒RNA样本采集、核酸提取、扩增、荧光检测四步合一，选用唾液作为检测样本使采集更便捷，采用无须纯化的RNA快速提取方法，利用 RPA 技术可在常温进行，缩短扩增时间。基于 CRISPR 的荧光检测使基因序列的检测灵敏度提升，利用微弱光放大电路将微弱荧光信号放大并减弱噪声，最后用 LED 亮灯进行检测阳性的报警，取消显示屏实时监测显示，使整个装置结构简单、成本低、灵敏度高，机器小便于携带，对温度要求低，检测时间短，仅需约 1 h。

2020 年，专利申请 CN112268874A 提出一种基于光纤生化探针的快速超灵敏传感装。该装置包括：光源、起偏器、偏振控制控制器、1X2 耦合器、2X1 耦合器、第一声光调制器、第二声光调制器、信号调制器、环形器、光纤探头、偏振分束器、信号光电探测器、参考光电探测器、锁相放大器。光纤探头的反射光进入偏振分束器，输出互为正交偏振的两路光，分别输入信号光电探测器和参考光电探测器，形成两路拍频信号，两路拍频信号通过锁相放大器测量出两路光的相位差大小，相位差的大小与待测物质的浓度大小相关。光纤传感器可以直接作为探针实现取样，检测一体化，使检测步骤简单化。

2021 年，专利申请 CN114790492A 提供了一种基于葡萄糖信号的便携式核酸检测方法。该方法借助化学偶联的方式，利用 ssDNA 将产糖酶修饰至磁珠上，制备功能化磁珠传感器。第一步，借助等温扩增技术对核酸检测片段进行扩增。第二步，通过 CRISPR/Cas12a 体系对扩增片段进行识别，利用其核酸酶活性释放功能化磁珠上的产葡萄糖酶类。第三步，通过磁分离，游离的酶催化底物水解形成葡萄糖。第四步，借助便携式血糖仪对葡萄糖浓度进行测定，实现核酸的定量检测。

针对现有技术中需要对样品进行前处理的问题，2021 年，专利申请 CN113777297A 提出了一种基于磁性纳米颗粒的荧光差分快速检测方法。第一步，利用双溶剂法和表面修饰制备具有单分散性和稳定性的锰铁氧体磁性纳米颗粒(Magnetic Nanoparticles, MNP)。第二步，修饰后的 MNP 共价或非共价结合配体 A。第三步，制备荧光标记的配体 B，将荧光标记的配体 B 与 MNP-配体 A 复合物、目标物处在同一反应体系，形成 MNP-配体 A-目标物-荧光标记的配体 B 三聚复合物。第四步，施加磁场移除三聚复合物，用特定波长的光来激发荧光，检测反应体系中移除三聚复合物前后的荧光强度，利用其荧光强度的差值来单调标定目标物浓度。使用该方法可避免样品前处理过程，运用荧光差值来表征目标物的浓度，提高了信噪比和稳定性。可运用腔增强技术来增加荧光激发强度，从而提高检测的灵敏度和检测限。

2021 年，专利申请 CN113943781A 提出一种大体积液体样品中病原微生物的快速绝对定量方法。该方法利用径迹蚀刻膜截留和水凝胶反应体系对新冠病毒双重纳米限域，使新冠病毒在初始位置扩增且其扩增产物不会扩散，从而形成形状鲜明的扩增荧光点。第一步，利用纳米孔径膜过滤待测液体样品，使目标微生物被截留在滤膜表面。第二步，在截留了目标微生物的滤膜表面贴合上密封小室，加入环介导等温扩增反应体系，密封；反应体系中含有水凝胶单体，交联成胶使得反应体系呈胶态覆盖滤膜表面的目标微生物。第三步，环介导等温核酸扩增反应。第四步，利用荧光成像技术分析计数荧光点，计算目标微生物的绝对浓度。

2021 年，专利申请 CN114015810B 公开了一种冠状病毒 RNA 双基因同时检测及突变毒株识别的检测试剂盒。该检测试剂盒由环介导扩增反应液、酶、引物和检测探针混合液、目标序列 RNA 标准品组成。本发明中目标 RNA 经逆转录生成对应的 DNA 链，在扩增引物存在下进行 LAMP 扩增，扩增产物与检测探针——分子信标(MB)或链置换核酸(OSD)结合产生荧光信号，从而实现目标 RNA 检测。该专利通过用不同荧光基团标记 MB 探针，可在同一体系内同时检测两个目标基因，用于同时检测新冠病毒 ORF1ab 基因和 N 基因；通过不同荧光基团标记 OSD 探针，用于单位点碱基差异的刺突蛋白(S)基因序列的分辨，实现新冠病毒野生型毒株、Alpha 变异株、Delta 变异株的识别。

2. 复旦大学

从第 2.2.2 节中的图 2-2-4 可以看出，上海市占据中国专利申请量排名前十的位置，其中复旦大学针对新冠病毒检测申请了多项专利，属于该技术分支的主要相关申请人。按照申请时间顺序，对其申请的重要专利进行梳理，见表 2-4-2。

**表 2-4-2　复旦大学重要专利梳理情况**

| 公开(公告)号 | 申请时间/年 | 发明名称 | 技术要点 | 检测样本 |
|---|---|---|---|---|
| CN111610332A | 2020 | 用于检测新冠病毒的长余辉免疫层析试纸条与检测方法 | 将 IgM 抗体与 IgG 抗体联用进行检测，能最大程度地确保检测的准确性 | 生物样本 |
| CN113740538A | 2020 | 一种检测 SARS-CoV-2 新型冠状病毒 IgM/IgG 抗体的方法和产品 | 一步法检测 | 血浆、血清或全血样本 |
| CN111850168A | 2020 | 检测病毒 SARS-CoV-2 核酸的场效应晶体管传感器及其制备方法和应用 | 通过合成各种不同结构的 DNA 探针，与新型冠状病毒 SARS-CoV-2 核酸序列或新型冠状病毒核酸基因的逆转录 DNA 序列互补杂交，引起器件电导率的变化以实现实时检测 | 生物样本 |

续 表

| 公开(公告)号 | 申请时间/年 | 发明名称 | 技术要点 | 检测样本 |
|---|---|---|---|---|
| CN112014560A | 2020 | 一种检测人抗SARS-CoV-2抗体的近红外荧光免疫层析试纸条 | 基于发射峰值800 nm的荧光染料制备的近红外荧光微球,可以显著降低自发荧光的干扰 | 生物样本 |
| CN112239795A | 2020 | 基于RT-RPA和CRISPR的可视化新冠病毒RNA核酸检测试剂盒 | 基于反转录重组聚合酶扩增(RT-RPA)和CRISPR一体化反应,能够实现对新冠病毒RNA的逆转录恒温扩增和CRISPR的一体化、可视化检测 | 生物样本 |
| CN112683977B | 2021 | 基于多靶向位点抗体组合的新冠病毒检测模块 | 将多靶向位点、不同种类的新冠病毒抗体同时修饰于二维敏感材料界面上,从而得到功能化的新冠病毒检测模块 | 上、下呼吸道样本 |
| CN114107019A | 2021 | 一种同时检测核酸和蛋白质的微流控芯片、检测方法及用途 | 提供同时检测核酸和蛋白质的微流控芯片平台 | 生物样本 |
| CN115261509A | 2022 | 基于微孔恒温扩增反应,检测呼吸道RNA病毒核酸的引物组、试剂盒及其应用 | 使用每种靶标仅需要4条引物进行的恒温扩增技术,与微孔反应技术相结合,对6种呼吸道病毒核酸进行高通量检测 | 生物样本或环境样本 |
| CN114924067A | 2022 | 免疫检测病毒用纳米磁性微球材料及其制备方法和应用 | 利用多糖对新型冠状病毒富集的免疫检测磁珠,对液体中的痕量新冠病毒进行检测 | 液体样本 |
| CN115343343A | 2022 | 一种用于冠状病毒核酸检测的微电极及其制备方法与应用 | 通过设计合成各种不同结构的DNA探针,与冠状病毒核酸序列或冠状病毒核酸基因的逆转录DNA序列互补杂交,引起电化学电流的变化以实现实时检测 | 生物样本 |
| CN115166237A | 2022 | 一种可控制新冠抗原自测采样程序的胶体金层析试剂条及其制备方法和应用 | 检测新冠抗原的胶体金层析试剂条不仅能高灵敏度地检测待测样本中的新冠病毒,还增加了检测样本中是否存在人类细胞的能力 | 生物样本 |

通过对复旦大学的相关专利进行梳理，对重点专利分布进行统计，按照取样标本不同，将重要专利的检测手段分为抗原/抗体检测及核酸检测；按照检测手段，将重要专利的检测手段分为荧光检测、电学检测及显色。复旦大学重要专利的检测手段分布，如图 2-4-2 所示。

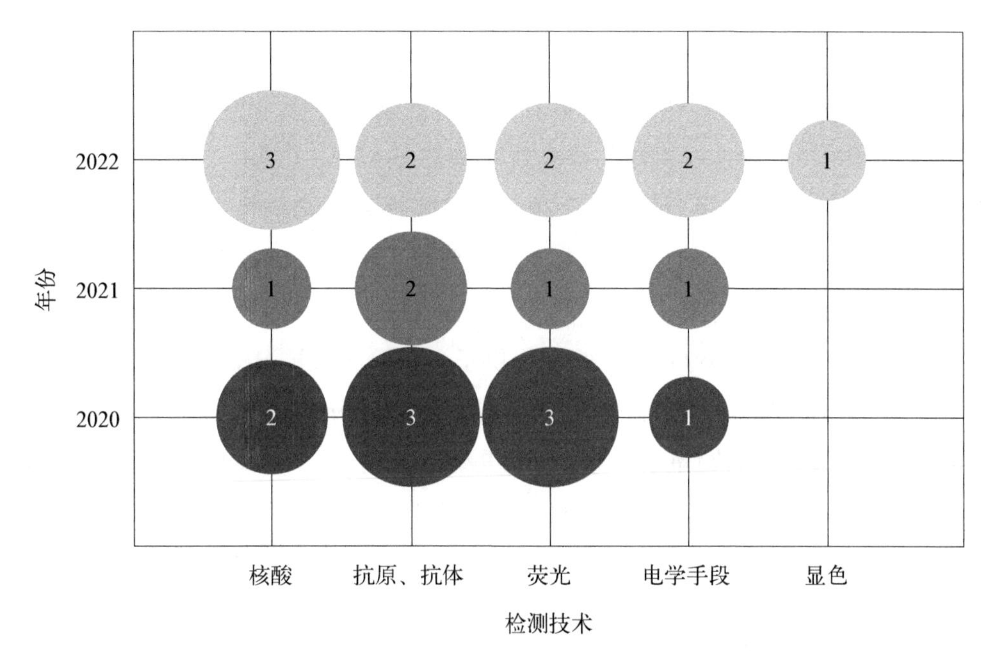


**图 2-4-2　复旦大学新冠病毒检测手段的重要专利分布图**

（圆圈中数字代表所涉及检测手段的专利数量）

2020 年，专利申请 CN111610332A 提供了一种用于检测新冠病毒的长余辉免疫层析试纸条与检测方法。长余辉免疫层析试纸条包括：底板、设置于底板上依次相连的样品区、检测区和吸附区。样品区含有与第一生物标记物偶联的长余辉纳米微球，长余辉纳米微球包括：高分子聚合物微球和包埋于高分子聚合物微球内部的长余辉发光材料；第一生物标记物能与待测样中含有的新冠病毒待检测目标物特异性结合。检测区内设置有检测线和质控线，检测线喷涂有能与待检测目标物特异性结合的第二生物标记物；质控线喷涂有活性验证物，活性验证物用于指示生物标记物的有效性。

2020 年，专利 CN113740538A 提供了一种检测 SARS-CoV-2 新冠病毒 IgM/IgG 抗体的方法。该方法为一步法。第一步，将荧光微球标记的 SARS-CoV-2 的重组 N 蛋白抗原载于载体上。第二步，在与微球标记抗原载体相连接的检测载体上包被大鼠抗人 IgM/IgG 抗体作为检测线。第三步，荧光微球标记的鸡 IgY 对应包被山羊抗鸡 IgY 抗体作为质控线。第四步，将人体血浆、血清或全血样本滴于荧光微球标记抗原的载体上，若样本中含有 SARS-CoV-2 抗体，则在检测载体上能形成检测线，同时质控线为阳性；若只显示质控线不显示检测线，则为阴性。该技术方案解决了临床对 SARS-CoV-2 感染的快速诊断问题。

2020 年，专利 CN111850168A 提供了一种检测病毒 SARS-CoV-2 核酸的场效应晶体管传感器和应用。场效应晶体管传感器包括：绝缘衬底、设于绝缘衬底上的半导体层及电极。其中，半导体层上设有暴露的半导体沟道，半导体沟道内修饰固定 DNA 探针。DNA 探针能够直接与待测新冠病毒(SARS-CoV-2)核酸序列结合在一起，或者能够和其逆转录后的 DNA 通过碱基互补配对结合在一起，使待测新型冠状病毒(SARS-CoV-2)核酸序列或待测新型冠状病毒核酸序列逆转录后的 DNA 接触到场效应晶体管传感器表面。

2020 年，专利申请 CN112014560A 提供了一种检测人抗 SARS-CoV-2 抗体的近荧光免疫层析试纸条。将近红外荧光染料装载入高分子聚合物微球中，得到的近红外荧光微球可通过共价偶联方式偶联上重组 SARS-CoV-2 棘突蛋白，制备出荧光强度高、稳定性好和荧光信号均一的免疫荧光探针。该方法的生物标记过程简单，解决了目前免疫层析试纸条荧光标签的发射峰值在可见光区，受 NC 膜和生物样本自发荧光干扰的问题。基于发射峰值 800 nm 的荧光染料制备的近红外荧光微球，可以显著降低自发荧光的干扰，提高检测灵敏度。

2020 年，专利申请 CN112239795A 提供了一种基于 RT-RPA 和 CRISPR 的可视化新冠病毒 RNA 核酸检测试剂盒。该检测试剂盒包括：反转录重组聚合酶扩增体系和 CRISPR 切割体系。这两个体系在反应前物理分隔成溶液不连通的两部分。该检测试剂盒使用时，RT-RPA 扩增完成后，反转录重组聚合酶扩增体系和 CRISPR 切割体系混匀，混匀体系中的各试剂浓度称为工作浓度。与现有技术相比，该专利中的检测试剂盒可以在同一管中进行整个反应，只在加样时开盖一次，大大简化了操作且避免了被扩增子干扰的风险，检测灵敏度可达单分子水平，并且只需要一个简单的热块和便携蓝光灯即可实现检测，适用于现场快速、高灵敏筛查新冠病毒。

为解决新冠病毒抗原检测灵敏度低、特异性差、耗时长的问题，2021 年，专利申请 CN112683977B 公开了一种基于多靶向位点抗体组合的新冠病毒检测模块及方法。通过共价键或分子间作用力，将不同类型、不同靶向位点的新冠病毒抗体同时修饰在二维敏感材料上，以得到功能化的新冠病毒检测模块，将待测标本加入检测模块加样槽，通过电信号判断待测标本是否含有新冠病毒。一方面，利用本专利中的检测模块检测新冠病毒抗原，平均检测时间小于 5 min，灵敏度达飞摩尔量级，克服了抗原检测灵敏度低、特异性差、耗时长的问题；另一方面，结合传统印刷电路板技术，本专利中的检测模块能有效提高检测效率、降低检测成本，具有潜在的实用价值。

2021 年，专利申请 CN114107019A 公开了一种同时检测核酸和蛋白质的微流控芯片、检测方法及用途。该专利提供了一种同时检测核酸和蛋白质的微流控芯片，该芯片包括：样品加载腔室和样本流动通道。其中，样本流动通道有流道检测区，流道检测区用于侧向免疫层析反应。在流道检测区中，沿流体在微流控芯片中的流动方向，依次设置捕获区、第一检测区和第二检测区。捕获区包括包被有捕获抗体的荧光微粒和包被有与第一修饰物特异性结合的分子的荧光微粒；第一检测区和第二检测区分别包括与第二生物样品中待测蛋白质特异性结合的分子，和/或与第二修饰物特异性结合的分子。

为实现对多种呼吸道病毒的检测，2022 年，专利申请 CN115261509A 公开了一种采用在微孔中进行恒温扩增的方法，只需要将反应体系和 RNA 病毒核酸进行混匀后，在荧光检测仪上进行 65 ℃加热反应的同时即可进行检测。离心流向包埋有 7 组引物组靶标的微孔，包埋在不同微孔里的特异性引物组、包含 Bst 酶和逆转录酶的反应混合液。该方法可以同时检测 SARS-CoV-1、SARS-CoV-2（包括 SARS-CoV-2-N 和 SARS-CoV-2-E）、甲型流感病毒（Inf A）、乙型流感病毒（IBV）、呼吸道合胞病毒 A（Respiratory syncytial virus A, RSV A）和呼吸道合胞病毒 B（Respiratory syncytial virus B, RSV B）这 6 种呼吸道 RNA 病毒核酸。由于在微孔中进行反应，对样品量和试剂量要求低，检测样本可以为离体样本及环境样本。

为了满足对液体样本中痕量病毒的富集与检测，2022 年，专利申请 CN114924067A 公开了一种利用多糖对新型冠状病毒富集的免疫检测磁珠。专利中采用的纳米磁性微球材料包括：纳米二氧化硅磁珠和包被在纳米二氧化硅磁珠表面的具有结合病毒能力的一种或多种材料。该纳米磁性微球材料可用于免疫法检测液体样本中的病毒，其可修饰官能团和包覆纳米二氧化硅磁珠富集液体样本中的病毒；用抗病毒表面结合位点的一抗进行免疫反应；对磁珠进行封闭；用含有异硫氰酸荧光素标记或辣根过氧化物酶标记的二抗与一抗结合；通过荧光显色或化学发光法对液体样本中的新冠病毒的含量进行表征。该专利解决了液体样本中病毒载量较少而不易被聚合酶链式反应法检出的问题。

2022 年，专利申请 CN115343343A 提供了一种用于冠状病毒核酸检测的微电极及其制备方法与应用。该微电极包括绝缘衬底、制备于绝缘衬底上的微电极及导线，微电极包含工作电极、对电极和参比电极。在工作电极表面完全覆盖石墨烯，修饰固定特殊设计的 DNA 探针。DNA 探针能够直接与待测冠状病毒核酸序列或和待测冠状病毒核酸特征序列逆转录后的DNA，通过碱基互补配对结合在一起。由于排斥效应使DNA探针顶端的电化学标签接触到微电极表面的石墨烯，发生氧化还原反应，产生电化学信号。该技术方案实现了准确定量检测冠状病毒核酸的目的，检测时间短、灵敏度高、特异性好，具有良好的应用前景。

2022年，专利申请CN115166237A提供了一种可控制新冠抗原自测采样程序的胶体金层析试剂条及其制备方法与应用。胶体金层析试剂条包括：底板、位于底板上的样品垫、胶体金垫、硝酸纤维膜和吸水垫。其中，胶体金垫上包被有胶体金结合的新冠抗原识别抗体、人类细胞内参蛋白抗体和质控分子；硝酸纤维膜上沿层析方向依次设置检测线、样品线和质控线，检测线包被新冠抗原检测抗体，样品线包被人类细胞内参蛋白检测抗体，质控线包被质控分子检测抗体。该试剂条能高灵敏度地检测待测样本中的新冠病毒，还能检测出待测样品中是否含有人类细胞内参蛋白，有利于监测采样质量，从而排除因采样程序不规范导致的假阴性，提高检测结果的准确度。

## 2.5 小结

本章从微生物检测的全球专利入手，分析了全球专利申请趋势、全球专利申请区域分布、全球专利申请人及全球专利技术手段，然后分析了中国专利申请状况，包括中国专利申请趋势、中国专利申请区域分布、中国专利申请人和中国专利技术主题。其中，在分析专利技术主题时发现，荧光检测微生物的方法占比较大，因此针对荧光专利，具体到荧光探针法和自体荧光法进行了详细的专利分析。此外，对与空气及气溶胶中新冠病毒检测相关的专利技术也做了进一步分析。

荧光探针法是采用一类能够发出荧光信号的分子来标记微生物，生成具有高荧光强度的共价或非共价结合的物质，从而实现对微生物的定性、定量分析。基于荧光探针反应机理的不同，将其分为荧光染料染色探针、荧光抗体探针、荧光核酸探针及其他特殊的荧光探针。通过对荧光探针法检测微生物的相关专利分析可以发现，早期阶段主要使用一些天然或合成的荧光染料探针来染色微生物细胞壁或细胞内成分，实现微生物的荧光标记。但是，这类荧光染料的缺点是缺乏选择性和稳定性，容易受到环境因素的干扰。到了中后期，主要使用一些基于特定反应机制（如荧光免疫细胞学、荧光定量PCR、荧光原位杂交）的荧光探针。这类荧光抗体探针、荧光核酸探针相较于荧光染料染色探针能够实现“关-开”或“开-关”型的荧光变化，从而实现微生物的实时成像和细胞分子的定量分析，在检测中体现出了高选择性、高灵敏度、高效快速的特点。荧光探针能够标记到微生物的细胞分子和细胞结构上，是非常重要的生物学工具，能够为目前较为热门的基因组学、蛋白质组学、生物芯片等领域提供更有价值的信息和方法。与此同时，荧光探针法检测微生物的技术还存在着荧光探针本身与自发荧光分子之间发生相互作用，导致信噪比降低或荧光猝灭；荧光探针的使用影响微生物细胞的正常功能或代谢，导致检测出现假阴性或假阳性的技术问题，这些都是后续荧光探针法的技术研发重点。

自体荧光法可以利用微生物自身物质产生的荧光进行检测，代谢产物如芳香族氨基酸、色氨酸、酪氨酸、苯丙氨酸、烟酰胺腺嘌呤二核苷酸化合物（NADH）、核黄素等，能够激发产生荧光信号。该方法无须对细菌进行预处理或标记，直接在大气中捕集微生物后即可进行光激发检测。但是，微生物自身荧光信号较弱，因为单个颗粒仅包含几皮克的物质，并且只有一小部分生物颗粒由荧光团组成，不容易被检测到。此外，固有荧光带在光谱上很宽，很容易受到其他荧光物质或其他光信号的干扰。因此，在 1968 年申请的第一篇关于利用微生物自身荧光物质检测大气中微生物的方法后，采用微生物自体荧光来检测微生物的技术分支的研究重点在于如何提高荧光信号的强度，以及如何排除其他信号对自体荧光信号的干扰两个方面。对于如何增强荧光信号，相关专利中记载了通过改善激发光源、光路结构，以及检测器灵敏度等，来对弱荧光信号进行改进。对于如何减少其他荧光物质或其他光信号的干扰，相关专利中记载了减少背景干扰、散射干扰等方式。此外，辐射光源随着激光光源的发展而发展，辐射源的改进也进一步提高了自体荧光检测的灵敏度以及检测成本等。2017 年开始，一些专利申请也开始涉及改进整体装置的体积及如何降低装置的成本。虽然相关的专利不多，但是，随着荧光信号改善满足人们的需求后，如何降低装置体积和成本可能会成为该技术分支专利研究的一个新方向。

根据新冠病毒的传播特点，科学界一直在尝试通过检查人呼出气体或环境空气中的新冠病毒颗粒来实施早期监控。通过对相关申请主体关于新冠病毒检测的重要专利进行分析，呈现出新冠病毒检测领域的研究前沿和热点技术，以期为后续病毒检测的着力点提供指引。

# 第三章

# 重金属荧光检测技术专利分析

重金属离子污染已经成为当前环境保护领域关注的焦点。常见的重金属污染有铅、汞、镉和铬等，它们的长期累积对人体健康有重大影响，因此对重金属离子污染的快速准确检测已经成为公共卫生和环境保护的重要任务之一。重金属离子的检测可采用多种方法，这些方法主要分为传统方法和新兴方法两类。传统方法主要包括原子荧光光谱、原子吸收光谱和电感耦合等离子体发射光谱等。这些方法的操作烦琐，需要高昂的设备投入和检测时间，适用于实验室内的重金属污染检测。新兴方法则主要进一步结合生物化学传感器或者纳米技术对重金属进行检测，具有灵敏度高、快速、便携等优点。随着人们对重金属污染影响的不断深入了解，对检测方法的要求也不断向着灵敏度高、选择性强和便携性强等方向发展。

通过整合全球国家/地区的专利申请中重金属含量的主要检测方法，对重金属检测技术相关的专利申请进行分析，得到如图 3－1－1 所示的专利技术主题分布情况。由图 3－1－1 可知，在重金属检测中，利用荧光法的专利申请量占比最高，达到了32％；电化学和等离子检测方法并列第二位，专利申请量占比均达到了 11％；第三位

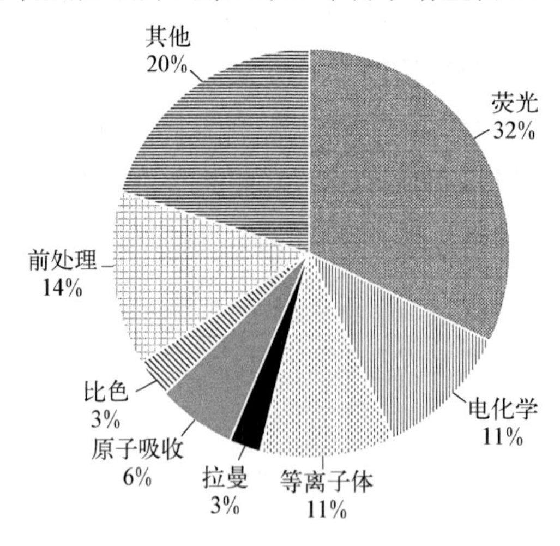


**图 3－1－1　重金属检测技术相关的专利技术主题统计**

是原子吸收光谱法，专利申请量占比为 6%。因此，本章将重点分析荧光法在重金属检测中的专利申请情况。

## 3.1　全球专利申请状况分析

本节主要对荧光法检测重金属技术的全球专利申请趋势、区域分布、技术主题、全球申请人进行分析。

### 3.1.1　全球专利申请趋势分析

图 3-1-2 所示为荧光法检测重金属技术的全球专利申请趋势图。第一篇相关专利的申请出现在 1964 年；1991—2002 年，每年的全球申请量都很少；2007 年开始呈现逐年上升趋势，申请量平稳上涨；2018 年申请量为 392 件，达到峰值。2019—2022 年全球申请量虽然略有波动，但在此期间每年均有 300 件以上的专利申请。2016—2022 年，专利申请量整体平稳，上升趋势不明显。

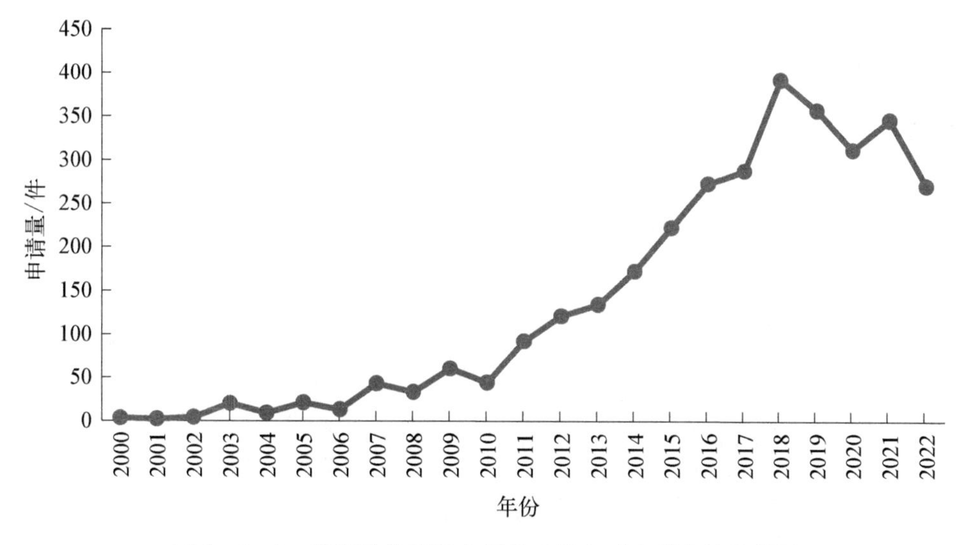


**图 3-1-2　荧光法检测重金属技术的全球专利申请趋势图**

### 3.1.2　全球专利申请区域分布分析

图 3-1-3 所示为荧光法检测重金属全球专利申请区域分布情况。从图中可以看出：申请量排名第一的是中国，共有 2 000 多件专利申请，占比约 88.9%；其次是美

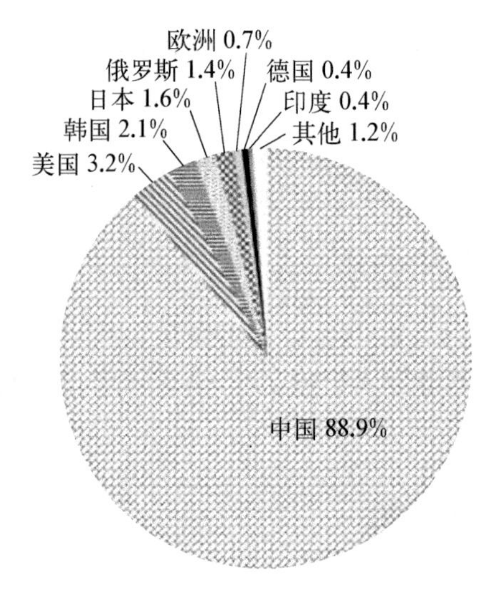


**图 3－1－3　荧光法检测重金属全球专利申请区域分布情况**

国，专利申请量占比约 3.2%；排名第三的是韩国，专利申请量占比约 2.1%。

### 3.1.3　全球专利申请技术主题分析

图 3－1－4 所示为荧光检测法各技术分支全球专利申请量统计对比图。从图中可知：在荧光法检测重金属的专利申请中，分子荧光检测法申请量最多，有 2 023 件，占比 58%；其次是原子荧光检测法，有 1 282 件，占比 31%；X 射线荧光法申请量占比最少，为 11%。

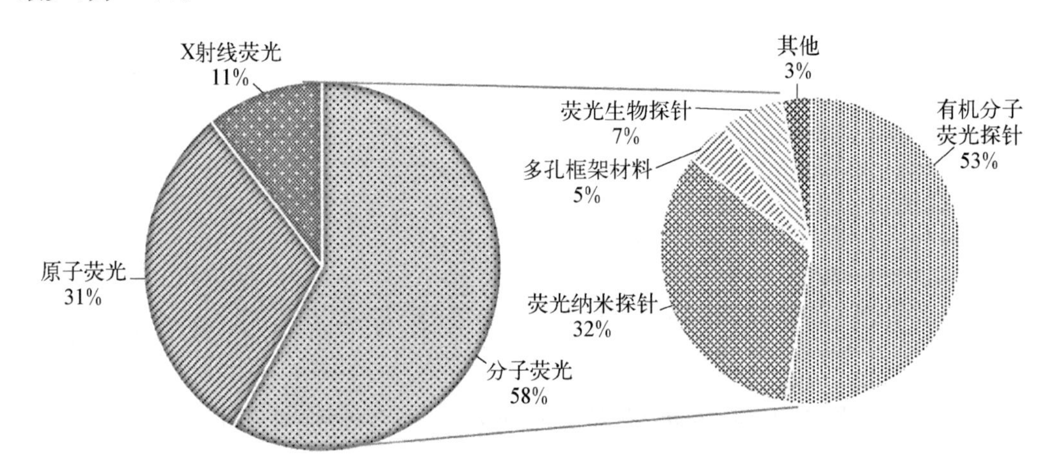


**图 3－1－4　荧光检测法各技术分支全球专利申请量统计对比图**

分子荧光检测法主要分为使用有机分子合成的荧光探针、使用纳米材料合成的荧光探针、使用多孔框架材料合成的荧光探针和使用生物物质合成的荧光探针。在四种探针材料中，有机分子荧光探针的专利申请量最多，占比 53%；其次是荧光纳米探针，占比 32%；多孔框架材料和荧光生物探针占比较少，分别为 5%和 7%。

图 3-1-5 所示为荧光检测法各技术分支全球专利申请主要申请国/地区分布图，统计了中国、美国、韩国、日本、欧洲、俄罗斯六国的专利申请情况。从图中可知，在各国专利申请中，各技术分支的申请数量都是中国最多，国外申请较少，均在 100 件以下（同族申请合并计算）。

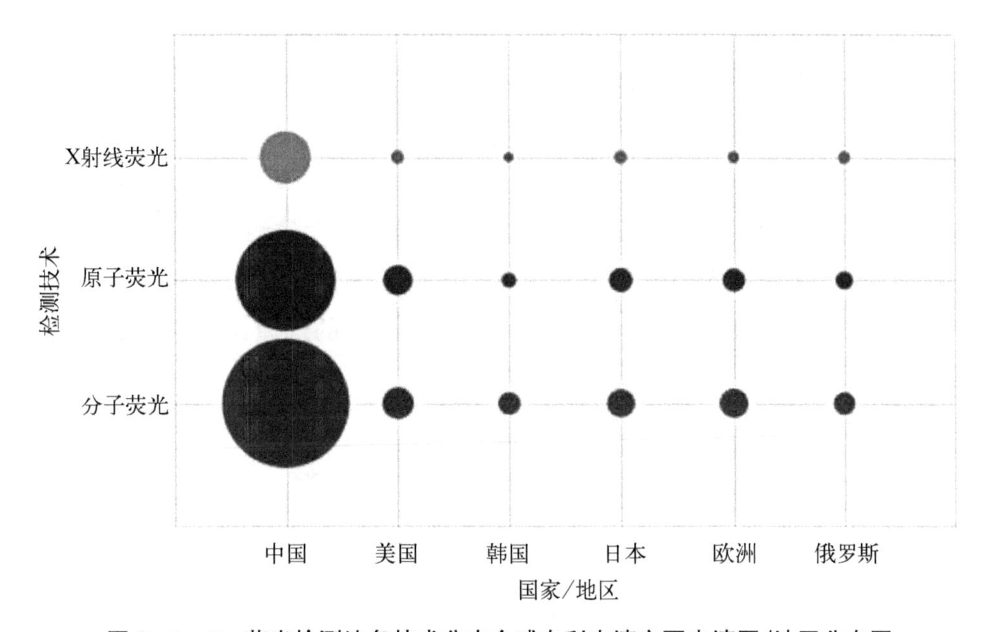


**图 3-1-5　荧光检测法各技术分支全球专利申请主要申请国/地区分布图**

荧光检测法各技术分支全球申请量趋势统计如图 3-1-6 所示。从图中可知：荧光法检测重金属的全球专利申请中，2002 年以前，分子荧光、原子荧光和 X 射线荧

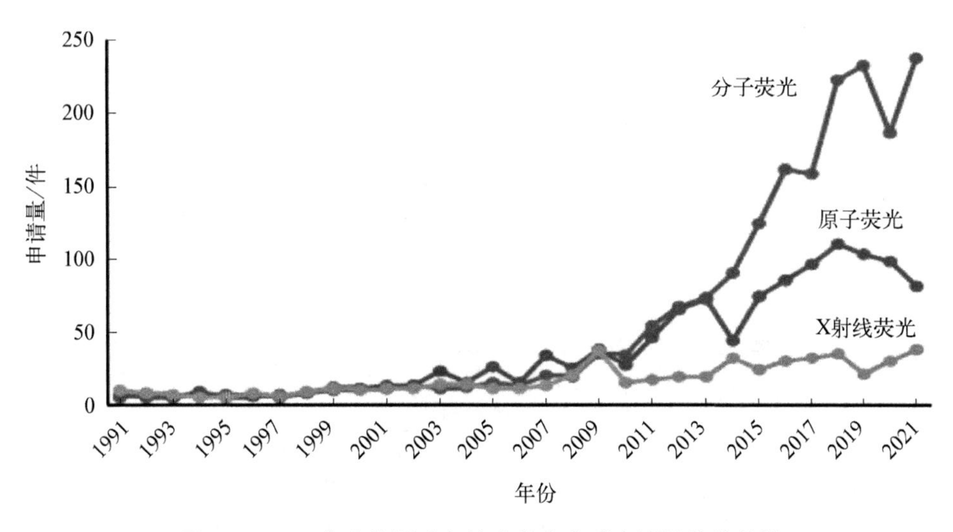


**图 3-1-6　荧光检测法各技术分支全球申请量趋势统计**

光三种检测技术的申请量都较少；自 2003 年开始，原子荧光检测技术的专利申请量开始有所提升；从 2011 年开始进入快速增长阶段；而分子荧光检测技术由于其相较于原子荧光和 X 射线荧光无须使用大型仪器，检测成本低，且手段便捷，从 2010 年开始进入了快速增长期，专利申请量和专利申请速度远超于了其他两种检测手段。

### 3.1.4 全球专利申请的申请人分析

图 3-1-7 所示为荧光法检测重金属全球专利申请量排名前 25 的申请人。从图中可以看出，全球专利申请量排名前 25 的申请人均为中国申请人，且高校/研究所比公司占比高。因此，进一步对上述各高校/研究所和公司的研究技术主题分析，如图 3-1-8 所示。从图中可以看出，高校/研究所中，分子荧光检测法分支的专利申请量最多，占比 93%；原子荧光检测法分支的专利申请量占比 6%；X 射线荧光法分支的专利申请量占比仅 1%。分子荧光检测法针对探针材料的选择、灵敏度的改进等理论

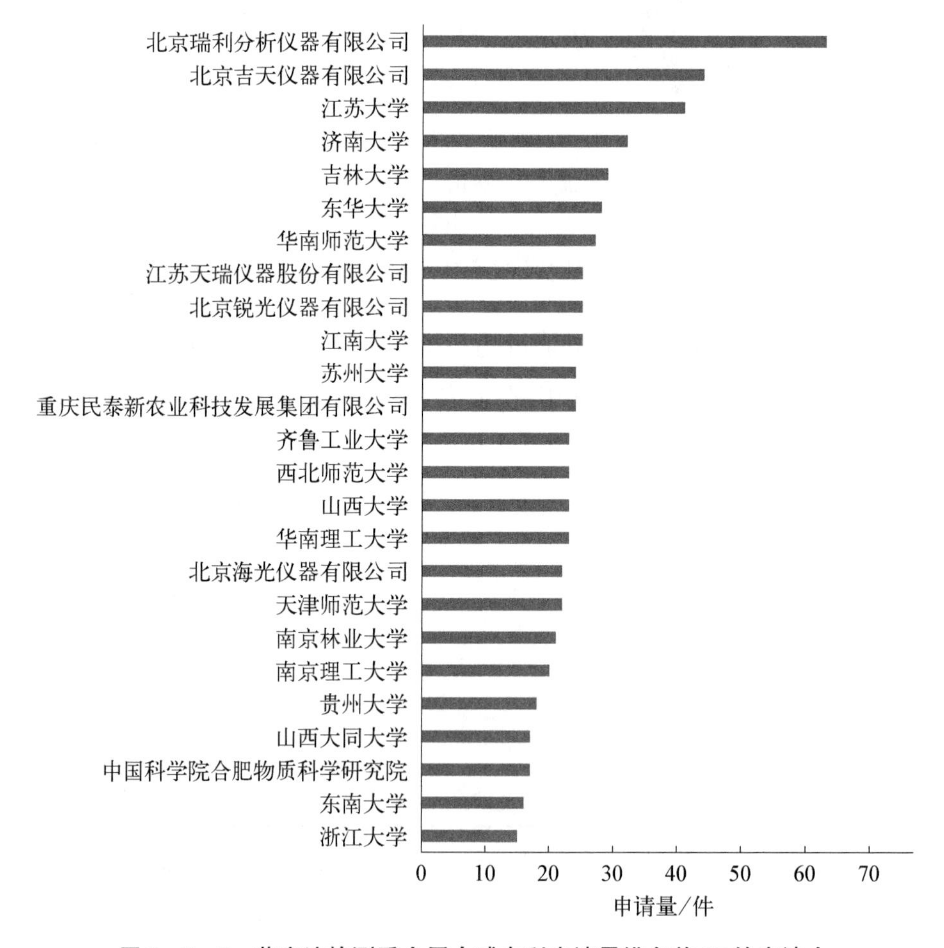


**图 3-1-7 荧光法检测重金属全球专利申请量排名前 25 的申请人**

研究，原子荧光法和 X 射线荧光法针对检测装置的设计和改进较多，即高校/研究所更侧重于重金属荧光检测法的分子材料理论研究。

结合图 3-1-7 和图 3-1-8 可知，近年来，分子荧光检测技术也是重金属荧光检测的研究热点。由于分子荧光法较传统的原子荧光法和 X 射线荧光法相比无需大型设备，检测成本低、检测手段便捷，因此，国内的高校/研究所侧重于分子荧光检测检测技术的目的之一就是为了实现重金属的低成本检测。另外，上述高校申请人中，吉林大学、天津师范大学、南京理工大学、中国科学院合肥物质科学研究院和浙江大学均有对原子荧光仪和 X 射线荧光仪的专利申请。

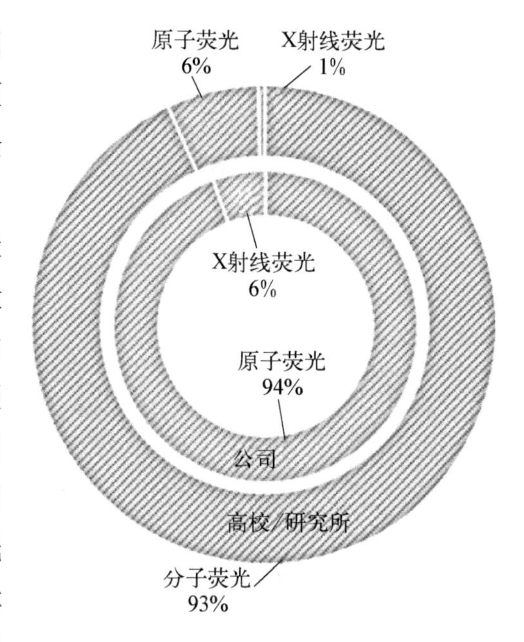


**图 3-1-8　排名前 25 的申请人中高校/研究所和公司的专利申请技术主题统计**

公司申请主要是针对原子荧光检测法，其专利申请量占比 94%，X 射线荧光法的专利申请量占比 6%。北京瑞利分析仪器有限公司，北京吉天仪器有限公司、北京锐光仪器有限公司、北京海光仪器有限公司申请的专利均是原子荧光分析设备，其中，北京瑞利分析仪器有限公司的专利申请量最多。

## 3.2　中国专利申请状况分析

本节对荧光法检测重金属技术的中国专利申请趋势、中国专利申请区域分布、中国专利申请技术主题进行分析。

### 3.2.1　中国专利申请趋势分析

图 3-2-1 所示为荧光法检测重金属技术的中国专利申请趋势图。从图中可知：中国专利申请量趋势总体上与全球申请量趋势走向一致；在 2002 年以前，每年专利申请量均在 10 件以下；2010 年申请量开始逐年上升；2015 年开始，每年专利申请量均大于 200 件；2018 年，申请量达到历史以来的峰值。2019—2022 年，全国申请量虽然略有波动，但每年均有 250 件以上的专利申请量。

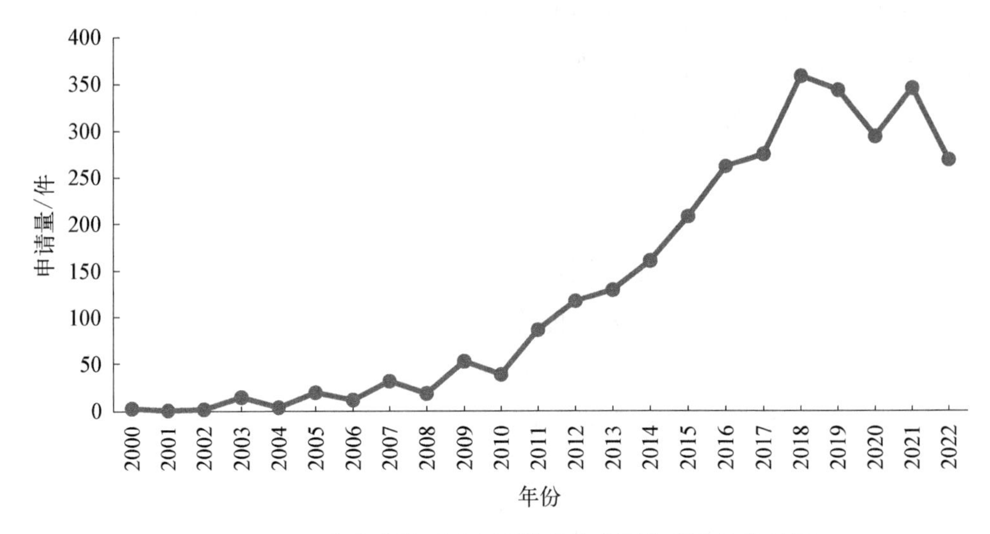


**图 3-2-1　荧光法检测重金属技术的中国专利申请趋势图**

## 3.2.2　中国专利申请区域分布分析

图 3-2-2 所示为荧光法检测重金属国内专利的区域分布情况。通过数据分析，将占比低于 2%的省份合并为其他。从图中可以看出：专利申请量排名第一的是北京市，共有 446 件专利申请，占比约为 15%；第二名是江苏省，专利申请总数为 427 件，占比约为 14%；第三是广东省，专利申请数量为 220 件，占比约为 7%；第四名是山东省，共计 170 件专利申请，占比约为 6%；第五名是浙江省，共有 169 件专利申请，占比约为 6%。

图 3-2-3 统计了荧光法检测重金属国内申请量排名前三的北京市、江苏省和

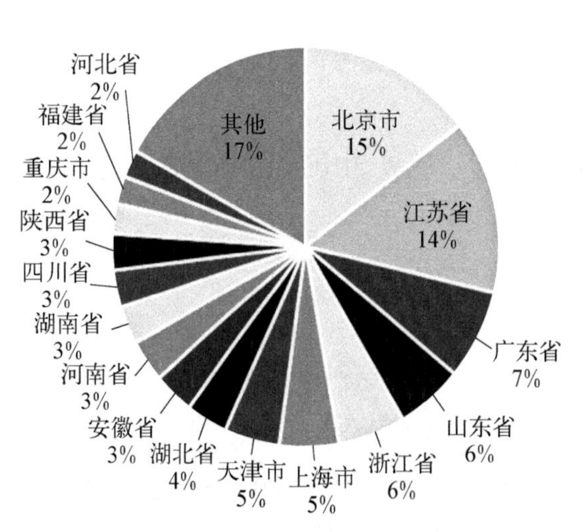


**图 3-2-2　荧光法检测重金属国内专利区域分布**

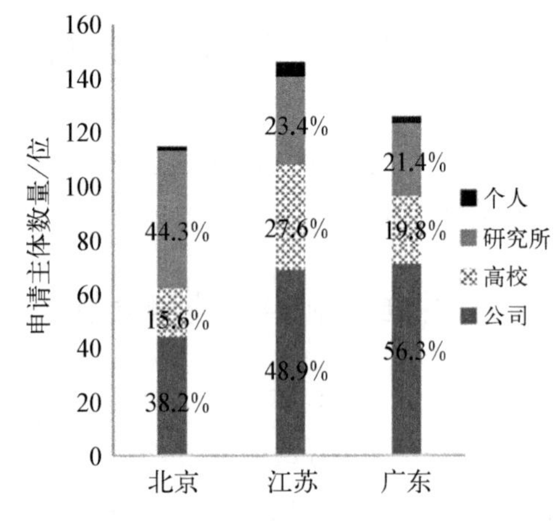


**图 3-2-3　荧光法检测重金属国内排名前三区域申请主体情况统计**

广东省的专利申请中申请主体情况可以看出，三个省市的申请主体分别为115、141、126位，江苏省稍高于其他两个省市。北京市申请主体中，研究所类型申请人最多，高校/研究所类型申请人总占比达到70%左右，远高于公司申请人。由于重金属荧光检测中研究主体集中在高校/研究所，因此北京市科研单位的集中使其研究成果较为突出。排名第二的江苏省，高校/研究所类型申请人总占比51%，与公司申请人数量相当。结合图3-1-7，申请量排名前25名专利申请人中，江苏省内申请人有9个，占到了三分之一，其中8个为高校。因此，江苏省专利申请量排名靠前与江苏省省内高校类申请人数量占比多也有关。广东省情况与江苏省类似。

### 3.2.3　中国专利申请技术主题分析

图3-2-4所示为荧光检测各技术分支中国专利申请量统计对比图。国内专利申请量占比与全球相似，分子荧光法的专利申请量占比最多，为53%；其次为原子荧光法，专利申请量占比38%；X射线荧光法的专利申请量占比仅9%。进一步分析占比最多的分子荧光法，得出分子荧光检测技术主题专利申请分布，国内分子荧光检测技术中，使用有机分子荧光探针的专利申请量最多，其次为荧光纳米材料，荧光生物探针和多孔框架材料数量较少，占比分别为53%、34%、7%、5%。

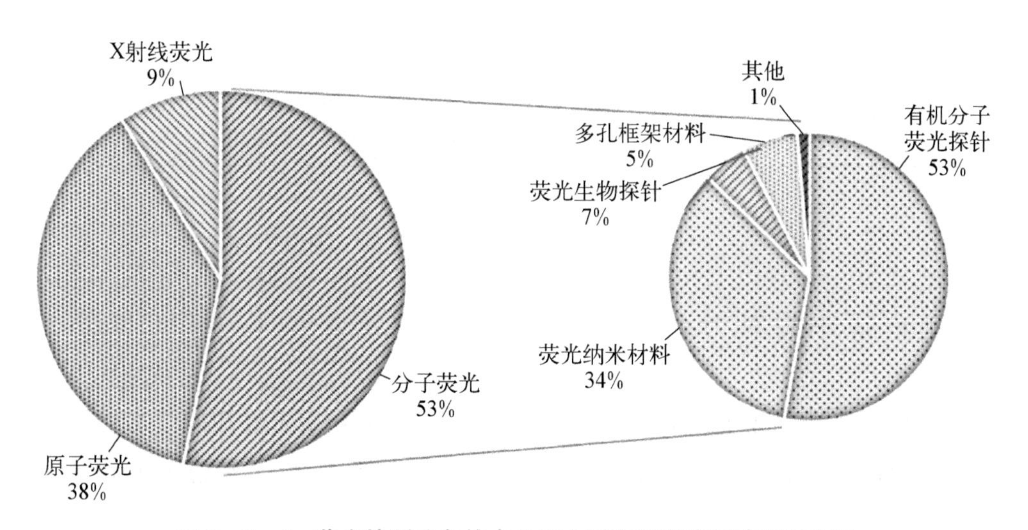


**图3-2-4　荧光检测法各技术分支中国专利申请量统计对比图**

表3-2-1列出了荧光检测各分支国内专利申请在全球国家/地区专利布局情况。从表中可以看出，国内申请人主要是在中国进行专利布局，通过PCT或巴黎公约途径申请的专利量较少。

表 3-2-1 荧光检测法各技术分支国内专利申请在全球国家/地区专利布局情况

| 检测手段 | 布局国家/地区 | 申请量/件 | 公开(公告)号 |
|---|---|---|---|
| 分子荧光 | 中国 | 1 659 | |
| | PCT | 9 | WO2019091389A1、WO2020147499A1、WO2023005099A1、WO2020147753A1、WO2019237799A1、WO2011137574A1、WO2022222237A1、WO2020207453A1 |
| 原子荧光 | 中国 | 1 018 | |
| | 美国 | 5 | US20200132659A1、US20200132648A1、US20200132649A1、US11435325B2、US20210364435A1 |
| | PCT | 4 | WO2020087891A1、WO2023019992A1、WO2020088463A1、WO2021093769A1 |
| | 欧洲 | 2 | EP2921844A4、EP2594921A4 |
| X 射线荧光 | 中国 | 272 | |
| | 美国 | 2 | US20220365007A1、US20210156781A1 |
| | 澳大利亚 | 1 | AU2019100861A4 |
| | 德国 | 1 | DE102016208569A1 |
| | 卢森堡 | 1 | LU501951B1 |

## 3.3 重点技术专利分析

本节对荧光法检测重金属的主要技术分支——分子荧光法和原子荧光法两大技术领域的技术发展脉络、专利申请人情况、重点申请人，以及重点专利申请进行分析。

### 3.3.1 分子荧光法检测重金属的发展脉络

本小节分别对图 3-1-4 中分子荧光法的四个主要技术主题，即有机分子荧光探针、荧光纳米材料、多孔框架材料、荧光生物探针进行分析。

#### 3.3.1.1　有机分子荧光探针

分子荧光探针是将荧光分析和分子识别相结合的一种探针，主要由识别基团(Receptor)、荧光基团(Fluorophore)和连接基团(Spacer)三部分组成，通过识别基团能够选择性的与被识别分子结合，识别基团与目标识别分子通过化学键或者非化学键相互作用，进而导致识别基团内部的光电物理性质发生变化。常用的荧光基团有荧光素、酚酞、香豆素、萘亚酰胺、萘二甲酰亚胺、荧光素和 BODIPY 等荧光类物质。识别基团根据目标识别分子变化，通常是一些与目标识别分子特异性作用的基团。识别基团与目标物质相互作用的能力决定了分子荧光探针的关键检测性能。常见的识别基团有碳氮双键、醛基、冠醚类、碳硫单键、多羧酸和多氮基团等。

基于机分子荧光探针检测重金属的技术脉络如图 3－3－1 所示。利用有机探针对重金属检测的专利申请最早出现在 1994 年，在这之前，测量金属阳离子浓度的方法主要有基于离子交换膜或离子载体的检测，但是该方法在测定碱金属离子浓度方面是无效的。

以下将结合主要改进方面和时间脉络对有机探针的发展进行详细阐述。

2004 年，专利申请 US7615377B2 利用荧光素的配体化合物作为有机探针对重金属离子进行检测。与其他金属离子检测对比，该有机探针表现出对 $Hg^{2+}$ 的高选择性和检测的高灵敏度。

普通有机探针在水溶液中对金属离子的选择性较差，因此，许多探针分子只有在有机溶剂中才表现出识别性能，实际上能够在水溶液中表现出识别性能的荧光分子探针才具有广泛的使用价值。

2008 年，专利申请 CN101261228A 提供了一种铜离子荧光探针，提高了有机探针的水溶性。该探针由超支化聚合物聚乙烯亚胺制备，在众多金属离子中，对铜离子表现出高选择性。铜离子荧光探针的制备步骤如下：第一步，将聚乙烯亚胺(PEI)配置成聚乙烯亚胺水溶液；第二步，取聚乙烯亚胺水溶液，过滤，倒入聚四氟乙烯内衬中用不锈钢外套密封，反应后蒸出溶剂，得到黄色黏稠液体状的铜离子荧光探针。聚乙烯亚胺水溶液的最佳浓度为 0.01～0.8 mol/L(以氮丙啶单体计)。聚乙烯亚胺水溶液过滤后，倒入聚四氟乙烯内衬中用不锈钢外套密封，最佳反应温度为 80～250 ℃，最佳反应时间为 1～60 h。在聚乙烯亚胺水溶液过滤后加入氧化剂，按质量百分比，最佳氧化剂加入量为聚乙烯亚胺水溶液的 0.01%～1%。氧化剂可选过硫酸铵、过氧化氢、过乙酸、碘酸、高锰酸钾等中的一种。使用时，可用水或 pH＝6.8 的磷酸盐缓冲溶液稀释铜离子荧光探针。

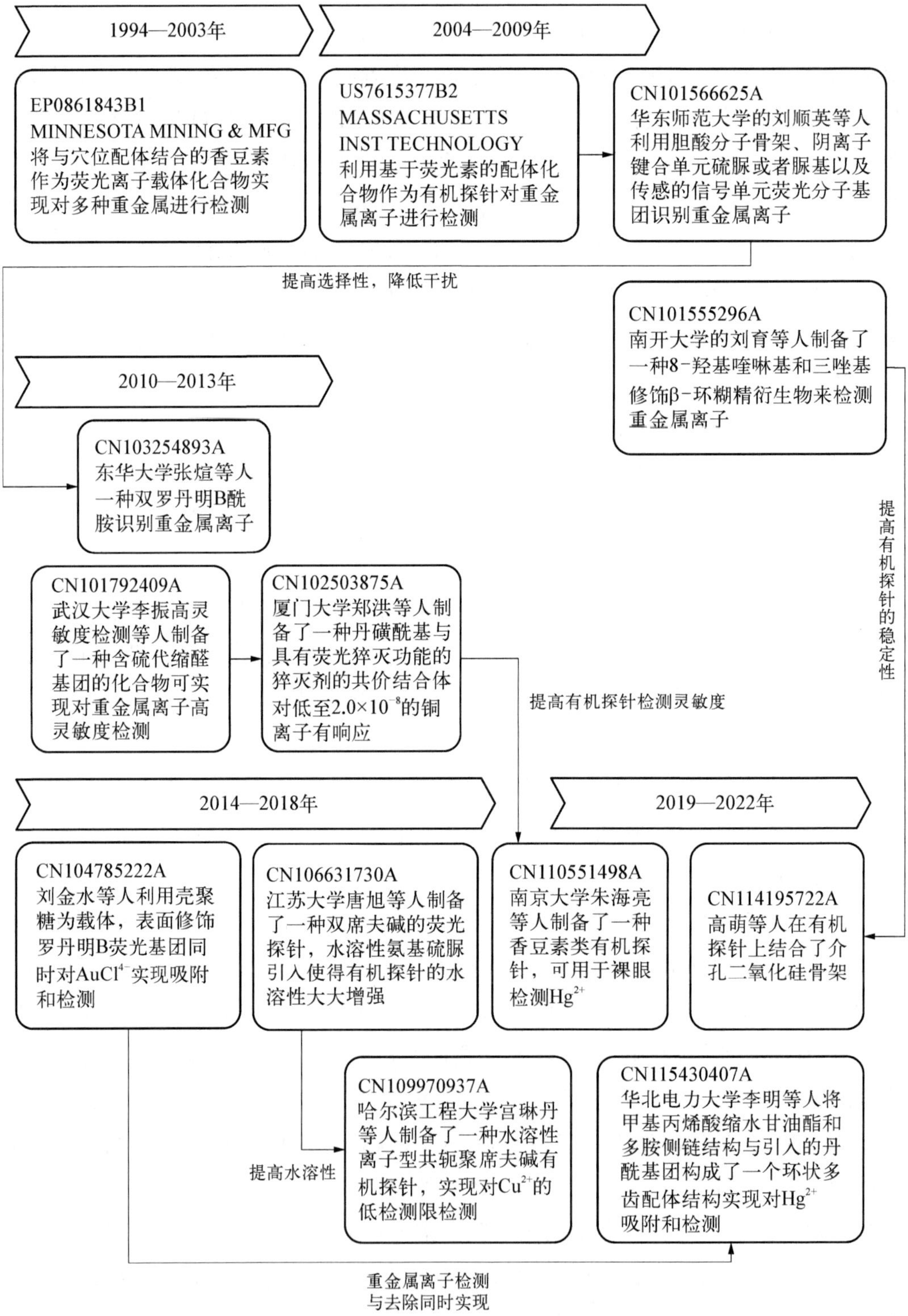

**图 3-3-1 有机分子荧光探针检测重金属的技术发展脉络**

对某种单一金属离子进行检测时，可能会存在其他离子的干扰。例如，在汞离子的检测方法中，总是很难排除具有近似电荷分布和体积的银离子（$Ag^{+}$）的干扰。此外，在荧光检测法中，也很难排除铜离子和汞离子与检测物质的荧光同时发生猝灭效应而带来的干扰。

2009 年，专利申请 CN101566625A 提供了一种具有选择性识别重金属阳离子 $Hg^{2+}$ 而不受铜离子干扰的有机探针。该有机探针包括：胆酸分子骨架、阴离子键合单元硫脲或脲基和传感的信号单元荧光分子基团。该传感器选择性传感、响应重金属汞离子，汞离子荧光检测在二甲基亚砜中进行。

2009 年，专利申请 CN101555296A 公开了一种检测镉离子的荧光离子探针。该探针为 8-羟基喹啉基和三唑基修饰 β-环糊精衍生物，其采用 8-羟基喹啉作为探针分子，以喹啉环上的氮氧原子和三唑环上的氮原子作为二价镉离子的键合位点，其化学式为 $C_{54}H_{78}N_{4}O_{35}$。环糊精是由不同数量的 D-吡喃葡萄糖以 α-1,4 糖苷键首尾相连形成的大环类主体化合物，其内腔疏水而外部亲水，其配位作用主要是通过疏水相互作用力、离子-偶极（金属离子）或范德华力等作用形成具有一定稳定性的配合物。

2010 年，专利申请 CN101792409A 公开了一种含硫代缩醛基团的化合物，可实现对汞离子和银离子的检测。该荧光探针对 $Ag^{+}$ 的检测限均可以达到 $10^{-5}$ mol/L，对 $Hg^{2+}$ 的检测限最低可以达到 $1\times10^{-4}$ mol/L。

2011 年，专利申请 CN102503875A 公开了一种丹磺酰基与具有荧光猝灭功能的猝灭剂的共价结合体。该有机探针是荧光猝灭基团通过肼基硫脲与丹磺酰基共价结合得到的，呈现弱荧光，在铜离子作用下，重新释放出具有强荧光性质的丹磺酰基分子，从而实现测定体系荧光信号的急剧增强。该探针斯托克斯（Stokes）位移大，散射光干扰小，信噪比大，对低至 $2.0\times10^{-8}$ 的铜离子有响应。

硫原子连接的对称双罗丹明 B 酰胺，也是为提高对金属离子的选择性而设计的。2013 年，专利申请 CN103254893A 公开了一种双罗丹明 B 酰胺，将罗丹明 B 和三氯氧磷加入溶剂中，85～90 ℃温度下回流反应 20～24 h，得到罗丹明 B 酰氯；将罗丹明 B 酰氯和 2-溴乙胺溶于溶剂中，室温条件下搅拌反应，过滤、提纯，得到罗丹明 B 酰-2-溴乙胺；将罗丹明 B 酰-2-溴乙胺和硫化钠加入溶剂中，80～85 ℃回流反应 5～8 h，提纯，即可得到对称双罗丹明 B 荧光探针 RBSRB。

在对目标物进行吸附脱除的同时获取水体实时信息，是进一步多功能化有机探针的探究领域。2015 年，专利申请的 CN104785222A 利用壳聚糖为载体，表面修饰罗丹明 B 荧光基团，功能基团在壳聚糖分子表面相对集中，能够同时完成对 $AuCl^{4-}$

的吸附和检测的目的。

吸附法是一种操作简便且成本低廉的重金属脱除技术手段，但很多吸附剂仅可实现目标物的吸附功能，不能获取吸附过程中的水体信息，且对目标金属缺乏良好的选择性。对纤维素结构进行化学改性可使吸附剂对目标物实现吸附-检测一体化。

2022 年，专利申请 CN115430407A 制备了一种水相吸附剂有机探针，利用丹磺酰氯的聚集诱导发光机制，将其引入纤维素预接枝侧链可对其萘环结构起到显著的固定作用，从而得到聚集态发光体系。同时，甲基丙烯酸缩水甘油酯和多胺侧链结构与引入的丹酰基团(DNS)构成了一个环状多齿配体结构，形成的牢笼体系对水中的 $Hg^{2+}$ 有明显的猝灭响应行为。该有机探针具有较高的荧光探针分子负载效率，且吸附剂颗粒更均匀，具有较高的比表面积，其对 $Hg^{2+}$ 有较高的吸附容量及更和显著的光谱响应信号，可以在 $Hg^{2+}$ 脱除过程中实时监测体系中 $Hg^{2+}$ 浓度。

2016 年，专利申请 CN106631730A 进一步改进了有机探针的水溶性，制备了一种双席夫碱的有机探针。该有机探针的结构更加稳定，水溶性氨基硫脲的引入使有机探针的水溶性大大增强。其采用 2,6 -二羟甲基对甲基苯酚和氨基硫脲作为基础原料，先以活性二氧化锰作为氧化剂将 2,6 -二羟甲基对甲基苯酚氧化成醛，再采用冰乙酸作为催化剂与氨基硫脲经亲核反应制得荧光传感材料，从而实现对重金属 $Hg^{2+}$ 和 $Zn^{2+}$ 的双重响应。

由于席夫碱结构中的 C=N 双键可与金属结合，小分子席夫碱也用于检测金属离子的席夫碱类有机探针，但席夫碱的溶解性较差，限制了其在水溶液体系中的应用。为了提高席夫碱类有机探针的水溶性，2019 年，专利申请 CN109970937A 以化合物(9,9 -二(6 -溴己基)- 2,7 -二芴醛)为原料，与邻苯二胺在 100～120 ℃无水氯化锂催化及氮气氛围下，进行缩聚反应得到中间聚合物，然后将中间聚合物溶于四氢呋喃中，并与三甲胺水溶液进行季铵化反应得到水溶性离子型共轭聚席夫碱有机探针。该有机探针可以溶于水，对 $Cu^{2+}$ 的检测限为 $1.4\times10^{-6}$ mol/L。

能够裸眼可识别、半定量是有机探针检测重金属离子时，申请人需要的改进角度。2018 年，专利申请 CN110551498A 制备了一种香豆素类有机探针，可用于裸眼检测 $Hg^{2+}$。经过实验验证，该有机探针只对 $Hg^{2+}$ 离子有显着的荧光猝灭，具有良好的选择性，并且可以达到低至 5 nmol/L 的检测限。

光稳定性差是限制有机探针应用的瓶颈。2021，专利申请 CN114195722A 结合介孔二氧化硅骨架的保护，提升了有机探针的光稳定性，可高灵敏度地检测铜离子。其制备方法如下：第一步，将亚硫酸氢钠和 4 -(二乙氨基)水杨醛在有机溶剂中反应；第二步，在第一步中得到的混合物中加入 3,4 -二氨基苯甲酸溶液，反应完成后浓缩，向所得浓缩液中加入去离子水，产生沉淀，沉淀即为所述有机荧光分子。第一步的有机溶剂为无水乙醇，反应在室温下进行，反应时间为 12 h。第二步中加入的 3,4－二氨基苯甲酸溶液为 3,4－二氨基苯甲酸的 N,N－二甲基甲酰胺溶液，反应温度为 80 ℃，时间为 12 h，反应后浓缩采用减压蒸发的方法去除溶剂；产生沉淀后还需抽滤，并对所得沉淀进行洗涤和干燥。亚硫酸氢钠、4－(二乙氨基)水杨醛与 3,4－二氨基苯甲酸的摩尔比为 1∶1∶1；亚硫酸氢钠与 4－(二乙氨基)水杨醛反应能够起到活化 4－(二乙氨基)水杨醛的醛基的作用，使其后续能够与 3,4－二氨基苯甲酸进行反应得到所述有机荧光分子。该有机探针对铜离子的最低检测限可达到 $5.43\times10^{-7}$ mol/L。

### 3.3.1.2　荧光纳米材料

近年来，随着纳米合成技术的迅速发展，基于碳点、纳米粒子、纳米簇等纳米材料的荧光探针也进入人们的视线，成为目前荧光检测技术的研究热点。与有机分子荧光探针相比，基于碳点、金属纳米粒子、金属纳米簇等纳米材料的荧光探针光稳定性好、灵敏度高、生物相容性好，在检测重金属离子方面也具有更好的发展前景。基于纳米材料的荧光探针检测重金属的技术的发展脉络，如图 3－3－2 所示。

2008 年，专利申请 CN102150034A 公开了一种基于金纳米簇测定样品中汞离子的方法。该测定方法如下：将牛血清白蛋白共轭的金纳米簇（BSA－Au－NC）暴露于怀疑含有汞离子的样品，并测定荧光强度的变化，根据荧光强度的变化测定样品中是否含有汞离子。制备的牛血清白蛋白共轭的金纳米簇（BSA－Au－NC）约含 25 个金原子，并且会发出强烈的红色荧光（$\lambda_{em,max}=640$ nm），$Hg^{2+}$ 与 $Au^{+}$ 之间的相互作用导致 BSA－Au－NC 的荧光在数秒内完全猝灭。在信噪比为 3 时，$Hg^{2+}$ 的检测限估计为 0.5 nmol/L。但是，该专利申请并未提及其纳米荧光探针是否可以对多种重金属离子进行检测。

2009 年，专利申请 CN101482508A 公开了一种利用 DNA 探针检测痕量金属离子的方法，可实现对多种金属离子，如 $Hg^{2+}$、$Cu^{2+}$、$Pb^{2+}$、$Cd^{2+}$ 的检测。该检测方法有如下几种：① 利用单链 DNA 探针修饰贵重金属表面（贵重金属可采用金纳米颗粒或银纳米颗粒）；② 利用单链 DNA 探针修饰量子点表面；③ 设计一条中间插有一个 RNA 碱基的单链 DNA 作为底物链，将贵重金属和荧光体耦联起来；④ 通过生物系统进化或体外筛选得到对不同金属具有特异活性的 DNA 酶。当被监测目标中没有目标重金属离子时，贵重金属将对荧光体的荧光产生猝灭效应，此时得到的荧光强度非常弱；当被监测目标中含有与 DNA 酶特异性结合的重金属离子时，DNA 酶的底物链在 RNA 碱基处会断裂，引起贵重金属表面和荧光体之间的分离，贵重金属对荧

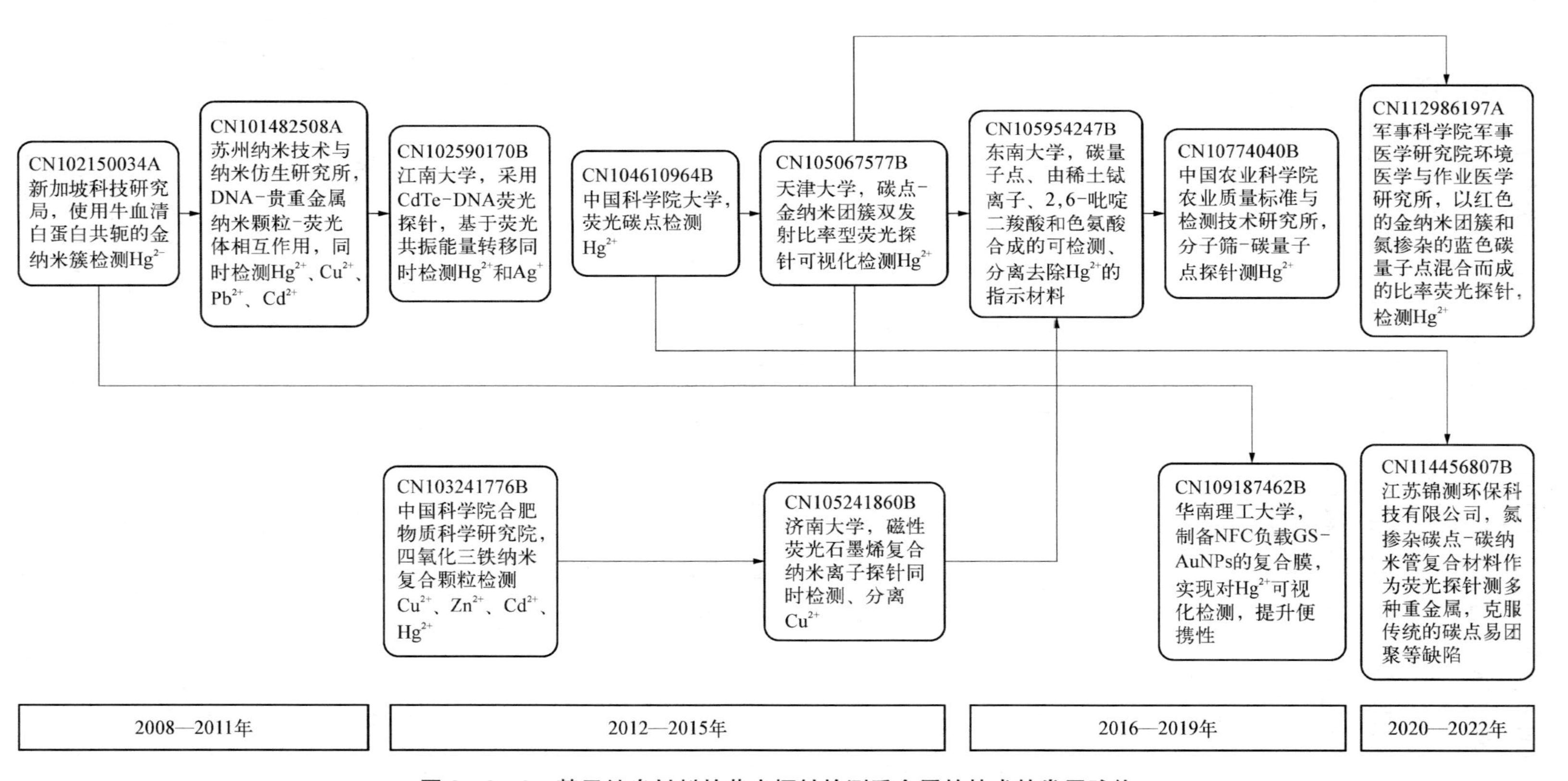


图3-3-2　基于纳米材料的荧光探针检测重金属的技术的发展脉络

光体荧光的猝灭效应消失，读出的荧光体的荧光强度成数量级增强，从而实现对痕量金属离子的高灵敏监测。该方法通过 DNA 技术改变贵重金属表面和荧光体之间的距离，引起荧光体荧光强度的显著改变，从而达到对痕量金属离子的高灵敏检测。由于不同荧光体的荧光光谱不同，因而可选用不同荧光的荧光体结合不同的 DNA 酶，实现对不同金属离子的高灵敏检测，最终实现对样品有效、实时、大范围的监测。

2012 年，专利申请 CN102590170B 公开了一种基于荧光共振能量转移来同时检测水溶液中二价汞离子和银离子的方法。该方法工作量小、成本不高且检测过程不复杂。第一步，制备巯基丙酸 MPA 包裹的 CdTe 量子点。第二步，检测用的核酸探针的设计与合成，选择 2 种染料作为能量的受体。这 2 种染料分别修饰在相应核酸探针的 5′端；一条核酸探针的 5′端修饰氨基是为了能够与表面修饰有羧基的量子点进行共价耦联；一条未作修饰的核酸探针，作为连接能量供体量子点和能量受体染料的桥梁。氨基修饰过的单链核酸探针为 DNA1：5′- NH2 - GTACAAGATG - 3′。未作任何修饰的单链核酸探针为 DNA2：5′- GAGCTTTTCAGACGCATCTTGTACGACTCGCTCCCCATAC - 3′。荧光染料 TAMRA 修饰过的单链核酸探针为 TAMRA - DNA：5′- TAMRA - TTTTGCTC - 3′。吲哚类菁染料 Cy5 修饰过的单链核酸探针为 Cy5 - DNA：5′- Cy5 - GTATCCCC - 3′。第三步，制备量子点与核酸的荧光探针(CdTe - DNA)：首先，制备 CdTe 与 DNA1 的耦联物，得到 CdTe - DNA1，CdTe - DNA1 与 DNA2 在室温下进行杂交反应，得到 CdTe - DNA1 - DNA2；然后，把 Cy5 - DNA 与 TAMRA - DNA 的水溶液分别加到制备的 CdTe - DNA1 - DNA2 中，得到检测用的 CdTe - DNA 荧光探针。第四步，同时检测 $Ag^{+}$ 和 $Hg^{2+}$：将含有不同浓度(0～50 nmol/L) $Ag^{+}$ 和 $Hg^{2+}$ 的水溶液加入检测体系中，并在 25 ℃下维持 0.5 h，使 $Hg^{2+}$ 诱导的 TAMRA - DNA 与 DNA2 的杂交反应和 $Ag^{+}$ 诱导的 Cy5 - DNA 与 DNA2 的杂交反应完全进行，然后测量整个体系的荧光发射图谱。

基于四氧化三铁纳米粒子的材料具有不同于常规磁性材料的超顺磁性，利用外磁场易于将其分离和回收，外磁场消失后，其又可恢复粒子具有高度分散性的特点，使其在磁性器件、蛋白质分离、药物盛载与释放、癌症早期诊断与治疗和磁存储等领域有着巨大的应用价值。2012 年，专利申请 CN103241776B 公开了一种四氧化三铁纳米复合颗粒的制备方法及其用途。该四氧化三铁纳米复合颗粒的粒径为 10～30 nm，其表面修饰有 1,4 -二羟基蒽醌和芴甲氧羰酰氯。使用紫外光照射受二价铜离子、二价锌离子、二价镉离子和二价汞离子中的一种离子污染的四氧化三铁纳米复合颗粒的水溶液，再使用荧光光谱仪测量其荧光发射光谱强度，得到相应污染离子的含量。

荧光碳点是一种碳纳米粒子，因水溶性好、毒性低且荧光性质稳定等特点在生物成像及金属离子检测方面具有重要的应用前景。2015年，专利申请CN104610964B公开了一种波长可调荧光碳点的制备方法及其在汞离子检测中的应用。该方法以缬氨酸为原料，通过水热合成法得到具有长波长、荧光光色可调的碳点水溶液；仅需磷酸调节即可，原料易得、无毒，生产过程无须特殊防护，反应条件容易控制，得到的碳点具有产率高、量子效率高、结果重复性好等优点。通过该法制备的碳点可以用于汞离子的高选择性、高灵敏度检测，检测限可达到 $1.5\times10^{-9}$ mol/L。

上述专利申请均是基于单一荧光信号的检测。2015年，专利申请CN105067577B公开了一种采用碳点-金纳米团簇双发射比率型荧光探针检测汞离子的技术方案。相比基于单一荧光信号的传统荧光探针而言，该专利申请提供的荧光探针可减少或消除检测底物浓度、外部环境和仪器条件变化等因素引起的数据失真，从而提高测定结果的准确性。此外，两种不同波长发射光线强度的变化会引起检测体系颜色的变化，使检测过程更加可靠、容易分辨，从而实现了对重金属的可视化检测。该荧光探针以包覆碳点的二氧化硅粒子为内核，其表面氨基化后共价偶联金纳米团簇所形成的复合二氧化硅纳米粒子。位于二氧化硅纳米粒子核内部的碳点作为参比荧光信号，外层的金纳米团簇作为响应荧光信号，用于 $Hg^{2+}$ 的选择性识别。作为响应荧光信号的金纳米团簇通过共价键连接的方式连接到硅层的表面，形成了一个稳定的纳米荧光探针。当该双荧光复合纳米粒子作为比率型荧光探针时，核内的碳点荧光信号强度基本保持不变，而外层的金纳米团簇会选择性地与 $Hg^{2+}$ 结合，从而导致外层金纳米团簇的荧光猝灭。该荧光探针能够可视化检测到6.35 μmol/L的汞离子残留。

检测重金属的相关技术在初始阶段大都是对重金属进行单一的检测。2015年，专利申请CN105241860B采用磁性荧光石墨烯复合纳米离子探针检测铜离子，同时还可实现铜离子的分离去除，为快速检测、清除重金属离子的技术手段提供了参考。该探针由磁性石墨烯和荧光纳米颗粒组成，磁性纳米颗粒为具有良好超顺磁性的四氧化三铁纳米颗粒，荧光纳米颗粒为荧光颜色可调的水溶性量子点，整个材料具有磁性和荧光双功能，荧光量子点均匀分布在磁性石墨烯片层结构的表面，其中磁性纳米颗粒的粒径大小在10～200 nm，量子点的粒径在1.5～10 nm。通过量子点表面修饰的特异性配体分子还原型谷胱甘肽与磁性颗粒的磁性能，可实现对铜离子的快速检测与分离。

2016年，专利申请CN105954247B公开了一种溶液中汞离子浓度的发光指示材料的制备方法及其应用。该汞离子发光指示材料既具有特异性荧光指示溶液中汞离子含量的功能，又能作为清除剂清除溶液中的汞离子。该汞离子发光指示材料为一种亲水性的多孔配位聚合物，其由碳量子点、稀土铽离子、2,6-吡啶二羧酸和色氨酸通过溶剂热反应合成制得。首先，该汞离子发光指示材料具有特异性发光指示溶液中汞离子含量的功能，其中的碳量子点增强了光诱导电子转移效应，只对汞离子具有超灵敏响应，对其他重金属离子没有响应，对汞离子的检测浓度能达到纳摩尔级，远高于现有的大多数汞离子含量的测定方法。其次，该汞离子发光指示材料还能作为清除剂清除溶液中的汞离子，并且能通过其自身的荧光颜色变化指示去除 $Hg^{2+}$ 的效果，可用于饮用水、环境水、生产废水中 $Hg^{2+}$ 的指示和去除，清除效果满足饮用水标准，且对水质无二次污染，去除 $Hg^{2+}$ 操作简便、速度快。最后，该汞离子发光指示材料的合成方法简单，制作成本低，绿色环保。

随着纳米-多孔复合材料在检测领域的广泛应用，2017 年，专利申请 CN107794040B 公开了一种分子筛-碳量子点探针（MCM - CQDs），并将其应用于重金属离子的检测，实现了对重金属离子富集的动态监测。制备该分子筛-碳量子点探针的步骤如下：第一步，配制柠檬酸、二乙烯三胺和分子筛的水分散液；第二步，将水分散液置于水热反应釜中进行水热反应，即得分子筛-碳量子点探针。该专利申请采用水热法，通过一步反应直接将介孔分子筛和碳量子点结合起来，在操作上更加简单，也更加省时。通过调节碳源和氮源的投料比，可改变探针对不同重金属离子的响应能力。在特定条件下可实现对单一重金属离子（汞离子）的强响应，而对其他重金属离子无明显响应，从而实现对重金属离子的特异性检测。分子筛-碳量子点探针可排除其他重金属离子的干扰，选择性检测水溶液中的汞离子。通过将分子筛的离子交换能力和碳量子点的荧光特性相结合，得到了一种新型的分子筛-碳量子点体系，该体系可富集水溶液中的有害重金属离子并实时监测富集程度，具有一定的实际应用价值。上述分子筛-碳量子点探针的荧光强度随汞离子浓度的增加而减弱，最终达到平衡，其最小荧光强度对应的汞离子的浓度为 50 μmol/L 左右。采用分子筛作为模板，可取得以下效果：① 分子筛具有多孔结构且孔径可调节，在分子筛的孔道中生成碳量子点，由于受到孔道的约束，其结构会有别于水中自由生成的量子点，从而表现出不同的荧光特性；② 分子筛-碳量子点的制备条件会对分子筛的结构产生一定影响，从而影响碳量子点在分子筛内的形成及荧光特性；分子筛的晶体结构和多孔构造使其可以通过阳离子交换作用富集水中的重金属离子；③ 富集过程是一个动态过程，富集的量随时间的增加而增加，并导致分子筛内碳量子点荧光强度的变化，从而实现对重金属离子富集的动态监测。

随着现场检测的需求增加，对重金属荧光纳米检测探针的便携性提出了一定的需求。2018 年，专利申请 CN109187462B 公开了一种纳米纤丝纤维素 NFC 负载金纳米粒子(GS-AuNPs)的复合膜，其可以实现对汞离子的可视化检测。纳米纤丝纤维素 NFC 是从植物纤维素中提取的具有较高长径比和比表面积的一种纳米材料，其表面具有大量的羟基和羧基基团，这些基团可以交织成网制备成超高清透明的柔性薄膜材料，这种材料密度低、柔软，具备非常好的机械性能，且可生物降解，制备成本较低。因此，NFC 是 GS-AuNPs 良好的底物负载材料。同时，GS-AuNPs 水溶胶具有良好的水溶性。GS-AuNPs 粒径非常小，约为 2～4 nm，具有较强的发光效率和较高的荧光量子效率。GS-AuNPs 表面存在一定比例的 $Au^{+}$，这些 $Au^{+}$ ($4f^{14}5d^{10}$) 轨道和 $Hg^{2+}$ ($4f^{14}5d^{10}$) 轨道之间有着很高的亲和力与选择性，其接触后会发生强烈的特异性结合($Hg^{2+}$—$Au^{+}$ 嗜金属反应)，当两者结合之后会直接迅速地引发 GS-AuNPs 的荧光猝灭。NFC 悬浮液溶剂也是水，且 NFC 表面存在大量亲水性的羟基，其在水中具有较好的分散性，两种液体相互混合后，GS-AuNPs 之间存在着物理吸附的作用力，从而制备出分散均匀的混合物溶液，最终制备出超清、透明的复合膜样品。复合膜的透明性使 GS-AuNPs 的荧光不会有损失，通过检测复合膜上不同部位的紫外吸收光，可以检测出 GS-AuNPs 在膜中的分散均匀度。在波长 365 nm 的紫外灯下，复合膜会发出强烈的红色荧光，当其接触到含 $Hg^{2+}$ 的溶液时，汞离子会从膜的表面慢慢渗透到膜内，与其中的 GS-AuNPs 发生反应，根据接触的汞离子的量，荧光会减弱甚至完全猝灭，在紫外灯下观测不到任何荧光现象。由于 $Hg^{2+}$—$Au^{+}$ 嗜金属反应的高度选择性，大部分的重金属不会引起 GS-AuNPs 的猝灭。该技术方案具有以下优点：① 地球上 NFC 原料充足，且其可降解；② NFC 底物比表面积大，可以负载纳米金数量多；③ NFC 底物透光性好，能有效防止纳米金荧光因阻挡而衰减；④ 该纳米复合物底物为固相，稳定性好；⑤ 该纳米复合物底物柔软，可弯曲，具有良好的后续加工性；⑥ 利用该纳米复合物检测重金属汞离子时，具有良好的灵敏性和高选择性。

2021 年，专利申请 CN112986197A 公开了一种用于检测汞离子的比率荧光探针、荧光纸芯片和检测方法。该比率荧光探针包括背景探针和反应探针。背景探针由氮掺杂的蓝色碳量子点构成，反应探针由红色的金纳米团簇构成。该比率荧光探针是由红色的金纳米团簇和氮掺杂的蓝色碳量子点混合而成的，在比率荧光探针中加入汞离子后，金纳米团簇的红色荧光逐渐被猝灭，而氮掺杂的蓝色碳量子点荧光保持不变并作为参考信号，从而构成了一个“On-Off”型荧光探针。氮掺杂的蓝色碳量子点和红色金纳米团簇，这两种荧光材料都比较容易制备，而且具有毒性低、荧光强度高、生物相容性好等特点。与单一荧光探针相比，该发明中的比率荧光探针颜色变化范围更宽，更有利于实现对汞离子的检测。该探针具有良好的敏感性、选择性及良好的水溶性、高生物相容性和低细胞毒性等特点，可用于水样中汞离子的检测，具有灵敏度高、选择性好、检测速度快等特点；将该探针固定在纸芯片传感器上，可实现对汞离子的快速、可视化检测。使用智能手机应用程序识别比率探针溶液或纸芯片传感器的 RGB 值，将 B/R 的比值与汞离子浓度绘制成标准曲线，可实现汞离子含量的现场、快速、可视化检测，同时可简化检测设备，节约检测时间。

为了解决因碳点易团聚而导致检测灵敏度不高的问题，2022 年，专利申请 CN114456807B 构建了一种氮掺杂碳点-碳纳米管复合材料作为荧光探针，用以检测水体中的重金属离子 $Cu^{2+}$、$Fe^{3+}$、$Cr^{6+}$、$Hg^{2+}$ 和 $Pb^{2+}$ 的。通过对常规碳点材料进行改进，借由改性碳纳米管作为载体并进行氮掺杂，可克服常规碳点材料的碳点易团聚等缺陷，从而实现水体中重金属离子的高灵敏度检测。该检测方法的操作步骤如下：第一步，配制探针溶液；第二步，向探针溶液中加入待测水体样品，搅拌，静置 3～15 min；第三步，将溶液置于波长为 300～350 nm 的激发光下，检测溶液在波长 450～500 nm 下的荧光强度；第四步，利用预先建立的标准曲线，计算得到待测水体样品中的重金属离子含量。结合水热法，在改性后的碳纳米管上原位合成氮掺杂碳点。一是，以甲硫氨酸和硫代卡巴肼为原料制备碳点，制得的碳点表面具有丰富的巯基（—SH）、氨基（$—NH_2$）、羧基（—COOH）等官能团，从而提供大量的连接位点，既作为碳点与重金属离子络合的活性位点，又作为碳点与碳纳米管附着连接的负载位点。通过硫代卡巴肼为碳点引入氮元素，合成氮掺杂碳点，提高碳点的发光强度、分散性能和稳定性。二是，首先，通过氮掺杂和引入 KH791[N-(β-氨乙基)-γ-氨丙基三乙氧基硅烷]改善了碳点本身的分散性能；然后，利用直径为 100～160 nm、具有高度易分散性的改性碳纳米管来负载碳点，借助碳纳米管和碳点表面丰富的官能团作为连接位点，使碳点可稳定负载于改性碳纳米管上；借由改性碳纳米管的高度易分散性，使碳点可在体系中呈现出高度分散的碳点形态，充分暴露碳点表面的官能团，使其荧光发射强度大幅度提升；改性后的碳纳米管作为探针对重金属离子进行检测时，更容易与溶液中的重金属离子结合，从而提高其检测重金属离子的灵敏度和精度。通过其对重金属离子的双重猝灭机理实现对重金属离子的指示作用，能够大大提高荧光探检测重金属离子的响应灵敏度和精度。其双重猝灭机理包括：① 体系中存在重金属离子时，碳点表面的巯基、氨基等官能团能与重金属离子迅速络合配位，形成配位化合物而使碳点的荧光猝灭；② 高度分散的碳纳米管通过其官能团同样能够捕获，连接体系中游离的重金属离子，然后通过重金属离子再连接其他的碳纳米管，利用重金属离子作为“桥梁”组件成“碳纳米管-重金属离子-碳纳米管-重金属离子”的链状或层状复合物，最终形成沉淀而使荧光猝灭。类似地，重金属离子作为“桥梁”还能组件成“碳纳米管-碳点-重金属离子-碳点-碳纳米管”的链状或层状复合物，同样通过重金属离子的桥接形成沉淀而猝灭荧光。通过紫外辐射对碳纳米管进行改性，因紫外辐射引发碳纳米管表面氧化反应，在其表面形成如—OH、—COO、—CO、—COOH 等官能团，从而提高其比表面积、氧气含量、CEC 值（阳离子交换量），既能为碳点提供丰富的连接位点，使碳点在碳纳米管上原位合成、均匀分布，又能提供重金属离子的捕获位点，与重金属离子连接，同时还能够在碳纳米管表面提供更多的连接官能团，有利于捕获重金属及表面连接碳点。

#### 3.3.1.3 多孔框架材料和荧光生物探针

基于多孔框架材料的荧光探针检测重金属的技术发展脉络，如图 3－3－3 所示。

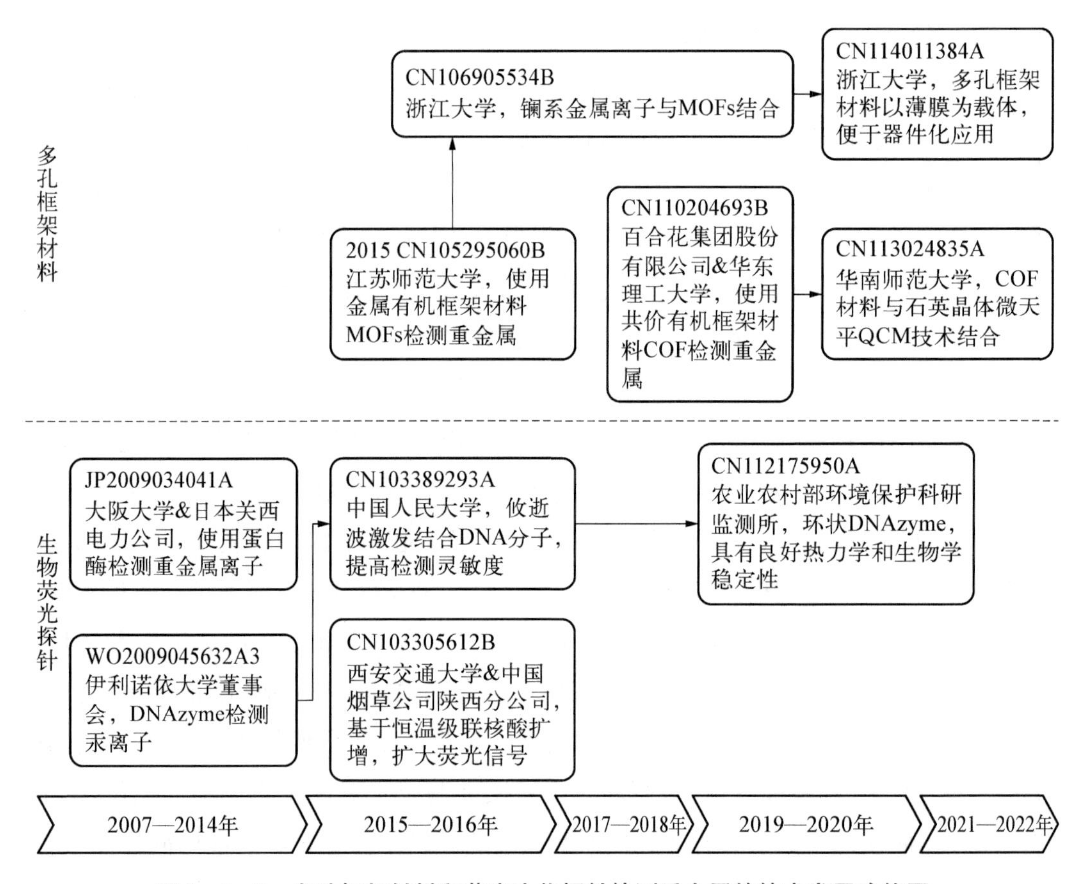


图 3－3－3 多孔框架材料和荧光生物探针检测重金属的技术发展脉络图

1. 多孔框架材料

金属有机框架材料(Metal-Organic Frameworks MOFs)是由有机配体连接的金属氧簇组成的一种多孔晶体材料，具有比表面积大、可吸附位点多、可设计性强、可功能化修饰等优点。MOFs 材料作为荧光探针，可通过配体设计、再修饰等手段引入特异性重金属离子识别基团，从而通过荧光强度的增强或猝灭实现对重金属离子的高选择性探测。2004 年，Liu 等在 *Journal of the American Chemical Society* 上发表了第一篇关于 MOCFs 荧光探针的论文。

2015 年，专利申请 CN105295060B 提出了一种基于比率荧光检测汞离子的金属-有机骨架材料。现有的用于重金属检测的有机染料类小分子探针仅适用于有机物和水的混合体系，不适用于在纯水中检测汞离子，大部分现有的汞离子探针作用机理也不明确，并且对 $Cd^{2+}$、$Pb^{2+}$ 等其他重金属离子的特异性不强。基于此，该专利申请提供了一类基于比率荧光来检测汞离子的金属-有机骨架材料，该材料以金属离子 $Cd^{2+}$ 为节点，以 $H_4EDDA$ 为有机连接配体。制成的金属-有机骨架材料 Cd-EDDA，其不对称单元分子式为$[Mm(L)n \cdot (H_2O)q]$，其中，L 为有机连接配体 $H_4EDDA$。

镧系金属离子具有的电子层结构，使其能够实现稳定的发光效率及发光颜色丰富的特点，不同镧系金属离子作为 MOFs 结构框架的结构单元时，可以呈现出不同的发光特征峰。稀土离子的特殊荧光特性与 MOFs 的多孔特性结合，为设计新型荧光 MOFs 材料提供了可能。2017 年，专利申请 CN106905534A 公开了一种高稳定稀土有机框架材料的分步制备方法及应用。该专利申请提供了稀土有机框架材料在检测水中铜离子的应用，同时解决了在以往原位自组装一步合成法合成稀土有机框架材料时，合成的框架材料为无孔层状结构，大大限制了金属有机框架材料多孔性优势的弊端。该发明采用两步合成的策略：第一步，采用结构导向剂与稀土离子制备得到六核稀土氧簇配合物；第二步，再将六核稀土氧簇配合物与有机配体进行反应，得到以六核稀土氧簇配合物为结点的稀土有机框架材料。采用 3 个含有不同数量氮原子但长度相同的有机配体，制备得到 3 个同构的高稳定稀土有机框架材料，由于氮原子与铜离子具有较强的配位能力，多个氮原子能提高与铜离子的螯合作用，因此，该高稳定稀土有机框架材料可用于选择性荧光检测工业废水、饮用水中的痕量铜离子。采用不含巯基或巯醚基团的、具有四倍羧酸基团为配位位点的配体来设计汞离子识别 MOFs，通过与镉离子的一步水热反应，在水溶液中稳定存在，并且具有双重荧光发射功能。该材料包括基于配体的荧光发射峰和基于配体-金属离子电荷转移的荷移发射峰，不仅可以实现比率荧光对汞离子的检测，而且在碱金属、碱土金属、过渡金属及其他重金属离子中均可体现出对汞离子检测的专一性。

与MOFs结构类似的另一种框架材料——共价有机框架材料(Covalent Organic Frameworks，COFs)，是由有机配体之间通过有序共价键连接形成的二维或三维孔洞的有机多孔材料。自2005年起，共价有机骨架(COFs)作为一种新型的多孔有机材料引起了人们的特别关注。与MOFs不同的是，COFs可完全由碳、氢、氮和氧等轻元素组成，不含有金属等较重元素。专利申请CN110204693B公开了一种基于三苯胺衍生物的高分子共价有机骨架聚合物及其制备方法与应用。基于三苯胺衍生物的高分子共价有机骨架聚合物对二价汞离子具有较高的灵敏度和较好的选择性，并且该探针在水性介质中具有良好的分散性，使其在实际中实现对汞离子的检测和降解应用成为可能。此外，利用共价有机骨架聚合物作为荧光探针时，通过用硫化钠水溶液简单地冲洗和简单的离心分离，就能使汞离子从纳米球中离去，从而实现探针材料的循环重复利用。

上述多孔框架材料在应用时均是以粉末状的形式，便携性差，难以实现器件化应用，此外，检测前先将金属有机框架材料粉末溶于水或有机溶剂中形成悬浊液，之后取部分悬浊液与重金属离子的水溶液混合，在光谱测试过程中，由于粉末在溶液中的分散性通常比较差，粉末的沉降会极大地降低检测的灵敏度和准确度。对此，专利申请CN114011384A提供了一种可用于水中重金属离子去除和荧光检测的薄膜。该薄膜在水中浸泡几分钟后即可实现对水中重金属离子的吸附去除，同时吸附在薄膜内部的重金属离子可以充分和金属有机框架材料相互作用，从而实现高灵敏度荧光检测，并且薄膜稳定性好、具有一定柔性和可加工性，便于实现大规模的器件化应用。该薄膜的制备方法：第一步，将25 mg的硝酸铕、12 mg的四(3-羧基苯基)硅溶解于2 mL己二酸二甲酯(DMA)和4 mL $H_2O$的混合溶剂中，随后加入60 L乙酸；第二步，将溶液封装于20 mL反应釜内胆中，置于80 ℃烘箱中反应24 h后，冷却至室温，用DMA洗涤3次，得到金属有机框架材料；第三步，将150 mg聚偏氟乙烯与3 mL二甲基甲酰胺(DMF)混合后，置于30 ℃油浴锅中恒温搅拌12 h至聚偏氟乙烯全部溶解，得到的溶液备用；第四步，将100 mg金属有机框架材料与3 mL聚偏氟乙烯的DMF溶液混合后，置于室温环境中搅拌12 h，得到金属有机框架材料与聚偏氟乙烯的混合物；第五步，取0.5 g金属有机框架材料与聚偏氟乙烯的混合物于玻璃基板上，用BGD 209/1型刮刀在玻璃基板表面进行刮涂处理，将刮涂后的薄膜干燥去除有机溶剂后，快速浸泡在去离子水中使薄膜快速从玻璃基板上剥离，即可得到用于水中$Cr_2O_7^{2-}$去除和荧光检测的薄膜。

在二价汞离子检测过程中，为了解决含硫醇或硫醚功能基团的荧光COFs合成条件复杂、灵敏度较低及汞和硫之间极强的亲和力使COFs的再生困难等技术问题，专利申请 CN113024835A 设计了一种以 COFs 为传感材料制备的石英晶体微天平 QCM 传感器。在惰性气体氛围下，由 2,2′-联吡啶-5,5′-二甲醛与 1,3,5-苯三甲酰肼在有机溶剂中经高温醋酸催化反应得到该传感器，得到的含联吡啶基团的共价有机框架不仅具有结晶度好、稳定性高等优点，还具有强烈的荧光及特异的结合位点，可作为荧光探针用于 $Hg^{2+}$ 的识别。

2. 生物荧光探针

2007 年，专利申请 JP2009034041A 提出通过使植物抗凝胶角蛋白合成酶作用于试样与谷胱甘肽混合物，来检测试样中重金属的存在，期望这种检测方法能够克服传统电感耦合等离子体、火焰原子吸收法等测量重金属时机型大、检测成本高的技术问题。

核酸适配体是一类经人工合成的 DNA 或 RNA，由于其分子量较小、可化学合成、稳定性好、没有毒性等优点，利用核酸适配体检测重金属逐步成为研究的热点。专利申请 WO2009045632A3 记载了一种用于汞离子检测的核酸荧光传感器，该传感器使用催化性 DNA 或 DNA 酶实现对汞离子的高灵敏度检测，检测限低于 10 nmol/L。该专利申请中提供的核酸酶包括至少一个茎环的寡核苷酸底物链，其中所述茎环包含一个或多个彼此相对的胸腺嘧啶-胸腺嘧啶（TT）错配，该 TT 错配在 $Hg^{+}$ 存在下有一个稳定的碱基对。

为了提高核酸适配体的检测准确度，专利申请 CN103389293A 设计了一种光便携式倏逝波光纤生物传感分析平台，在该分析平台系统中，激发光以全反射的方式在光纤内传播，在其界面产生倏逝波，倏逝波振幅随离界面的距离呈指数衰减，有效距离约为几十纳米至数百纳米。因此，倏逝波可以激发结合到光纤传感探头表面的荧光分子（如标记在 DNA 或抗体上的荧光分子），使用该发明方法检测汞离子的最低检测限为 1.8 nmol/L。

具有链置换活性的 DNA 聚合酶，如 KF 聚合酶等相对于 Taq DNA 聚合酶受复杂体系影响较小，这类 DNA 分子机器逐渐受到关注，被越来越多地用于放大 DNA 等生物活性分子的检测信号。专利申请 CN103305612A 提供了一种基于恒温级联核酸扩增的铅离子检测试剂盒，该检测试剂盒包括：脱氧核酶-底物连接体、扩增底物、DNA 分子机器工具、触发 DNA 分子机器工具的 SDA 模板、具有发卡结构的发卡分子 H、具有茎环结构的分子信标探针和 DNA 分子机器扩增反应缓冲液。该发明通过脱氧核酶识别铅离子，并结合链置换扩增与单链触发的 DNA 分子机器实现恒温级联核酸扩增，将铅离子浓度转化为显著放大的荧光检测信号，具有较高的灵敏度与检测范围，且利用的基于 DNA 分子机器的核酸扩增技术不容易受到复杂体系的干扰。该专利申请将脱氧核酶、链置换扩增技术和单链触发的发卡结构进行串联，构建了一种新型的恒温级联核酸扩增信号放大系统。

为了解决多数 DNA 酶因热力学及化学性质不稳定，而限制了它们在复杂样品和极端环境下的应用的技术问题。专利申请 CN112175950A 公开了一种稳定的环状 GR5 DNAzyme，该环状 DNAzyme 由哑铃状单链 DNA 的自模板封闭而合成制备。$Pb^{2+}$ 存在时，环状 GR5 的底物部分将在识别位点处的核糖核苷酸处裂解，释放的 3′-OH -端可以通过末端脱氧核苷酸转移酶(TdT)延长，形成富含 A 碱基的长单链序列多聚脱氧腺嘌呤核苷酸(Poly - dA)。将 Poly - dA 添加到系统中时，它将与其尾巴杂交，形成双链 DNA 区域。在这种情况下，T7 Exo 可以特异性识别双链 DNA 中的切割位点，将 Poly - dA 探针酶解为单核苷酸，导致荧光基团与猝灭基团的远离，从而产生恢复的荧光信号。由于释放的 Poly - dA 序列可以重新用于与另一个 Poly dA 探针杂交，启动新的酶切循环，因此可以为传感系统提供循环放大的检测信号。

### 3.3.2 原子荧光法检测重金属的发展脉络

原子荧光法检测重金属的技术的发展脉络，如图 3 - 3 - 4 所示。

1981 年，专利申请 US4432644A 公开了一种原子荧光光谱仪，其可实现汞、砷、铜、铬等多元素分析。该光谱仪采用脉冲供电空心阴极灯作激发光源，电感耦合等离子体为原子化器，光学滤光片为色散系统，多通道同时测量，每一个通道都是一个独立的模块，每个模块由一个空心阴极灯、光学滤光片、透镜和光电倍增管组成。该专利提供的设备即为较早的多通道-色散型原子荧光光谱仪。

为了解决光谱仪进样管路中汞阱存在的记忆效应，汞阱中有上次循环检测过程残留的汞，从而影响检测结果的准确度，以及检测器内部因充满空气而易导致基线漂移的技术问题，专利申请 US5597535A 提供了一种汞检测装置。该装置包括检测器、第一和第二吸附剂筒和质量流量控制器。每个吸附剂筒包括石英玻璃管，相应的加热器可加热该吸附剂筒，并设有细丝网形式的金吸收剂；检测器使用冷蒸气原子荧光光谱法检测汞，用紫外线灯照射进入比色杯的汞，紫外线灯是低压汞蒸气灯。每个吸附剂筒经短时间的循环，产生较小的滤筒负荷，减小了汞记忆效应带来的影响，另外，提供惰性气体穿过渗透源对其进行连续吹扫，防止了空气污染并消除渗透源管路内任何氧化的可能性。

国内氢化物原子荧光分析仪的氢化物发生器不能兼作汞蒸气发生器，对此，专利申请 CN2220639Y 提供了一种原子荧光分析仪的氢化物与汞蒸气发生装置。该装置由堵塞、上盖、还原剂嘴、混合气嘴、清洗水嘴、水环套、反应管、氩气嘴、密封垫、保护

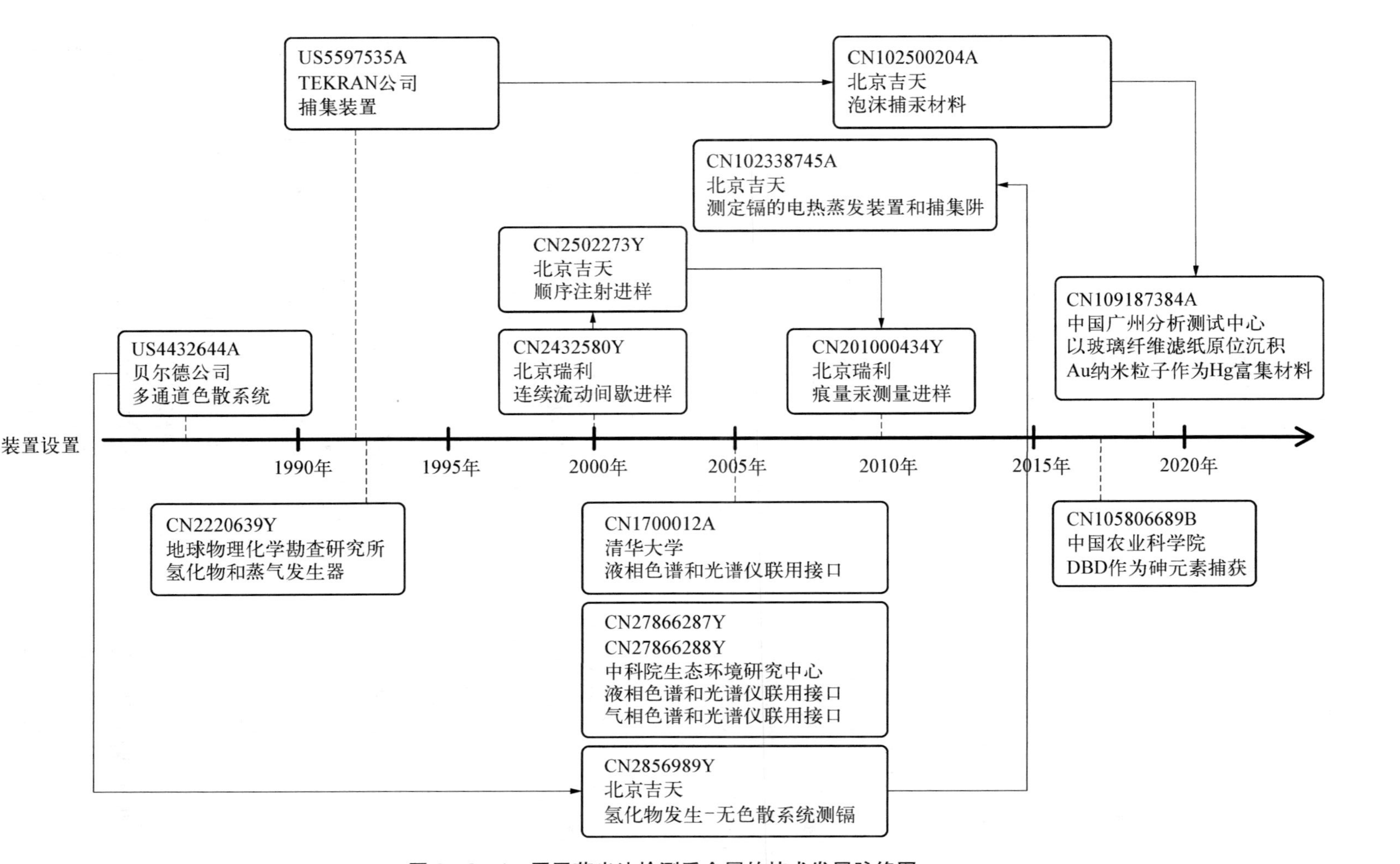


图3-3-4　原子荧光法检测重金属的技术发展脉络图

套、内套、铁芯、线圈架、阀芯、永久磁铁、下盖、废液水嘴、密封垫以及密封盖装配而成。把氩气气嘴置于反应管底部容积 1.5～2 mL 的位置上，使氩气样品溶液与还原剂发生化学反应时产生"搅拌"，以代替原发生器的人工或机械震荡，同时兼作汞蒸气发生器。

2005 年，专利申请 CN1700012A、CN2786627Y、CN2786628Y 分别对液相色谱-氢化物原子荧光光谱仪和气相色谱-原子荧光光谱仪的联用接口，进行了设计改进。专利申请 CN1700012A 提供了一种高效液相色谱与电热石英管原子吸收联用的接口装置及在线消解装置，该装置包括依次连接的细内径三通、细石英管、四通、反应管、大内径三通。细内径三通的第一支管连接高效液相色谱流出液入口，第二支管连接氧化剂溶液传输管，第三支管连接细石英管的一端；细石英管紧挨着一个紫外灯管，细石英管的另一端连接四通的第一支管，四通的第二支管连接酸溶液传输管，第三支管连接还原剂溶液传输管，第四支管连接反应管的一端，反应管的另一端连接大内径三通的第一支管；大内径三通的第二支管连接载气传输管，第三支管连接通往气液分离器的运输管。实验证明，该申请能够在实现复杂有机砷，汞，锑，硒等化合物在线消解的同时，解决峰展宽的问题。

专利申请 CN2786627Y 提供了与专利申请 CN1700012A 的紫外消解不同的微波消解接口装置，以改善柱后氧化系统和紫外灯照射氧化效率低的问题。该装置包括蠕动泵、聚四氟乙烯三通、改装的在线微波装置、冷却系统和气液分离器。接口连接液相色谱柱，蠕动泵分别泵入 1%$K_2S_2O_8$溶液和 0.2%$KBH_4$溶液，同时及时排掉废液，样品和试剂经三通混合后进入在线微波装置。该在线微波装置是由家用微波炉改造而成，聚四氟乙烯管紧密地绕在一段长 15 cm 的玻璃管上，两边固定，置于家用微波炉中，在微波炉背面开两个孔，分别导入和导出 PTFE 消解管，开孔处用锡箔屏蔽微波辐射，聚四氟乙烯管的长度及内径分别为 3 m 和 0.5 mm。样品溶液经过微波装置后进入冷却系统，该系统是 50 cm 长的聚四氟乙烯管置于冰水混合物中。最后，样品溶液和 0.2%$KBH_4$溶液在三通中反应生成氢化物，经气液分离器分离后进入原子荧光检测器进行测定。

专利申请 CN2786628Y 设计了一种气相色谱与原子光谱仪的联用接口，改变了传统的利用填充柱进行分离而采用商品化的毛细管色谱柱，分离效果和灵敏度都得到了较大提升。该专利用一段长 30 cm、内径 0.53 mm 的石英毛细管来连接毛细管色谱柱和三通，可有效防止样品组分的扩散与吸附，该空毛细管置于加热器的石英管中，并增加了两路氩气，分别为尾吹气和屏蔽气。尾吹气可快速的将被测物带入检测器中，而屏蔽气则可有效地消除荧光猝灭效应。

国内自行研发的氢化物无色散系统——氢化物发生-电热原子化器-无色散原子荧光光谱仪，能够很好地检测汞(Hg)、铅(Pb)、镉(Cd)等在日盲波段的元素，而不能用于检测非日盲段的六价铬(Cr)。为了解决该技术问题,专利申请CN2856989Y提出了利用氢化物发生-无色散原子荧光光谱仪检测六价铬(Cr)的方法。该光谱仪包括激发光源、电热原子化器和光电检测器。激发光源和光电检测器均围绕电热原子化器分布,蒸气发生系统通过导管与电热原子化器相连,在激发光源和光电检测器与电热原子化器之间分别设置有透镜,光电检测器与其对应的透镜之间设置有色散系统。工作时,将被测元素的酸性溶液引入蒸气发生系统中,加入还原剂后即发生氢化反应并生成被测元素的冷蒸气或氢化物气体,元素冷蒸气或氢化物气体引入电热原子化器后即解离成被测元素的原子,原子受对应被测元素的激发光源的照射后产生荧光,荧光及其他杂散光信号通过聚光透镜照射到色散系统上,经色散系统分光后被光电检测器转变为电信号,由检测系统检出。加了色散系统后的光谱仪,不仅能检测灵敏线在日盲波段的11种元素,还可以检测灵敏线在320 nm以上的可见或仅红外波段的元素,如六价Cr (357.87 nm)、Cu (324.75 nm)、Pd (340.46 nm)、Rh (369.24 nm)、Ru (372.80 nm)、In (410.18 nm)、Tl (377.57 nm)、Ti (365.35 nm)等,极大地扩大了现有蒸气发生(氢化物发生)——无色散原子荧光光谱仪的测量范围。

利用在线捕集技术测量镉时,大都只能捕获氢化物或是火焰中形成的自由原子,电热蒸发形成的镉大都以纳米粒子形式存在,无法被有效捕集。为了消除基体干扰,专利申请CN102338745A公开了测定镉的电热蒸发原子荧光光谱法及光谱仪,该光谱仪由进样系统、光源、原子化器、光路系统、检测系统和显示装置组成。各组成部分均与现有的荧光光谱仪相同,其中,光源、光路系统、检测系统、显示装置、原子化器之间的连接与位置关系与现有的原子荧光光谱仪相同,仅进样系统的结构不同。进样系统包括:电热蒸发装置和捕集阱。

常用的捕汞材料由石英砂或氧化铝小球与贵金属的盐反应制得,但其制备工艺较为复杂,需要在高温下条件进行反应,且制得的材料镀层不牢固,使用寿命较短。专利申请CN102500204A提出了一种泡沫捕汞材料,由泡沫材料基体及沉积在基体表面的贵金属构成,其中贵金属为金、银、或铂族金属,泡沫材料为任意可以吸附贵金属的泡沫材料,优选泡沫碳、泡沫镍、泡沫钼、泡沫钨、泡沫钽或其泡沫合金。该捕汞材料制备方法如下:将泡沫材料基体与贵金属盐水溶液进行化学反应,使贵金属沉积在泡沫材料基体的表面。其中,贵金属盐水溶液的优选浓度为0.01~0.1 mol/L,泡沫材料基体与贵金属盐水溶液的比例优选为1 g∶20 mL~1 g∶100 mL。本发明的泡沫捕汞材料,制备工艺简单,成本较低,所得材料在常温时对汞捕获完全,加热时汞释放彻底,且表面贵金属与泡沫材料基体结合牢固,多次(1 000次以上)升降温后镀层牢固,可反复多次使用,使用寿命长。测定时称取一定量的待测样品放入进样舟中,进样舟由进样机构送入燃烧炉中，在燃烧炉中以电热蒸出的方式将样品中的汞带出，汞随燃烧气经过除水管进入捕汞管中，捕汞管内装有 0.5 g 左右的泡沫捕汞材料，常温时汞与贵金属镀层形成汞齐，与样品基体完全分离，之后经电阻丝加热器加热捕汞管至 600 ℃释放汞，汞最后随荧光载气进入原子荧光光度计检测。汞的释放也可采用捕汞材料自加热的方式，实现方式是在捕汞材料两端加一定电压，捕汞材料自身发热至 600 ℃以上即可完成汞的释放。

介质阻挡放电(Dielectric Barrier Discharge, DBD)也称无声放电，是一种典型的非平衡态交流气体放电技术，可在常温常压下产生非平衡态的微等离子体，也是一种低温等离子体。专利申请 CN105806689B 实现了利用 DBD 作为砷元素捕获装置用于光谱分析，实现了样品中痕量砷的在线高效富集及准确、稳定的分析。原子荧光法测砷的富集装置包括氢化物发生装置、介质阻挡放电反应器、电源、气路和原子荧光光谱仪。介质阻挡放电反应器由两个同轴石英管、铜线圈(地线)、铜棒电极(高压电极)组成，其中，同轴石英管由内层石英管架空置于外层石英管中央，铜线圈缠绕在外层石英管外表面，铜棒电极架空置于内层石英管腔体中央。氢化物发生装置包括样品蠕动泵、反应试剂蠕动泵、四通混合器、反应环、气液分离器。气路包括氩气源、氧气源、氢气源、氩气源。测定方法如下：第一步，将含有砷的待测溶液通入样品蠕动泵，与反应试剂蠕动泵中的硼氢化钾溶液在四通混合器中混合，由氩气源三通通入的 600 mL/min 氩气带入反应环生产砷的氢化物，并进入气液分离器完成气液分离，在氧气源通入 40 mL/min 氧气、电源电压设定为 9.2 kV 的条件下，介质阻挡放电反应器完成砷的捕获；第二步，再由氩气源三通通入氩气吹扫 180 s，之后由氢气源通入 200 mL/min 的氢气，此时电源电压为 9.5 kV，完成砷的释放；第三步，含有砷的气体随载气进入原子荧光光谱仪。

在汞富集过程中，通常金汞齐的形成与 Au 的用量、厚度及接触面积有着直接的关系，因镀金石英砂在石英管内分布状态的不确定性而导致气体流速和流量的变化，会影响到富集过程的吸附效率和吸附一致性，严重时甚至会堵塞石英管。对此，专利申请 CN109187384A 提供了一种水样中汞富集材料及顶空富集测汞方法，以玻璃纤维滤纸原位沉积金纳米粒子作为 Hg 富集材料，采用顶空富集的方式测定环境水样中 Hg 含量。该富集材料明确了 Au 的用量及其与 Hg 蒸气的接触面积，从而改善了 Hg 的吸附效率及吸附一致性。采用的玻璃纤维滤纸原位沉金方式具有 $HAuCl_4$ 的消耗量少，材料制备成本低、制备过程简单，检测快速，并可实现检测现场制备等优点。玻璃纤维滤纸汞富集材料中金纳米粒子主要沉积在玻璃纤维滤纸表面，由于玻璃纤维滤纸表面有一定的粗糙度及微孔结构，使得其与汞蒸气接触面积大，有利于汞吸附，从而提高了汞富集效率。采用顶空富集的方式有效避免了复杂水样体系中有机物等基质的干扰，提高了汞检测灵敏度。

对于进样系统，专利申请 CN2432580Y、CN2502273Y、CN201000434Y 分别作出了改进。2000 年，专利申请 CN2432580Y 提供了一种多级气液分离连续流动-间歇进样气体发生装置，其产生的废液经水封后自动流出，无须设置专用排废液的蠕动泵，以及采用间歇进样技术，使仪器结构简单，定量准确、操作方便。专利申请 CN2502273Y 提供的原子荧光光谱仪的顺序注射进样装置既能保持流动注射和断续流动两种进样装置的优点，同时又消除了这两种装置存在的缺陷，还可大幅度减少样品、清洗液、还原剂和气体等试剂的消耗量，且自动化程度高。为了克服传统的进样和气液分离系统不能适应水样中超痕量汞的分析要求，专利申请 CN201000434Y 公开了一种可实现水样中痕量汞测定的原子荧光光谱仪。该光谱仪包括蠕动泵、三通混合器、反应管、汞蒸气富集-气液分离器、电磁阀等。将样品溶液和还原剂经三通混合器及反应管进入汞蒸气富集-气液分离器中反应，由载气导入原子化器中进行原子化，微机工作站记录信号并进行数据处理。该光谱仪可用于蒸气发生-原子荧光光谱仪测定水样中的超痕量汞，具有较高的分析灵敏度，检出限可达 0.000 2 μg/L。

## 3.4 重点申请人分析

### 3.4.1 分子荧光法检测重金属的重要申请人分析

#### 3.4.1.1 江苏大学

2012—2022 年，江苏大学共申请了 36 件重金属荧光探测方面的专利，有效专利 14 件。PCT 专利申请 1 件（WO2021035855A1），并进入欧洲、日本、美国申请阶段，且均

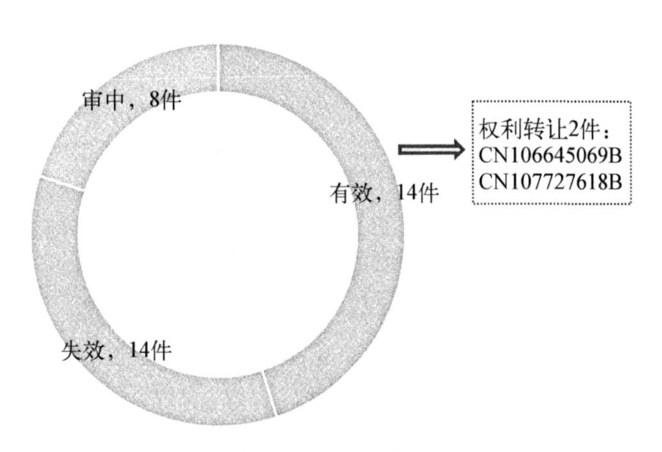


**图 3－4－1　专利法律状态统计图(单位：件)**

获得授权。在有效专利中，发生专利权利转移 2 件，分别为专利申请 CN106645069B，转让后的专利权人为中科怡海高新技术发展江苏股份公司，以及专利申请 CN207727618B，转让后的专利权人为镇江永晨科技有限公司。

江苏大学专利申请中施引数量排名前十的专利申请，见表 3－4－1。

**表 3－4－1　江苏大学专利申请中施引数量排名前十的专利申请**

| 公开(公告)号 | 标　题 | 检测对象 | 荧光探针/传感器 | 技术效果 |
|---|---|---|---|---|
| CN103013495A | 一种铜离子荧光探针及其合成方法 | $Cu^{2+}$ | BODIPY－DPA | 毒性低、MHepG－2 的抑制率小 |
| CN104292381A | 一种荧光离子印迹探针的制备及其应用 | $Cu^{2+}$ | 金属铕离子配合物发光基团 | 可实现 $Cu^{2+}$ 的痕量检测 |
| CN106990081A | 一种基于石墨烯氧化物传感器及其对 $Hg^{2+}$ 检测的方法 | $Hg^{2+}$ | 核酸适配体序列 | 高灵敏、快速、低成本地对汞离子进行检测 |
| CN110108881A | 一种双功能生物传感器 HRP@ZIF－8/DNA 的制备方法及其应用 | $Hg^{2+}$ | HRP@ZIF－8/DNA 生物传感器 | 可实现汞和苯酚同时检测且具有较高灵敏度 |
| CN104178483A | 一种荧光核酸银及其制备方法和应用 | $Fe^{2+}$、$Fe^{3+}$ | 荧光核酸银纳米团簇 | 生物体内铁离子种类的快速鉴别 |
| CN105670609A | 一种检测汞离子的新型罗丹明荧光探针及其制备方法 | $Hg^{2+}$ | 罗丹明荧光探针 | 探针合成步骤简单、易于提纯、收率高，对汞离子的选择性好 |
| CN107382901A | 一种基于苯基噻唑和对氰基联苯酚的荧光传感材料及其制备方法和用途 | $Fe^{3+}$ | 基于苯基噻唑和对氰基联苯酚的荧光传感 | 灵敏度高、响应速度快、对其他重金属离子干扰小 |
| CN106749362A | 一种锰和铜双离子响应的荧光探针及其制备方法 | $Cu^{2+}$和 $Mn^{2+}$ | BODIPY－NPDA | 快速简单且具有选择性地检测铜离子和锰离子 |
| CN110108701A | 一种基于荧光比色和微流控技术的铅离子快速检测方法 | Pb | 碳量子点-铜纳米簇纳米复合体系 | 结合了荧光比色、微流控芯片技术和数字图像处理技术 |
| CN107602576A | 一种金属响应型荧光传感材料的制备方法和用途 | $Fe^{3+}$ | / | 实现物细胞中痕量 $Fe^{3+}$ 的有效检测 |

专利申请 CN103013495A 公开了一种铜离子荧光探针，8-[二(2-吡啶甲基)胺-3-苯甲基]-4,4-二氟-1,3,5,7-四甲基-4-硼-3a,4a-二吡咯(简称 BODIPY-DPA)。合成该荧光探针的步骤如下：第一步，将2,4-二甲基吡咯与3-氯甲基苯甲酰氯以摩尔比1∶3～3∶1比例混合后加入 $CH_2Cl_2$，40 ℃反应1～8 h；第二步，接着加入三氟化硼，其中三氟化硼与2,3-二甲基吡咯摩尔比为1∶1～1∶4，40 ℃反应2～10 h；第三步，向混合体系中依次加入二(2-吡啶甲基)胺和三乙胺，氮气保护，80℃油浴回流4～16 h，其中，二(2-吡啶甲基)胺与2,4-二甲基吡咯的摩尔比为1∶2～2∶1，三乙胺与二(2-吡啶甲基)胺的摩尔比为3∶1～1∶3；第四步，反应结束后用饱和氯化钠溶液萃取洗涤，水相使用二氯甲烷萃取，合并有机相，用无水硫酸钠干燥，旋蒸出溶剂，得褐色油状物；第五步，将褐色油状物经硅胶柱层析分离，用乙酸乙酯洗脱，得到暗红色黏稠固体，即为 DOBIPY-DPA。

专利申请 CN104292381A 公开了一种荧光离子印迹探针的制备及其应用，即一种检测 $Cu^{2+}$ 的荧光印迹探针的制备方法，用于检测水中的痕量 $Cu^{2+}$。第一步，取氯化铕($EuCl_3$)、1,10-邻菲罗啉(phen)、噻吩甲酰三氟丙酮(TTA)溶于乙醇中，磁力搅拌均匀后，滴加浓氨水，调节 pH，溶液变浑浊；继续搅拌，离心，洗涤，得到 Eu(Ⅲ)配合物；其中，$EuCl_3$、phen、TTA 三者的摩尔比为1∶1.5∶1～1∶1∶1。第二步，将第一步中得到的 Eu(Ⅲ)配合物超声溶解于适量的 DMF 溶液中，然后将溶解的溶液倒入乙醇溶液，再向混合溶液中滴加四乙氧基硅烷(Tetraethyl orthosilicate，TEOS)形成溶液 A；氨水、乙醇、蒸馏水形成的混合溶液称为溶液 B。将全部的溶液 A 迅速倒入溶液 B 中，磁力搅拌。反应完成后离心，洗涤，得到 Eu(Ⅲ)$SiO_2$，其中，溶液 A 中 Eu(Ⅲ)配合物的浓度为3～4 g/L，DMF 与乙醇的体积比为1∶5；TEOS 的在溶液 A 中体积分数为3%～5%；溶液 B 中氨水的体积分数为4%～5%，乙醇和水的体积比为14∶5。第三步，将第二步中得到的荧光材料分散于乙腈中，加入甲基丙烯酸(Methacrylic acid，MAA)、二甲基丙烯酸乙二醇酯(Ethylene dimethacrylate，EGDMA)、$CuCl_2$，自组装，然后加入偶氮二异丁腈(AIBN)聚合，得到印迹荧光探针。所得混合溶液中：Eu(Ⅲ)$SiO_2$ 的浓度为3～4 g/L，MAA 的浓度10～20 mmol/L，EGDMA 的体积百分数为4.7%～5.3%，$Cu^{2+}$ 的浓度为3～5 mmol/L，AIBN 的浓度为3～6.5 mmol/L。第四步用 EDTA 稀溶液作浸提液，采用索氏提取将印迹荧光探针的模板分子去除，直到模板分子无法通过紫外-可见分光光度计检测出来，将产品在真空干燥箱中烘干。

专利申请 CN106990081A 公开了一种基于石墨烯氧化物的传感器及其检测 $Hg^{2+}$ 的方法。基于多 T 核苷酸的 DNA 传感器检测 $Hg^{2+}$ 时，多 T 核苷酸可以被

$Hg^{2+}$特异性识别并发生连接作用，从而高灵敏、快速、低成本地对汞离子进行检测。第一步，制备石墨氧化物(Graphitic Oxide，GO)水溶液：通过改良的 Hummers 法大批量制备 GO，将 GO 真空干燥备用，使用前，在水溶液中超声分散，使之均匀分散在水中。第二步，合成特异性的核酸序列：5′- TTT GCT TGT TGC GCT TCT TGC TTT - 3′。第三步，对核酸序列进行荧光标记：SYBR Green I 可以与单链 DNA 结合，使自身荧光信号放大，且其对双链的吸附效果优于单链。第四步，荧光猝灭：将核酸序列加入 GO 水溶液中，制备基于多 T 序列的检测汞的 GO - DNA 传感器，其中，GO 能够对核酸序列发生吸附作用，核酸序列的浓度为 50 nmol/L；GO 的浓度为 10 μg/mL。第五步，$Hg^{2+}$的检测：加入 $Hg^{2+}$，核酸序列上多个 T 被 $Hg^{2+}$连接，构成 T - $Hg^{2+}$ - T，单链 DNA 因此形成双链结构，又因 GO 对变化后的 DNA 吸附能力减弱而远离，SYBR Green I 的荧光恢复。

专利申请 CN110108881A 公开了一种双功能生物传感器 HRP@ZIF - 8/DNA 的制备方法及其应用。采用生物矿化法将辣根过氧化物酶包埋于金属有机框架 ZIF - 8 的孔道结构中，实现对酶的固定化。另外，富含 π 电子的配体和部分配位的金属离子通过 π - π 堆积和静电相互作用赋予 ZIF - 8 对荧光团标记的单链 DNA(ssDNA)良好亲和力，使其成为优异的荧光猝灭剂。该发明首次将 ZIF - 8 的载体功能和荧光猝灭特性结合起来开发了 HRP@ZIF - 8/DNA 杂交系统，用于 $Hg^{2+}$的荧光检测和苯酚的可视化检测。该发明中的传感器对汞离子的检测限为 0.22 nmol/L。同时，用作比色传感器，检测苯酚时检测限可达到微摩尔水平，是一种经济、有效、高选择性和高灵敏度的检测方法。

专利申请 CN104178483A 公开了一种荧光核酸银及其制备方法和应用。该专利申请以小分子核酸为模版，合成了一种新型荧光 DNA 银簇纳米(DNA - AgNCs)。该 DNA - AgNCs 的大小为 2～4 nm，其水溶液显淡黄色，用 600 nm 红外光激发，660 nm 处有较强的荧光发射，荧光量子产率为 0.2(以联吡啶钌为对照)，其 660 nm 处的荧光能被三价和二价铁离子猝灭。该 DNA - AgNCs 的荧光对二价铁和三价铁离子有明显不同的荧光感应，且对二价铁的灵敏度远远高于三价铁。因此，可用于定性和定量分析三价和二价铁的总量及低浓度二价铁($10^{-9}$～$10^{-5}$ μmol/L)和三价铁($10^{-6}$～$10^{-1}$ μmol/L)的定性分析。作为模版的小分子核酸，序列为 5′- CCC TCC CTT CCC TCC CCG GGC CAAGAG TGT GCT AAA - 3。

专利申请 CN105670609B 公开了一种检测汞离子的新型罗丹明荧光探针及其制备方法，该罗丹明荧光探针为罗丹明 B 衍生物 R。专利申请 CN107382901A 公开了一种基于苯基噻唑和对氰基联苯酚的荧光传感材料及其制备方法和用途。该发明采用 2,6-二羟甲基对甲基苯酚和氨基硫脲作为基础原料。首先,用苯乙酮和硫脲作为基础原料,在碘单质作为催化剂的前提下,进行反应制备 2-氨基-4-苯基噻唑。然后,以对氰基联苯酚为基础原来,在六亚甲基四胺的存在下,制备 3-甲酰基-4-羟基联苯氰。最后,经亲核反应将两者进行结合制得荧光传感材料。该发明制备的荧光传感材料由于自身的大共轭结构而发射橙红色荧光,对重金属 $Fe^{3+}$ 具有灵敏的选择性识别性能,表现出荧光猝灭,响应时间快,在紫外灯下荧光信号的变化肉眼可见,其他常见金属离子干扰性小。

专利申请 CN106749362A 公开了一种锰和铜双离子响应的荧光探针及其制备方法。该荧光探针以 8-(4-(氯甲基)苯基)-4,4-二氟-1,3,5,7-四甲基-4-硼-3a,4a-二吡咯(标记为 BODIPY-C)、二吡啶甲基胺、对二甲胺基苯甲醛为原料合成的一种新的近红光氟硼二吡咯甲川化合物,即 1,7-二甲基-3,5-(二(4-(二甲氨基苯基)-2-烯基))-8-(二(2-吡啶甲基)胺-4-苯甲基)-4,4-二氟-4-硼-3a,4a-二吡咯,简称 BODIPY-NPDA。BODIPY-NPDA 的最大紫外-可见光吸收波长在 704 nm,能够作为荧光探针检测 $Cu^{2+}$ 和 $Mn^{2+}$。

专利申请 CN110108701A 公开了一种基于荧光比色和微流控技术的铅离子快速检测方法。第一步,制备碳量子点-铜纳米簇溶液,作为荧光探针。第二步,首先,制备微流控芯片,该微流控芯片包括样品接口、反应池、样品与反应池连接通道、微泵接口和反应池与微泵接口连接通道,其中,样品接口的一端通过样品与反应池连接通道与反应池相连通,反应池的另一端通过反应池与微泵接口连接通道与微泵接口连接。然后,取制备的碳量子点-铜纳米簇溶液加入反应池,利用真空冷冻干燥机进行脱水处理。第三步,搭建暗箱图像采集装置采集微流控芯片荧光颜色图像,该装置包括芯片固定平台、微流控芯片放置区、显色区域、紫外环形光源和图像采集装置。其中,芯片固定平台上表面中部设有凹槽,微流控芯片放置区嵌入芯片固定平台上表面中部的凹槽处;显色区域固定在微流控芯片放置区上;图像采集装置位于显色区域的正上方。第四步,首先,配置不同浓度的铅离子标准样品,分别吸取不同浓度的铅离子标准样品于不同的微流控芯片反应池中,与反应池中的碳量子点-铜纳米簇溶液混合,得到铅离子标准样品混合液,其中铅离子标准样品与碳量子点-铜纳米簇溶液的体积比为 1∶3。然后,打开暗箱图像采集装置的紫外环形光源,预热反应后,通过图像采集装置对微流控芯片反应池中铅离子标准样品混合液的荧光颜色进行图像采集,获得不同浓度的铅离子标准样品混合液对应的微控流芯片的 RGB 图像。最后,对采集的微控流芯片 RGB 图像通过滤波、形态学运算、RGB 转化为 Lab 颜色模式,其中 L 为亮度,a 为红色到绿色的颜色通道,b 为黄色到蓝色的颜色通道。以 Lab 颜色模式中的单通道 a 的平均灰度值做归一化处理，得到归一化处理后的数据值。第五步，以不同铅离子标准样品的浓度为自变量，以第四步归一化处理后的数据值为因变量，线性拟合构建标准曲线。第六步，对样品进行预处理得到消化液，将铅离子标准样品替换为消化液，按照第四步进行操作，得到单通道 a 的平均灰度值的归一化处理数据，带入第五步构建的标准曲线中，实现对未知样品中铅离子含量的检测。

专利申请 CN107602576A 公开了一种金属响应型荧光传感材料的制备方法及其用途。该材料制备方法如下：第一步，将罗丹明 B 酰肼和 2-醛基噻唑置于圆底烧瓶中，加入一定量的甲醇溶解，一定量的乙酸催化，调节 pH 至 5～6；第二步，在一定温度下回流加热第一步中得到的混合溶液，待反应结束后冷却至室温，粗产物重结晶、抽滤，用与第一步等量的甲醇洗涤三次，烘干得到黄色粉末，即可得金属响应型荧光传感材料。第一步中，所述罗丹明 B 酰肼、2-醛基噻唑、甲醇和乙酸的用量比例为：0.5～1.5 g∶0.452～0.678 g∶10～30 mL∶50～150 μL。第二步中，回流加热反应温度为 70～90 ℃，反应时间为 4～6 h；重结晶的时间为 7～9 h。

在前述专利申请中，所涉及的探针类型主要为纳米探针、有机探针以及生物探针。此外，江苏大学提交的专利申请中还包括了针对多孔框架材料的专利申请 CN113912856A。该专利申请揭示了一种水稳定微孔双功能金属有机框架（MOFs）材料。该材料以 3-羟基-1,2,4,5-苯四羧酸配体（H6OBTEC）作为底物，其化学式为$[Zn_6(OBTEC)_2(H_2O)_6]\cdot 8H_2O$。该材料可作为染料吸附剂和 $Al^{3+}$ 检测荧光探针使用。第一步，准确称取有机配体 H6OBTEC 和二乙胺溶液，并加入去离子水，在样品瓶中进行超声混合，直至混合均匀，制得备用混合溶液 1；其中，H6OBTEC、二乙胺与去离子水的摩尔比为 1∶3.5∶5 500。第二步，准确量取 $Zn(NO_3)_2\cdot 3H_2O$ 溶液，逐滴加入第一步中样品瓶内的混合溶液 1 中，超声溶解混合均匀后静止待用，形成混合溶液 2。在此过程中，$Zn(NO_3)_2\cdot 3H_2O$ 与有机配体 H6OBTEC 的摩尔比为 3∶1。第三步，将含有混合溶液 2 的样品瓶置入带有聚四氟乙烯内衬的不锈钢反应釜内，随后将该反应釜置于 100～120 ℃的烘箱中，持续加热 4 d，之后降温 1 d。取出后，使用去离子水洗涤，过滤并用去离子水再次洗涤，最后自然风干，得到无色晶体。上述步骤采用水热合成法，制备出的金属-有机骨架材料内含有一维 Zn-O 链，展现出优异的水稳定性。该合成过程未使用有机溶剂，因此避免了潜在的二次污染问题。

结合江苏大学其他专利数据看出：在研究周期中，该技术主题较早的专利申请是从 2012 年开始的，申请量高峰在 2017、2019 年，2021 年、2022 年，每年有 4 件以上的专利申请，这说明江苏大学对该领域的研究在持续进行。

在分子探针检测重金属的技术主题中，针对纳米探针和有机探针的研究较多。对有机探针的研究最早为使用 BODIPY－DPA 荧光染料探针检测细胞内铜离子，之后扩展该类探针的检测性能，研发出 BODIPY－NPD 探针，用于锰离子和铜离子的双离子响应检测。

针对罗丹明类染料探针，先研究了合成步骤简单的汞离子探针，后为了提高荧光强度，制备了 AuNS@Ag－罗丹明衍生物探针。为了实现多离子多重响应，制备了基于罗丹明和氰基联苯酚的荧光传感材料，其可实现环境水样中 $Zn^{2+}$、$Al^{3+}$、$Fe^{3+}$ 或 $Cr^{3+}$ 的痕量检测。为了提高 $Fe^{3+}$ 的检测精度，研究了由罗丹明酰肼和 2－醛基噻唑为基础原料制备的探针。

在纳米材料探针中，江苏大学对量子点、纳米簇、上转换发光、磁性纳米复合物等类型的探针均有研究。

#### 3.4.1.2　华南师范大学

2011—2022 年，华南师范大学在重金属荧光探测方面共申请了 20 件专利，其中，有效专利 7 件（见图 3－4－2）。在 20 件专利申请中：发明有 19 件，比例高达 95%；实用新型专利仅占 1 件，该实用新型专利于 2022 年获得授权。

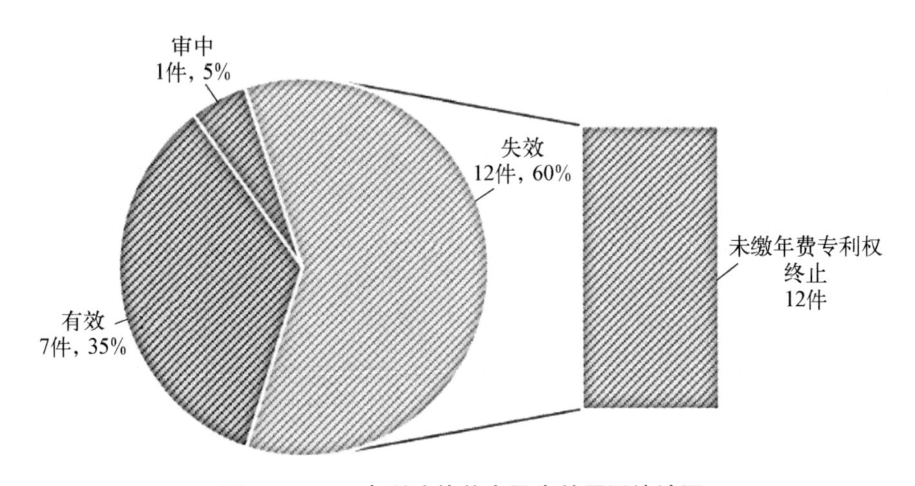


**图 3－4－2　专利法律状态及失效原因统计图**

华南师范大学的专利申请中，施引数量前十的专利申请，见表 3－4－2。

专利申请 CN103901006A 公开了一种基于 ZnO 量子点检测镉离子的试剂及方法，其中检测试剂为荧光检测试剂，发光材料为吡咯烷二硫代氨基甲酸铵修饰的 ZnO 量子点。该检测方法的操作步骤如下：第一步，将 ZnO 量子点分散液与吡咯烷二硫代氨基甲酸铵混合，使 ZnO 量子点的荧光部分猝灭，得到检测液；第二步，将检测液

**表 3-4-2　华南师范大学施引数量前十的专利申请**

| 公开(公告)号 | 标　　题 | 检测对象 | 荧光探针/传感器 | 技术效果 |
|---|---|---|---|---|
| CN109627450A | 一种3D镧系金属配位聚合物及其合成方法和应用 | $Hg^{2+}$、$Pb^{2+}$ | 镧系元素配位聚合物 Eu-PBA | 对 $Hg^{2+}$ 和 $Pb^{2+}$ 的检测具有高的灵敏度和选择性 |
| CN104860956A | 一种荧光多功能单体及其合成方法与应用 | $Ag^{+}$ | 银离子荧光探针 HTMIX | 可重复用于水环境中银离子的检测 |
| CN105131004A | 1-萘基异硫氰酸酯修饰的罗丹明B衍生物、制备方法以及应用 | $Hg^{2+}$ | 1-萘基异硫氰酸酯修饰的罗丹明B衍生物 | 抗干扰性强，灵敏度高，检测限低 |
| CN102432492A | 氮、氮′-二芘丁酰基赖氨酸及其应用 | $Cu^{2+}$ | 铜离子荧光探针及其合成方法 | 毒性低、100 μmol/L HepG-2的抑制率小 |
| CN104478823A | 赖氨酸修饰的苯并呋咱化合物及合成方法、应用、回收方法以及检测铜离子浓度的方法 | $Cu^{2+}$ | 赖氨酸修饰的苯并呋咱化合物 | 特异性高、可回收 |
| CN104479671A | 用于检测水相介质和细胞内汞离子的罗丹明B双硫类荧光探针及制备与应用 | $Cu^{2+}$ | 罗丹明B双硫类探针 | 特异性高、灵敏度高 |
| CN107245044A | 2-(萘氨基硫代甲酰基)肼甲酸苄酯化合物 | $Hg^{2+}$、$Ag^{+}$ | 2-(萘氨基硫代甲酰基)肼甲酸苄酯化合物 | 可同时识别银离子和汞离子 |
| CN105067579A | 一种单层g-$C_3N_4$荧光传感器的制备及其应用 | $Ag^{+}$ | 基于类石墨烯的单层碳氮化合物(g-$C_3N_4$) | 选择性高，适用于多种复杂样品中痕量银离子的分析检测 |
| CN104949949A | 含有罗丹明基团及苯并呋咱基团的化合物及制备方法与应用 | $Ag^{+}$、$Fe^{3+}$ | 含有罗丹明基团及苯并呋咱基团的化合物 | 可同时检测铁离子和银离子，特异性高 |
| CN103901006A | 一种基于ZnO量子点检测镉离子的试剂及方法 | $Cd^{2+}$ | 吡咯烷二硫代氨基甲酸铵修饰的ZnO量子点 | 易制备、无毒 |

与待测样品混合，记录荧光值；第三步，根据荧光值计算待测样品中的镉离子含量。该发明专利的检测试剂，易于制备，无毒，使用方便，对设备要求简单，特别适用于对 $Cd^{2+}$ 浓度的检测。

专利申请 CN104949949A 公开了一种含有罗丹明基团及苯并呋咱基团的化合物制备方法与应用。该化合物的制备方法步骤如下：第一步，将罗丹明 B 与二乙烯三胺置于溶剂中充分反应，罗丹明 B 与二乙烯三胺的用量比为 1 mmol：(2.8～3.2) mL，去除溶剂并初步分离提纯，得罗丹明 B 酰二乙烯三胺；第二步，将罗丹明 B 酰二乙烯三胺、4-氯-7-硝基苯并呋咱置于溶剂中充分反应，TLC 监测反应进程，反应结束后，过柱洗脱得到产物。

专利申请 CN105067579A 公开了一种单层 g-$C_3N_4$荧光传感器的制备及其应用。该荧光传感器的制备步骤如下：第一步，以二氰二胺为原料，采用程序升温煅烧法制备 g-$C_3N_4$固体粉末备用，升温范围为室温至 550 ℃，升温速率为 4～6 ℃/min；第二步，将制得的 g-$C_3N_4$固体粉末在蒸馏水中超声分散 1～2 h，制得 g-$C_3N_4$悬浮液；g-$C_3N_4$固体粉末与蒸馏水的质量比为 1：500～1：2 000；第三步，将制得的 g-$C_3N_4$悬浮液离心分离，制得片状 g-$C_3N_4$分散液；第四步，将制得的片状 g-$C_3N_4$分散液再次超声剥离 1～2 h，低速离心制得浓度为 0.04 mg/mL 的高度水分散的单层 g-$C_3N_4$胶体，即为单层 g-$C_3N_4$荧光传感器。

专利申请 CN107245044A 公开了一种(萘氨基硫代甲酰基)肼甲酸苄酯化合物的合成方法及其应用。该发明专利的 2-(萘氨基硫代甲酰基)肼甲酸苄酯化合物可以特异性检测汞离子和银离子，将其制成探针，可同时检测多种金属离子，且测试灵敏度较高。用 2-(萘氨基硫代甲酰基)肼甲酸苄酯化合物检测汞离子时，可在波长 373 nm 处产生一个新的荧光发射峰，且荧光强度明显增强，表现出其检测汞离子的特异性。用 2-(萘氨基硫代甲酰基)肼甲酸苄酯化合物检测银离子时，在波长 357 nm 处产生一个新的荧光发射峰，且荧光强度明显增强，表现出其检测银离子的特异性。

专利申请 CN104479671A 公开了一种用于检测水相介质和细胞内汞离子的罗丹明 B 双硫类荧光探针及其制备与应用。以罗丹明 B 为原料，通过与三氯氧磷作用制得罗丹明 B 酰氯中间体。该酰氯中间体再进一步与双硫中间体缩合获得具有高灵敏度和高选择性的汞离子探针。该罗丹明 B 双硫类荧光探针在水相介质中通过对汞离子的螯合配位作用，使其分子闭环打开，从而产生荧光，其荧光强度与汞离子的初始浓度呈良好的线性关系，并伴随着探针溶液从无色到粉红色的、裸眼可见的颜色变化。此外，该荧光探针对汞离子表现出很高的专一选择性，且该荧光探针具有较好的生物相容性、细胞通透性及较低的细胞毒性。用该荧光探针检测细胞内汞离子时，表现出较高的汞离子检测灵敏度。

专利申请 CN104478823A 公开了一种赖氨酸修饰的苯并呋咱化合物合成、应用、回收及检测铜离子浓度的方法。该化合物的合成方法如下：第一步，甲醇、二氯亚砜、赖氨酸三者进行反应，得赖氨酸甲酯盐酸盐；第二步，在缚酸剂存在下，将赖氨酸甲酯盐酸盐与4-氯-7-硝基苯并呋咱反应，柱层析；第三步，将上步产物溶于碱液中，调节水相pH，萃取数次，收集萃取剂层，提纯。用该化合物检测铜离子浓度的方法有绘制标准曲线、检测记录、计算。其回收方法是向含有铜离子的该化合物溶液中加入络合剂水溶液，混匀，萃取，收集有机相除去溶剂即可。本发明专利合成的化合物可以制成探针，特异性检测铜离子，且可以回收。

专利申请CN102432492A公开了氮、氮′-二芘丁酰基赖氨酸及其应用，以及氮、氮′-二芘丁酰基赖氨酸作为铅离子荧光探针和铅离子沉淀剂的应用、基于氮、氮′-二芘丁酰基赖氨酸和铅离子特异性识别铅离子浓度的检测方法，以及氮、氮′-二芘丁酰基赖氨酸的回收方法。氮、氮′-二芘丁酰基赖氨酸可以配制成溶液，检测铅离子浓度时，操作方便、准确性高，并且可以与溶液中的铅离子作用产生沉淀，实现对铅离子的分离。另外，氮、氮′-二芘丁酰基赖氨酸的回收简单，不会对环境造成影响，便于推广应用。

专利申请CN105131004A公开了一种1-萘基异硫氰酸酯修饰的罗丹明B衍生物及其制备方法与应用。以1-萘基异硫氰酸酯修饰的罗丹明B衍生物作为荧光探针，可在溶液中特异性检测汞离子，其抗干扰能力强，灵敏度高，检测限低。制备步骤如下：第一步，将罗丹明B与水合肼混溶于溶剂中进行充分反应，得罗丹明B内酰肼；第二步，将罗丹明B内酰肼和1-萘异硫氰酸酯混溶于溶剂进行充分反应，除去溶剂得到粗产物，将其分离纯化得到终产物。

专利申请CN104860956A公开了一种荧光多功能单体及其合成方法与应用。该荧光多功能单体通过银离子荧光探针HTMIX制备，以$Ag^+$为印迹模板，将结合有$Ag^+$的荧光多功能单体与交联剂混合，通过紫外引发聚合的方式，在聚偏氟乙烯膜的表面制备对$Ag^+$具有特异识别性的银离子印迹聚合物膜。该膜的性质稳定，制备方法简单，重复使用性能好，并且保持了对银离子的特异灵敏性和荧光活性，可重复用于水环境中银离子的检测，具有良好的应用前景。

专利申请CN109627450A公开了一种3D镧系金属配位聚合物及其合成方法和应用。该镧系元素配位聚合物Eu-PBA的化学式为$\{[Eu_2(PBA)_3(H_2O)_3]\cdot DMF\cdot 3H_2O\}n$，其中$n$为1到正无穷的自然数，该配位聚合物Eu-PBA由配体$H_2PBA$，$EuCl_3\cdot 6H_2O$溶解于DMF和$H_2O$进行溶剂热反应得到。Eu-PBA主要应用于重金属/人体有害性金属阳离子检测领域，对$Hg^{2+}$和$Pb^{2+}$的检测具有较高的灵敏度和选择性。

在上述专利申请中，所涉及的探针种类均为有机探针。此外，华南师范大学亦提交了关于多孔框架材料的专利申请 CN113024835A。

专利申请 CN113024835A 公开了一种含有联吡啶基团的共价有机框架的制备方法及其在汞离子检测中的应用。该共价有机框架通过在惰性气体氛围中，利用 2,2′-联吡啶-5,5′-二甲醛(Bpda)与 1,3,5-苯三甲酰肼(Bth)在有机溶剂内经高温醋酸催化反应制得。所制备的共价有机框架展现出良好的结晶度和高稳定性，同时具备显著的荧光特性及特异的结合位点，使其能够作为荧光探针用于检测 $Hg^{2+}$ 离子。第一步，将 2,2′-联吡啶-5,5′-二甲醛(Bpda)、1,3,5-苯三甲酰肼(Bth)、均三甲苯以及 1,4-二氧六环混合溶剂置入 10 mL 的耐压反应瓶中，充分搅拌以确保混合均匀，随后加入 0.15 mL 浓度为 6 mol/L 的醋酸溶液。第二步，使用氩气对耐压反应瓶进行鼓泡处理，持续 15 min 后迅速封闭反应瓶。之后，将封闭好的反应瓶置于 110 ℃的烘箱中，持续反应 5 d。第三步，反应完成后，待其自然冷却至室温，通过过滤操作收集沉淀物，并依次使用 1,4-二氧六环、四氢呋喃和无水乙醇对沉淀物进行三次洗涤。最后，将洗涤后的沉淀物放入真空干燥箱，在 100 ℃下干燥 24 h，从而获得黄绿色固体粉末，即含有联吡啶功能基团的荧光共价有机框架材料。

通过以上分析结合其他专利数据看出：在分子探针检测重金属专利申请主题中，80%为有机探针材料，发明人主要为马立军课题团队，技术方案主要为探针传感器的制备手段，检测对象包括铅离子、汞离子、铁离子、铜离子、银离子。其中，对铅离子的检测试剂在保证检测准确度的同时还以环保节能为目的，设计了氮、氮′-二芘丁酰基赖氨酸检测试剂，以及可同时检测铅、铁离子的氮、氮′-二芘丁酰基鸟氨酸试剂；针对汞离子的检测，既有单独实现汞离子准确检测的双丹酰基化合物试剂、罗丹明 B 双硫类荧光探针、组氨酸甲酯修饰的芘化合物试剂和 1-萘基异硫氰酸酯修饰的罗丹明 B 衍生物，也有可同时实现汞、银离子检测的 2-(萘氨基硫代甲酰基)肼甲酸苄酯化合物，可同时实现汞、铁离子检测的含有罗丹明基团及苯并呋咱基团的化合物。针对铜离子的检测，设计了赖氨酸修饰的苯并呋咱化合物、芘苯磺酰肼席夫碱，以及可同时检测铜、铁离子的酪氨酸甲酯修饰 N-(8-喹啉基)乙酰胺化合物。

其他类型的纳米探针和多孔框架材料探针专利申请数量均较少。

#### 3.4.1.3　南京林业大学

1. 专利申请概况

申请人南京林业大学关于重金属检测的专利申请，涉及的检测对象包括铜、汞、铁、锌、银、钴、镍、镉等。其中，检测铜、汞、铁的专利申请数量较多。南京林业大学采用荧光法检测铜、汞、铁的部分重点专利(申请)，见表 3－4－3。

**表 3－4－3　南京林业大学关于荧光法检测重金属的发明专利申请**

| 公开(公告)号 | 标　题 | 检测对象 | 荧光探针/传感器 | 技术效果 |
|---|---|---|---|---|
| CN105738337A | 异鼠李素在测定铜离子中的应用 | $Cu^{2+}$ | 异鼠李素荧光探针 | 探针取材于自然植物，来源广、环保、线性范围为 $1.0\times10^{-8}\sim1.9\times10^{-6}$ mol/L，检测限为 $4.0\times10^{-9}$ mol/L |
| CN105784649A | 山奈酚在测定铜离子中的应用 | $Cu^{2+}$ | 山奈酚荧光探针 | 探针取材于自然植物，来源广、环保；铜离子浓度范围为 $1.0\times10^{-8}\sim1.7\times10^{-6}$ mol/L，检测限为 $4.2\times10^{-9}$ mol/L |
| CN106018365A | 山奈酚与环糊精的复配液及其应用 | $Cu^{2+}$ | 山奈酚-环糊精二元体系复配液荧光探针 | 环糊精能显著增强山奈酚的荧光强度，山奈酚-环糊精二元体系的荧光强度随时间变化不大，稳定性提高；铜离子线性浓度范围为 $5.0\times10^{-8}\sim5.0\times10^{-6}$ mol/L，检测限为 $1.5\times10^{-8}$ mol/L |
| CN106053410A | 槲皮素与环糊精的复配液及其应用 | $Cu^{2+}$ | 槲皮素与环糊精的二元复配液荧光探针 | 环糊精能显著增强槲皮素的荧光强度，槲皮素-环糊精二元体系的荧光强度随时间变化不大，稳定性提高；铜离子线性浓度范围为 $5.0\times10^{-8}\sim8.3\times10^{-6}$ mol/L，检测限为 $2.3\times10^{-8}$ mol/L |
| CN105784665B | 异鼠李素与环糊精的复配液及其应用 | $Cu^{2+}$ | 异鼠李素-环糊精二元体系荧光探针 | 环糊精能显著增强异鼠李素的荧光强度，异鼠李素-环糊精二元体系的荧光强度随时间变化不大，稳定性大大提高；铜离子线性浓度范围为 $5.0\times10^{-8}\sim6.0\times10^{-6}$ mol/L，检测限为 $1.7\times10^{-8}$ mol/L |

续　表

| 公开(公告)号 | 标　题 | 检测对象 | 荧光探针/传感器 | 技术效果 |
|---|---|---|---|---|
| CN110596061A | 基于 BPEI－CuNCs 荧光探针快速检测铜离子的方法 | $Cu^{2+}$ | BPEI(支链聚乙烯亚胺)－CuNCs(铜纳米团簇)荧光探针 | 特异性好，铜离子的最低检出限为 0.01 μmol/L，加标回收率达 96%～99% |
| CN109897317B | 一种纤维素纳米晶-稀土配合物-聚乙烯醇复合水凝胶荧光探针及其制备方法和应用 | $Cu^{2+}$ | 纤维素纳米晶-稀土配合物-聚乙烯醇复合水凝胶荧光探针 | 提升了荧光探针的携带性 |
| CN113218923B | 一种碳量子点比率荧光传感器及其制备方法和应用 | $Cu^{2+}$ | 碳量子点比率荧光传感器 | 良好的光稳定性和生物相容性，良好的 pH 稳定性 |
| CN108863912A | 一种三聚茚基 N，N－二(2－吡啶甲基)胺类铜离子荧光探针的制备方法及其应用 | $Cu^{2+}$ | N，N－二(2－吡啶甲基)胺取代的三聚茚衍生物荧光探针，以 N，N－二(2－吡啶甲基)胺(DPA)为识别基团，三聚茚为荧光基团 | 该荧光探针在水与 N，N－二甲基甲酰胺混合溶液中对 $Cu^{2+}$ 有独特的荧光选择性、极高的灵敏性及较强的抗其他金属离子干扰能力，检测极限可低至 30 nmol/L。 |
| CN109824683B | 一种基于 2－噻吩乙酰氯的罗丹明 B 类 $Hg^{2+}$ 荧光传感器的制备及应用 | $Hg^{2+}$ | 以罗丹明 B 为原料合成基于 2－噻吩乙酰氯荧光传感器 | 成本低、易实现、响应快、能适用于自然环境以及生物体系 |
| CN109320520A | 一种基于吡啶－3－磺酰氯的罗丹明 B 类 $Hg^{2+}$ 荧光传感器的制备及应用 | $Hg^{2+}$ | 以罗丹明 B 为前体合成基于吡啶－3－磺酰氯荧光传感器 | 原料易得，合成步骤简单，后处理方便，较易实现大规模生产。 |
| CN110484243A | 一种反应型樟脑基汞离子荧光探针及其制备方法和应用 | $Hg^{2+}$ | 利用 3－(4－羟基苯亚甲基)樟脑为原料，制备得到 3－(3－(1，3－二噻烷－2－基)－4－羟基苯亚甲基)樟脑荧光探针 | 合成方法简单、原材料来源广、灵敏度高、响应时间短 |

续　表

| 公开(公告)号 | 标　题 | 检测对象 | 荧光探针/传感器 | 技术效果 |
|---|---|---|---|---|
| CN111285866A | 一种检测 $Hg^{2+}$/$ClO^-$ 的双通道小檗碱基荧光探针及其制备方法和应用 | $Hg^{2+}$ | 利用小檗碱为原料，制备出双通道检测 $Hg^{2+}$/$ClO^-$ 的小檗碱类荧光探针 | 小檗碱类荧光探针能专一性识别 $Hg^{2+}$ 和 $ClO^-$，在 365 nm 紫外光照射下，在 $Hg^{2+}$ 存在下探针发出橙红色荧光；$ClO^-$ 存在下探针则发出绿色荧光，而其他阴离子和金属离子的存在则不发生荧光 |
| CN111825655B | 一种检测 $Hg^{2+}$ 用高灵敏性荧光探针及其制备方法和应用 | $Hg^{2+}$ | N′-(4′-(6,6-二甲基-4,5,6,7-四氢-1H-5,7-桥亚甲基吲唑-3-基)-[1,1′-联苯]-4-亚甲基)吡啶-2-甲酰肼荧光探针 | 探针是利用天然可再生资源β-蒎烯衍生物诺蒎酮为原料合成的，能选择性地与 $Hg^{2+}$ 络合，并使其青色荧光迅速猝灭，检测极限达 17 nmol/L |
| CN113788816A | 一种脱氢枞酸基喹喔啉类汞离子荧光探针及其制备方法和应用 | $Hg^{2+}$ | 脱氢枞酸基喹喔啉类汞离子荧光探针 | 探针利用天然产物脱氢枞酸为原料合成，能选择性的与汞离子络合，并在 10 s 反应时间导致橙色荧光猝灭，达到实时检测汞离子的效果，最低检测限达到 10.3 nmol/L |
| CN109369685A | 一种基于 2,6-吡啶二甲酰氯的罗丹明 B 发光材料的制备方法及其应用 | $Fe^{3+}$ | 以罗丹明 B 为前体合成基于 2,6-吡啶二甲酰氯荧光传感器 | 采用的原料易得，合成步骤简单，后处理方便，较易实现大规模生产 |
| CN108358938A | 一种基于呋喃甲酰氯的罗丹明 B 发光材料的制备方法及其应用 | $Fe^{3+}$ | 以罗丹明 B 为前体合成目标产物 RBFC(基于呋喃甲酰氯的罗丹明 B 发光材料)荧光传感器 | |
| CN109134482A | 一种基于 2-吡啶甲酸的罗丹明 B 类 $Fe^{3+}$ 荧光传感器的制备及应用 | $Fe^{3+}$ | 以罗丹明 B 为前体合成基于 2-吡啶甲酸的新型荧光传感器 | |

续 表

| 公开(公告)号 | 标 题 | 检测对象 | 荧光探针/传感器 | 技术效果 |
| --- | --- | --- | --- | --- |
| CN109776552A | 一种基于1-萘甲酰氯的罗丹明B类$Fe^{3+}$荧光传感器的制备及应用 | $Fe^{3+}$ | 以罗丹明B为前体合成基于1-萘甲酰氯的新型荧光传感器 | 较大的摩尔吸光系数,荧光量子产率高,光谱性能优越,结构简单,易于修饰,吸收波长范围广,原料成本低,合成步骤简单,后续处理方便 |
| CN115322262A | 一种用于检测$Fe^{3+}$的双醛纤维素基香豆素类荧光探针及其制备方法和应用 | $Fe^{3+}$ | 利用3-乙酰乙酰基-7-羟基香豆素为原料,制备出具有粉色荧光的双醛纤维素基香豆素类化合物 | 纤维素原料来源广泛,价格低廉,发光性能好,结构稳定,该探针的DMSO悬浮液在365 nm紫外光照射下发出强粉色荧光,但加入$Fe^{3+}$后能使溶液的荧光猝灭。检测极限达到$9.18\times10^{-8}$ mol/L,响应时间为3 min |

2. 代表性专利(申请)

在南京林业大学的上述专利申请中,列举了部分技术上具有代表性的专利(申请)的详细技术方案以及检测原理。

专利申请CN105784665B公开了异鼠李素与环糊精的复配液在测定铜离子中的应用。测定方法的操作步骤如下:第一步,配制异鼠李素和环糊精二元体系缓冲溶液;第二步,将不同体积的铜离子溶液加入到异鼠李素-环糊精二元体系的缓冲溶液中,采用荧光光谱仪记录各溶液的荧光强度,绘制荧光强度对铜离子浓度的标准曲线;第三步,将铜离子待测液加入到异鼠李素-环糊精二元体系溶液中,采用荧光光谱仪记录溶液的荧光强度;第四步,根据标准曲线确定待测溶液中铜离子的浓度。在该技术方案中,只有铜离子的加入会引起异鼠李素-环糊精二元体系产生明显的荧光猝灭,其他金属离子对异鼠李素-环糊精二元体系荧光强度的影响很小,可以忽略。

专利申请CN109897317B公开了一种纤维素纳米晶(CNC)-稀土配合物($Eu(DPA)_3$)-聚乙烯醇复合水凝胶(PB)荧光探针。该荧光探针的制备方法如下:第一步,制备纤维素纳米晶CNC;第二步,制备稀土配合物$Eu(DPA)_3$;第三步,向CNC和稀土配合物$Eu(DPA)_3$混合悬浮液中加入聚乙烯醇粉末及交联剂,搅拌,形成凝胶,即得到纤维素纳米晶-稀土配合物-聚乙烯醇复合水凝胶荧光探针。该技术方案中,通过化学交联法使CNC和聚乙烯醇之间实现氢键缔合,在胶体内部构建3D网络结构,实现纳米增强。$Eu(DPA)_3$一方面发挥了荧光作用,与铜离子等重金属离子发生络合反应，从而使荧光猝灭；另一方面，作为增强相，凝胶基体聚乙烯醇和纳米纤维素的羟基形成氢键，增加了水凝胶的力学性能，提高了水凝胶的力学强度。当 PB-CNC-$Eu^{3+}$ 加入到铜离子溶液中，在波长 620 nm 附近产生荧光发射峰，主要是由高能级 5D→7F 跃迁产生。浸泡铜离子后荧光猝灭的现象明显。由于 $Cu^{2+}$ 可以和稀土配合物有效配位，分子内的电子或能量转移，导致荧光猝灭。

专利申请 CN113218923B 公开了一种碳量子点比率荧光传感器及其制备方法和应用，该传感器通过下列方法制得：第一步，四苯基卟啉四磺酸和柠檬酸溶解于超纯水，两者的摩尔比介于 1∶250～1∶5；第二步，将溶液加入到高压反应釜中进行水热反应，反应温度不低于 180 ℃，时间不少于 6 h；第三步，在纯水中透析去除未参与反应的碳源和氮源，即得到碳量子点比率荧光传感器。固定碳量子点浓度为 0.1 mg/mL，将不同浓度的铜离子加入到碳量子点溶液中，测量碳量子点于 515 nm 和 680 nm 处的荧光强度，并计算红/绿荧光强度比，以相对荧光强度比值作为纵坐标($y$)，铜离子浓度作为横坐标($x$)绘制标准曲线，获取回归方程 $y=ax+b$。针对未知水样中的铜离子检测，将未知水样加入量子点比率荧光传感器溶液中，测量碳量子点荧光光谱，计算红色荧光和绿色荧光强度比，将其作为 $y$ 值带入上述标准曲线中，计算得到对应的 $x$ 值即未知样品中的铜离子浓度。该技术方案中，所制备的碳量子点具有绿色和红色双波长发光的性质，其中绿色荧光源于碳核，而红色荧光则来源于量子点表面未完全碳化的四苯基卟啉四磺酸的缺陷态发光。同时，未完全碳化的四苯基卟啉四磺酸具有络合铜离子的能力，通过电子转移机制，猝灭碳量子点的缺陷态发光，而碳核发光不受影响。因此无须整合其他种类的荧光团，该碳量子点即具备荧光检测铜离子的性能。

专利申请 CN109824683B 公开了一种罗丹明 B 类荧光传感器应用于水相中，它是一种选择性强、响应时间快、灵敏度高检测 $Hg^{2+}$ 的方法。采用荧光分光光度计及紫外-可见分光光度计测定水相中罗丹明 B 类探针的特征峰的强度变化，进而确定 $Hg^{2+}$ 的存在。以罗丹明 B 为原料合成基于 2-噻吩乙酰氯的新型荧光传感器 RBST，具体为采用 2-噻吩乙酰氯与伯胺缩合反应再进行硫化。

专利申请 CN111285866A 公开了一种检测 $Hg^{2+}/ClO^-$ 的双通道小檗碱基荧光探针及其制备方法和应用。该发明以小檗碱为原料制备双通道检测 $Hg^{2+}/ClO^-$ 的小檗碱类荧光探针。盐酸小檗碱 1 经脱甲氧基和氯离子得到酮类化合物 2；化合物 2 经酸化异构得到酚类化合物 3；化合物 3 经 Duff 醛基化反应得到对羟基醛类化合物 4；化合物 4 与氨基硫脲缩合得到缩氨基硫脲类席夫碱化合物 5。化合物 5 能专一性识别 $Hg^{2+}$ 和 $ClO^-$，在波长 365 nm 的紫外光照射下，$Hg^{2+}$ 存在下探针发出橙红色荧光；$ClO^-$ 存在下探针则发出绿色荧光，而其他阴离子和金属离子的存在则不发生荧光。

专利申请 CN109776552A 公开了一种罗丹明类荧光传感器，该传感器适用于在水相中高选择性、高灵敏度地检测 $Fe^{3+}$。通过使用紫外-可见分光光度计和荧光分光光度计，可以测定水相中罗丹明 B 类荧光传感器特征峰的强度变化，从而确定 $Fe^{3+}$ 的存在。以罗丹明 B 为前体，合成基于 1-萘甲酰氯的新型荧光传感器的过程如下：在 50 mL 的圆底烧瓶中，将化合物 1 与 1-萘甲酰氯溶解于 10 mL 的无水二氯甲烷中，接着缓慢滴加三乙胺，在室温条件下搅拌 3 h；反应完成后，通过减压蒸馏去除溶剂，然后使用二氯甲烷和饱和食盐水进行三次萃取，再进行一次反向萃取；将有机相用无水硫酸镁干燥后，进行过滤，并通过减压蒸馏去除溶剂；最终，采用甲醇和二氯甲烷作为洗脱液，通过硅胶柱进行快速分离和纯化，得到的橙黄色固体即为所述的罗丹明 B 类 $Fe^{3+}$ 荧光传感器。

专利申请 CN115322262A 公开了一种用于检测 $Fe^{3+}$ 的双醛纤维素基香豆素类荧光探针及其制备方法和应用。该探针的制备过程如下：以 3-乙酰乙酰基-7-羟基香豆素为原料，与 4-氨基苯甲醛进行缩合反应，从而合成出 5-(4-氨苯基)-1-(7-羟基香豆素-3-基)戊-4-烯-1,3-二酮；随后，该二酮化合物与双醛纤维素进行缩合反应，最终得到一种具有粉色荧光特性的双醛纤维素基香豆素类荧光探针。

3. 从专利申请特点分析申请人的研究方向

根据表 3-4-3 及典型专利申请案例分析，南京林业大学在重金属检测领域的研究重点主要集中在荧光探针的选择与制备方面，具有以下特征。

(1) 探针原料为环保的自然材料。比如，检测 $Cu^{2+}$ 所采用的以异鼠李素、山奈酚、槲皮素和纤维素为原料制备的荧光探针；检测 $Hg^{2+}$ 采用的以樟脑为原料制备的荧光探针、以天然可再生资源 β-蒎烯衍生物诺蒎酮、脱氢枞酸和纤维素为原料制备的荧光探针。

(2) 选择易取得且合成简单的材料。比如，以罗丹明 B 为前体，合成基于 2-噻吩乙酰氯、吡啶-3-磺酰氯的荧光传感器，用来检测 $Hg^{2+}$；以罗丹明 B 为前体，合成基于 2,6-吡啶二甲酰氯、呋喃甲酰氯、2-吡啶甲酸和 1-萘甲酰氯的荧光传感器，用来检测 $Fe^{3+}$。

(3) 进行改进以提高荧光探针的便携性。例如，专利申请 CN109897317B 公开的纤维素纳米晶-稀土配合物-聚乙烯醇复合水凝胶荧光探针，将荧光探针-稀土铕配合物较好地构建于交联可逆的水凝胶中，实现方便、快速、灵敏地检测水体中的重金属离子，并解决了以往荧光探针携带不便的问题。

(4) 单一探针与复配探针检测效果的研究。例如，采用山奈酚荧光探针检测铜离子的检测限可达 $4.2\times10^{-9}$ mol/L。与单独使用山奈酚相比，山奈酚-环糊精二元体系复配液荧光探针虽然检测限略高，但由于环糊精能显著增强山奈酚的荧光强度，且山奈酚溶液的荧光强度随时间逐渐降低，而山奈酚-环糊精二元体系的荧光强度随时间变化不大，从而使其稳定性大大提高。

#### 3.4.1.4 南京理工大学

1. 专利申请概况

申请人南京理工大学关于重金属检测的专利申请，涉及的检测对象包括铁、铜、锡、铬、镉、镍等。其中，检测铁、铜、锡的专利申请数量较多。

南京理工大学采用荧光法检测铁、铜、锡的部分重点专利申请，见表 3-4-4。

**表 3-4-4 南京理工大学关于荧光法检测重金属的发明专利申请**

| 公开(公告)号 | 标题 | 检测对象 | 技术方案 | 技术效果 |
| --- | --- | --- | --- | --- |
| CN103674920A | 一种基于罗丹明 B 的荧光传感器的应用 | $Sn^{2+}$ | 基于罗丹明 B 的荧光传感器：苄基 3-(3′,6′-双(二乙基氨基)-3-氧代螺[异二氢吲哚-1,9′-呫吨]-2-基)丙酸乙酯 | 该传感器专一性强、灵敏度高、收系数高、量子产率高、吸收波长范围广 |
| CN104447774A | 一种基于罗丹明 B 的荧光传感器及制备 | $Sn^{2+}$<br>$Cr^{3+}$ | 基于罗丹明 B 的荧光传感器 | 合成步骤简单、节约资源、传感器结构简单、选择性好、灵敏度高、具有水溶性 |
| CN104449675B | 一种基于罗丹明 B 的 $Cr^{3+}$ 传感器、制备及应用 | $Cr^{3+}$ | 基于罗丹明 B 的 $Cr^{3+}$ 荧光传感器，以罗丹明 B(Rhodanmine B)为前体合成目标产物 2,2′-硫代双(N-(2-(3′,6′-双(二乙氨基)-3-氧代螺[异二氢吲哚-1,9′-呫吨]-2-基)乙基)乙酰胺) | 光稳定性良好，长波长发射、量子产率高；原料成本低、合成步骤简单，后处理方便，较易实现大规模生产；反应条件温和，产率较高；能选择性检测 $Cr^{3+}$ 变化，灵敏度较高 |
| CN106047342A | 一种镉离子和抗坏血酸检测用的碳量子点/金团簇比率荧光探针 | $Cd^{2+}$ | 碳量子点/金团簇比率荧光探针基于静态猝灭和内过滤效应，$Cd^{2+}$ 可使 CQDs/AuNCs 的荧光猝灭，抗坏血酸可使被 $Cd^{2+}$ 猝灭的 CQDs/AuNCs 荧光恢复 | 该比率荧光探针对 $Cd^{2+}$ 的检测下限为 32.5 nmol/L，对抗坏血酸的检测下限低至 0.105 μmol/L |

续　表

| 公开(公告)号 | 标　题 | 检测对象 | 技术方案 | 技术效果 |
| --- | --- | --- | --- | --- |
| CN114478584A | 基于罗丹明 B 的 $Cu^{2+}$ 荧光传感器及其制备方法 | $Cu^{2+}$ | 罗丹明 B 的 $Cu^{2+}$ 荧光传感器 N2,N6 双(3′,6′-双(二乙氨基)-3-氧代螺并[异吲哚啉-1,9′-黄嘌呤]-2-基)吡啶-2,6-二甲酰胺 | 传感器与 $Cu^{2+}$ 以 1∶1 方式络合,能选择性检测 $Cu^{2+}$,不受背景中其他金属离子的干扰,检出限为 0.149 μmol/L,适用于环境中的 $Cu^{2+}$ 检测 |
| CN105647512B | 一种 $Cu^{2+}$ 荧光探针、制备方法及其应用 | $Cu^{2+}$ | 以 2,4-二甲基吡咯、对甲氧基苯甲醛和水杨酰肼为原料,经过四个合成步骤得到荧光探针 | 能够很好的识别 $Cu^{2+}$,不受其他金属离子和常见阴离子的干扰,荧光探针溶液无论是在可见光还是 365 nm 紫外灯下颜色都发生了明显的变化。温度和 pH(4～10)对于制得的荧光探针检测 $Cu^{2+}$ 没有影响,适用于生理环境下的检测 |
| CN113929611A | 一种基于花菁骨架检测铜离子的近红外探针及其合成、应用方法 | $Cu^{2+}$ | 基于花菁骨架检测铜离子的近红外探针 | 近红外发射的荧光探针对生物细胞的光损伤小,组织穿透能力较强,自体荧光干扰较低,对铜离子快速、定量、专一性好,在 3 min 内即可完成响应,检测限达到 7.7 μmol/L |
| CN103849377A | 一种基于罗丹明 B 的荧光传感器、制备及其应用 | $Fe^{3+}$ | 基于罗丹明 B 的荧光传感器化合物 C | 灵敏度高、操作简单、专一性好、荧光传感器吸收系数高、吸收波长范围广、响应快速、原料易得、合成步骤简单、后处理方便、较易实现大规模生产、光稳定性良好、长波长发射以及量子产率高、反应条件温和 |

续 表

| 公开(公告)号 | 标　　题 | 检测对象 | 技术方案 | 技术效果 |
|---|---|---|---|---|
| CN103913441A | 一种罗丹明B的荧光传感器、制备及其应用 | $Fe^{3+}$ | 以罗丹明B为原料,合成出2-(2-(((1H-吡咯-2-基)甲基)氨基)-乙基)-3′,6′-双(二乙基氨基)螺[异吲哚啉-1,9′-呫吨]-3-酮作为底物 | |
| CN107417693A | 含糠醛杂环的罗丹明B发光材料、制备方法及在荧光传感上的应用 | $Fe^{3+}$ | 含糠醛杂环的罗丹明B发光材料,3′,6′-双(二乙基氨基)-2-(2-((呋喃-2-甲基)氨基)乙基)-螺[异吲哚-1,9′-呫吨-]-3-酮 | |
| CN107021967B | 基于罗丹明B的$Fe^{3+}$荧光传感器、制备方法及应用 | $Fe^{3+}$ | 以罗丹明B为前体合成目标产物1,3-双(2-(3′,6′-双(二乙基氨基)-3-氧杂螺[异吲哚-1,9′-呫吨-]咪唑-2-乙基硫脲)) | |
| CN106047336A | 一种基于罗丹明B的$Fe^{3+}$分子荧光传感器、制备方法及应用 | $Fe^{3+}$ | 以罗丹明B为前体合成荧光传感器:N-(2-(3′,6′-双(二乙基氨基)-氧杂螺[异吲哚-1,9′-呫吨]-2-基)乙基)-1氢-咪唑-1-硫代酰胺 | |
| CN105884788A | 一种基于罗丹明B的$Fe^{3+}$分子荧光传感器、制备方法及应用 | $Fe^{3+}$ | 以罗丹明B为前体,通过两步合成目标产物$N^1$-(苯并[d]噻唑-2-基)-$N^4$-(2-(3′,6′-二(二乙胺基)-3-羰基螺[异二氢吲哚-1,9′-占吨]-2-基)乙基)马来酰亚胺作为荧光传感器 | |
| CN113024739B | 用于铁离子检测的儿茶酚基荧光胶束的制备方法 | $Fe^{3+}$ | 儿茶酚基荧光胶束 | 反应条件温和、制备过程绿色环保,聚合物分子量可设计,产率接近100%;最低可以检测浓度为0.000 3 mol/L的$Fe^{3+}$溶液 |

2. 代表性专利(申请)

本节列举了南京理工大学的上述专利申请中，一些在技术上具有代表性的专利(申请)的详细技术方案及检测原理。

专利申请 CN114478584A 公开了一种基于罗丹明 B 的 $Cu^{2+}$ 荧光传感技术及其制备流程。按照罗丹明 B 酰肼与 2,6 -吡啶二甲酰氯的摩尔比为 2∶1,将两者溶解于二氯甲烷中，随后在 0～5 ℃的条件下加入 N,N -二异丙基乙胺(DIEA)并搅拌。待反应物在室温下继续反应 2～3 h 后，通过减压蒸馏去除溶剂，再通过硅胶柱层析进行分离纯化，最终获得 $Cu^{2+}$ 荧光传感器。

专利申请 CN104449675B 公开了一种基于罗丹明 B 的 $Cr^{3+}$ 传感器的制备及应用。采用紫外-可见分光光度计及荧光分光光度计测定水相中罗丹明类探针的特征峰的强度变化，从而确定 $Cr^{3+}$ 的存在。该发明以罗丹明 B 为前体合成目标产物 2,2′-硫代双(N -(2 -(3′,6′-双(二乙氨基)- 3 -氧代螺[异二氢吲哚- 1,9′-咕吨]- 2 -基)乙基)乙酰胺)。基于罗丹明 B 的 $Cr^{3+}$ 荧光传感器的制备的步骤为：第一步，将罗丹明 B 与过量的乙二胺在无水乙醇中回流，反应完成后，减压除去溶剂，萃取，利用硅胶柱分离，最终得到淡黄色粉末；第二步，室温下，将第一步中得到的化合物与 DCC(N,N′-二环己基碳二亚胺)、HOBT(1 -羟基苯并三唑)、TEA(N,N -二乙基乙胺)混合，加入硫代二甘酸，反应完成后，减压除去溶剂，萃取，利用硅胶柱分离，得到粉红色粉末，即为所述 $Cr^{3+}$ 荧光传感器。

专利申请 CN107021967B 公开了一种基于罗丹明 B 的 $Fe^{3+}$ 荧光传感器的制备方法及应用。该发明以罗丹明 B 为前体合成目标产物 1,3 -双(2 -(3′,6′-双(二乙基氨基)- 3 -氧杂螺[异吲哚- 1,9′-咕吨-]咪唑- 2 -乙基硫脲))。将罗丹明乙二胺与二硫化碳在 0～5 ℃下溶于二氯甲烷，之后常温下反应 2 - 3 h，反应完成后，减压除去溶剂，萃取，利用硅胶柱分离，得到白色粉末即为所述 $Fe^{3+}$ 荧光传感器。其对 $Fe^{3+}$ 有明显响应效果，并且在波长 582 nm 处荧光强度达到最大值。

专利申请 CN113024739B 公开了一种用于铁离子检测的儿茶酚基荧光胶束的制备方法。首先，将 2 -溴异丁酸乙酯、三(2 -(二甲基氨基)乙基)胺、溴化铜和丙烯酸缩水甘油酯加入二甲基亚砜中，反应得到 poly(GA)。然后，加入丙烯酸羟乙酯，制得 poly(GA)- b -(HEA)；将 poly(GA)- b -(HEA)和 3,4 二羟基苯丙酸、四丁基溴化铵在二甲基亚砜(DMSO)中进行混合反应，得到 poly(DHPPA)- b -(HEA)。最后，将 poly(DHPPA)- b -(HEA)和 DMSO 混合，滴加到水中，制得儿茶酚基荧光胶束。$Fe^{3+}$ 和儿茶酚基胶束之间具有良好的螯合作用，在水体中 $Fe^{3+}$ 和儿茶酚基胶束能够形成不发光的络合物。少量的 $Fe^{3+}$ 可显著降低儿茶酚基胶束的荧光强度发生明显的降低。当水体中存在 1 mmol/L 的 $Fe^{3+}$ 时，儿茶酚基胶束的荧光猝灭率可达到 99%。当水体中存在其他金属离子时，儿茶酚基胶束的荧光强度变化不大，这些离子对胶束的荧光猝灭率均在 20%以内。儿茶酚基荧光胶束的荧光强度能被 $Fe^{3+}$ 有效猝灭，且荧光猝灭率和 $Fe^{3+}$ 浓度有关。在一定浓度范围内，$Fe^{3+}$ 浓度越高，其对儿茶酚基荧光胶束的荧光猝灭越显著。$Fe^{3+}$ 对儿茶酚基荧光胶束的荧光猝灭效率，在 $Fe^{3+}$ 浓度达到 0.3 mmol/L 时达到最大，更高浓度的 $Fe^{3+}$ 对荧光猝灭率的增加影响甚微，此时的荧光猝灭率达到 97%以上。

3. 从专利申请特点分析申请人的研究方向

根据表 3-4-4 和代表性专利申请可以看出，南京理工大学在重金属检测领域的研究有以下特点。

(1) 主要集中于基于荧光染料罗丹明 B 合成的多种荧光传感器，实现对 $Sn^{2+}$、$Cr^{3+}$、$Cu^{2+}$、$Fe^{3+}$ 等离子的高灵敏度检测中。基于荧光染料罗丹明 B 合成的荧光传感器，具有光稳定性好、长波长发射以及量子产率高等优点，且制备原料易得、合成步骤简单、反应条件温和产率较高，后处理方便。

(2) 针对 $Fe^{3+}$ 的研究最多，基于荧光染料罗丹明 B 合成的多种荧光传感器，灵敏度均较高。采用儿茶酚基荧光胶束检测 $Fe^{3+}$，检测限可达 0.000 3 mol/L，制备过程绿色环保，聚合物分子量可设计，产率接近 100%。

(3) 对于 $Cu^{2+}$ 的检测，相关专利申请中制备了基于花菁骨架的检测 $Cu^{2+}$ 的近红外探针。该探针对生物细胞的光损伤小、组织穿透能力强、自体荧光干扰较低、检测专一性好，且在 3 min 内即可完成响应，检测限可达到 7.7 μmol/L，溶剂 pH 在 5～9 的范围内对测试的影响小。由此可知，其有应用于检测细胞中 $Cu^{2+}$ 实时浓度的前景。

#### 3.4.1.5 华南理工大学

1. 专利申请概况

申请人华南理工大学关于重金属检测的专利申请，涉及的检测对象包括铁、钯、汞、铬等。华南理工大学采用荧光法检测上述重金属的部分重点专利(申请)，见表 3-4-5。

2. 代表性专利(申请)

本节列举了南京理工大学的上述专利申请中，一些在技术上具有代表性的专利(申请)的详细技术方案及检测原理。

**表 3-4-5　华南理工大学关于荧光法检测重金属的发明专利申请**

| 公开(公告)号 | 标　题 | 检测对象 | 技术方案 | 技术效果 |
|---|---|---|---|---|
| CN110132915B | 一种聚集诱导发光探针及双重检测重金属离子污染物的方法 | 汞、银、铅、锌、镍、钴、镉、铜、锰、钙、铁、镁、钯 | 聚集诱导发光(AIE)探针在水溶液中几乎不发出荧光，当其与发光细菌联用时，探针选择性"点亮"检测发光细菌内富集的重金属离子，荧光强度与重金属离子浓度呈线性关系 | 该发明的 AIE 探针与发光细菌法协同双重检测重金属离子，具有操作简便、准确度高等优点；有利于评价发光细菌体内的重金属离子造成的危害；背景干扰小，检测信噪比高，探针制备容易 |
| CN109187462B | 一种现场便携式可视化检测重金属 Hg 离子的固相纳米复合膜及其制备和应用 | $Hg^{2+}$ | 将纳米纤丝纤维素(NFC)悬浮液和谷胱甘肽修饰的金纳米粒子(GS-AuNPs)溶液，在模具中混合并自然晾干成膜即得现场便携式可视化检测重金属汞离子的固相纳米复合膜 | 制备原料充足，可降解；NFC 底物比表面积大，可以负载纳米金数量多，透光性好，能有效防止纳米金荧光因阻挡衰减；纳米复合物底物为固相，稳定性好，柔软可弯曲，超清透明、便携、荧光性能良好，对 $Hg^{2+}$ 的检测具有良好灵敏性和选择性 |
| CN110554015A | 一种基于光致发光木聚糖碳量子点的微流控传感器对 Cr(VI)的可视化检测的实现方法 | $Cr^{6+}$ | 基于木聚糖碳量子点制得荧光膜与有机玻璃等组装成微流控芯片 | 碳量子点以木聚糖为碳源，来源广，成本低，安全无毒，性能稳定；用氧化纳米纤维素既作为荧光膜的增强剂又因为本身的羟基和羧基可以和木聚糖碳量子点产生氢键作用，可以很好地固定木聚糖碳量子点，并与微流控装置一起组装成光学固体传感器，轻巧便携 |
| CN108949157A | 一种检测铁离子的荧光探针及制备与应用 | $Fe^{3+}$ | 以罗丹明 B 为前体合成得荧光探针 | 制备方法简单，所得产物可实现 $Fe^{3+}$ 的紫外和荧光双响应检测，并且能在纯水溶液中检测 $Fe^{3+}$ |

续 表

| 公开(公告)号 | 标　题 | 检测对象 | 技术方案 | 技术效果 |
|---|---|---|---|---|
| CN106478546A | 一种检测零价钯的近红外荧光探针及其制备方法 | 零价钯 | 近红外荧光探针 | 近红外荧光探针的合成只需要一步；所得产物可实现纯水相体系中对重金属钯的紫外和近红外荧光双响应检测；通过裸眼观察颜色的变化，可实现快速直地判定结果；该探针的激发和发射波长都达到了近红外区域，有利于生物体系的检测 |
| CN106478540A | 一种检测零价钯的有机小分子探针及其制备方法 | 零价钯 | 有机小分子探针 | 有机小分子探针的合成只需要一步；对于零价钯的含量的检测，可以通过裸眼观察颜色的变化来直接判定；实现了双响应快速检测金属钯，特异性高，在一般紫外灯(365 nm)下可以观察到荧光颜色变化 |
| CN105693651A | 一种检测零价钯的有机小分子探针及其制备方法 | 零价钯 | 有机小分子探针 | 该有机小分子探针的合成只需要一步，并且后处理过程简单，操作简便，产物易得。可实现在纯水相体系中重金属钯的紫外和荧光双响应检测，具有响应快速、特异性高的优点 |
| CN106632101B | 一种可同时用于银离子和三价铬离子检测的比率型荧光探针及其制备方法与应用 | $Ag^{+}$、$Cr^{3+}$ | 可同时用于银离子和三价铬离子检测的比率型荧光探针 | 可实现对银离子和三价铬离子的比率型荧光检测；可极大地降低外部因素的影响，提高检测精度和准确性；该荧光探针可在缓冲液中用手提式紫外灯照射下进行对银离子和三价铬离子的不同响应 |

专利申请CN110132915B公开了一种聚集诱导发光探针及双重检测重金属离子污染物的方法。双重检测重金属离子污染物的方法如下：将发光细菌在含聚集诱导发光探针及重金属离子的溶液中培养，发光细菌富集溶液中重金属离子，探针荧光探

测发光细菌富集的重金属离子，实现重金属离子的双重检测。该发明的探针在水溶液中几乎不发出荧光，与发光细菌联用时，探针选择性“点亮”检测发光细菌内富集的重金属离子。利用重金属离子对明亮发光杆菌的毒性，破坏群体感应效应，猝灭发光细菌的生物发光。利用 AIE 探针对重金属离子的选择性结合能力及聚集诱导发光特性，重新“点亮”检测已发生生物发光猝灭的重金属离子。该方法可有效检测生物体内富集的重金属离子所造成的危害，与单独的生物发光猝灭的方法或荧光检测方法相比，具有明显优势。该探针对 $Hg^{2+}$ 具有很好的识别效果，但对于 $Cu^{2+}$、$Ag^{+}$、$Pb^{2+}$、$Pd^{2+}$、$Ca^{2+}$、$Zn^{2+}$、$Cd^{2+}$、$Ni^{2+}$、$Mg^{2+}$、$Mn^{2+}$、$Fe^{3+}$、$Co^{2+}$ 的响应则较弱。

专利申请 CN109187462B 公开了一种现场便携式可视化检测重金属 $Hg^{2+}$ 的固相纳米复合膜及其制备和应用。该发明将纳米纤丝纤维素（Nanofibrillated Cellulose, NFC）悬浮液和 GS－AuNPs 溶液在模具中混合，并自然晾干成膜，即得现场便携式可视化检测重金属 $Hg^{2+}$ 的固相纳米复合膜。第一步，制备 NFC 悬浮液：将浆料粉碎，加入缓冲液中进行搅拌分散得到浆液，然后加入 TEMPO、NaBr 和 NaClO，开始反应，并用碱将浆液的 pH 调节为 10，反应结束后，用水抽滤洗涤至 pH 为 7，再经过高压纳米均质处理，得到纳米纤维素的悬浮液，调节悬浮液 pH 为 9.5，即得 NFC 悬浮液。第二步，制备发光金纳米粒子 GS－AuNPs 溶液：向 L－谷胱甘肽水溶液中加入 HAuCl4 水溶液，混合均匀后加热反应，反应结束后将所得反应液纯化即得 GS－AuNPs 溶液。第三步，制备复合膜：向模具中加入 NFC 悬浮液和 GS－AuNPs 溶液，进行超声混合，混合完成后，将模具置于恒温恒湿环境中自然干燥成膜，即得目标产物。

NFC 是从植物纤维素中提取出来的一种具有高长径比、高比表面积的纳米材料。它的表面具有大量的羟基和羧基基团，可以交织成网，制备成超高清透明的柔性薄膜材料，其密度低，具有非常好的机械性能，柔软，且材料可生物降解，成本较低。因此，NFC 是 GS－AuNPs 的良好底物负载材料。同时，GS－AuNPs 水溶胶具有良好的水溶性，金纳米颗粒粒径非常小，约为 2～4 nm，发光效率和荧光量子效率高。金纳米粒子表面存在一定比例的 $Au^{+}$，这些 $Au^{+}$（$4f^{14}5d^{10}$）轨道和 $Hg^{2+}$（$4f^{14}5d^{10}$）轨道具有较高的亲和力与选择性，接触后会产生强烈的特异性结合（$Hg^{2+}$－$Au^{+}$ 嗜金属反应），当两者结合后会直接迅速的引发金纳米粒子的荧光猝灭。NFC 悬浮液溶剂为水，且 NFC 表面存在大量亲水性的羟基，在水中具有较好的分散性，两种液体相互混合，纳米粒子之间存在物理吸附的作用力，可以制备得到分散均匀的混合物溶液，最终可制备出超清透明的复合膜样品。复合膜的透明性可保证金纳米粒子的荧光不会有损失，通过检测透明复合膜上不同部位的紫外吸收光，从而检测出 GS－AuNPs 在膜中的分散均匀度。在波长为 365 nm 的紫外灯下，复合膜会发出强烈的红色荧光，当接触到含 $Hg^{2+}$ 的溶液时，$Hg^{2+}$ 会逐渐从膜的表面渗透入膜内，与其中的 GS-AuNPs 发生反应，根据接触的 $Hg^{2+}$ 的量，荧光会减弱甚至完全猝灭，在紫外灯下观测不到任何荧光现象。由于 $Hg^{2+}$-$Au^{+}$ 嗜金属反应的高度选择性，大部分的重金属都不会引起 GS-AuNPs 的猝灭。由此，NFC 负载 GS-AuNPs 的复合膜可实现对 $Hg^{2+}$ 可视化检测的高选择性和灵敏性。在相同浓度、相同体积的重金属离子的作用下，大部分的重金属离子对复合膜的荧光没有明显的猝灭效应，$Hg^{2+}$ 溶液对复合膜荧光猝灭的效果最强，通过实验可知，银离子和铜离子也对复合膜产生了一定的荧光猝灭作用，但是与 $Hg^{2+}$ 相比，作用效果较弱。

专利申请 CN110554015A 公开了一种利用光致发光木聚糖碳量子点的微流控传感器进行 Cr(Ⅵ)可视化检测的方法。第一步，将木聚糖溶解于 NaOH/尿素溶液中，充分混合以制备木聚糖溶液。第二步，对木聚糖溶液加热进行水热反应，通过离心分离出上清液，并进行透析处理，最终获得木聚糖碳量子点溶液。第三步，将丙烯酰胺、氧化纳米纤维素、过硫酸铵以及 N,N′-亚甲基双丙烯酰胺加入到上述木聚糖碳量子点溶液中，搅拌至均匀混合。随后，逐滴添加四甲基乙二胺并混合均匀，得到混合液。将此混合液进行流延处理，并烘干以制得荧光膜。第四步，将聚二甲基硅氧烷与固化剂混合均匀，制备出 PDMS 溶液。将 PDMS 溶液倒入模具中，进行真空干燥以去除气泡，得到带有凹槽的 PDMS 膜层。将制得的荧光膜、带有凹槽的 PDMS 膜层以及有机玻璃组装，形成用于检测 Cr(Ⅵ)的微流控芯片。第五步，将待测样品溶液泵入该微流控芯片中，并在紫外灯照射下观察荧光膜的荧光变化。若荧光膜未出现荧光猝灭现象，则表明待测样品溶液中不含六价铬；反之，若荧光膜出现荧光猝灭，则说明待测样品溶液中含有六价铬。

专利申请 CN106478546A 公开了一种检测零价钯的近红外荧光探针及其制备方法。第一步，将亚甲基蓝、水、有机溶剂、碳酸氢钠和连二亚硫酸钠混合均匀后，于 40～60 ℃下反应 2～4 h，冷却至室温，分液，保留有机溶剂层。第二步，在冰浴条件下，加入碳酸钾，滴加氯甲酸烯丙酯，在室温下进行反应，萃取、浓缩有机相，经柱层析纯化，即可得到检测零价钯的近红外荧光探针。该探针与 $Pd(PPh_3)_4$ 孵育后，在 657 nm 处的吸收强度明显增加，而与其他金属离子孵育后，在 657 nm 处的吸收强度没有明显变化；该探针与 $Pd(PPh_3)_4$ 孵育后，在 681 nm 处的荧光发射强度明显增加，而与其他金属离子孵育后，荧光强度没有明显变化，表明该探针对零价钯具有很好的选择性响应。加入 $Pd(PPh_3)_4$ 后，体系的颜色发生了非常显著的改变，由透明白色变为淡蓝色。利用凝胶成像系统拍照发现，探针体系没有荧光发射，加入 $Pd(PPh_3)_4$ 后，体系有强烈的红色荧光发射。该结果表明，探针具有紫外响应特性，可以通过裸眼观测颜色和荧光变化来快速检测零价钯，可实现纯水相体系中重金属钯的紫外和近红外荧光双响应检测。

专利申请CN106632101B公开了一种可同时用于银离子和三价铬离子检测的比率型荧光探针及其制备方法与应用。该探针化合物的结构是由三甘醇连接的两个芘单元对称结构，其中两个芘环作为荧光基团，两个三唑及氧原子作为不同的识别基团。两个芘环通过π-π堆积作用形成激基缔合物，通过荧光基团芘单体立体结构的变化，体系可发射单体荧光和激基态荧光，从而可用于比率型荧光检测。该荧光探针在345 nm激发光激发下，在420 nm处有一个较弱的芘单体荧光，在515 nm附近有一个较强的激基缔合物的黄绿色荧光。加入银离子后，识别基团（三唑）与银离子结合，破坏了芘的激基缔合物结构，体系在515 nm处的荧光逐渐减弱；而芘单元的数量增加，使体系在420 nm处的蓝色荧光增强，从而对银离子进行比率型荧光检测。当三价铬离子存在时，铬离子与三唑和氧原子形成络合物，其在345 nm的激发光激发下，体系内发生能量转移，猝灭了激基缔合物在515 nm处的荧光，而420 nm处芘单体的荧光保持不变。将单体荧光和激基缔合物的荧光强度的比值作为检测信号，实现对三价铬离子的比率型荧光检测。该体系检测识别事件无关的外部因素对两者的荧光信号强度的影响是一致的，所以外部事物很难影响到两种荧光强度的比率，这种模式可极大地降低外部因素的影响，提高检测精度和准确性。该荧光探针通过不同的识别基团与银离子和三价铬离子之间的相互作用，形成了具有不同立体结构的络合体系。利用芘单元特殊的荧光发射机理，可实现对银离子和三价铬离子的比率型荧光检测。在手提式紫外灯照射下，可肉眼分辨出该探针对银离子和三价铬离子的不同响应。与传统的只检测银离子或只检测三价铬离子的方法相比，该检测方法省时省力。

3. 从专利申请特点分析申请人的研究方向

根据表3-4-5和代表性专利（申请）可知，华南理工大学在重金属检测领域的研究重点主要集中在以下几个方面。

（1）有机小分子荧光探针的合成。例如，专利申请CN108949157A、CN106478546A、CN106478540A、CN105693651A、CN106632101B中提供的合成方法简单，原料易得，后续处理过程简单，操作简单，可裸眼观测到检测过程中的颜色变化。

（2）制备便携式荧光传感器。例如，专利申请CN109187462B公开了现场便携式可视化检测重金属$Hg^{2+}$的固相纳米复合膜的制备方法。将NFC悬浮液和GS-AuNPs溶液，在模具中混合并自然晾干成膜，即得现场便携式可视化检测重金属$Hg^{2+}$的固相纳米复合膜。制备的纳米复合物底物柔软，可弯曲、超清透明，对重金属

$Hg^{2+}$的检测具有良好灵敏性和选择性。专利申请 CN110554015A 公开了一种基于光致发光木聚糖碳量子点的微流控传感器对 Cr(VI)的可视化检测的实现方法。将木聚糖溶液升温、离心、透析，得到木聚糖碳量子点溶液；在木聚糖量子点溶液中加入丙烯酰胺、氧化纳米纤维素、过硫酸铵和 N，N′-亚甲基双丙烯酰胺，滴加四甲基乙二胺，制成混合液，将混合液流延，得到荧光膜；将荧光膜及有机玻璃等组装成微流控芯片；将待测溶液泵入微流控芯片中，若荧光膜没有出现荧光猝灭，则不含有六价铬，若荧光膜出现荧光猝灭，则含有六价铬。

(3) 制备适用于多种重金属离子的荧光探针。例如，在专利申请 CN110132915B 中，有 AIE 性质的化合物在水溶液中，由于分子内运动和扭曲的分子内电荷转移过程，几乎不发出荧光，当其进入明亮发光杆菌内部后，通过结合重金属离子形成聚集体，抑制分子内运动和扭曲的分子内电荷转移过程，同时利用金属离子和聚集诱导发光探针中阴离子 $X^-$（如碘离子）形成络合物，进一步解除阴离子 $X^-$（如碘离子）对荧光的猝灭效应，从而“点亮”检测明亮发光杆菌内富集的重金属离子。该探针对 $Hg^{2+}$具有很好的识别效果，但对 $Cu^{2+}$、$Ag^+$、$Pb^{2+}$、$Pd^{2+}$、$Ca^{2+}$、$Zn^{2+}$、$Cd^{2+}$、$Ni^{2+}$、$Mg^{2+}$、$Mn^{2+}$、$Fe^{3+}$、$Co^{2+}$的响应则较弱。

(4) 可在紫外、近红外区实现双响应的荧光探针。例如，在专利申请 CN106478546A 中，将亚甲基蓝、水、有机溶剂、碳酸氢钠和连二亚硫酸钠混合均匀后，40～60 ℃反应 2～4 h，冷却至室温，分液，保留有机溶剂层；然后在冰浴条件下，加入碳酸钾，滴加氯甲酸烯丙酯，室温反应后萃取，浓缩有机相，经柱层析纯化，得到纯水相体系中重金属钯的紫外和近红外荧光双响应检测的荧光探针。

(5) 可同时对两种重金属进行检测的荧光探针。例如，专利申请 CN106632101B 中的荧光探针是三甘醇连接的双芘环和三唑的对称结构。当体系中没有待检测离子时，在特定波长的发射光激发下，体系会发出芘的激基缔合物的特征荧光发射带；当体系中分别加入银离子和三价铬离子时，两种待检测离子与识别基团通过不同的相互作用形成特定结构的络合物，破坏了探针分子的激基缔合物结构，从而实现对银离子和三价铬离子的比率型荧光检测。

(6) 对零价钯的荧光探针的研究。例如，专利申请 CN106478546A、CN106478540A、CN105693651A 中，分别合成了三种有机小分子探针。通过裸眼观察颜色的变化，实现对零价钯快速直接的判定，并将其应用于纯水相体系中重金属钯的检测。

#### 3.4.1.6 东华大学

在重金属离子荧光检测方面，东华大学的主要研究方向集中在利用有机探针的荧光染料检测重金属离子上。东华大学对荧光染料的改进主要集中在提高罗丹明类荧光探针对重金属离子检测的选择性、合成方法简单化、降低成本等方面：① 罗丹明与水合肼、乙醛结合，可实现对汞离子的检测；② 硫原子连接的对称双罗丹明 B 酰胺，可实现对汞离子的检测；③ 罗丹明酰肼与 4-溴-2-羟基苯甲醛结合，制备罗丹明类紫外探针 RhBr，可实现对铜离子的检测；④ 将罗丹明 B、乙二胺、4-溴-2-羟基苯甲醛结合，可实现汞离子和铁离子的双通道检测；⑤ 将罗丹明 B、水合肼、对氨基苯甲酸甲酯、水杨醛的结合，实现对锌离子和钙离子的双通道检测；⑥ 罗丹明酰肼与 2-羟基-4-甲基苯甲醛结合，可实现对铜离子、锌离子和铝离子的同时检测；⑦ 将罗丹明 B、4-(2-炔基丙氧基)苯甲醛、2-叠氮甲基吡啶、水合肼结合，制备检测汞离子的反罗丹明类荧光探针。

东华大学各分支领域重点专利汇总，见表 3-4-6。

**表 3-4-6　东华大学各分支领域重点专利汇总**

| 公开(公告)号 | 标　题 | 检测对象 | 荧光探针/传感器 | 技术效果 |
|---|---|---|---|---|
| CN103254893A | 一种检测汞离子的对称双罗丹明 B 荧光探针及其制备方法 | $Hg^{2+}$ | 双罗丹明 B 荧光探针 | 对汞离子具有高度选择性 |
| CN104059386A | 一种络合锌离子的功能性活性染料及其制备方法与应用 | $Zn^{2+}$ | 二缩功能性活性染料 | 对锌离子具有高度选择性 |
| CN105924449A | 一种检测汞离子反应型荧光素类荧光探针制备与应用 | $Hg^{2+}$ | 荧光素类荧光探针 | 荧光探针的荧光强度与汞离子浓度成良好的线性关系，定量检测汞离子浓度的线性范围为 0.01～1 nmol/L，检测限为 0.086 nmol/L |
| CN107245334A | 一种检测汞离子的水溶性高分子荧光素类荧光探针及其制备方法 | $Hg^{2+}$ | 荧光素类荧光探针 | 表现出更大的络合系数，荧光探针与 $Hg^{2+}$ 之间主要以 1∶1 形式结合形成稳定的复合物 |
| CN107727619A | 一种利用牛磺酸碳点为探针对 $Fe^{3+}$ 进行定性和定量检测方法 | $Fe^{3+}$ | 牛磺酸碳量子点 | $Fe^{3+}$ 的检测限可达到 1.4 μmol/L 及 78.4 ng/mL，可达到纳克数量级，检测限较低 |
| CN108658881A | 一种检测汞离子芴类荧光探针及其制备和应用 | $Hg^{2+}$ | 芴类荧光探针 | 较高的荧光量子产率和荧光强度，肉眼检测极限可达 $10^{-5}$ mol/L |

续 表

| 公开(公告)号 | 标　题 | 检测对象 | 荧光探针/传感器 | 技术效果 |
|---|---|---|---|---|
| CN109970750A | 一种检测多种金属离子罗丹明类探针及其制备和应用 | $Cu^{2+}$ $Zn^{2+}$ $Al^{3+}$ | 罗丹明类探针 | 选择性良好;对 $Cu^{2+}$、$Zn^{2+}$、$Al^{3+}$ 待测液的检测限分别为 $1\times10^{-7}\sim1\times10^{-5}$ mol/L, $1\times10^{-7}\sim5\times10^{-6}$ mol/L, $1\times10^{-7}\sim1\times10^{-5}$ mol/L |
| CN109853068A | 一种碳量子点/丝素复合纳米纤维及其制备方法和应用 | $Sb^{3+}$ | 量子点复合材料 | 复合纳米纤维具有较高的灵敏度和良好的选择性，当溶液浓度为 $400\times10^{-9}$ 时能够猝灭荧光发射 |

2013 年，专利申请 CN103254893A 公开了一种检测汞离子的对称双罗丹明 B 荧光探针。第一步，将罗丹明 B 和三氯氧磷加入溶剂中，在 85～90 ℃下回流反应 20～24 h，制得罗丹明 B 酰氯；其中罗丹明 B、三氯氧磷、溶剂的质量与体积比为 0.49 g∶0.5 ml∶30 ml。第二步，将罗丹明 B 酰氯和 2-溴乙胺溶于溶剂中，在室温条件下搅拌反应过夜，提纯，制得罗丹明 B 酰-2-溴乙胺；其中罗丹明 B 酰氯、2-溴乙胺、溶剂的质量与体积比为 0.5 g∶0.3 g∶30 mL。第三步，将罗丹明 B 酰-2-溴乙胺和硫化钠加入溶剂中，80～85 ℃下回流反应 5～8 h，提纯，制得对称双罗丹明 B 荧光探针 RBSRB，其中罗丹明 B 酰-2-溴乙胺、硫化钠、溶剂的质量与体积比为 0.1 g∶0.5 g∶20 ml。

该荧光探针是硫原子连接的对称双罗丹明 B 酰胺，在实验过程中仅引入低于 1%的乙醇作为共同溶剂；对汞离子具有高选择性，其他常见离子都无明显干扰。

2014 年，专利申请 CN104059386A 将荧光探针与活性染料相结合。一般的荧光探针仅能单一的检测重金属离子，而功能性活性染料与纤维结合可设计功能性的纤维，检测和吸附金属离子。第一步，将对氨基苯甲酸甲酯溶解于溶剂中，滴加水合肼，回流反应 2～4 h，旋蒸，得到对氨基苯甲酰肼，再溶于溶剂，加入水杨醛，加热回流 0.5～1 h，冷却，重结晶，过滤，即制得水杨醛-4-氨基苯甲酰肼腙。第二步，将水杨醛-4-氨基苯甲酰肼腙溶于溶剂中，在冰水浴中使溶液温度为 0～5 ℃，将溶解三聚氯氰，并加入溶液中，搅拌 1～2 h，随后再加入缚酸剂，反应 2～10 h；过滤，洗涤产物，即制得一缩功能性活性染料。第三步，将氨基芴溶于溶剂中，搅拌，油浴加热至 40～45 ℃，将一缩功能性活性染料加入反应体系中，搅拌 1～2 h，再加入缚酸剂反应 2～5 h，停止反应，冷却到室温后抽滤，清洗，烘干至恒重，即得二缩功能性活性染料。

2015 年，专利申请 CN105385439A 介绍了一种用于检测汞离子的反应型罗丹明类荧光探针。该探针的特点是反应条件简单，所需设备简单且易于操作。它基于罗丹明 B 的酰胺基团，中间嵌入了碳氮双键和三唑吡啶结构，这些结构中的特定基团能够识别汞离子。其检测原理基于碳氮双键的异构化现象，即当汞离子加入后，分子的刚性和共轭性发生变化，导致荧光增强和颜色红移。颜色的变化有助于提升探针的灵敏度。第一步，将 2-溴甲基吡啶氢溴酸盐与叠氮化钠溶解于适当的溶剂中，搅拌反应 3～4 h 后，进行萃取、洗涤、干燥和旋蒸操作，从而获得 4-(2-炔基丙氧基)苯甲醛。第二步，将对羟基苯甲醛、溴丙炔及催化剂溶解于溶剂中，加热回流 3～4 h，待冷却后进行萃取、干燥、旋蒸和真空干燥，以制得 2-叠氮甲基吡啶。第三步，在氮气保护下，将 4-(2-炔基丙氧基)苯甲醛和 2-叠氮甲基吡啶溶解于混合溶剂中，加入催化剂后搅拌反应 20～24 h，接着进行萃取、干燥、旋蒸和柱层析操作，以得到产物 R。第四步，将罗丹明 B 溶解于溶剂中，加入水合肼，加热回流 3～4 h，待冷却至室温后进行旋蒸，加入盐酸调节 pH，过滤并烘干，从而制得罗丹明酰胺。第五步，将产物 R 与罗丹明酰胺溶解于溶剂中，加入乙酸后加热回流反应 5～6 h，反应完成后旋蒸，即可得到用于检测汞离子的反应型罗丹明类荧光探针。

为了进一步提高有机探针对汞离子的选择性和灵敏度，2016 年，专利申请 CN105924449A 制备了一种检测汞离子的反应型荧光素类荧光探针。该有机探针溶于水溶液中与汞离子混合后，产生强烈的荧光，经过 445 nm 可见光激发，荧光信号在 512 nm 处显著增强，荧光强度与汞离子浓度呈良好的线性关系，定量检测汞离子浓度的线性范围为 0.01～1 nmol/L，检测限为 0.086 nmol/L。第一步，将荧光素溶于溶剂中，得到荧光素溶液，加入缚酸剂，将所得的混合液在冰水浴 −2～3 ℃ 中充分冷却；将丙烯酰氯溶于溶剂中，得到丙烯酰氯溶液，将丙烯酰氯溶液加入上述混合液中，室温反应 23～25 h；反应结束后，旋转蒸发除去部分溶剂，40～50 ℃ 真空干燥得到丙烯酰基荧光素。第二步，将丙烯酰基荧光素溶解于溶剂中，滴加水合肼溶液，控制温度 75～80 ℃ 反应 10～14 h，旋转蒸发除去溶剂及未反应的水合肼，将所得产物重结晶，干燥后得到用于检测汞离子反应型荧光素类荧光探针，即丙烯酰氯荧光素酰。

2017 年，专利申请 CN107727619A 公开了一种以牛磺酸碳点为探针对 $Fe^{3+}$ 进行定性和定量检测的方法。该方法具有操作简单、重复性好、反应条件易控等优点，能高效、快捷地检测 $Fe^{3+}$。第一步，取相同体积、相同浓度的 $Fe^{3+}$ 及其他不同金属离子的溶液，分别加入相同体积的牛磺酸碳点和相同体积的缓冲溶液，得到一系列等体积、等浓度的混合溶液，并分别进行荧光强度检测，从而实现对 $Fe^{3+}$ 的定性检测。其中，$Fe^{3+}$ 及其他不同金属离子的溶液浓度为 0.05～0.15 mol/L。第二步，取不同体积

的 $Fe^{3+}$ 溶液，分别加入相同体积的牛磺酸碳点和不同体积的缓冲溶液，得到一系列等体积、不同浓度的 $Fe^{3+}$ 标准溶液，分别进行荧光强度检测，得到 $Fe^{3+}$ 标准溶液的荧光光谱图，以各标准溶液的荧光强度为纵坐标，其浓度为横坐标，绘制标准曲线并求出线性关系，从而实现对 $Fe^{3+}$ 的定量检测。

2017 年，专利申请 CN107245334A 制备了一种检测汞离子的反应型荧光素类荧光探针。第一步，将缚酸剂加入荧光素溶液中，冰水浴冷却，再加入丙烯酰氯溶液，在室温下反应 23～25 h，除去溶剂，真空干燥，即可得到丙烯酰基荧光素。第二步，将丙烯酰基荧光素溶于溶剂中，滴加水合肼溶液，在 75～80 ℃反应 10～14 h，除去溶剂和未反应的水合肼，进行重结晶、干燥，得到丙烯酰氯荧光素酰肼。第三步，将丙烯酰氯荧光素酰肼、丙烯酰胺和偶氮二异丁腈溶于溶剂中，得到混合溶液；然后将混合溶液置于容器中，通高纯氮气 15～30 min 后密封，在 70～80 ℃下反应 8～15 h，抽滤、提纯、真空干燥、研磨，即可得到用于检测汞离子的水溶性高分子荧光素类荧光探针。该荧光探针的荧光强度与汞离子浓度呈良好的线性关系，定量检测汞离子浓度的线性范围为 1～10 nmol/L，最低检测限为 0.35 nmol/L。

2018 年，专利申请 CN108658881A 提供了一种芴类荧光探针。该荧光探针含有硫脲酰胺基团，硫脲酰胺基团中含有 C—N 键、C ═S 键，其中 C ═S 键对汞离子具有识别作用，其机理为发生基于光致电子转移机理。探针 P2 与汞离子的络合，探针 P2 以芴为识别基团，三嗪环为连接基团，芴类双光子衍生物为荧光团。由于汞离子的加入破坏了原来的 π - p - π - p - π 共轭体系，阻断了电子转移过程，使荧光猝灭。该芴类荧光探针 P2 自身荧光很强，溶于 DMSO 溶液与汞离子混合后，荧光猝灭。在 393 nm 下激发光，467 nm 处的荧光信号显著减弱，通过记录荧光强度即实现汞离子浓度的检测。该荧光探针的荧光强度与汞离子浓度呈良好的线性关系，定量检测汞离子浓度的线性范围为 0.5～50 μmol/L，检测限为 89 nmol/L。

2018 年，专利申请 CN109970750A 提供了一种双模式双通道的探针，可实现对多种金属离子的检测。该荧光探针的制备方法如下：将罗丹明酰肼与 2 -羟基- 4 -甲基苯甲醛以物质的量的比为 1∶1～1∶2 溶于溶剂中，在氮气保护下反应，提纯，得到罗丹明类探针，其中罗丹明酰肼与溶剂的物质的量与体积的比例为 1 mmol∶8 mL～1 mmol～15 mL。

2019 年，专利申请 CN109853068A 提供了一种碳量子点/丝素复合纳米纤维，可用于对重金属锑的检测。第一步，将柠檬酸和尿素溶于水中，进行反应、降温冷却、离心、过滤、冷冻干燥，得到碳量子点；第二步，用溴化锂溶液溶解脱胶蚕丝，透析、离心、冷冻干燥，得到丝素蛋白；第三步，将制得的丝素蛋白粉末加入甲酸溶液中，搅拌溶解，再加入制得的碳量子点，超声处理，再加入聚氧化乙烯，搅拌至溶解，得到碳量子点/丝素溶液，静电纺丝，得到碳量子点/丝素复合纳米纤维。其中，碳量子点、丝素蛋白与聚氧化乙烯的质量比为(0.1～2)∶(5～20)～1。

#### 3.4.1.7　苏州大学

苏州大学针对重金属离子检测所用探针的主要研究领域基本集中在有机探针中的其他有机探针方面，其占比达到 43.4%，荧光染料占比约 17.4%，纳米簇占比约 13%，量子点占比 4.3%。其中，荧光染料类有机探针的改进主要集中在提高萘酰亚胺衍生物和罗丹明 B 衍生物检测重金属离子的选择性、灵敏度、稳定性上。

对萘酰亚胺衍生物进行如下改进：① 4-正丁基-N-(2′-N,N-二乙基氨基)乙基-1,8-萘酰亚胺、三聚氯氰、缚酸剂、N,N-二甲基乙二胺为原料，制备1,8-萘酰亚胺衍生物，用于对铁离子的检测；② 4-溴-1,8-萘酐、正丁胺、水合肼、乙二醛、三羟甲基氨基甲烷为原料，制备1,8-萘酰亚胺衍生物，用于对铜离子的检测；③ N-正丁基-4-溴-1,8-萘酰亚胺与N,N-二甲基乙二胺为原料，制备萘酰亚胺衍生物，用于对铁离子的检测；④ 将丝素蛋白和丹磺酰氨基乙酸转化成为增强型汞离子荧光探针，实现对汞离子的检测。

对罗丹明 B 的改进如下：① 以罗丹明 B、乙二胺、过氯乙烯树脂为原料，制备荧光过氯乙烯大分子探针，用于对铁离子的检测；② 以罗丹明 B 和氨乙基硫醚为原料，制备检测汞离子的有机探针；③ 用罗丹明 B 和 N,N-二甲基乙二胺合成了一种可针对 $Cr^{3+}$ 和 $H^{+}$ 双响应的有机探针；④ 用罗丹明 B、三亚乙基四胺和异硫氰酸苯酯合成的荧光探针，可用于汞离子的检测。

苏州大学各分支领域重点专利汇总，见表 3-4-7。

**表 3-4-7　苏州大学各分支领域重点专利汇总**

| 公开(公告)号 | 标　题 | 检测对象 | 荧光探针/传感器 | 技术效果 |
|---|---|---|---|---|
| CN101786985A | 萘酰亚胺衍生物及其作为荧光探针应用 | $Fe^{3+}$ | 萘酰亚胺衍生物 | 荧光探针能对 $Fe^{3+}$ 即时快速响应，响应时间小于 1 s |
| CN102268249B | 一种可用肉眼检测汞离子的荧光探针及其制备方法和应用 | $Hg^{2+}$ | / | 荧光探针能够检测出浓度大于 0.1 μmol/L 的汞离子 |

续 表

| 公开(公告)号 | 标　题 | 检测对象 | 荧光探针/传感器 | 技 术 效 果 |
|---|---|---|---|---|
| CN103193765B | 一种 1,8-萘酰亚胺衍生物、其制备方法及应用 | $Fe^{3+}$ | 1,8-萘酰亚胺衍生物 | 对 $Fe^{3+}$ 有高的选择性和灵敏度,对 $Fe^{3+}$ 的检测限为 $3.92\times10^{-8}$ mol/L |
| CN104140432B | 由罗丹明 B、三亚乙基四胺和异硫氰酸苯酯合成的荧光探针及其制备方法和应用 | $Hg^{2+}$ | 罗丹明 B-苯基硫脲衍生物 | 罗丹明 B-苯基硫脲衍生物 RTTU 的每一个分子能够结合三个汞离子,因而具备较高的选择性和检测灵敏度,$Hg^{2+}$ 的检测限为 $3.04\times10^{-7}$ mol/L |
| CN104892618B | 一种双响应型罗丹明类荧光探针及其制备方法和用途 | $Cr^{3+}$ | 罗丹明类荧光探针 | 既可以作为 $Cr^{3+}$ 比色和荧光探针,又可以作为 $H^+$ 比色和荧光开关,且对 $H^+$ 和 $Cr^{3+}$ 具有良好的选择性和高灵敏度 |
| CN105859734B | 基于罗丹明 B 和氨乙基硫醚的化合物、其制备方法及应用 | $Hg^{2+}$ | 罗丹明类荧光探针 | $Hg^{2+}$ 的浓度低至 0.1 μmol/L |
| CN108395403B | 一种 1,8-萘酰亚胺衍生物及其制备方法与应用 | $Cu^{2+}$ | 1,8-萘酰亚胺衍生物 | 可以双波长检测 $Cu^{2+}$,在 392 nm 和 754 nm 处对 $Cu^{2+}$ 的检测限分别为 $2.636\,8\times10^{-7}$ mol/L 和 $2.015\,6\times10^{-7}$ mol/L |

2010 年,专利申请 CN101786985A 提供了一种萘酰亚胺衍生物。萘酰亚胺衍生物经过一步或两步反应在温和条件下合成,属于荧光增强型探针。该有机探针结合 $Fe^{3+}$ 后,四种萘酰亚胺衍生物荧光可分别增强 29.1 倍、24.8 倍、51.1 倍、33.2 倍,颜色从较暗的深黄色变成明亮的黄绿色,变化裸眼可见;荧光探针能对 $Fe^{3+}$ 即时快速响应,响应时间小于 1s;在 $Fe^{3+}$ 浓度为 $1.0\times10^{-5}\sim1.0\times10^{-4}$ mol/L 的范围内,工作曲线呈现良好的线性关系。

2011 年,专利申请 CN102268249B 提供了一种可用肉眼检测汞离子的荧光探针。第一步,将 5-(二乙氨基)-2-亚硝基苯酚盐酸盐水溶液和碳酸氢钠水溶液混合,室温下搅拌 2～5 h;将混合体系的 pH 调节为 7.0～8.0;过滤后,制得中间产物 5-(二乙氨基)-2-亚硝基苯酚。第二步,以 5-(二乙氨基)-2-亚硝基苯酚和苯甲酰甲酸乙酯为反应物,在氢气氛围下,钯碳催化剂存在的条件下,以无水乙醇为溶剂,搅拌反应体系至颜色为无色,加热回流 1.5～2.5 h,得到中间产物 7-(二乙胺基)-3-苯基-2H-苯并[b][1,4]噁嗪-2-酮。第三步,以 7-(二乙胺基)-3-苯基-2H-苯并[b][1,4]

恶嗪-2-酮为反应物，在劳森试剂的作用下，将其中的羰基转化为硫羰基，得到所述荧光探针。

已有的1,8-萘酰亚胺衍生物大多只含有一个1,8-萘酰亚胺单元。2013年，专利申请CN103193765B提供了一种$Fe^{3+}$荧光探针1,8-萘酰亚胺衍生物，将多个含有(((N,N-二甲基)氨基)乙基)氨基识别基团1,8-萘酰亚胺结构单元通过三聚氯氰连接的方式组合到一个分子中，得到的荧光探针因具有恰当的结合位点、敏感的微环境和多个荧光团，而具有更好的选择性和更高的灵敏度。第一步，将N-(2-氨基乙基)-4-溴-1,8-萘酰亚胺、三聚氯氰、缚酸剂按照(3.0～3.3)∶1∶(3.0～3.3)的物质的量之比加入溶剂中溶解，冰浴下搅拌反应2～6 h；升温至25～55 ℃，搅拌反应10～20 h；之后升温至75～95 ℃，搅拌反应24～48 h；再冷却至室温，过滤、水洗、干燥、硅胶柱分离，得到浅黄色粉末，记为TBEN。其中，缚酸剂为NaOH、二异丙基乙胺或$K_2CO_3$；溶剂为四氢呋喃/二氧六环混合溶液或甲醇/二氧六环混合溶液。第二步，在$N_2$保护条件下，以物质的量之比为1∶(20～40)的TBEN、N,N-二甲基乙二胺为反应物，于75～90 ℃反应24～60 h，冷却至室温，加入去离子水沉淀、过滤、滤饼真空干燥，再用丙酮洗涤，得到橘黄色粉末，即为1,8-萘酰亚胺衍生物，记为TMNET。

2014年，专利申请CN104140432B提供了一种罗丹明B-苯基硫脲衍生物。第一步，将罗丹明B(RB)溶于反应溶剂A中，按照罗丹明B与三亚乙基四胺(TETA)的物质的量之比为1∶(10～15)的用量逐滴滴加三亚乙基四胺，滴加完毕后，在70～90 ℃下加热反应20～30 h，冷却至室温，减压除去溶剂后，用水/二氯甲烷体系萃取，收集有机相，减压除去二氯甲烷，即得到螺环酰胺中间体。第二步，将获得的螺环酰胺中间体和异硫氰酸苯酯(PITC)按照1∶(6～12)的物质的量之比溶于反应溶剂B中，在20～80 ℃的条件下搅拌反应5～72 h，冷却至室温后析出固体，再静置12～48 h后，过滤、洗涤并干燥，无须纯化即得罗丹明B-苯基硫脲衍生物。该有机探针罗丹明-苯基硫脲衍生物含有3个硫羰基识别基团，可以结合更多的$Hg^{2+}$，有利于提高其选择性和检测灵敏度。

2015年，专利申请CN104892618B提供了一种罗丹明衍生物有机探针。第一步，在搅拌条件下，将罗丹明B分散于溶剂中，得到罗丹明B分散液。第二步，按照$n$(罗丹明B)∶$n$(N,N-二甲基乙二胺)=1∶(4.6～5.5)的物质的量之比，将N,N-二甲基乙二胺滴加到罗丹明B分散液中，混合均匀。第三步，滴加完毕后，将反应体系加热至70～81 ℃并反应5～7 h。第四步，反应完毕后，将反应体系冷却至室温，减压蒸馏除去溶剂后纯化，即可得到罗丹明衍生物。该有机探针是一种双响应型有机探针，既可以作为$Cr^{3+}$比色和荧光探针，又可以作为$H^+$比色和荧光开关。

2016 年，专利申请 CN105859734B 提供了一种基于罗丹明 B 和氨乙基硫醚的化合物，其制备方法如下：在氮气环境下，有机溶剂中，以罗丹明 B 和氨乙基硫醚为原料，以 N,N-二异丙基乙胺为添加剂，搅拌反应，得到基于罗丹明 B 和氨乙基硫醚的化合物。其中，有机溶剂为乙腈、乙醇、二氯甲烷中的一种或几种。反应温度为 20～60℃，反应时间为 18～36 h；罗丹明 B 和氨乙基硫醚的物质的量之比为 1∶(1～7)。

多种金属离子中只有 $Hg^{2+}$ 可使有机探针在 561 nm 处的吸光度和在 578 nm 处的荧光增强，其荧光增强可达 170 倍。众多其他离子对有机探针的紫外-可见吸收光谱和荧光光谱基本没有影响。这表明在 $CH_3CN$/HEPES 缓冲溶液(体积比为 1∶1～99, pH=7.05)中，有机探针对 $Hg^{2+}$ 有良好的选择性和灵敏度。

2018 年，专利申请 CN108395403B 提供了一种 1,8-萘酰亚胺衍生物。第一步，以 4-溴-1,8-萘酐与正丁胺为原料制备中间体 A。第二步，以中间体 A、水合肼为原料制备中间体 B。第三步，以中间体 B、乙二醛为原料制备中间体 C。第四步，以中间体 C、三羟甲基氨基甲烷为原料制备 1,8-萘酰亚胺衍生物。该有机探针是一个增强型 $Cu^{2+}$ 荧光探针，可以通过双波长检测 $Cu^{2+}$，尤其是 BNGT 可以应用于几乎全水的体系。根据 392 nm 处和 754 nm 处的滴定实验和空白实验估算的 BNGT，对 $Cu^{2+}$ 的检测限分别为 $2.636\,8\times10^{-7}$ mol/L 和 $2.015\,6\times10^{-7}$ mol/L。可见 BNGT 可利用双波长对 $Cu^{2+}$ 进行高选择性和高灵敏度的定量检测。

2019 年，专利申请 CN110256614A 提出了一种创新方法，即将过氯乙烯树脂与罗丹明衍生物相结合，通过化学反应制备出一种具有荧光特性的大分子材料。这种材料不仅继承了过氯乙烯树脂的耐磨性、耐腐蚀性、阻燃性和抗老化性，还融合了罗丹明衍生物的高摩尔消光系数、高荧光量子产率以及多检测通道和高灵敏度的优点。通过增大吸光度和荧光强度，以及在自然光下颜色和荧光颜色的变化，实现了对 $Fe^{3+}$ 的高选择性和高灵敏度检测。第一步，以罗丹明 B 和乙二胺为原料制备化合物 A。在氮气保护的条件下，罗丹明 B 与乙二胺的摩尔比为 1∶6；使用乙醇作为溶剂，在 80 ℃下搅拌反应 24 h。反应结束后，通过旋转蒸发去除乙醇，接着用水洗涤，二氯甲烷萃取，收集有机相，去除二氯甲烷后，进行真空干燥，最终得到橙红色固体化合物 A，产率为 86.3%。第二步，合成荧光过氯乙烯大分子(CPVCR)。采用化合物 A 和过氯乙烯树脂作为起始原料，在氮气氛围中，将过氯乙烯树脂与化合物 A 按照质量比 1∶(1～2.21)混合，并选用 1,2-二氯乙烷、二氯甲烷或四氢呋喃作为溶剂，反应温度控制在 50～90℃，搅拌反应持续 12～30 h。反应结束后，通过旋转蒸发去除溶剂，接着用乙醇洗涤三次，最后进行真空干燥，得到淡黄色的 CPVCR 固体。在 DMF/$H_2O$ (1/9, *v*/*v*)溶液中，向 CPVCR 溶液中分别添加 $K^+$、$Na^+$、$Mg^{2+}$、$Fe^{3+}$、$Cu^{2+}$、$Zn^{2+}$、

$Cr^{3+}$、$Fe^{2+}$、$Ca^{2+}$、$Pb^{2+}$、$Hg^{2+}$、$Ni^{2+}$、$Mn^{2+}$、$Co^{2+}$、$Cd^{2+}$和$Ag^{+}$等离子。通过测定这些离子加入前后 CPVCR 溶液的紫外-可见吸收光谱发现：仅$Fe^{3+}$的加入导致 CPVCR 溶液在 561 nm 处产生一个新的吸收峰，吸光度增加了 9.4 倍，溶液颜色由黄色转变为玫红色；而其他离子对 CPVCR 溶液的紫外-可见吸收光谱几乎没有影响。因此，CPVCR 在 DMF/$H_2O$(1/9，$v/v$)溶液中对$Fe^{3+}$的比色检测显示出优异的选择性和灵敏度。

#### 3.4.1.8　江南大学

江南大学对重金属离子检测的技术集中在纳米材料和有机探针的研究领域，其中纳米材料占比 65%，有机探针占比 20%，生物探针占比 15%。对各类探针的改进集中在提高对重金属离子的灵敏度、选择性、裸眼识别、水稳定性、水溶性方面：① 二元胺修饰罗丹明 B 制备罗丹明内酰胺，进而与马来酸酐（MAH）和偶氮苯（Azo）反应，得到罗丹明类荧光探针分子，实现对汞离子的检测；② 二元胺修饰改性 RhB、马来酸酐（MAH）和金刚烷胺，得到罗丹明类荧光探针，实现对汞离子的检测；③ 铜纳米簇、金纳米簇、银纳米簇对铜离子、铁离子或者汞离子的检测；④ 混合碳源合成增强型荧光量子点、荸荠为原料，微波合成碳量子点，实现对镉离子的检测；⑤ 氮硫掺杂荧光碳量子点对铬离子的检测；⑥ 巯基丙酸 MPA 包裹的碲化镉 CdTe 量子点，实现对银离子和汞离子的检测。

江南大学各分支领域重点专利汇总，见表 3-4-8。

**表 3-4-8　江南大学各分支领域重点专利汇总**

| 公开(公告)号 | 标　题 | 检测对象 | 荧光探针/传感器 | 技术效果 |
|---|---|---|---|---|
| CN102590170B | 基于荧光共振能量转移对水溶液中汞离子和/或银离子同时进行检测的方法 | $Ag^{+}$、$Hg^{2+}$ | CdTe-DNA | 可检测 0～50 nmol/L 的$Ag^{+}$、$Hg^{2+}$ |
| CN103524516B | 一种新型罗丹明类荧光探针 | $Hg^{2+}$、$Fe^{3+}$ | 罗丹明类荧光探针，$n$=1 或 3 | 对铁离子检测极限达到 $8.3\times10^{-6}$，对汞离子检测极限高达 $4.7\times10^{-6}$ |
| CN104140431B | 一种可检测、分离重金属离子的罗丹明类荧光探针及其制备方法 | $Hg^{2+}$ | 罗丹明类荧光探针 $n$=2,3,6 | 可实现重金属离子的脱除及环糊精磁性纳米粒子的多次重复使用 |

续 表

| 公开(公告)号 | 标　　题 | 检测对象 | 荧光探针/传感器 | 技 术 效 果 |
| --- | --- | --- | --- | --- |
| CN106629664B | 一种以荸荠为原料微波合成碳量子点的方法及其应用 | $Cd^{2+}$ | 碳量子点 | 原料来源广泛，可大量制备，碳量子点荧光量子产率高，稳定性好，具有良好的水溶性 |
| CN108690059B | 一种具有选择性探测Cu(Ⅱ)的发光晶体材料的制备方法及其发光晶体材料 | $Cu^{2+}$ | 纳米晶 | 选择性好，特异性高，几乎达到100%，对铜离子的探测限为1.90 μmol/L |
| CN112175608B | 一种蓝色荧光银纳米团簇及其制备方法与应用 | $Cu^{2+}$、$Fe^{3+}$ | 纳米簇 | 蓝色荧光银纳米团簇稳定性好，量子产率高（达5.2%）；对铜离子的检测限为0.625 nmol/L；对铁检测限为9.83 μmol/L |
| CN113324958A | 一种可视化检测重金属汞的快检毛细管及其制备方法和应用 | $Hg^{2+}$ | 藻蓝蛋白 | 检出限在25～30 nmol/L，检测的过程只需数分钟即可 |

2012年，专利申请CN102590170B公开了一种基于荧光共振能量转移来检测水溶液中二价汞离子和/或银离子的方法。第一步，巯基丙酸MPA包裹的碲化镉CdTe量子点的制备。将硼氢化钠$NaBH_4$、超纯水与碲Te粉一起混合在反应容器中，控制$NaBH_4$的浓度为2～3 mol/L，Te粉含量为0.5～0.6 mol/L，再将反应容器置于0 ℃冰水浴中反应12 h后，制备澄清的NaHTe溶液备用。称取一定量的无机镉盐$Cd^{2+}$溶解于水中，控制$Cd^{2+}$浓度为0.01～0.02 mol/L，在剧烈的搅拌下滴加适量的MPA，用NaOH溶液调节pH为11.20，通$N_2$除氧、保护30 min后迅速加入NaHTe溶液，维持$Cd^{2+}$∶$Te^{2-}$∶MPA的物质的量之比为1∶(0.4～0.5)∶(2.2～2.5)；反应后即得到CdTe量子点的前驱体溶液。取前驱体溶液加到以聚四氟乙烯作内衬的不锈钢反应釜中，160 ℃下反应20 min，即得到所需要的CdTe量子点。第二步，检测用的核酸探针的设计与合成。氨基修饰过的单链核酸探针DNA1序列为5′-NH2-GTACAAGATG-3′；未作任何修饰的单链核酸探针DNA2序列为5′-GAGCTTTTCA GACGCATCTT GTACGACTCG CTCCCCATAC-3′；荧光染料TAMRA修饰过的单链核酸探针TAMRA-DNA序列为5′-TAMRA-TTTTGCTC-3′；吲哚类菁染料Cy5修饰过的单链核酸探针Cy5-DNA序列为5′-Cy5-GTATCCCC-3′。第三步，量子点与核酸的荧光探针CdTe-DNA的制备。把

1-乙基-3-(3-二甲氨基丙基)-碳化二亚胺 EDC、N-羟基琥珀酰亚胺 NHS 与 CdTe 溶液按适当的比例混合到一起，活化 0.5～1 h，然后加入 DNA1 水溶液，在 25 ℃下反应 4 h，进行超滤以彻底去除未与 CdTe 耦联的 DNA1，即制备得到 CdTe-DNA1。把 CdTe-DNA1 与 DNA2 在室温下进行杂交反应 6 h，超滤以去除未杂交的 DNA2，即制备得到量子点与 DNA 的探针 CdTe-DNA1-DNA2。把 Cy5-DNA 与 TAMRA-DNA 的水溶液分别加上述 CdTe-DNA1-DNA2 中，即制备得到检测用的 CdTe-DNA 荧光探针。$Ag^{+}$ 和 $Hg^{2+}$ 同时存在时，量子点的能量转移给对应的染料，发生荧光共振能量转移，实现同时检测这两种离子。

2013 年，专利申请 CN103524516B 公开了一种新型罗丹明类荧光探针，该有机探针以罗丹明 B(RhB)为原料，用二元胺修饰改性 RhB 制备罗丹明内酰胺，进而与马来酸酐和金刚烷胺反应，制备得到罗丹明类荧光探针，其结构中含有可与金属离子发生作用的多个胺基功能团和可与 $Hg^{2+}$ 作用的碳碳双键。螺旋状罗丹明内酰胺化合物在与重金属粒子结合后，内酰胺氮原子的质子化将导致氮原子电荷密度减少，从而引发螺旋中心 C—N 键的开裂，产生荧光变化和颜色变化。该有机探针对水溶液中汞离子和铁离子都具有较好的识别能力，对铁离子检测极限达到 $8.3\times10^{-6}$，对汞离子检测极限高达 $4.7\times10^{-6}$。

2014 年，专利申请 CN104140431B 公开了一种可检测、分离重金属离子的罗丹明类荧光探针，所得的结构中含有可与金属离子发生作用的多个胺基功能团和可与 $Hg^{2+}$ 作用的碳碳双键。该荧光探针能够在水溶液中检测 $Hg^{2+}$，检测极限约为 $3\times10^{-6}$。以环糊精磁性纳米粒子为吸附剂，利用罗丹明衍生物中的偶氮苯等功能基团与环糊精的包合作用，将其和环糊精磁性纳米粒子形成包合物，从而利用磁场的作用将罗丹明-重金属离子的络合物从污水中脱除分离。进一步通过光响应等特异响应性，将环糊精磁性纳米粒子与络合物解包合，实现分离金属离子及环糊精磁性纳米粒子的多次重复利用。第一步，罗丹明内酰胺(SRhB)的制备。将 10.46 mmol RhB 溶于 180 ml 无水乙醇中，在 $N_2$ 氛围下快速加入 40.23 mL 乙二胺(或丙二胺，己二胺)后，温度缓慢加到 85 ℃，反应 24 h，再减压蒸馏，得到的粉末用 100 mL 的 $CH_2Cl_2$ 溶解，用 200 mL 水萃取，分离出有机层，再用水洗 5 次，减压蒸馏得橙色粉末。用硅胶色谱法($CH_2Cl_2/EtOH/Et_3N=5:1:0.1$)提纯。第二步，偶氮苯-罗丹明(SRhB-Azo)的制备。在 50 mL 单口烧瓶中加入 100 mg 马来酸酐，516 mg SRhB，20 mg 4-二甲氨基吡啶(DMAP)，5 mL DMSO，室温反应 12 h 后加入 191 mg 1-(3-二甲氨基丙基)-3-乙基碳二亚胺(EDC)，137 mg 1-羟基-苯并-三氮唑(HOBt)，活化 1 h 后，加入 197.24 mg 偶氮苯(Azo)室温反应 12 h。得到的粉末用 100 mL$CH_2Cl_2$ 溶解，用

200 mL 水萃取，分离出有机层，减压蒸馏得粉红色粉末，用硅胶色谱法提纯 $CH_2Cl_2$。第三步，环糊精磁性纳米粒子的制备。在 500 mL 三颈烧瓶中加入 3 g $FeCl_2 \cdot 4H_2O$，8.1 g $FeCl_3 \cdot 6H_2O$，溶于 200 mL 水中，$N_2$氛围下机械搅拌 10 min，将 40 mL 氨水逐滴加入其中，在室温下搅拌 30 min，加热到 70 ℃，持续搅拌 1 h。将产物冷却到室温后，磁铁分离，用无水乙醇洗涤 3 次，真空干燥得到 MNP。将 1.91 g MNPs，1.5 mL 干燥甲苯，超声得到均相溶液后，再加入 6 mL 硅烷偶联剂，在 $N_2$氛围和室温条件下，剧烈搅拌 6 h，得到 $MNP-NH_2$。先用磁铁分离，再用二氯甲烷和乙醇交替洗涤，除去没有反应的硅烷偶联剂，真空干燥，完成制备。第四步，称取 5 g 的 β－CD(4 mmol)溶于 150 mL 浓度为 0.4 mol/L 的 NaOH 溶液中，把三口烧瓶放在 0 ℃冰水浴中，缓慢加入 3.6 g 对甲苯磺酰氯(Ts，19.0 mmol)(控制时间 10 min 以上)，在室温下机械搅拌 2 h。将得到的白色沉淀过滤得到滤液，加入 HCl 溶液调节 PH 至 6，搅拌 1 h。将得到的悬浮液放在冰箱冷藏过夜，重结晶 3 次，得到产物 β－CD－OTs。称取 0.473 g 的 β－CD－OTS 和 0.302 g 的 APTES－MNPs 分散于 15 mL 干燥的吡咯烷酮中，超声震荡 20 min，然后加入 0.01 g 的 KI，加热到 70 ℃，在 $N_2$氛围下，机械搅拌 6 h。反应结束后，冷却至室温，加入 50 mL 乙醇，洗涤 3 次，干燥后得到 MNP－CD。

2016 年，专利申请 CN106629664B 提供了一种以荸荠为原料微波合成的碳量子点。这种光致发光碳量子点在水溶液中都具有良好的溶解度和分散性，并且是粒径小于 4 nm 的碳纳米颗粒，可作为荧光探针在水体中检测 $Cd^{2+}$，最低检出限可达 3.2 nmol/L，检出线性范围 1.0～100 μmol/L。第一步，用搅拌机将荸荠打碎，将打碎的荸荠和超纯水以质量比为 1∶10 均匀混合配制成前体溶液备用。第二步，将所得的前体溶液在微波功率为 600 W 下辐射加热 3 min。第三步，取出前体溶液自然冷却至室温，加入其体积 2.0～3.0 倍的去离子水，离心除去不溶物，上清液经过 1 000 Da 透析袋透析，－50 ℃下冷冻干燥制得碳量子点粉末，量子产率为 19.3％。

2018 年，专利申请 CN108690059B 公开了一种具有选择性探测 Cu(Ⅱ)的发光晶体材料的制备方法及其发光晶体材料。第一步，将 4－氨基－3,5－二(2－吡啶基)－1,2,4－三氮唑(2－bpt)和硝酸镉加入到反应溶液中搅拌制得稳定悬浮液。第二步，再加入均苯四甲酸搅拌制得稳定悬浮液。第三步，经加热反应，得到所述发光晶体材料。该纳米金具有良好的化学、光学、水稳定性，并且对铜离子的探测限可达到 1.90 μmol/L。

2020 年，专利申请 CN112175608B 公开了一种蓝色荧光银纳米团簇。其制备方法为将组氨酸与可溶性银盐分散在水中形成混合液，混合液置于微波环境下进行反应，反应结束后得到蓝色荧光银纳米团簇。该银纳米团簇稳定性好、水溶性好、毒性低，同时，对铜离子和铁离子在不同 pH 下分别具有高灵敏度响应，对铜离子的检测范围为 $1\times10^{-12}\sim1\times10^{-6}$ mol/L，检测限为 0.625 nmol/L；对铁离子的检测范围为 100～1 000 μmol/L，检测限为 9.83 μmol/L。

2021 年，专利申请 CN113324958A 公开了一种可视化检测重金属汞的快检毛细管及其制备方法和应用。以环保易得的藻蓝蛋白（phycocyanin，PC）作为蛋白传感器，以毛细管作为载体的检测装置，对液体样本中 $Hg^{2+}$ 含量进行超敏感和选择性检测，无需使用任何复杂的纳米材料或探针系统，也无需昂贵的加工设备，便可实现检测结果可视化。用清洁剂对玻璃基片进行清洗，除去表面污垢。配制质量分数为 25%的 NaOH 溶液；将规格为 100 mm、内径 1.8 mm、外径 2.2 mm 的毛细管浸泡在 25%的 NaOH 溶液中，浸泡反应 30 min。将经过预处理的毛细管放入质量分数为 3%的 ATPES 溶液中，浸泡 30 min，取出后用无水乙醇彻底洗净，放入 120 ℃干燥箱中干燥 1.5 h。如图 3－4－3 所示，可以看出在 3%ATPES 溶液中毛细管接触角变化程度显著。将毛细管完全浸没于质量分数为 25%的戊二醛（GA）水溶液中过夜，然后用超纯水充分洗涤并用氮气充分干燥。按 1 mg 藻蓝蛋白与 500 μL 去离子水的比例配置藻蓝蛋白液（2 mg/mL），将处理后的毛细管浸入藻蓝蛋白液中，置于摇床上固定化 2 h（温度为 30 ℃，转速为 160 r/min），即得毛细检测管。将制备好的毛细检测管放入干燥剂中封存备用。

(a) 修饰前

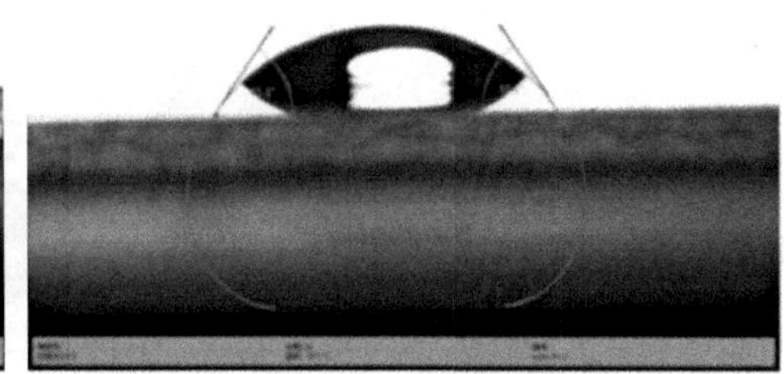

(b) 3%ATPES溶液修饰后

**图 3－4－3　3%ATPES 溶液修饰后毛细管接触角变化情况**

### 3.4.2　原子荧光法检测重金属的重要申请人分析

在原子荧光检测领域，北京瑞利分析仪器有限公司（简称“北京瑞利”）以 62 件专利申请量位居首位，紧随其后的是北京吉天仪器有限公司（简称“北京吉天”）、北京锐光仪器有限公司（简称“北京锐光”）以及北京海光仪器有限公司（简称“北京海光”）。

如图 3－4－4 所示，在专利申请方面，北京瑞利在重金属原子荧光检测装置方面展现出了全面的技术覆盖，特别是在进样系统和原子化器方面的专利申请数量尤为显著。相比之下，北京吉天则更专注于对检测系统中包含光源、原子化器、检测器等关键部件的专利申请保护。北京锐光在其专利申请中并未涉及气液分离装置、原子化器、气源、联用、尾气处理等技术主题。同样，北京海光在专利申请中也未包括气源、检测系统和整体装置等相关技术主题。

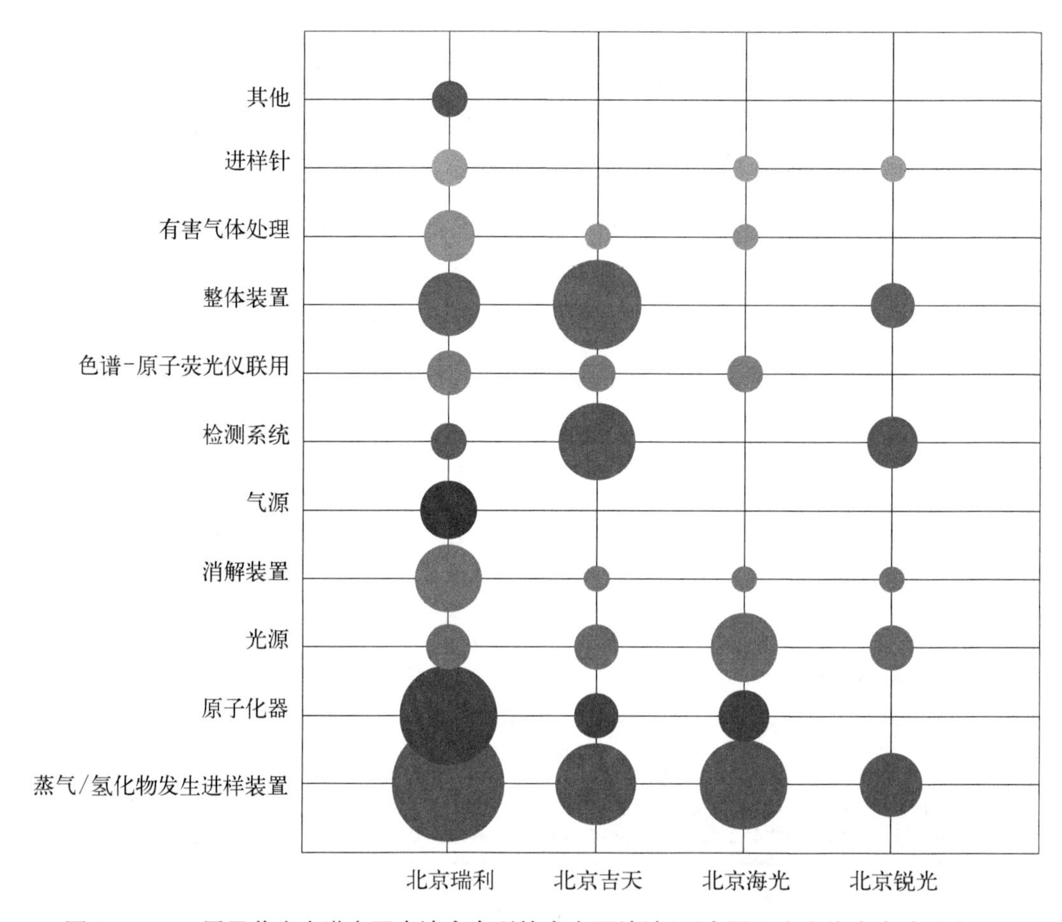


**图 3-4-4 原子荧光光谱主要申请人专利技术主题统计(图中圆圈大小代表申请量大小)**

### 3.4.2.1 北京瑞利分析仪器有限公司

北京瑞利的前身是北京第二光学仪器厂，曾隶属于原机械工业部的核心企业行列，并且在中国光谱分析仪器的研发领域占据领先地位。该公司的主打产品包括原子吸收分光光度计和原子荧光光谱仪。1997 年 12 月，北京瑞利与北京分析仪器厂合并，共同组建了北京北分瑞利分析仪器有限责任公司。

该公司自 20 世纪 90 年代起开始研发蒸气发生-原子荧光光谱仪 AF-610 系列。该系列中的首款产品 AF-610A 的详细情况，见表 3-4-9。

**表 3-4-9　蒸气发生-原子荧光光谱仪 AF-610A 产品情况**

| 型　号 | 性 能 特 点 | 代　表　技　术 | 公开(公告)号 |
| --- | --- | --- | --- |
| AF-610A | 检测元素：Hg、As、Se、Sb、Bi、Pb、Tc、Ge、Sn、Zn、Cd<br>检出限(DL) μg/L：Hg ≤ 0.005、Cd ≤ 0.00 | 单泵控制和三通混合模块结构的连续流动-间歇进样方式 | ZL00236070.5 |
| | | 喷流型氢化物发生三级气液分离装置、废液自然排出的在线反应系统 | ZL98207258.9 |
| | | 氩氢火焰低温自动点火装置 | ZL00234438.6 |
| | | 红外加热石英炉原子化器 | ZL98207255.4 |
| | | 蠕动泵流量控制调节装置 | ZL00233334.1 |

随后，北京瑞利公司持续致力于蒸气发生-原子荧光光谱仪的研发与生产，推出了 AF-610B 系列(用户可选择单阴极或双阴极空心阴极灯作为光源，配备石英炉原子化器并具备三挡温控功能，以及高效的除汞系统)、AF-610C 和 AF-610D(这些型号可与液相色谱、离子色谱联用)等产品。有关北京瑞利原子荧光光谱检测系统主要技术主题的专利申请详情，见表 3-4-10。

**表 3-4-10　北京瑞利原子荧光光谱检测系统主要技术主题的专利申请情况**

| 技术主题 | 消解装置 | 蒸气/氢化物发生进样装置 | 原子化器 | 光源 | 色谱联用 | 气源 | 有害气体处理 |
| --- | --- | --- | --- | --- | --- | --- | --- |
| 申请量/件 | 7 | 18 | 14 | 2 | 4 | 4 | 4 |
| 申请年份(申请量/件) | 2007(1)<br>2012(4)<br>2013(2) | 1998(1)<br>2000(2)<br>2009(1)<br>2012(4)<br>2013(10) | 2000(1)<br>2012(6)<br>2013(2)<br>2015(4)<br>2019(1) | 2012(2) | 2007(1)<br>2008(1)<br>2014(1)<br>2019(1) | 2012(3)<br>2013(1) | 2005(1)<br>2011(1)<br>2013(2) |
| 有效专利/件 | 0 | 8 | 5 | 0 | 3 | 3 | 1 |
| 授权后失效/件 | 4 | 7 | 5 | 2 | 1 | 1 | 3 |
| 在审/件 | 0 | 0 | 2 | 0 | 0 | 0 | 0 |

从表 3-4-10 中可以看出，北京瑞利公司特别重视对原子荧光光谱仪核心组件——原子化器以及蒸气/氢化物发生进样装置的保护。在专利申请和保护方面，该

公司对原子化器的保护工作持续进行，尤其在2012年和2013年，这两年的专利申请数量达到峰值，占据了总申请量的70%左右。

蒸气/氢化物发生进样装置和原子化器专利申请的具体信息（按申请日排序），见表3-4-11。

**表3-4-11 蒸气/氢化物发生进样装置和原子化器专利申请的具体信息（按申请日排序）**

| 技术主题 | 公开（公告）号 | 申请日 | 发明名称 | 法律事件 | 保护年限/年 |
|---|---|---|---|---|---|
| 原子化器 | CN2347160Y | 19980720 | 石英炉原子化器 | 专利权有效期届满 | 10 |
| 蒸气/氢化物发生装置 | CN2341144Y | 19980720 | 暖流型氢化物发生三级气液分离装置 | 未缴年费专利权终 | 8 |
| 原子化器 | CN2421643Y | 20000510 | 原子荧光氮氢火焰自动低温点火装置 | 未缴年费专利权终 | 6 |
| 蒸气/氢化物发生装置 | CN2443171Y | 20000519 | 蠕动泵流量控制调节装置 | 未缴年费专利权终 | 6 |
| 蒸气/氢化物发生装置 | CN2432580Y | 20000605 | 多级气液分离连续流动-间歇进样气体发生装置 | 专利权有效期届满 | 10 |
| 蒸气/氢化物发生装置 | CN201356363Y | 20090302 | 双泵双阀双气路顺序注射蒸气发生进样系统 | 专利权有效期届满 | 10 |
| 蒸气/氢化物发生装置 | CN202614679U | 20120405 | 压力平衡式四通混合模块 | 专利权有效期届满 | 10 |
| 蒸气/氢化物发生装置 | CN102721678B | 20120709 | 便携式原子荧光现场快速检测的固体酸压片及其制备 | 授权 | 11 |
| 原子化器 | CN202794016U | 20120824 | 用于原子荧光低温点火原子化器的加热装置 | 专利权有效期届满 | 10 |
| 原子化器 | CN103630516B | 20120824 | 用于原子荧光低温点火原子化器的加热装置 | 授权 | 11 |
| 原子化器 | CN103630527A | 20120827 | 用于原子荧光的氮氢火焰低温自动点燃装置 | 授权 | 11 |
| 原子化器 | CN202770775U | 20120827 | 用于原子荧光的氮氢火焰低温自动点燃装置 | 避免重复授权放弃 | 3 |
| 蒸气/氢化物发生装置 | CN103776805A | 20121017 | 恒温蒸气发生进样系统 | 授权 | 11 |

续　表

| 技术主题 | 公开(公告)号 | 申请日 | 发明名称 | 法律事件 | 保护年限/年 |
|---|---|---|---|---|---|
| 蒸气/氢化物发生装置 | CN202869981U | 20121017 | 恒温蒸气发生进样系统 | 避免重复授权放弃 | 4 |
| 原子化器 | CN103776816A | 20121017 | 微型石英炉原子化器 | 授权 | 11 |
| 原子化器 | CN202869982U | 20121017 | 微型石英炉原子化器 | 避免重复授权放弃 | 4 |
| 蒸气/氢化物发生装置 | CN203148750U | 20130125 | 用于便携式原子荧光光谱仪的微型气液分离系统 | 专利权有效期届满 | 10 |
| 原子化器 | CN203148849U | 20130207 | 封闭式原子化系统 | 专利权有效期届满 | 10 |
| 原子化器 | CN103983620A | 20130207 | 封闭式原子化系统 | 驳回 | 0 |
| 蒸气/氢化物发生装置 | CN104181132A | 20130522 | 用于顺序注射原子荧光光谱仪的存样环模块及其制作 | 驳回 | 0 |
| 蒸气/氢化物发生装置 | CN203275301U | 20130522 | 用于顺序注射原子荧光光谱仪的存样环模块 | 授权 | 10 |
| 蒸气/氢化物发生装置 | CN104280381A | 20130701 | 节省原子荧光光谱仪硼氢化钾使用量的装置 | 驳回 | 0 |
| 蒸气/氢化物发生装置 | CN203396704U | 20130701 | 节省原子荧光光谱仪硼氢化钾使用量的装置 | 授权 | 10 |
| 蒸气/氢化物发生装置 | CN104698488A | 20231210 | 一种探测气体传输管路中液体和泡沫的装置及系统 | 授权 | 10 |
| 蒸气/氢化物发生装置 | CN203616253U | 20131211 | 基于夹管阀的顺序注射蒸气发生进样系统 | 授权 | 10 |
| 蒸气/氢化物发生装置 | CN203616252U | 20131211 | 基于电磁阀的顺序注射蒸气发生进样系统 | 授权 | 10 |
| 蒸气/氢化物发生装置 | CN203720088U | 20131223 | 用于便携式原子荧光的微型蒸气发生进样系统 | 授权 | 10 |
| 蒸气/氢化物发生装置 | CN104730047A | 20131223 | 用于便携式原子荧光的微型蒸气发生进样系统及进样 | 驳回 | 0 |
| 原子化器 | CN204789340U | 20150626 | 双检测模式石英炉管 | 授权 | 8 |
| 原子化器 | CN106323922A | 20150626 | 双检测模式石英炉管 | 实质审查 | 0 |

续 表

| 技术主题 | 公开(公告)号 | 申请日 | 发 明 名 称 | 法律事件 | 保护年限/年 |
| --- | --- | --- | --- | --- | --- |
| 原子化器 | CN204789342U | 20150708 | 双区温控屏蔽式石英炉原子化器 | 授权 | 8 |
| 原子化器 | CN106323923A | 20150708 | 双区温控屏蔽式石英炉原子化器 | 实质审查 | 0 |
| 原子化器 | CN110261354A | 20190604 | 一种应用于原子荧光光谱仪的火焰自动识别系统 | 实质审查 | 0 |

专利申请CN2347160Y公开了一种石英炉原子化器。该原子化器包括石英炉管、加热元件、炉体、保温材料。石英炉管由双层石英管相衔接组成,其内管为喇叭形。加热元件为红外加热元件,它直接设置在石英炉管管处,该红外加热元件的电源输入端连接且受控于微机自动控制装置,红外加热元件与炉体之间设有保温材料,在炉体中还设有固定件。该装置结构简单,使用寿命长,并且能获得稳定的氩氢火焰,提高了测试的重现性。

专利申请CN2341144Y公开了一种喷流型氢化物发生三级气液分离的装置。该装置包括一个单泵、一个阀、一个三通混合模块、一个反应管,以及三级气液分离装置的主体、三级气液分离器、喷流型雾化器、气液分离撞击球。其中,单泵经阀与混合模块连通,该混合模块通过一个反应管接通到设置在气液分离装置主体上的喷流型雾化器,气液分离撞击球插入喷流型雾化器嘴部,气液分离装置主体的上开口与三级气液分离器接通,气液分离装置主体的下开口设有水封和废液排出口。气液分离装置的主体和三级气液分离器均为无色透明玻璃制品,喷流型雾化器由尼龙材质和玻璃毛细管构成,喷流型雾化器固定在其主体封闭盖塞上。该专利中的实用新型喷流型氢化物发生三级气液分离装置的工作原理如下:样品溶液与载流通过蠕动泵输入采样阀,采样阀自动切换后的溶液进入混合模块,与由蠕动泵同时输入的硼氢化钾在混合模块中汇合后输出至反应管,然后进入喷流型雾化器,与经雾化器内孔进入的载气(Ar)混合,将产生的混合气体和溶液在特制的气液分离撞击球内进行一次气液分离,废液由气液分离撞击球下部小孔流出,混合气体在球上部孔位排出。排出后的混合气体又经过气液分离器主体内部,使气体中附有的水汽二次分离,混合气体由主体上部出口排出,再进入三级气液分离器,使混合气体中细小微粒水汽再次气液分离,然后进入原子化器。该装置气液分离效果好,水汽分离干净、安全,其产生的废液经水封装置后自动排出，无需设置专用的泵排除废液，且可保证氩氢火焰的稳定性。

专利申请 CN2421643Y 公开了一种氩氢火焰低温自动点火装置。该装置包括炉丝、陶瓷压块、石英炉管。该低温点火装置位于原子化器的顶端，炉丝固定在陶瓷压块上，炉丝的两端与专用开关连接，炉丝在炉管端口下方盘绕一圈；炉丝采用镍、铬合金耐高温材料，电阻为 15Ω；炉丝两端由专用电源开关控制，可加 26 V 电压。炉管顶端开两个深 4 mm，宽 2 mm 的竖槽，两槽互呈 180°。炉丝位于炉管外壁，距炉口 2 mm 处，紧贴两个竖槽所在的位置。该低温点火装置结构简单，使用寿命长，炉丝更换方便，可自动点燃氩氢火焰，保证原子化器的温度处于最有利于测定的状态，提高了分析灵敏度，减小记忆效应。

专利申请 CN2443171Y 公开了一种蠕动泵流量控制调节装置；专利申请 CN2432580Y 公开了一种单泵控制和三通混合模块结构的连续流动-间歇进样装置。这两种装置分别实现了进样流量的可控调节和良好的气液分离效果，保证了氩氢火焰的稳定性。

图 3-4-5 所示为北京瑞利原子化器的技术路线图。最开始，对原子化器的改进主要针对改变其加热方式，将石英炉原子化器电炉丝加热改为红外加热，以提高加热效率和器件使用寿命。之后，瑞利公司围绕原子化器的低温点火手段进行了系列专利申请，从低温 200～400 ℃点火的实现，到低温温度控制，再到低温点火器件的改造，逐渐优化低温点火性能。随后，瑞利公司的研发重点转向实现仪器的便携化设计上，通过对原子化器点火位置、工作时段、形状构造的设计，实现便携化。2019 年，在专利申请 CN110261354A 中，将现代化智能检测手段应用于原子化器火焰识别装置中，通过对火焰图像的自动图像识别，自动修订火焰燃烧参数，提高装置的自动化程度和运行参数准确性。

图 3-4-6 所示为氢化物/蒸气发生进样装置的技术路线图。专利申请 CN2341144Y 公开了一种三级气液分离装置，该分离装置区别于传统的气液分离装置，在流动注射进样流路中产生的废液可自动排出，无须专门的排废蠕动泵的设计，且气液分离效果好。之后，在进一步简化流路结构上，专利申请 CN2432580Y 和 CN201355363Y 分别针对连续流动间接进样流路和顺序注射流路进行了流路简化设计。自 2012 年起，为了实现整体装置的便携，与原子化器设计同步，在蒸气发生进样流路上也进行了系列改进。2013 年，专利申请 CN104730047A 公开了一种微型蒸气发生进样系统。自 2013 年起，瑞利公司同步地在顺序注射阀设计上进行了系列改进，以期降低系统噪声、改善系统记忆效应和改善分析机构重复性。

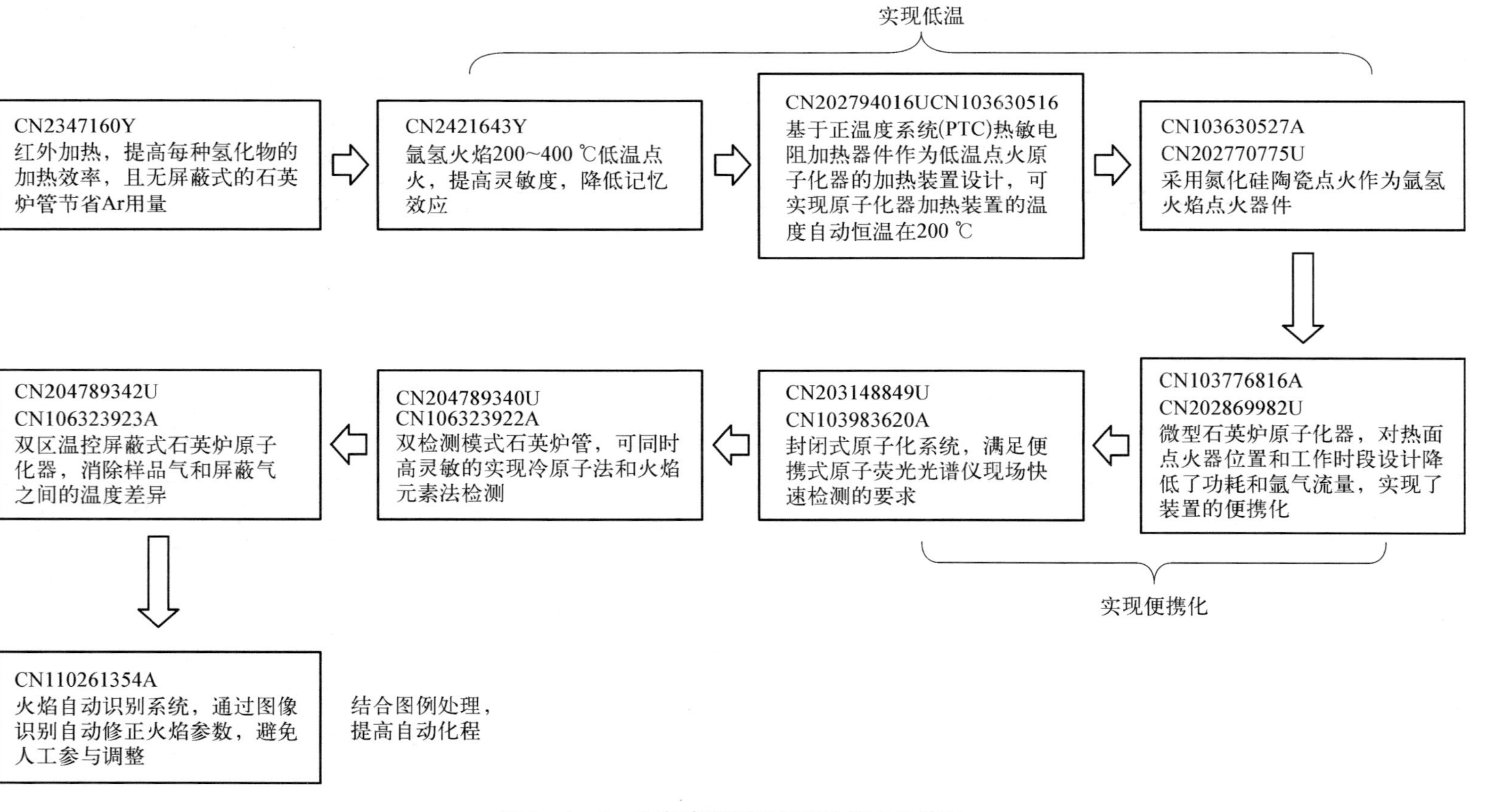


图3-4-5 北京瑞利原子化器的技术路线图

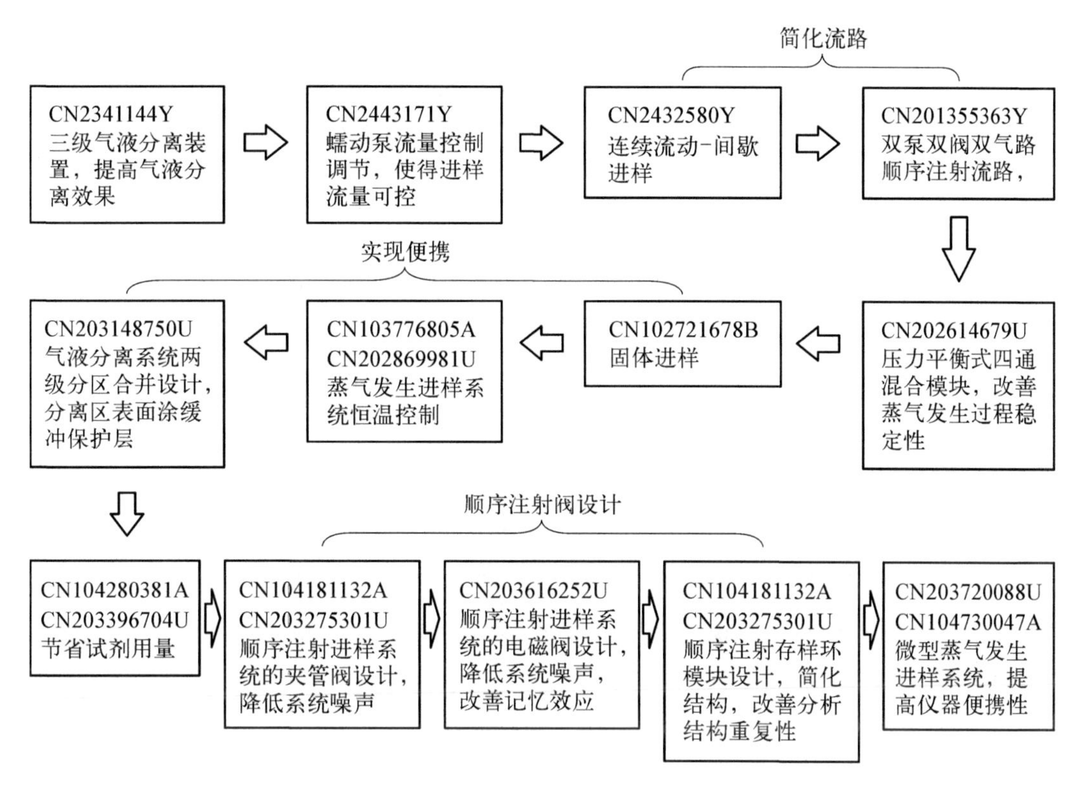


**图 3－4－6　氢化物/蒸气发生进样装置的技术路线图**

由上述分析可知，北京瑞利从最早的原子荧光产品研发生产时便开始了同步的专利保护，在专利申请技术主题中，对原子荧光光谱仪的关键部件原子化器和蒸气/氢化物发生进样装置的保护较为注重，尤其是对原子化器的改进的研发和专利保护一直在进行。

3.4.2.2　北京吉天仪器有限公司

北京吉天仪器有限公司成立于2000年，由20世纪80年代初我国最早从事原子荧光仪器研制的技术团队组建，在我国原子荧光行业处于领先地位，在世界上首次将顺序注射应用于原子荧光仪器中。该团队研发的多个产品均获得重要奖项，并于2011年9月加入聚光科技(杭州)股份有限公司。

在原子荧光光谱仪领域，该公司主要的专利产品情况，见表3－4－12。吉天公司原子荧光光谱检测系统的主要技术主题申请情况，见表3－4－13。该检测系统和整体装置专利申请的具体信息(按申请日排序)，见表3－4－14。

表 3-4-12 北京吉天的原子荧光光谱仪专利产品情况

| 产 品 | 产 品 特 点 | 公开(公告)号 |
|---|---|---|
| 顺序注射原子荧光光度计 AFS-900 系列 | 可测量砷、汞、硒等 10 种元素,检出限 ng/L 级 | ZL01274858.7<br>ZL200320100041.5<br>ZL200320100040.0 |
| 直接进样汞镉测定仪 DCMA-200 | 可用于固体、液体样品中汞(Hg)和镉(Cd)的同时或分别分析测量 | ZL201020259644.X |
| 原子荧光形态分析仪 SA-10 | 基于 HPLC 和 AFS 联用;能够分离和检测砷、汞、硒、锑的不同形态和价态;能够实现砷、硒两种元素的同时测定 | ZL200510002918.0 |

表 3-4-13 北京吉天的原子荧光光谱装置的主要技术主题申请情况

| 技术主题 | 消解装置 | 蒸气/氢化物发生装置 | 原子化器 | 光源 | 色谱联用 | 检测系统 | 整体装置 |
|---|---|---|---|---|---|---|---|
| 申请量/件 | 1 | 10 | 4 | 3 | 2 | 9 | 12 |
| 申请年份(申请量/件) | 2006(1) | 2001(1)<br>2002(1)<br>2003(1)<br>2005(5)<br>2010(2) | 2010(3)<br>2011(1) | 2003(1)<br>2006(1)<br>2017(1) | 2009(2) | 2005(3)<br>2006(1)<br>2016(4)<br>2017(1) | 2005(3)<br>2006(1)<br>2010(6)<br>2012(1)<br>2015(2)<br>2021(1) |
| 有效专利/件 | 0 | 2 | 2 | 1 | 2 | 2 | 4 |
| 授权后失效/件 | 1 | 6 | 2 | 2 | 2 | 5 | 4 |
| 在审/件 | 0 | 0 | 0 | 0 | 0 | 0 | 0 |

表 3-4-14 检测系统和整体装置相关的专利申请具体信息(按申请日排序)

| 技术主题 | 公开(公告)号 | 申请日 | 发 明 名 称 | 法律事件 | 保护年限/年 |
|---|---|---|---|---|---|
| 检测系统 | CN2826411Y | 20050622 | 全谱多通道蒸气发生原子荧光光谱仪 | 未缴年费专利权终止 | 10 |
| 检测系统 | CN2809633Y | 20050624 | 具有双道多灯架系统的氢化物发生—原子荧光光谱仪 | 未缴年费专利权终止 | 10 |

续　表

| 技术主题 | 公开(公告)号 | 申请日 | 发明名称 | 法律事件 | 保护年限/年 |
|---|---|---|---|---|---|
| 检测系统 | CN2856989Y | 20050811 | 检测汞、铅、镉和六价铬的原子荧光光谱仪 | 未缴年费专利权终止 | 10 |
| 整体装置 | CN100422722C | 20051021 | 铬的化学气相发生原子荧光光谱测量方法及其设备 | 未缴年费专利权终止 | 10 |
| 整体装置 | CN100460863C | 20060425 | 低温等离子体原子荧光光谱仪 | 未缴年费专利权终止 | 10 |
| 整体装置 | CN200941094Y | 20060425 | 低温等离子体原子荧光光谱仪 | 未缴年费专利权终止 | 5 |
| 检测系统 | CN2916625Y | 20060524 | 端视原子荧光光谱仪 | 未缴年费专利权终止 | 10 |
| 整体装置 | WO2012006782A1 | 20100715 | 测定镉的电热蒸发原子荧光光谱法及光谱仪 | 指定期满 | |
| 整体装置 | WO2012019340A1 | 20100811 | 检测 Cr(VI)的原子荧光光谱法及光谱仪 | 指定期满 | |
| 整体装置 | CN102374980B | 20100811 | 检测 Cr(VI)的原子荧光光谱法 | 未缴年费专利权终止 | 7 |
| 整体装置 | CN102967590A | 20121113 | 一种直接进样同时测定贡和镉的方法和仪器 | 授权 | 11 |
| 整体装置 | CN105044063A | 20150804 | 非气态样品中铅的检测装置及方法 | 驳回 | 0 |
| 整体装置 | CN105044064A | 20150804 | 非气态样品中砷的检测装置及方法 | 驳回 | 0 |
| 整体装置 | CN205263037U | 20151225 | 元素形态在线检测装置 | 授权 | 9 |
| 检测系统 | CN205808934U | 20160630 | 原子荧光光度计 | 专利权全部无效 | 0 |
| 检测系统 | CN205808935U | 20160630 | 原子荧光光度计 | 专利权部分无效 | 8 |
| 检测系统 | CN106018368A | 20160630 | 原子荧光光度计及其工作方法 | 驳回 | 0 |

续 表

| 技术主题 | 公开(公告)号 | 申请日 | 发 明 名 称 | 法律事件 | 保护年限/年 |
|---|---|---|---|---|---|
| 检测系统 | CN106153590A | 20160630 | 原子荧光光度计及其工作方法 | 驳回 | 0 |
| 检测系统 | CN207066988U | 20170613 | 原子荧光光度计 | 授权 | 7 |
| 整体装置 | CN216013149U | 20210824 | 基于荧光光谱分析技术的多元素检测系统 | 授权 | 2 |

由表 3-4-13 可知，该检测系统是集成了光源、原子化器、倍增管等部件的检测单元，整体装置是集成了消解、蒸气发生、进样、原子化器、光源、检测器等部件的仪器整体单元。与北京瑞利的专利申请策略相比，北京吉天更偏重于整体系统的保护。

考虑到专利保护年限、专利审查走向、专利技术具体内容、专利维权情况等因素，提取以下重点专利，并对其中的技术方案进行详述。

专利申请 CN2826411Y 公开了一种全谱多通道蒸气发生原子荧光光谱仪。该光谱仪包括原子化器，环绕原子化器设置有日盲通道和至少一道非日盲通道。日盲通道包括至少一个日盲光源、一个日盲光电倍增管，以及在日盲光源及日盲光电倍增管与原子化器之间分别设置的透镜。非日盲通道包括一个非日盲光源、一个非日盲光电倍增管、在非日盲光源及非日盲光电倍增管与原子化器之间分别设置的透镜，以及在非日盲光电倍增管与透镜之间设置的分光系统。该光谱仪扩充了现有氢化物发生-原子荧光光谱仪的测量范围，将有色散和无色散两种技术有机结合起来，既保持了无色散系统的所有特点，又能测量一些灵敏线在非日盲区段且能形成氢化物的元素，极大地扩大了现有蒸气发生——无色散原子荧光光谱仪的测量范围。

专申请利 CN2856989Y 公开了一种检测汞、铅、镉和六价铬的原子荧光光谱仪。该光谱仪包括激发光源、电热原子化器和光电检测器。其中，激发光源和光电检测器均围绕电热原子化器分布，蒸气发生系统通过导管与电热原子化器相连，在激发光源和光电检测器与电热原子化器之间分别设置有透镜，光电检测器与其对应的透镜之间设置有色散系统。色散系统可以是单色仪，也可以是滤光片。加了色散系统后的光谱仪，不仅能检测灵敏线在日盲波段的 11 种元素，还可以检测灵敏线在 320 nm 以上的可见或仅红外波段的元素，如六价 Cr(357.87 nm)、Cu(324.75 nm)、Pd(340.46 nm)、Rh(369.24 nm)、Ru(372.80 nm)、In(410.18 nm)、Tl(377.57 nm)、Ti(365.35 nm)等，极大地扩大了现有蒸气发生(氢化物发生)——无色散原子荧光光谱仪的测量范围。同时，添加色散系统后，减小了背景辐射和背景干扰，提高了仪器的信噪比和抗光谱干扰能力。

专利申请 CN100422722C 公开了一种铬的化学气相发生原子荧光光谱测量方法及设备，该设备包括气液分离装置，以及与其连接的色散-原子荧光光谱仪。其中，气液分离装置一端与有还原剂和载流/样品的管道连接；另一端与反应器混合和气液分离器连接。气液分离器的一端与气体混合器连接，该气体混合气与原子化器连接；另一端与排废管连接。该专利中的方法首次给出了利用氢化物发生原子荧光法测量铬(Cr)，扩展了氢化物发生原子荧光法的使用范围，找到了一种能够测定欧盟 RoHS 指令(Restriction of Hazardous Substances)中全部重金属元素的新方法。该测量方法稳定可靠，显著降低了测试成本，设备结构简单。

专利申请 CN100460863C 公开了一种低温等离子体原子荧光光谱仪。该光谱仪包括蒸气发生进样系统，以及与其连接的低温等离子体原子化系统。其中，低温等离子体原子化系统的放电装置，可形成低温等离子体区和自由原子区，在自由原子区侧面设置有光源系统和光学检测系统。该光谱仪采用蒸气发生进样方式，可实现进样系统、原子化系统和光学检测系统的最佳匹配，从而提高仪器的灵敏度和扩展其检测元素的种类。该光谱仪具有低能耗、高灵敏度和高稳定性的特点，而且可以扩充现有原子荧光仪器的检测范围。

专利申请 CN102374980B 公开了一种检测 Cr(VI)的原子荧光光谱法及光谱仪。该原子荧光光谱仪，包括蒸发器、激发光源、原子化器、光电检测器和计算机。其中，蒸发器包括密闭的壳体、加热舟和电源。加热舟置于密闭的壳体中，密闭的壳体上设有进气口和排气口；加热舟与电源连接，蒸发器的排气口通过导管与原子化器相连。检测 Cr(VI)的原子荧光光谱法如下：在氢气和氩气的混合气体中，将待测样品升温至1 000～1 400 ℃，使待测样品干燥、灰化；将灰化后的残渣升温至 2 000～2 600 ℃，对得到的蒸汽进行二次原子化；然后通过原子荧光检测 Cr(VI)的含量。该专利中检测 Cr(VI)的光谱仪灵敏度高、谱线简单、干扰小。

专利 CN205808935U 公开了一种原子荧光光度计。该光度计包括光路系统、原子化器及分析系统。其中，光路系统，包括 $M$ 个激发光源($M \geqslant 2$)，$M$ 个激发光源出射光的特征谱线分别对应于待测元素；出射光照射到原子化器内火焰中的同一区域，该出射光并非处于同一垂直于火焰中心轴线的截面内。探测器将该出射光间的夹角为锐角或直角的荧光转换为电信号，并传送到分析系统。该专利所述原子荧光光度计具有检测元素多、结构简单、检测成本低等优点。

整体装置的技术路线如图 3-4-7 所示。

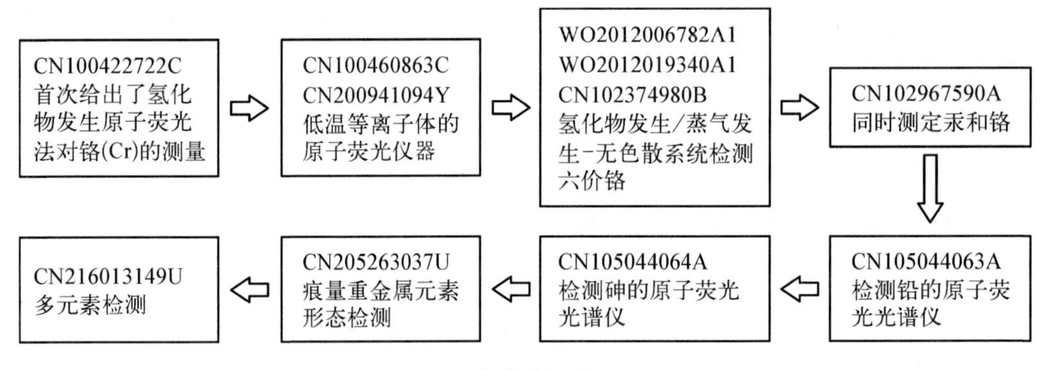


图 3-4-7　整体装置的技术路线图

2005 年,专利申请 CN100422722C 首次将氢化物发生原子荧光光度法应用于铬的测量中,利用化学气相发生-色散-原子荧光(CVG-D-AFS)光谱法进行铬的检测。2010 年,专利申请 CN102374980B 又进一步设计了用于铬测量的氢化物发生-无色散系统测量系统。该系统在较低的温度下,将含有铬元素的样品蒸干,并且在这个阶段排除了一部分基体干扰物,然后直接使用瞬间的高温将铬直接蒸发出去,再经过二级原子化后,进行荧光检测。该系统具有较高的检测灵敏度。此外,该系统还有原子荧光仪器以及检测铅、砷的原子荧光光谱仪,其中,原子荧光仪器基于低温等离子体的原子化系统,用于提高其灵敏度和扩大其检测元素的种类。

图 3-4-8 所示为检测系统的技术路线。

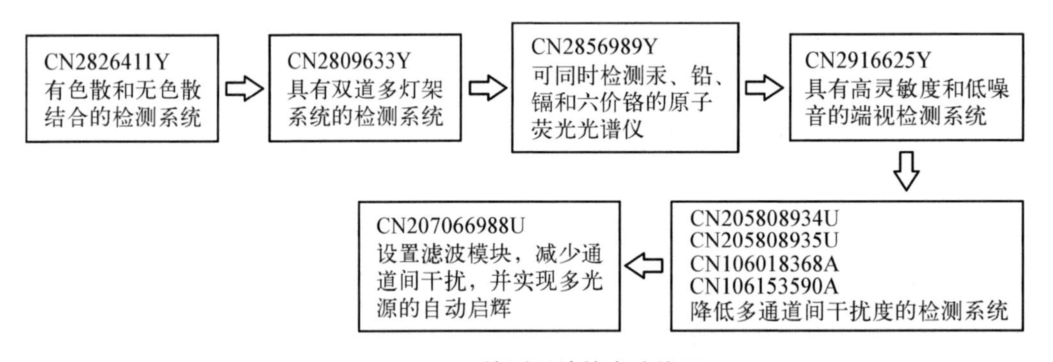


图 3-4-8　检测系统技术路线图

检测系统的设计始终致力于实现多通道的灵敏检测。从专利申请 CN2826411Y 和 CN2809633Y 中可以看出,它们专注于多通道光源和检测系统的设计。专利申请 CN2856989Y 展示了实现多种离子检测的无色散检测系统的设计。专利申请 CN205808934U 等关注于减少通道间干扰的配置。特别是专利申请 CN207066988U,在设计中不仅考虑了降低通道干扰,还加入了多光源的自动启辉功能,进一步提升了检测系统的自动化性能。

根据上述分析可以看出，北京吉天在检测重金属的原子荧光产品领域也较早地获得了同步专利保护。与瑞利公司的专利申请策略相比，其更倾向于整体系统，即涵盖了消解、蒸气发生、进样、原子化器、光源、检测器等部件的仪器整体单元的保护。在检测系统的优化方面，更加重视实现多通道的高效和高灵敏度检测。

3.4.2.3　北京海光仪器有限公司

北京海光仪器有限公司成立于1988年，是一家具有自主知识产权的高科技企业，2021年被评为国家级“专精特新”小巨人企业，连续15年被评为“分析仪器领军企业”，有30多年的光谱分析仪器研制生产历史，是我国知名光谱分析仪器制造厂商，也是世界第一台商用型氢化物发生原子荧光光度计的生产企业。北京海光研发产品广泛应用于食品、药品、环境监测、农业、质量监督、检验检疫、地质、科研等领域，曾获得国家科技进步三等奖、BCEIA金奖、自主创新金奖、国产好仪器、十大知名光谱仪器等多个奖项，参与制定20余项国家标准，拥有多项技术专利。其中，主打产品原子荧光光度计的销量已累积突2万台。

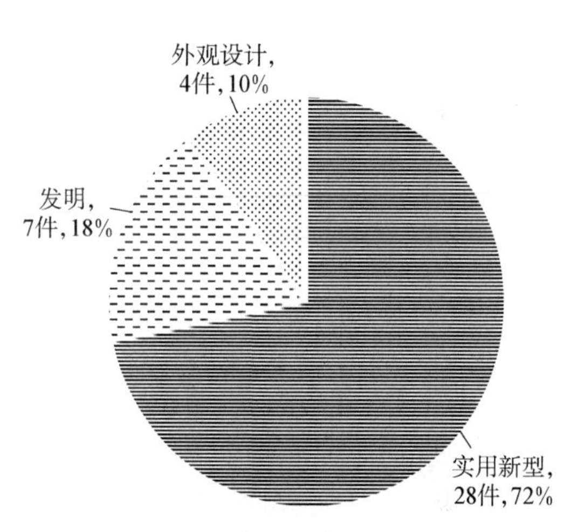


图3-4-9　北京海光在原子荧光领域的专利申请类型

由图3-4-9和图3-4-10可知，北京海光关于原子荧光相关的专利申请类型主要为实用新型，专利申请有28件，占比72%。所有关于原子荧光的相关申请中，处于有效状态的专利申请占比59%。

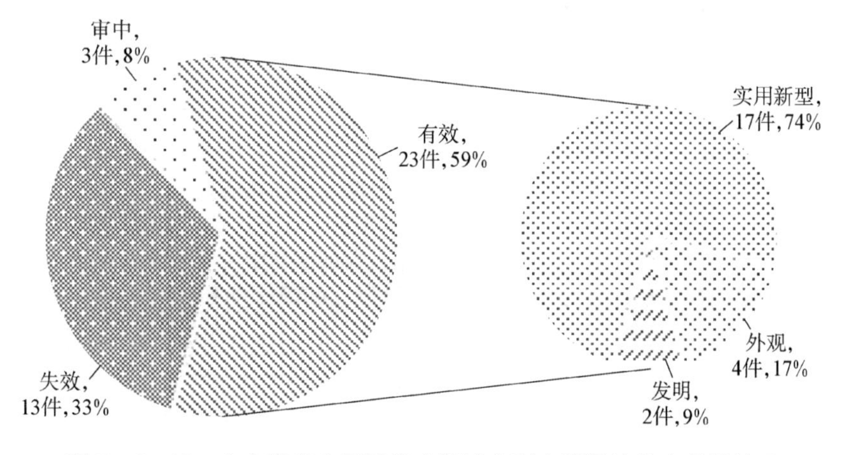


图3-4-10　北京海光在原子荧光领域专利申请的法律有效性情况

表 3－4－15 列出了北京海光的核心产品类别及其相关的专利(申请)和获奖情况。这些数据来源于海光仪器的官方网站、仪器信息网以及仪表网的最新信息。通过审视表中的数据可以清晰地看到，海光仪器的系列产品均配备了多项专利技术，并且在业界赢得了众多奖项。

**表 3－4－15　海光仪器主要产品以及相关专利(申请)和获奖情况**

| 类型 | 系　列 | 产 品 型 号 | 该系列涉及的专利技术/获奖情况 |
|---|---|---|---|
| 原子荧光光度计 | 蠕动泵系列 | AFS－2000/2100/3000/3100/8800/8900/9600/9800/9900/2202E/230E/85 系列原子荧光光度计 | CN1005430B 屏蔽式石英炉原子化器<br>CN1003093B 脉冲空芯阴极供电方法<br>CN2031525U 一种减少杂散光的装置(申请人为地质矿产部北京地质仪器厂，为海光仪器公司的前身)<br>CN2140060Y 原子荧光光度计编码灯<br>CN2366167Y 膜分离式气液分离器<br>CN203875056U 进样针自动清洗装置<br>CN202974872U 一种蒸气发生及气液分离系统<br>CN203224443U 一种无残留蒸气发生系统<br>CN202078781U 一种涌流式气液分离器<br>CN203083932U 一种顺序注射蒸汽发生系统<br>CN203083867U 一种泵阀专用分离富集装置 |
| | 注射泵系列 | AFS－9530/9531/9532/9560/9561/9562/9700/9710/9730/9750/9760/9770/9780 系列原子荧光光度计 | |
| | HGF－V 系列 | HGF － V2/V3/V4/V9 原子荧光光度计 | 集 40 多项核心技术于一体，获首届“金燧奖”中国光电仪器品牌榜铜奖(V 系列)、BCEIA 金奖、CISILE 自主创新金奖、国产好仪器(V3)、优秀新品奖(V9) |
| | 注射泵＋蠕动泵双模式进样 | AFS－8530/8560 全自动原子荧光光度计 | CN203875056U 进样针自动清洗装置<br>CN202974872U 一种蒸气发生及气液分离系统<br>CN203224443U 一种无残留蒸气发生系统 |
| 液相色谱原子荧光联用仪 | 蠕动泵系列 | LC－AFS8500/8510/8520/6000 液相色谱原子荧光联用仪 | CN203881724U 液相色谱原子荧光联用仪器分析功能切换装置<br>CN203881725U 新型液相色谱原子荧光联用仪器的双化学反应系统<br>国产好仪器(6500) |
| | 注射泵系列 | LC－AFS8530/6500/9530/9531/9560/9770 液相色谱原子荧光联用仪 | |
| | HGLF－V 系列 | HGLF－V 系列液相色谱-原子荧光联用仪 | 优秀新品奖 |

海光原子荧光光度计系列涵盖了多种产品，包括蠕动泵系列、注射泵系列、注射泵与蠕动泵相结合的双模式进样系列，以及 HGF－V 系列。液相色谱原子荧光联用仪则分为蠕动泵系列、注射泵系列和 HGLF－V 系列。值得注意的是，AFS 和 LC－AFS 系列均融合了多项专利技术。特别地，海光公司在 1994 年推出的 AFS－230 双道原子荧光光度计，作为世界上首款全自动双道氢化物荧光光度计，荣获了六项专利，并且荣获了包括国家科技进步奖在内的八项大奖。AFS－230 型全自动双道原子荧光光度计主要由以下部分组成：荧光光度计主机、145 位全自动进样器、流动注射氢化物发生系统以及气液分离器系统、数据处理系统等。荧光光度计主机由四个核心部分构成：原子化器、光学系统、电路系统和气路系统。该仪器能够测定多达 11 种重金属元素，包括汞、铅、砷、镉和锌等。

海光仪器公司的前身，即地质矿产部北京地质仪器厂，在 1987～1988 年间，基于原子荧光光谱技术，成功申请了三项专利。这些专利包括：CN1005430B（屏蔽式石英炉原子化器）、CN1003093B（脉冲空芯阴极供电方法），以及 CN2031525U（一种减少杂散光的装置），均获得专利权。

表 3－4－16 列出了海光仪器在原子荧光领域的专利（申请）概况。根据表内信息，海光仪器作为申请人提交的首项专利申请可追溯至 1992 年，该申请于次年即 1993 年成功获得专利授权。该专利在 1997 年进行了有效期的续展，但最终在 2001 年 10 月专利有效期届满后失效。在那些授权后失效的专利中，大多数是因为未支付年费或期限已满。此外，海光仪器已将多项相关专利技术集成应用于 AFS－3000/3100/230E/2202E 等型号的原子荧光光度计产品中。自 2011 年以来，海光公司几乎每年都在原子荧光技术领域提交了专利申请。在 2011～2018 年期间，其申请量呈现出波动性增长态势，特别是在 2018 年，海光提交了多达 10 件专利申请。这些专利涵盖了荧光光度计的进样装置、光源、火焰点燃装置、原子化室以及废气处理等多个技术领域。这表明海光公司在荧光光度计领域持续进行创新，并且其研发覆盖了广泛的技术方向。此外，根据海光仪器官网、仪器信息网和仪表网提供的现有数据，可以观察到海光仪器在 1992～2014 年期间申请的大部分专利技术，已经应用于原子荧光光度计的相关零部件产品中。

表 3－4－17 列出了海光公司涉及原子荧光技术的专利申请量和有效专利的统计情况。可以看出，海光在原子荧光领域的专利申请主要集中在光源和进样装置这两个技术主题上，尤其是与光源相关的有效专利数量最多。此外，海光在原子荧光技术的多个分支领域都进行了专利布局，包括但不限于光源、进样装置、液相色谱与原子荧光技术的联用、原子化系统、废气净化与监测、汞捕集装置、火焰点燃装置以及计量泵等，这些领域均拥有有效的专利保护。

表 3-4-16 海光仪器关于原子荧光主题的专利(申请)概况

| 技术主题 | 发明名称 | 申请时间/年 | 公开(公告)号 | 法律状态 | 同族施引专利 | 保护期限/年 | 申请类型 | 涉及的产品型号 |
|---|---|---|---|---|---|---|---|---|
| 光源 | 原子荧光光度计编码灯 | 1992 | CN2140060Y | 有效期届满失效 | 0 | 8 | 实用新型 | |
| 进样装置 | 用于原子荧光光度计的断续流动装置 | 1998 | CN2364458Y | 全部无效失效 | 21 | 4 | 实用新型 | AFS-3000/3100/230E/2202E |
| 进样装置 | 膜分离式气液分离器 | 1998 | CN2366167Y | 未缴年费失效 | 5 | 4 | 实用新型 | |
| 进样装置 | 一种涌流式气液分离器 | 2011 | CN202078781U | 未缴年费失效 | 2 | 8 | 实用新型 | AFS-9560 |
| 蒸汽发生系统 | 一种顺序注射蒸汽发生系统 | 2012 | CN203083932U | 未缴年费失效 | 0 | 10 | 实用新型 | AFS-9710/9750/9760/9770、AFS-9560/9561/9562、AFS-9530/9531/9532 |
| 蒸汽发生系统、进样装置 | 一种蒸气发生及气液分离系统 | 2012 | CN202974872U | 未缴年费失效 | 2 | 10 | 实用新型 | AFS-8500/8510/8530、AFS-8900、AFS-9710/9750/9760/9770、AFS-9560/9561/9562、AFS-9530/9531/9532 |
| 进样装置 | 一种分离富集系统 | 2012 | CN202974750U | 未缴年费失效 | 3 | 10 | 实用新型 | / |
| 进样装置 | 一种泵阀专用分离富集装置 | 2013 | CN203083867U | 未缴年费失效 | 0 | 10 | 实用新型 | AFS-9710/9750/9760/9770、AFS-9560/9561/9562、AFS-9530/9531/9532 |

续　表

| 技术主题 | 发明名称 | 申请时间/年 | 公开(公告)号 | 法律状态 | 同族施引专利 | 保护期限/年 | 申请类型 | 涉及的产品型号 |
|---|---|---|---|---|---|---|---|---|
| 蒸汽发生系统 | 一种无残留蒸气发生系统 | 2013 | CN203224443U | 有效期届满失效 | 1 | 10 | 实用新型 | AFS-8500/8510/8530、AFS-8900 |
| 联用蒸气发生系统 | 新型液相色谱原子荧光联用仪器的双化学反应系统 | 2014 | CN203881725U | 有效 | 2 | 9 | 实用新型 | LC-AFS9560、LC-AFS9770、LC-AFS9531、LC-AFS8530、LC-AFS8520、LC-AFS8510、LC-AFS8500、LC-AFS6500、LC-AFS9530、LC-AFS6000(均获 BCEIA 金奖) |
| 联用蒸气发生系统 | 液相色谱原子荧光联用仪器分析功能切换装置 | 2014 | CN203881724U | 有效 | 4 | 9 | 实用新型 | |
| 进样装置 | 进样针自动清洗装置 | 2014 | CN203875056U | 有效 | 0 | 9 | 实用新型 | AFS-8510、AFS-8530、AFS-8900、AFS-9770、AFS-9750/9760、AFS-9560/9561/9562、AFS-9530/9531/9532、AFS-9710、AFS-8500 |
| 水蒸气去除 | 新型原子荧光水蒸气去除装置及新型原子荧光光谱仪 | 2015 | CN204439550U | 未缴年费失效 | 3 | 8 | 实用新型 | — |

续 表

| 技术主题 | 发明名称 | 申请时间/年 | 公开(公告)号 | 法律状态 | 同族施引专利 | 保护期限/年 | 申请类型 | 涉及的产品型号 |
|---|---|---|---|---|---|---|---|---|
| 蒸气发生系统 | 用于原子荧光光谱仪的蒸气发生系统 | 2015 | CN204439551U | 未缴年费失效 | 1 | 8 | 实用新型 | — |
| 排废装置 | 自动排液装置及具备该自动排液装置的原子荧光光度计 | 2015 | CN204439549U | 未缴年费失效 | 0 | 8 | 实用新型 | — |
| 计量泵 | 新型抗结晶抗腐蚀计量泵 | 2015 | CN204692007U | 有效 | 0 | 8 | 实用新型 | — |
| 液相色谱-原子荧光联用 | 微波在线消解装置以及液相色谱-原子荧光联用仪 | 2015 | CN205027706U | 有效 | 1 | 8 | 实用新型 | — |
| 废气处理 | 用于原子荧光光谱仪的废气净化装置 | 2016 | CN206082068U | 有效 | 0 | 6 | 实用新型 | — |
| — | 双注射泵原子荧光光度计 | 2016 | CN304042073S | 有效 | — | 6 | 外观设计 | — |
| — | 单注射泵原子荧光光度计 | 2016 | CN304042074S | 有效 | — | 6 | 外观设计 | — |
| 原子化器 | 温度可调的脉冲点火式原子化器及其加热方法 | 2017 | CN107389630A | 驳回失效 | 4 | 0 | 发明 | — |
| 光源 | 智能环保型光源漂移自动校正原子荧光光谱仪 | 2017 | CN107389547B | 有效 | 4 | 6 | 发明 | — |

续　表

| 技术主题 | 发明名称 | 申请时间/年 | 公开(公告)号 | 法律状态 | 同族施引专利 | 保护期限/年 | 申请类型 | 涉及的产品型号 |
|---|---|---|---|---|---|---|---|---|
| 汞捕集装置 | 高效汞捕集装置 | 2017 | CN207408180U | 有效 | 2 | 5 | 实用新型 | — |
| 光源 | 免调灯装置 | 2017 | CN206846471U | 有效 | 0 | 5 | 实用新型 | — |
| 进样装置 | 一种用于原子荧光的顺序注射蒸气发生进样系统 | 2018 | CN108195814A | 审中 | 0 | — | 发明 | — |
| 进样装置 | 一种用于原子荧光的顺序注射蒸气发生进样系统 | 2018 | CN208125618U | 有效 | 0 | 5 | 实用新型 | — |
| 光源 | 一种多灯位旋转灯塔光源系统 | 2018 | CN207763828U | 有效 | 2 | 5 | 实用新型 | — |
| 废气处理 | 一种用于原子荧光的有毒有害气体监测系统 | 2018 | CN208206799U | 有效 | 0 | 5 | 实用新型 | — |
| 进样装置 | 一种用于原子荧光的三维集成流路系统 | 2018 | CN108716952A | 审中 | 0 | — | 发明 | — |
| 进样装置 | 一种用于原子荧光的三维集成流路系统 | 2018 | CN208383310U | 有效 | 0 | 5 | 实用新型 | — |
| 原子化室 | 一种用于原子荧光的原子化室可视化系统 | 2018 | CN208187981U | 有效 | 0 | 5 | 实用新型 | — |

续 表

| 技术主题 | 发 明 名 称 | 申请时间/年 | 公开(公告)号 | 法律状态 | 同族施引专利 | 保护期限/年 | 申请类型 | 涉及的产品型号 |
| --- | --- | --- | --- | --- | --- | --- | --- | --- |
| 光源 | 一种空心阴极灯射频身份识别系统 | 2018 | CN208188838U | 有效 | 0 | 5 | 实用新型 | — |
| 火焰点燃装置 | 一种用于分析仪器的火焰点燃装置 | 2018 | CN208188604U | 有效 | 0 | 5 | 实用新型 | — |
| 火焰点燃装置 | 一种用于分析仪器的火焰点燃装置和控制方法 | 2018 | CN108762119B | 有效 | 5 | 5 | 发明 | — |
| 同时测定锡酸钠中砷和锑 | 一种蒸气发生-原子荧光光谱法同时快速测定锡酸钠中砷和锑的方法 | 2020 | CN111351776A | 驳回失效 | 6 | 0 | 发明 | — |
| 光源 | 应用于元素灯上的辐射能量稳定装置和稳定方法 | 2021 | CN113376131A | 审中 | 0 | / | 发明 | — |
| 光源 | 应用于元素灯上的辐射能量稳定装置 | 2021 | CN215678099U | 有效 | 0 | 2 | 实用新型 | — |
| / | 原子荧光光度计(HGF-V系列) | 2022 | CN307568557S | 有效 | / | 1 | 外观设计 | — |
| / | 原子荧光光度计(HGF-S系列) | 2022 | CN307568556S | 有效 | / | 1 | 外观设计 | — |

**表 3-4-17　海光原子荧光相关专利(发明和实用新型)各技术主题申请量和有效专利统计**

| | 光源 | 进样装置（包括气液分离） | 蒸汽发生系统 | 液相色谱-原子荧光联用 | 原子化系统 | 排废液装置 | 废气净化/监测 | 水蒸气去除 | 汞捕集装置 | 火焰点燃装置 | 计量泵 | 同时测定锡酸钠中砷和锑 | 总计 |
|---|---|---|---|---|---|---|---|---|---|---|---|---|---|
| 申请量/件 | 7 | 10 | 4 | 3 | 2 | 1 | 2 | 1 | 1 | 2 | 1 | 1 | 35 |
| 有效专利/件 | 5 | 3 | 0 | 3 | 1 | 0 | 2 | 0 | 1 | 2 | 1 | 0 | 18 |
| 授权后失效/件 | 1 | 5 | 4 | 0 | 0 | 1 | 0 | 1 | 0 | 0 | 0 | 0 | 12 |
| 在审/件 | 1 | 2 | 0 | 0 | 0 | 0 | 0 | 0 | 0 | 0 | 0 | 0 | 3 |

根据表 3-4-17 的数据显示，海光仪器在原子荧光光度计领域的专利申请中，对光源和进样装置的改进尤为突出。如图 3-4-11 所示，从光源技术的发展历程来看，海光对荧光光度计光源技术的研究和开发，从时间序列上依次涵盖了延长光源寿命、自动识别待测元素的光源、提高光源稳定性、简化光源调节安装的便捷性以及实现光源的自动化调节等多个方面。这些技术进步使得荧光光度计的光源技术朝着高可靠性和智能化的方向发展。此外，海光早期申请的关于光源的专利，例如，专利申请 CN1003093B 和 CN2140060Y，其专利权均保持有效直至期满。除了专利申请 CN113376131A 仍在审查中，其他授权的光源相关专利也均处于有效状态，这充分体现了海光对光源相关专利的重视程度。同时，海光也将这些专利技术广泛应用于其各类产品线中。

AFS 系列仪器运用了专利号为 CN1003093B(1987 年申请)的发明专利技术。该技术涉及一种特殊的高强度空芯阴极灯，采用间歇式脉冲供电方式。这种脉冲空芯阴极灯的间歇式供电方法旨在延长原子荧光光度计中空芯阴极灯的使用寿命。通过一个特别设计的控制电路，确保原子荧光光度计仅在采样期间向空芯阴极灯提供短脉冲大电流。在开机后的非采样时段，仅使用小电流 $I_0$ 对空芯阴极灯进行预热，以确保灯的发光稳定性。在实际的分析过程中，样品的分析周期是采样周期的三倍。因此，采用短脉冲大电流间歇式供电的空芯阴极灯，其使用寿命相较于连续式供电方式可提高三倍以上。该发明通过利用开关电路的开关特性，并借助线性运算放大器实现短脉冲大电流与采样周期的同步控制。这一设计有效延长了空芯阴极灯的使用寿命，降低了分析实验的成本，并确保了分析数据的完整性和可靠性，同时保证了测量的精度和灵

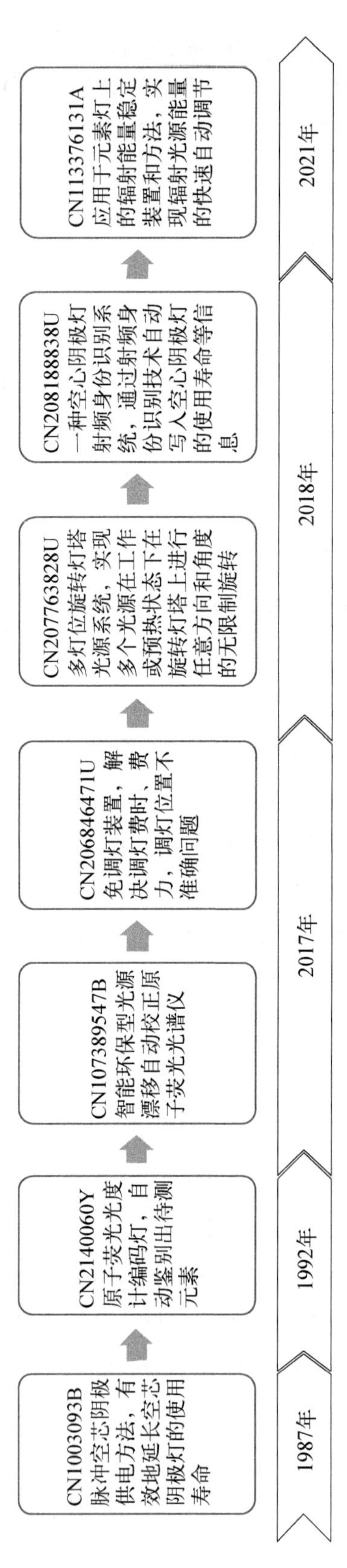


图3-4-11 海光原子荧光光度计光源技术发展脉络图

敏度。AFS系列原子荧光光度计配备的激光光源采用了专利申请CN2140060Y(1992年)中的编码式空芯阴极灯。这种设计允许微机程序通过读取编码信号,自动识别待测元素的原子荧光。该光度计的编码灯组件包括空芯阴极灯、传输电缆、连接插头、编码端子、编码连线、微机输入端以及微机地线。传输电缆的一端连接至空芯阴极灯,另一端则与连接插头相连。在原子荧光光度计的空芯阴极灯连接插头上,增设了编码连线,形成了编码灯。通过应用分层编码技术,编码端子共有五个端点,位于编码灯连接插头的外层。这些端子分别与空芯阴极灯的阳极和阴极相连,而这些连接点位于连接插头的内层。连接插头与原子荧光光度计内部的微机输入端精确对接。在编码端子中,有一个特定的端子与微机的地线相连,而编码端子的其他端点则可以灵活地在它们之间进行任意连接。待测元素通过连接相应的端点,输入微机后转换成二进制编码。在微机中,每种元素都对应一个特定的二进制编码。通过比对微机存储的元素二进制编码与待测元素的编码,可以识别出待测元素。这种分层编码方法具有保护功能,即使在插入灯泡时发生错位,也确保不会损坏光度计的电路。

2017年,专利申请CN107389547B介绍了一种智能环保型光源漂移自动校正原子荧光光谱仪。该设备包含以下主要组件:激发光源、主控制模块、电流供应模块以及检测器。主控制模块与电流供应模块相连,负责向电流供应模块发送电流供应指令。电流供应模块与激发光源相连,根据主控制模块发出的指令为激发光源提供适当的供电电流。激发光源则利用电流供应模块提供的电流输出相应光能量的辐射光。检测器的作用是分时检测激发光源输出的辐射光的光能量,并根据检测结果进行调整,确保每次检测到的光能量守恒。通过主控制模块向电流供应模块发送电流供应指令,电流供应模块随即为激发光源提供相应的供电电流。这一过程使得激发光源能够输出相应光能量的辐射光。随后,检测器对辐射光的光能量进行检测,并根据检测结果进行调整,以确保每次检测到的光能量保持一致。只有当每次检测到的光能量保持一致时,才能确定激发光源处于相对稳定状态,其漂移得到了有效的校正。

2018年,专利申请CN206846471U介绍了一种免调灯装置。该装置采用三点对中技术来调整阴极灯,可解决用户在调整灯光时所面临的耗时、费力以及定位不准确的问题。该装置由内灯套、外灯套、灯套座和元素灯组成。元素灯通过灯锁紧螺母固定在内灯套内,形成内灯套组件。内灯套组件外接外灯套,而外灯套的下部则固定在灯套座上。在外灯套的下部,设置了一个顶紧弹簧,该弹簧位于灯套座内部,并将内灯套组件向上顶至外灯套的上壁。在外灯套的上部,安装了一个紧定螺钉,当元素灯的中心调整至免调灯装置的中心后，通过调整外灯套上方的紧定螺钉来固定元素灯。此外，灯套座的底部还设有固定销钉。

2018 年，专利申请 CN207763828U 介绍了一种多灯位旋转灯塔光源系统。该系统由多个组件构成，包括光源、旋转灯塔、导电滑环、传动机构、步进电机、编码器以及控制系统。光源被安装在旋转灯塔的顶端，而旋转灯塔通过连接轴与传动机构相连。传动机构又与步进电机相接，确保了精确的运动控制。编码器被固定在步进电机的贯穿驱动轴上，用于监测和控制旋转位置。编码器和步进电机均与控制系统相连，以实现自动化操作。此外，连接轴上还安装了导电滑环，它使控制系统与光源之间的连接导线在旋转时保持连续性，确保了系统的稳定运行。导电滑环和连接导线能够与连接轴同步旋转，从而保证了整个系统的顺畅运作。通过导电滑环将光源与控制系统相连，利用编码器精确地反馈位置信息，可实现了在旋转灯塔上多个光源在工作或预热状态下进行任意方向和角度的自由旋转，同时能够保证在高速旋转过程中，所有光源与控制系统的电气连接保持稳定可靠。

2018 年，专利申请 CN208188838U 介绍了一种空心阴极灯射频身份识别系统。该系统由几个关键部分组成：一个控制系统、一个由 RFID 读写系统、RFID 读写系统天线、RFID 标签构成的 RFID 系统，以及一个由空心阴极灯电源系统和至少一个空心阴极灯构成的光源系统。RFID 读写系统与 RFID 读写系统天线之间电气连接；空心阴极灯通过电源接口与空心阴极灯电源系统相连；RFID 标签被粘贴在空心阴极灯的后侧；控制系统与 RFID 读写系统和空心阴极灯电源系统之间电气连接。该实用新型专利技术克服了传统技术操作烦琐和需要复杂电气连接的缺陷，该系统具有结构简洁、可靠性高、成本低廉等显著优点，因此具有很高的应用价值。

2021 年，专利申请 CN113376131A 提供了一种用于元素灯的辐射能量稳定装置及其稳定方法。该装置由多个关键组件构成：控制器；光源能量取样装置；低噪声前置放大模块，负责放大电流信号；均方根值转换模块；低噪声比例模块；高比例差值放大模块。高比例差值放大模块与低噪声比例模块、控制器，以及校正选择模块相连，其功能是确保光源的辐射能量能够实时地被锁定在预设的目标值上。该发明涉及一种辐射能量稳定方法，其步骤包括：采集光信号；放大电流信号；将信号转换为均方根值；对信号进行放大或衰减处理；实时锁定光源的辐射能量于预设值。该技术方案实现了辐射光源能量的快速自动调节，克服了传统方法中因光源差异或环境变化导致的校正误差问题。此外，该发明的光源能量取样装置安装简便，无须额外调节，确保了光源能量的恒定稳定输出。

北京海光关于原子荧光光度计进样技术的发展脉络如图 3-4-12 所示。该技术

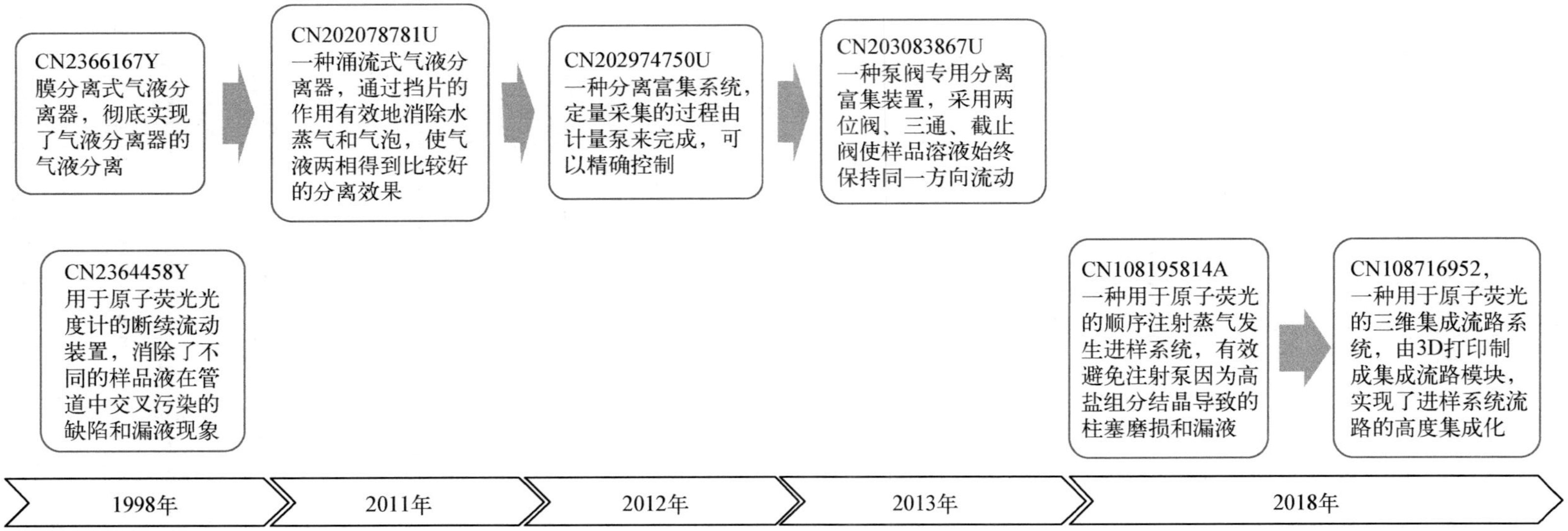

**图 3-4-12　海光原子荧光光度计进样技术(分离富集)发展脉络图**

主要经历了两个重要阶段：首先是气液分离技术的实现，其次是进样装置的优化。在气液分离技术方面，从最初实现气液分离，到后来分离效果的显著提升，通过精确控制取样量和有效减少流路污染，检测的精度和效率都得到了显著提高。改进后的进样装置解决了样品液在管道中交叉污染的问题，消除了漏液现象。同时，还克服了注射泵因高盐组分结晶而引起的柱塞磨损和漏液问题，实现了蒸气发生进样系统流路的高度集成化和简洁化。

相关专利技术的简要介绍如下。

1998 年，专利申请 CN2366167Y 公开了一种适用于氢化物原子荧光光度计的膜分离式气液分离器。该分离器由耐碱、耐酸的材料构成，如石英和玻璃。其腔体设有三个接口：一个用于排放含有部分气体的废液的废液排出口；一个用于引入待分离的气液混合物的气液混合物入口；一个用于排放分离后含有水蒸气的气体的气体出口。其独特之处在于气体出口处配备了一层厚度为 0.1～0.8 mm 的聚四氟乙烯透气膜，而废液排出口则装有一层中空纤维微滤过滤膜。这种设计只允许水分子通过，而气体及任何气态化合物则被完全阻挡。

2011 年，专利申请 CN202078781U 介绍了一种涌流式气液分离器。该分离器由分离器本体、入口管、出气管以及废液管组成。在分离器本体的空腔内，安装有挡片。这些挡片的作用是有效地消除水蒸气和气泡，从而使得气液两相得到较好的分离效果。通过涌流方式，这种气液混合物实现了彻底的分流，效率高。与传统的气液分离器相比，使用该装置后，原子荧光的精密度和检出限指标均有了显著的提升。

2012 年，专利申请 CN202974750U 公开了一种分离富集系统。该系统包括进样管路、与进样管路相连的三通、与三通相连的流体驱动模块，以及连接在三通上的计量泵。此外，三通与流体驱动模块之间还设有截止阀。该系统的工作原理如下：在操作过程中，首先关闭截止阀，然后计量泵从进样管路中精确抽取所需试剂；随后，截止阀关闭，进样管路中的流体通过流体驱动模块被输送出去。由于定量采集过程由计量泵精确控制，即使在流体驱动模块因长期使用而老化的情况下，也不会影响取样精度。

2013 年，专利申请 CN203083867U 公布了一种专为泵阀设计的分离富集装置。该装置由多个关键部分组成，包括流体管路、流体换向模块、定量取样模块、分离富集模块以及流体驱动模块。流体换向模块由至少一种或多种组合的两位阀、三通和截止阀构成。通过这些组件的组合，装置能够吸取试剂和样品，并通过改变液流方向确保样品溶液持续单向流动。这种设计显著改善了复杂及高浓度样品对流路部件的污染问题，减少了清洗试剂的使用量，缩短了清洗时间，进而提升了工作效率，并降低了维护成本。

2000 年，专利申请 CN2364458Y 公布了一种专为原子荧光光度计设计的断续流动装置。该装置由多个组件构成，包括进样管、还原剂管、废液管、采样环、载气管、连接至原子化器的管道、两个蠕动泵、反应器、气液分离器、自动进样器样品盘以及载流槽和进样针。通过移除载流管和采样阀，并将采样管与载流管合并为单一的进样管，实现了样品和载流共享同一通道。采用该断续流动装置，可实现以新鲜样品液面反应替代集中反应，有效避免了不同样品液在管道中交叉污染的问题以及漏液现象。

2018 年，专利申请 CN108195814A 公布了一种顺序注射蒸气发生进样系统，专为原子荧光光谱分析设计。该系统包含多个流路：① 第一流路由第一吸液管、第四介质隔离阀、存样环、第一介质隔离阀、注液泵依次连接而成；② 第二流路由第二吸液管、第二介质隔离阀、第一柱塞泵依次连接而成；③ 第三流路由第三吸液管、第六介质隔离阀、第二柱塞泵依次连接而成；④ 第四流路由第一柱塞泵、第二介质隔离阀、第一介质隔离阀、存样环、第四介质隔离阀、混合模块依次连接而成；⑤ 第五流路由第二柱塞泵、第六介质隔离阀、混合模块依次连接而成。此外，还包括第六流路、第七流路、第八流路及第九流路。该进样系统有效地解决了注射泵因高盐组分结晶而引起的柱塞磨损和漏液问题，其结构简洁、可靠性高、成本低廉，是原子荧光分析领域的一大创新。

2018 年，专利申请 CN108716952A 公布了一种三维集成流路系统，专为原子荧光技术设计。该系统由 3D 打印技术制造的集成流路模块构成，模块从上到下依次包含覆盖层、管路层、上下接口层、过渡层以及介质隔离阀接口层。覆盖层是一个实体结构，而管路层、上下接口层、过渡层和介质隔离阀接口层之间通过垂直于层面的管道相互连接。该三维集成流路系统利用 3D 打印的增材制造技术，从下到上构建了从第五层到第一层的流路、接口和功能布局，从而实现了蒸气发生进样系统流路的高度集成化和简化。该系统具有制造过程简便、成本低廉以及易于推广和应用等诸多优势。

通过对北京海光在原子荧光光度计领域的专利申请进行的简要分析，可以清晰地看出，北京海光在该技术领域内不仅研发起步较早，而且在专利布局方面也表现出前瞻性，其掌握了涉及原子荧光光度计多个关键部件的专利技术。

#### 3.4.2.4　北京锐光仪器有限公司

北京锐光仪器有限公司成立于 2006 年 8 月，位于北京中关村电子城科技园区。该公司专注于生产原子荧光光度计、原子吸收分光光度计、火焰原子吸收光谱仪等仪器。首批专利申请集中于2008年6月进行，涵盖了汞元素形态分析装置和进样装置的创新。随后，公司的研发重点继续围绕这两个领域进行深入改进。作为专利权人，北京锐光拥有8件专利权维持时间超过十年。关于专利申请量和有效性更详细的信息，如表3-4-18所示。

**表3-4-18　北京锐光申请量和有效专利统计**

| | 申请量/件 | 有效专利/件 | 授权后失效/件 | 在审/件 | 申请时间/年 |
|---|---|---|---|---|---|
| 采样针 | 1 | 1 | — | 0 | 2013 |
| 光度计控制电路 | 1 | — | 1 | 0 | 2012 |
| 光源 | 1 | — | 1 | 0 | 2010 |
| 光源校准 | 1 | 1 | — | 0 | 2013 |
| 检测系统 | 3 | 1 | 2 | 0 | 2012—2014 |
| 进样装置 | 3 | 1 | 2 | 0 | 2012—2013 |
| 信号采集 | 1 | — | 1 | 0 | 2010 |
| 阴极灯编码结构 | 1 | — | 1 | 0 | 2010 |
| 蒸气除水 | 1 | 1 | — | 0 | 2014 |
| 蒸气发生装置 | 1 | — | 1 | 0 | 2013 |
| 整体装置 | 3 | 2 | 1 | 0 | 2011 |
| 注射进样装置 | 1 | — | 1 | 0 | 2011 |
| 紫外消解 | 1 | — | 1 | 0 | 2010 |

当前，基于紫外消解和还原技术的元素形态分析装置所使用的反应管路长度是固定的。这些管路的容积构成了联用系统死体积的一部分。过长的管路会改变反应时间，导致谱带展宽效应；而过短的管路则会缩短紫外光的照射时间，降低紫外光的利用率。在多数情况下，避免谱带展宽效应和增加紫外光照射时间的需求并不一致。由于固定长度的反应管无法根据实际需求进行调整，限制了紫外消解和还原过程的效果。

针对上述技术的缺陷，北京锐光于2010年申请的专利CN201773093U中提出了一种改进方案。该方案涉及一种简化结构的在线紫外消解、还原装置，旨在防止低压汞灯灯管易碎的问题。该装置不仅可根据使用需求调节紫外光源的发射强度，还能调整反应管的容积，以满足避免谱带展宽效应和延长紫外光照射时间的需求，确保了在元素形态分析中达到最佳的紫外消解和还原效果。该装置包括紫外灯管组和反应管，以及装置本体上的薄片支架。紫外灯管组由灯座和连接在灯座一端的紫外灯管组成，灯座安装在插座上。紫外灯管被安置在薄片支架所形成的腔体内，而反应管则固定在薄片支架的槽中。紫外灯管组采用热阴极型低压汞灯技术，其数量配置为2～8组。反应管设计为紫外线可透射的管路，采用聚合物或石英玻璃等材料制成，内径范围在0.1～1.0 mm之间，同样配置为2～8组。薄片支架构成的腔体，其内径介于10～120mm，支架数量为3～8组。这些紫外灯管组、反应管以及薄片支架均被安置在一个封闭的装置内部。

商品化的原子荧光仪器通常进样量较小，而水样中的重金属浓度极低，因此，该方法在检测上难以达到国家规定的《地表水环境质量标准》(GB 3838—2002)和《海水水质标准》(GB 3097—1997)中Ⅰ、Ⅱ类水质的重金属元素检测要求。此外，市售的原子荧光光谱仪主要是实验室使用的大型设备，体积庞大、重量沉重，不便于户外作业；测试样品需要使用专用的取样器皿到现场采集，并且为了确保样品性质不发生改变，必须加入酸性保存剂。对于那些在水样中含量极低的元素，采样过程中增加的操作步骤可能会引入额外的污染风险。同时，取样容器和保存试剂也可能对样品造成污染。此外，这些因素也延长了整个样品检测的周期。

2011年，专利申请CN202256162U公开了一种便携式原子荧光光谱仪。该光谱仪由多个关键组件构成，包括氢化物发生系统、气路系统、还原剂进样部件、检测器以及数据处理系统。气路系统分别与氢化物发生系统和检测器相连通，确保气体流动的顺畅。还原剂进样部件与氢化物发生系统相接，以便于还原剂的准确注入。氢化物发生系统产生的混合气体随后被输送至检测器进行分析。检测器与数据处理系统紧密相连，后者负责对检测结果进行深入的分析和处理。氢化物发生系统由气室和试剂瓶组成。气室设有两个进气口和一个出气口，其中进气口分别用于引入还原剂和载气，而出气口则用于排放混合气体(即氩气、氢气和原子蒸气的混合物)。试剂瓶与气室相连，共同构成一个封闭的反应腔，以确保化学反应的进行以及气液的有效分离。该试剂瓶不仅作为集中反应式的氢化物发生器，还充当气液分离器的角色。作为一次性使用的装置，试剂瓶在完成气液分离并排出废液后，将被回收并妥善处理。气路系统与气室上的载气进口相连，确保载气能够注入试剂瓶内。同时，还原剂进样部件与氢化物发生系统中的气室的还原剂进口相接，使得还原剂进样部件中的还原剂能够通过气室的还原剂进口进入试剂瓶，并与其中的样品发生反应。由此产生的原子蒸气与氩气、氢气混合后，通过气室的混合气体出口导入检测器，而废液则被排出，试剂瓶则进行回收和处置。还原剂进样部件是一种可调节的加液器，通过注射器针筒的柱塞往复运动以及两个单向活塞的作用，实现液体的定量和定向输送，从而完成加液过程。检测器部分包括荧光检测器、荧光激发源、透镜以及原子化器。其中，荧光检测器采用的是光电倍增管，而荧光激发源则是原子荧光空心阴极灯。数据处理系统与检测器通过USB或蓝牙技术实现仪器与数据处理设备间的信息交换。测试流程如下：首先进行取样，然后按照规定将样品加入试剂瓶中；接着，将试剂瓶安装在气室下方，形成一个密封的腔体；使用可调节的加液器向其中加入定量的还原剂，随后启动仪器进行测量。数据处理系统将对所得的测试结果进行分析处理。测量完成后，废液将被排出，而试剂瓶则会被回收并妥善处理。在整个测试过程中，载气持续供应。

当前的技术尚未能实现样品中多种元素同时测定时，所有待测元素的检出限和精密度均达到最优状态。尤其在真实反映样品中各元素实际含量方面存在不足，无法确保在多元素同时测定过程中分析结果的准确性和可靠性。因此，北京锐光于2011年申请的专利CN102519922A中公开了一种用于多元素同时测定的原子荧光装置。该装置由还原剂管路、样品管路、反应块、气液分离器以及原子化器组成。还原剂通过还原剂管路输送至反应块；样品则通过样品管路导入反应块；反应产物在气液分离器中进行分离，随后气态氢化物被送入原子化器进行检测。还原剂管路由还原剂管及其一组输入端口构成，这些输入端口分别与还原剂管的入口相连。还原剂管的另一端则与反应块的入口相连通。样品管路包括载流样品管和采样环，待测样品通过载流样品管进入采样环，随后从采样环通过管路输送到反应块。为了满足同时测定多种元素的需求，每个还原剂输入端口的管道上都配备了相应的还原剂控制阀，这些控制阀采用电磁阀设计。为了加快还原剂和样品的输入过程，在还原剂和样品的管道上都安装了蠕动泵。这些蠕动泵的作用是将管道内的还原剂和样品输送至反应块中。为了达到多个还原剂端口的目标，该组还原剂输入端口的数量设定为2～10个；反应块的输入端口还包括一个载气输入端口。为确保废液顺畅排出，该装置亦配备了一条废液排出管路，其入口位于气液分离器上，废液通过废液管内的蠕动泵排出系统。原子化器采用的是石英炉原子化器。

## 3.5 小结

本章重点分析了在重金属检测技术领域中，荧光法专利申请量占比最高的情况。内容涵盖了全球及中国专利申请的详细情况，包括技术主题的分类、申请量的发展趋势、关键专利以及主要申请人的信息。

在全球范围内，关于重金属检测技术的专利申请中，采用荧光法的检测技术占据了最大的比例，达到 32%。在这些基于荧光法的申请中，中国以约 88.9%的份额位居各国之首。从申请量趋势来看，全球首项相关专利申请可追溯至 1964 年。自 2007 年起，这类专利申请的数量开始逐年增加，并在 2021 年达到了顶峰。中国首次提交相关专利申请是在 1994 年，尽管起步较晚，但国内的申请趋势与全球保持一致。近年来，中国在这一领域取得了迅猛发展，已经成为该领域专利申请的主要国家。在全球及国内的专利申请中，关于荧光法检测重金属技术的申请量排名依次为分子荧光法、原子荧光法和 X 射线荧光法。其中，分子荧光分析法的申请量显著高于其他两种荧光分析方法。在国内，分子荧光分析技术的专利申请中，以荧光有机探针为基础的重金属检测方法占据了最大比例，其次是荧光纳米材料技术。相比之下，基于多孔框架材料和生物探针的重金属检测技术的专利申请数量较少。

本章深入分析了利用有机分子探针、荧光纳米材料、多孔框架材料以及荧光生物探针检测重金属技术的发展历程，并绘制了分子荧光法检测重金属的专利申请技术发展图谱。在这些技术中，有机荧光探针检测重金属技术起步最早，并且至今仍是应用最为广泛的方法。然而，近年来，基于荧光纳米材料的检测技术的专利申请数量迅速增长，已经成为当前重金属检测领域的主导技术。在利用荧光法检测重金属的国内主要申请人中，高校和研究所占据主导地位。其中，江苏大学的专利申请量排名第一，其研究重点在于纳米探针和有机探针的合成。观察国内各地区的申请量分布，北京市以最多申请量位居榜首。在北京市的创新主体中，研究所类型的申请者数量最多，而高校和研究所类型的申请者总和占比大约为 70%。北京科研单位的集聚效应显著，这使得该地区的研究成果尤为突出。

在对全球原子荧光分析相关专利的申请趋势进行分析时，我们发现主要的关注点集中在两个核心领域：一是检测装置的创新与优化，二是检测样品的预处理技术。本章重点分析了原子荧光法在检测重金属方面的技术发展路径、关键专利申请人以及核心专利。在申请数量上，北京瑞利仪器有限公司位居首位。值得注意的是，与分子荧光分析法在检测重金属领域的专利申请人情况不同，原子荧光分析法的检测装置领域中，企业申请者占据了较大比例，并且这些专利技术在产品转化方面表现出较高的效率。

# 第四章

# 农药残留检测技术专利分析

对相关专利的检索，采用的专利申请文献数据主要来自 HimmPat 全球专利申请数据库中的发明和实用新型专利申请数据，采用指令检索，数据检索日期为 2023 年 3 月 13 日；基于关键词农药残留和常见的农药名进行检测，检索数据在经过同族专利合并之后共 4 177 件。

## 4.1 全球专利申请状况分析

全球专利申请状况分析主要包括对全球专利申请趋势、全球专利申请区域分布、全球专利申请技术主题、全球专利申请中的光学技术分支等四个方面的分析。

### 4.1.1 全球专利申请趋势分析

本节针对农药残留检测技术的全球专利申请趋势进行分析。

图 4－1－1 所示为农药残留检测技术的全球专利申请趋势图。1996 年之前，专利申请量极少(图中未示)；1999 年开始专利申请量逐步增长，2005 年专利申请达到第一个峰值(33 件)；2006—2012 年，专利申请量继续稳步增长；2013 年开始专利申请量进入急速增长期，2020 年专利申请量达到最高峰值(664 件)；2021 年专利申请量开始下降。

需要说明的是，由于专利申请从申请日到公开日最长需要 18 个月的时间，因此，不排除 2021—2022 年有较多申请仍未公布。2021—2022 年，专利申请量下降也可能是受此影响。

### 4.1.2 全球专利申请区域分布分析

本节针对农药残留检测技术的全球专利申请国家/地区分布进行分析。

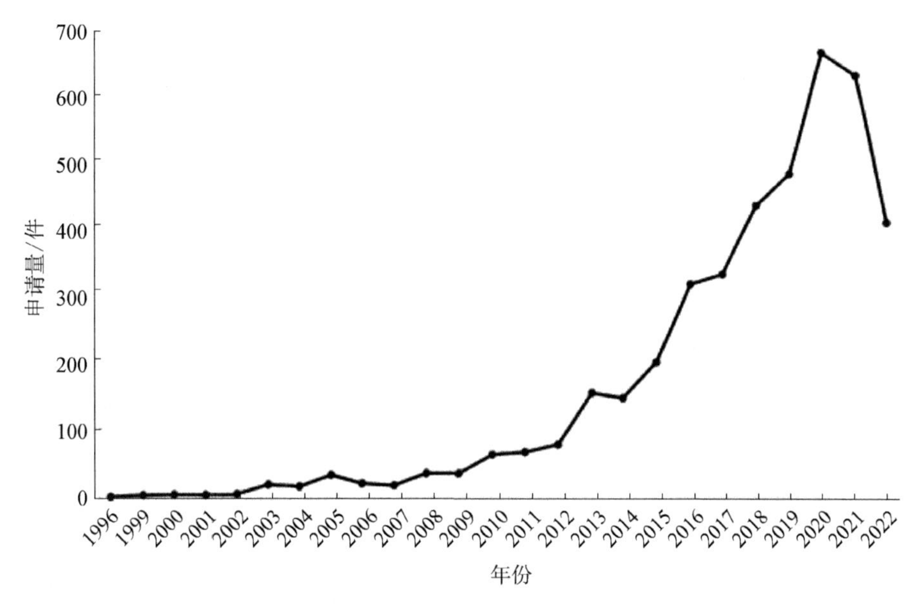


**图 4-1-1　农药残留检测技术的全球专利申请趋势图**

图 4-1-2 所示为农药残留检测技术的全球专利申请国家/地区分布情况。专利申请以中国申请为主，其专利申请量占比高达 97.04%；日本的专利申请量占比为 1.01%；韩国、美国的专利申请量占比分别为 0.89%、0.29%；其他国家/地区的专利申请量占比则为 0.77%。

### 4.1.3　全球专利申请技术主题分析

本节针对农药残留检测技术的全球专利申请的技术主题进行分析，主要包括光学、色谱或质谱、电化学、免疫四个技术分支的分析。

图 4-1-3 所示为农药残留检测技术各技术分支的全球专利申请量分布图。光学技术分支的专利申请量最高，占比 41%；色谱或质谱技术分支的专利申请量占比为 20%；电化学技术分支的专利申请量占比为 4%；免疫技术分支的专利申请量占比为 1%。图中“其他”指代检测技术手段不明确或不归属于上述四个分支的专利申请。该部分专利共有 1 408 件，以实用新型为主。

图 4-1-4 所示为农药残留检测技术各技术分支的全球发明/实用新型专利申请量分布图。光学技术分支的专利申请量共 1 710 件，该分支发明和实用新型专利几乎各占一半，其中发明专利 857 件、实用新型专利 853 件；色谱或质谱技术分支的专利申请量共 816 件，该分支大多是发明专利，共 750 件；电化学技术分支的专利申请量共 180 件，该分支也以发明专利为主，共 148 件；免疫技术分支的专利申请共 63 件，该分支也以发明专利为主，共 47 件。

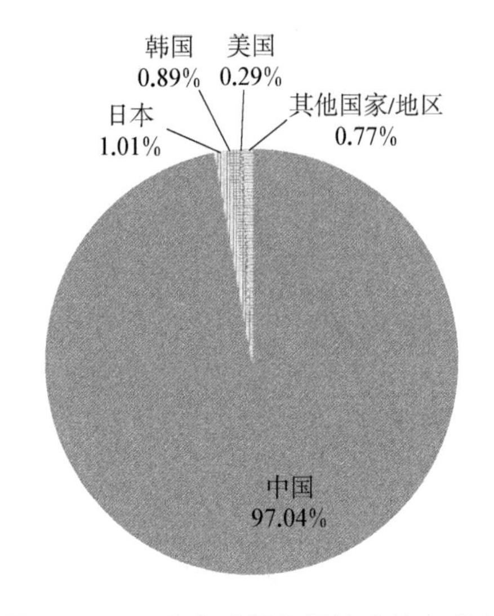


**图 4-1-2　农药残留检测技术的全球专利申请国家/地区分布图**

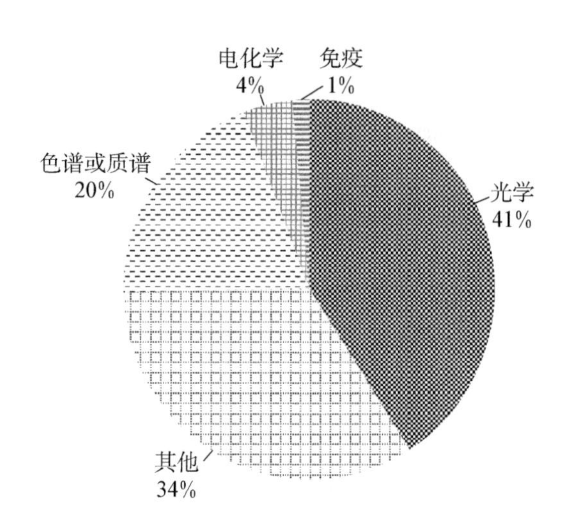


**图 4-1-3　农药残留检测技术各技术分支的全球专利申请量分布图**

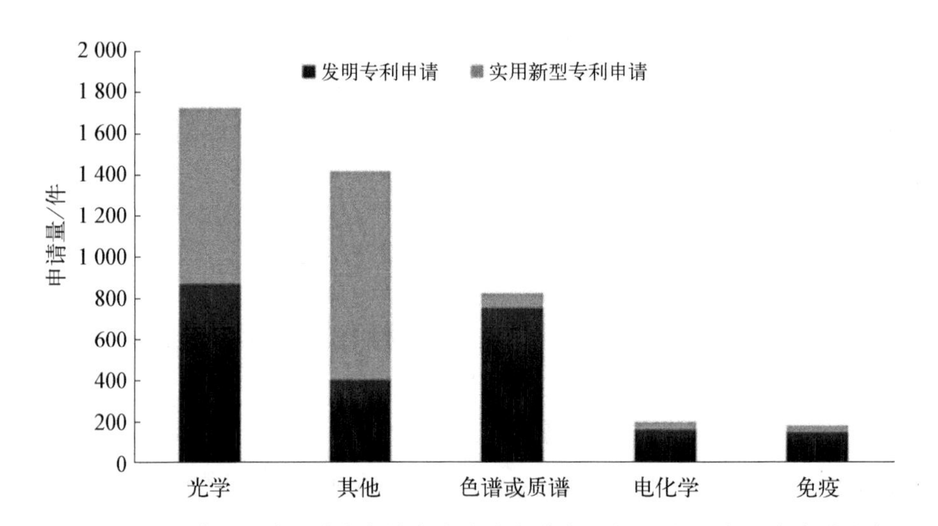


**图 4-1-4　农药残留检测技术各技术分支的全球发明/实用新型专利申请量分布图**

图 4-1-5 所示为农药残留检测技术各技术分支的全球专利申请趋势图。四个分支专利申请最早的是色谱或质谱技术分支，之后依次是光学、电化学、免疫技术分支。

光学技术分支的全球专利申请趋势与农药残留检测技术基本一致，有波动但整体呈上升趋势。1999 年之前，光学技术分支的专利申请量极少，之后开始逐步增长；2003 年，专利申请量达到第一个峰值（17 件）；2004—2012 年，专利申请量于小幅波动中持续增长；2013 年，专利申请量进入急速增长期，2020 年，专利申请量达到最高峰值

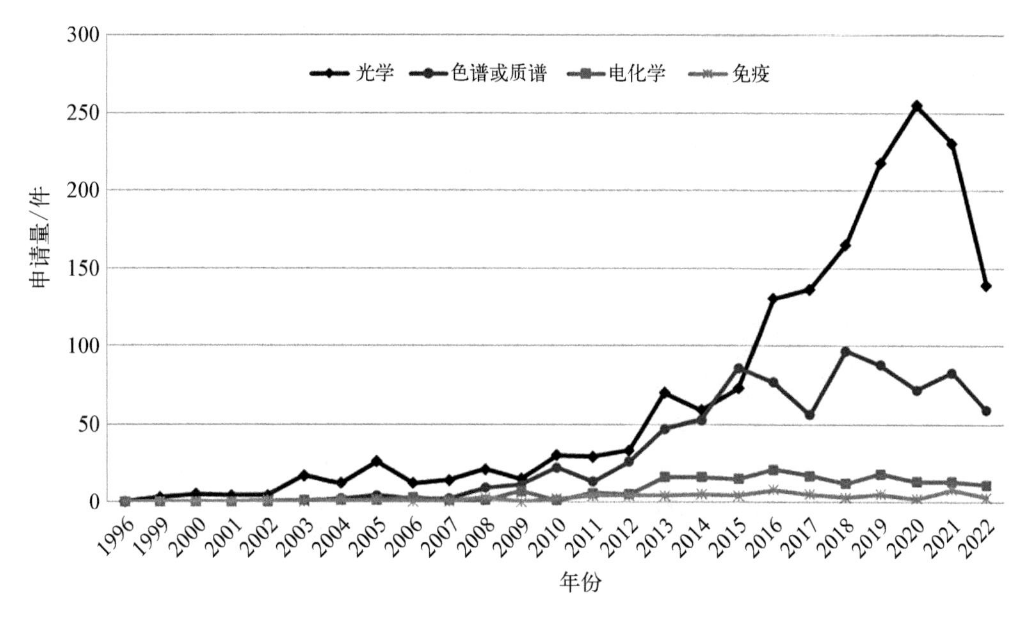


**图 4-1-5　农药残留检测技术各技术分支的全球专利申请趋势图**

(255 件);2021 年,专利申请量下降;2022 年,专利申请量继续显著下降。

色谱或质谱技术分支在 1973—1984 年的专利申请量极少;1985—2001 年无专利申请;2002 年,专利申请量开始缓慢增长;2010 年,专利申请量达到第一个峰值(22 件);2012 年,专利申请量开始明显增长;2016—2017 年,专利申请量有所下降;2018 年,专利申请量达到最高峰值(97 件);2019 年,专利申请量开始下降。

电化学技术分支的申请量有波动但整体上呈上升趋势。2003 年之前几乎没有专利申请;2003—2012 年,专利申请量波动起伏;2013 年,专利申请量开始明显增长;2016 年,专利申请量达到最高峰值(21 件);2016—2022 年,专利申请量波动起伏,但每年申请量均在 10 件以上。

免疫技术分支的专利申请量最少。1985 年之前,专利申请量极少;1985—2001 年,无专利申请;2002 年之后,专利申请量波动起伏;2016 年、2018 年的单年专利申请量最高,均为 8 件。

### 4.1.4　全球专利申请的技术分支分析

本节对基于光学检测各技术分支的全球专利申请的进行分析,主要包括对比色、荧光、拉曼、红外四个技术分支的分析。

图 4-1-6 所示为光学各技术分支的全球专利申请量分布图。图中“其他”指检测技术手段不明确或不归属于上述四个技术分支的光学专利申请。

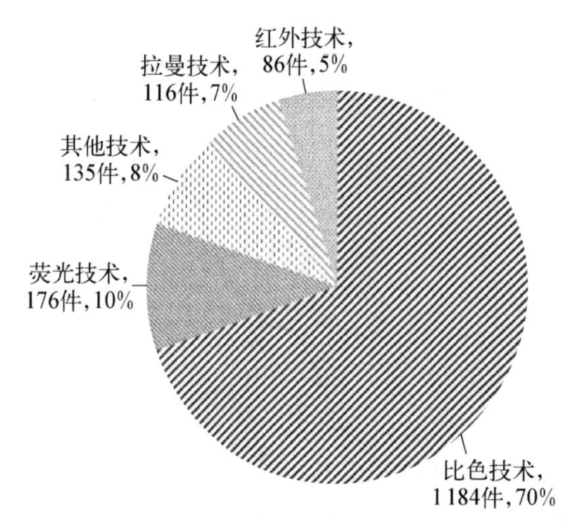


**图 4-1-6 光学各技术分支的全球专利申请量分布图**

四个技术分支中,比色技术的专利申请量最高,其次为荧光技术、拉曼技术、红外技术。比色技术的专利申请量为 1 184 件,占比 70%;荧光技术的专利申请量为 176 件,占比 10%;拉曼技术的专利申请量为 116 件,占比 7%;红外技术的专利申请量为 86 件,占比 5%。

图 4-1-7 所示为光学各技术分支的全球专利申请趋势图。光学四个分支的专利申请最早的是比色技术分支,之后是荧光技术、拉曼技术、红外技术分支。

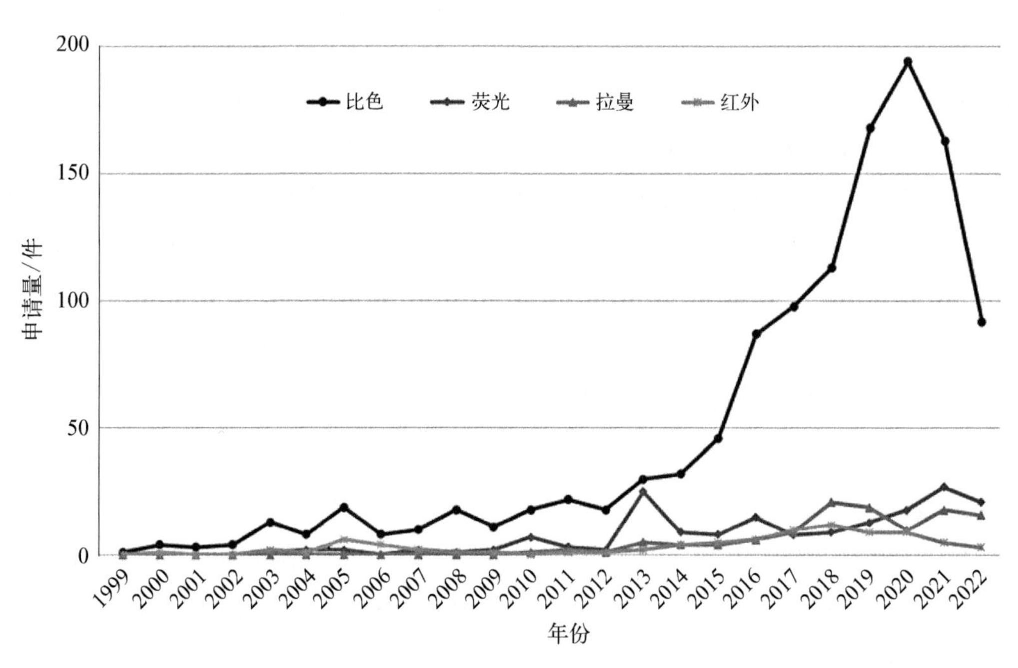


**图 4-1-7 光学各技术分支的全球专利申请趋势图**

比色技术分支的专利申请趋势与光学技术分支基本一致,有波动但整体呈上升趋势。比色技术分支的专利申请在 1999 年之前极少,之后开始逐步增长;2003 年,专利申请量达到第一个峰值(13 件);2004—2012 年,专利申请量小幅波动但持续增长;2013 年,专利申请量进入急速增长期;2020 年,专利申请量达到最高峰值(94 件);2021 年,专利申请量下降;2022 年,专利申请量继续显著降低。

荧光技术分支在 1992—2002 年期间无专利申请；2003 年，专利申请量开始缓慢增长；2010 年，专利申请量达到第一个峰值(7 件)；2013 年，专利申请量开始明显增长；2014—2022 年，专利申请量小幅波动但持续增长；2021 年，专利申请量达到最高峰值(27 件)。

拉曼技术分支的专利申请量有波动但整体上呈上升趋势，2010—2018 年，专利申请量缓慢增长；2018 年，专利申请量达到最高峰值(21 件)；2019—2022 年，专利申请量小幅波动。

红外技术分支在 2003 年之前几乎没有专利申请；2003—2018 年，专利申请量缓慢增长；2018 年，专利申请量达到最高峰值(12 件)；2019—2022 年，专利申请量持续降低。

基于专利申请量的排序，在后续小节中将分别对利用比色技术、荧光技术、拉曼技术检测农药残留的专利进行分析。

## 4.2　中国专利申请状况分析

中国专利申请状况分析主要包括对中国专利申请趋势、中国专利申请区域分布、中国专利申请技术主题、中国专利申请中的光学技术分支等四个方面的分析。

### 4.2.1　中国专利申请趋势分析

图 4-2-1 所示为农药残留检测技术的中国专利申请趋势图。与国外相比，我国关于农药残留检测的专利申请开始得较晚。1991—2001 年，我国每年的专利申请量仅维持在个位数；2002—2011 年，专利申请量开始有了较为明显的增长；2012—2021 年，专利申请量开始进入急速增长期，且在 2020 年达到最高峰值；2021 年，专利申请量开始下降。

### 4.2.2　中国专利申请区域分布分析

图 4-2-2 所示为农药残留检测技术的中国专利申请区域分布情况。专利申请量最高的是山东省，占比为 12.1%；排名第二的是江苏省，占比为 11.5%；排名第三的是广东省，占比为 11.0%；排名前十的其余省(自治区、直辖市)依次为浙江省、北京市、河南省、安徽省、福建省、上海市、云南省，占比为 32.3%。

对于专利申请量排名较为靠前的省份(自治区、直辖市)，例如，江苏省、广东省、

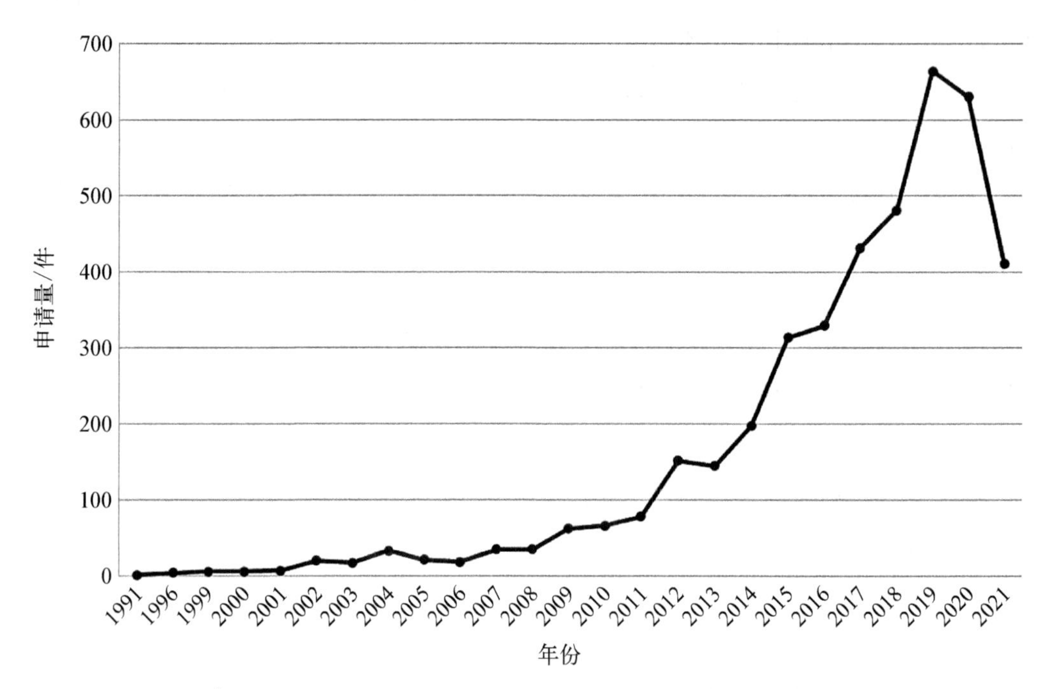


图 4-2-1 农药残留检测技术的中国专利申请趋势图

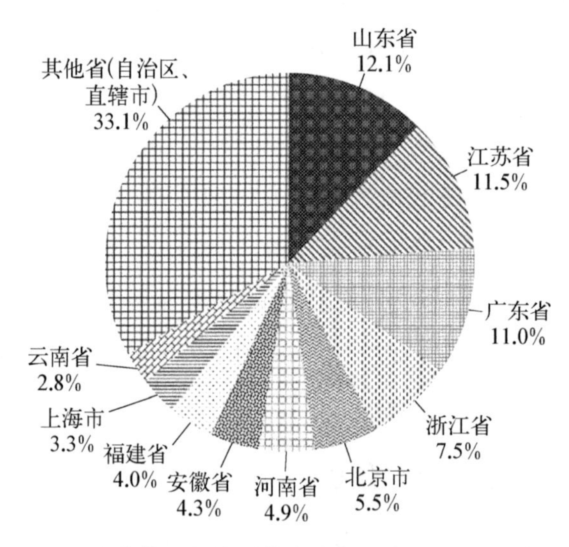


图 4-2-2 农药残留检测技术的中国专利申请区域分布图

浙江省、北京市等，其包含有名次较为靠前的重要申请人。山东省虽然专利申请量较多，但其申请人较为分散，没有申请较为集中或申请量较大的重要申请人。上述重要申请人及其特点将在后续章节重点分析。

### 4.2.3 中国专利申请技术主题分析

图 4－2－3 所示为农药残留检测技术各分支的中国专利申请量分布图。光学技术分支的专利申请量最高，占比 41%；色谱或质谱技术分支的专利申请量占比 19%；电化学技术分支的专利申请量占比 4%；免疫技术分支的专利申请量占比 2%，与全球专利申请量技术分支分布情况总体相近。与各技术分支全球专利申请量分布相比，国内色谱或质谱技术分支的专利申请量占比略有下降，而免疫技术分支的专利申请量占比略有升高。图中“其他”指检测技术手段不明确或不归属于上述四个技术分支的专利申请，该部分专利申请量占比为 34%，以实用新型专利为主。

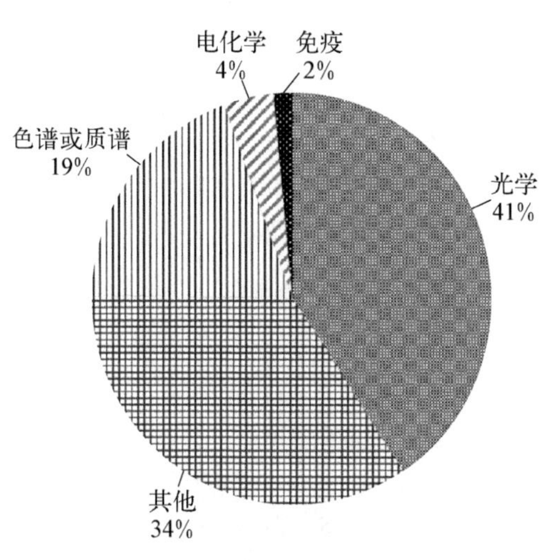


**图 4－2－3　农药残留检测技术各分支的中国专利申请量分布图**

图 4－2－4 所示为农药残留检测技术各分支的中国发明/实用新型专利申请量分布图。光学技术分支中发明和实用新型专利申请量相近，几乎各占一半；色谱或质谱技术分支中以发明专利申请为主，实用新型专利申请仅占很小份额；电化学、免疫技术分支也均以发明专利为主。图中“其他”指检测技术手段不明确或不归属于上述四个技术分支的专利申请，该部分以实用新型技术为主。

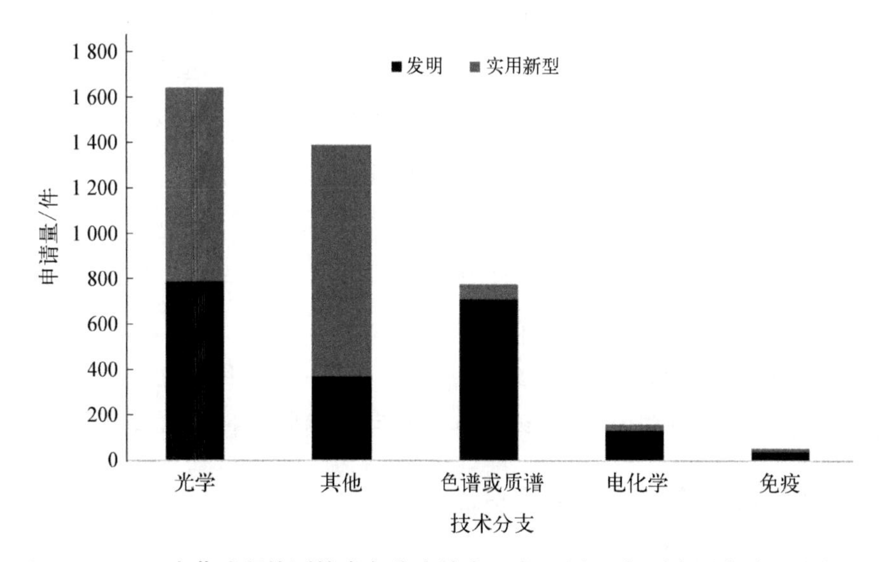


**图 4－2－4　农药残留检测技术各分支的中国发明/实用新型专利申请量分布图**

图 4-2-5 所示为农药残留检测技术各分支的中国专利申请趋势图。专利申请最早的是光学技术分支，之后依次是色谱或质谱技术、电化学技术、免疫技术分支。

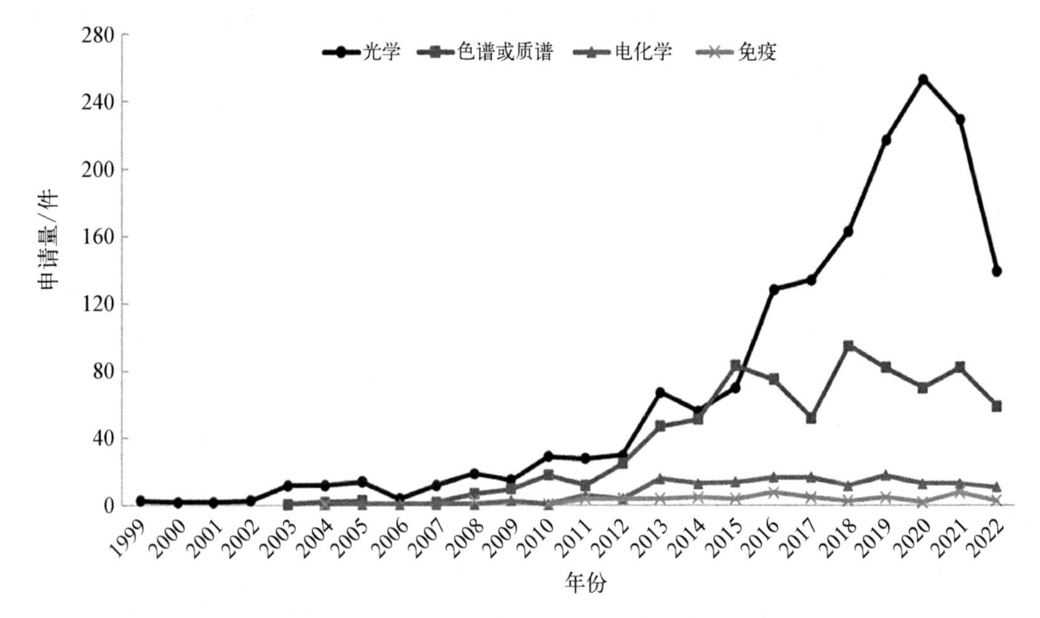


**图 4-2-5　农药残留检测技术各分支的中国专利申请趋势图**

光学技术分支的专利申请趋势与农药残留检测技术的全球专利申请趋势基本一致，有波动但整体呈上升趋势。光学技术分支在 2002 年之前专利申请量极少，之后开始逐步增长；2003—2012 年，专利申请量于小幅波动中持续增长；2013 年，专利申请量进入急速增长期；2020 年，专利申请量达到最高峰值；2021 年，专利申请量开始下降。

色谱或质谱技术分支在 2003 年—2005 年专利申请量极少；2006 年，无专利申请；2008 年，专利申请量开始缓慢增长；2010 年，专利申请量达到第一个峰值；2012 年，专利申请量开始明显增长；2016—2017 年，专利申请量有所下降；2018 年，专利申请量达到最高峰值，此后专利申请量呈现波动起伏状态。

电化学技术分支在 2003—2012 年专利申请量波动起伏；2013 年，专利申请量开始出现较大幅度增长；此后直到 2022 年专利申请量没有再出现大幅增长，以 2013 年的专利申请量为准上下小幅波动起伏。

免疫技术分支的专利申请量最少。2010 年之前，专利申请量极少；2010—2022 年，每年专利申请量维持在个位数；2016 年，单年的专利申请量最高，但也仅为 8 件。

### 4.2.4　中国专利申请的技术分支分析

本节针对基于光学检测各技术分支的中国专利申请进行分析，主要包括对比色、荧光、拉曼、红外四个技术分支的分析。

图 4－2－6 所示为光学各技术分支的全球专利申请量分布图。图中“其他”指检测技术手段不明确或不归属于上述四个技术分支的光学专利申请。

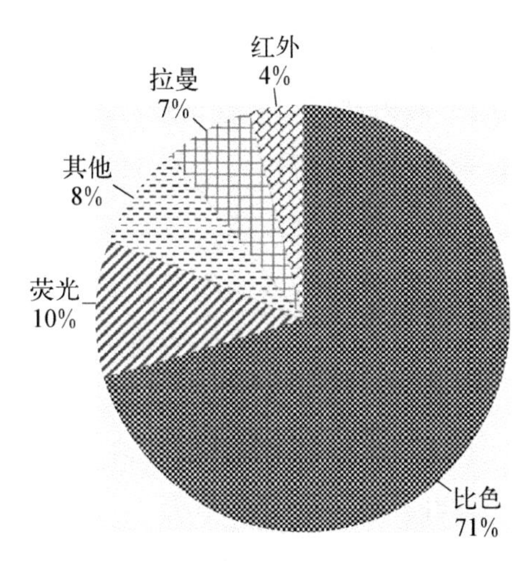


**图 4－2－6　光学各技术分支的中国专利申请量分布图**

中国光学检测专利申请的技术分支分布与全球光学检测的技术分支分布(见图 4－1－6)总体相近,同样是比色技术的专利申请量最高,之后依次为荧光、拉曼、红外技术。其中,比色技术的专利申请量占比 71%,荧光技术的专利申请量占比 10%,拉曼技术的专利申请量占比 7%;红外技术的专利申请量占比 5%。相较于全球光学检测技术各分支的专利申请量分布,我国在比色技术分支的专利申请量占比上,比全球的平均占比高出一个百分点。与此同时,我国在红外技术分支的申请量占比则比全球的平均占比低一个百分点。

图 4－2－7 所示为光学各技术分支的中国专利申请趋势图。四个技术分支的专利申请中,申请最早的比色技术分支,之后依次是荧光、红外、拉曼技术分支。

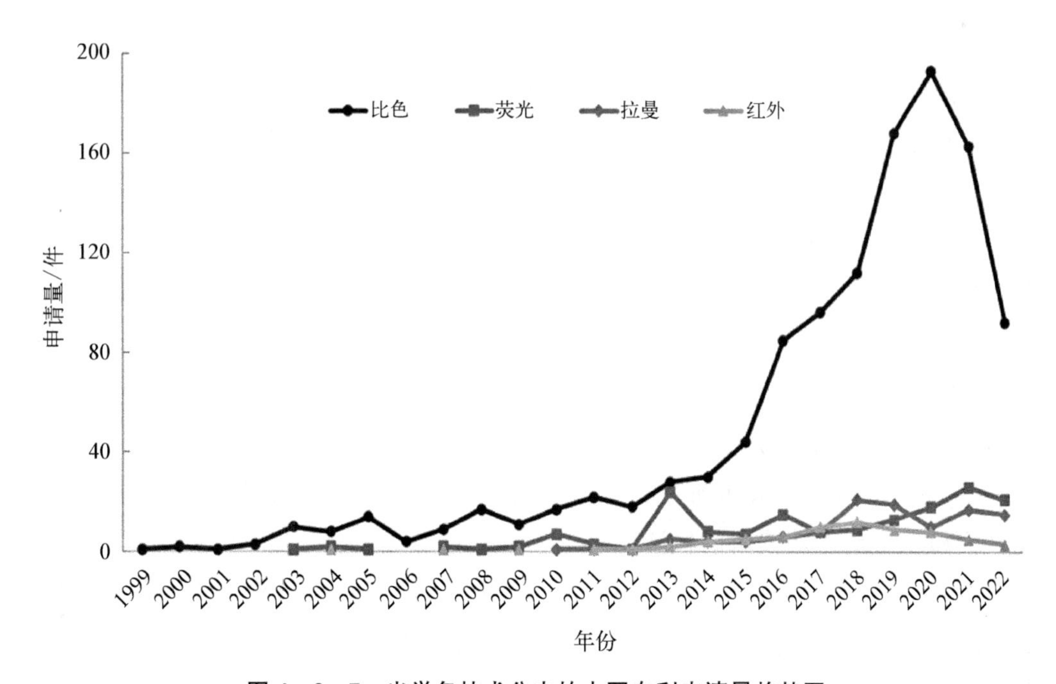


**图 4－2－7　光学各技术分支的中国专利申请量趋势图**

比色技术分支在2001年之前专利申请量较少，之后开始逐步增长；2002—2012年，专利申请量呈波动增长；2013年，专利申请量进入急速增长期；2020年，专利申请量达到最高峰值；2021年，专利申请量开始下降。

荧光技术分支在2003—2012年专利申请量较少，没有明显地增长趋势；2013年，单年专利申请量突然爆发达到峰值；2014年，专利申请量急速下降；2014—2022年，专利申请量保持小幅波动增长。

拉曼技术分支在2010年没有专利申请；2010—2018年，专利申请量缓慢增长；2018年，专利申请量达到最高峰值；2019—2022年，专利申请量小幅波动。

红外技术分支在2011年之前专利申请量极少；2011—2018年，专利申请量缓慢增长；2018年，专利申请量达到最高峰值；2019—2022年，专利申请量持续降低。

## 4.3 重点技术专利分析

本节对农药残留检测领域涉及的主要光学检测技术，比如比色分析、荧光分析及拉曼分析的相关专利申请，以及其发展脉络进行梳理和分析。

### 4.3.1 比色分析检测农药残留的技术发展脉络

比色法(colorimetric)是一种以反应引起溶液特征颜色变化为基础，通过裸眼观察或分光光度计检测反应溶液的吸光度变化的方法。该方法不仅可以通过传感体系的颜色变化实现定性分析，还能通过分光光度计测定的吸光度实现定量分析。

在以光学为手段的检测技术中，由于操作简便、成本低等特点，比色法成为主要的检测手段。酶抑制法目前广泛利用的是比色检测原理，且酶抑制技术是研究比较成熟、应用最为广泛的农药残留快速检测技术。该技术是根据有机磷和氨基甲酸酯类农药对乙酰胆碱酶的特异性生化反应建立起来的农药残留快速检测技术。检测农药残留中主要的有机磷，多采用酶抑制技术。应用于农药残留检测的主要酶有胆碱酯酶，包括乙酰胆碱酯酶、丁酰胆碱酯酶、碱性磷酸酶、有机磷水解酶和酪氨酸酶，其主要是以农药对酶的活化或抑制作用为基础。这种活化或抑制作用与农药浓度成正比，从而可实现对农药残留的检测。

比色检测技术对分析仪器的依赖较小，且具有反应迅速、操作简单、成本低廉和灵敏度高等优点，被广泛应用于食品、药物、环境和生物样品中农药残留的检测；其不需要昂贵复杂的仪器，因此，该方法十分适合现场检测和即时检测。

4.3.1.1 比色法中的酶抑制技术

对酶抑制比色法检测农药残留技术的专利申请量进行统计分析，如图 4-3-1 所示，其改进方向主要包括检测装置的改进、精度与灵敏度的提升、载体便携化设计、显色试剂与样品提取方面的优化等方面。

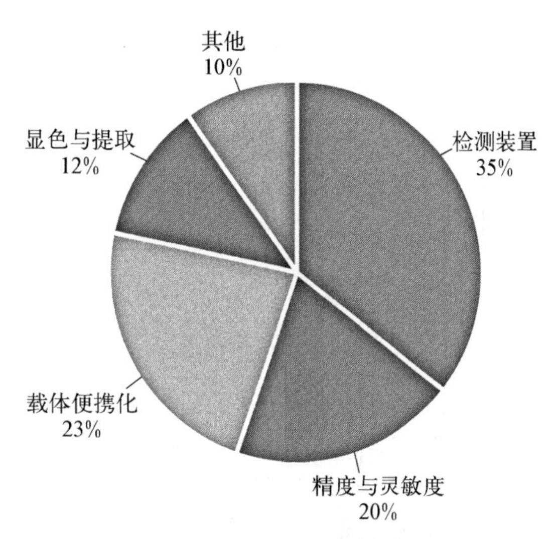


**图 4-3-1 比色法中酶抑制技术各改进方向的专利申请量占比情况**

对检测装置的改进，如图 4-3-2 所示，主要通过集成化装置部件、优化检测效率及装置实用性等方向来实现。对精度与灵敏度的提升，一般体现在精度与准确性的改进、灵敏度的提高以及假阳性的消除等方面。载体便携化设计，包含普遍使用的检测仪、便携式的检测试剂盒、更为小型的检测试纸以及使用效果更为优异的凝胶。对检测试剂的优化和样品的提取也是一个主要的改进点和改进方向。接下来，对上述分支进行专利申请的重点梳理。

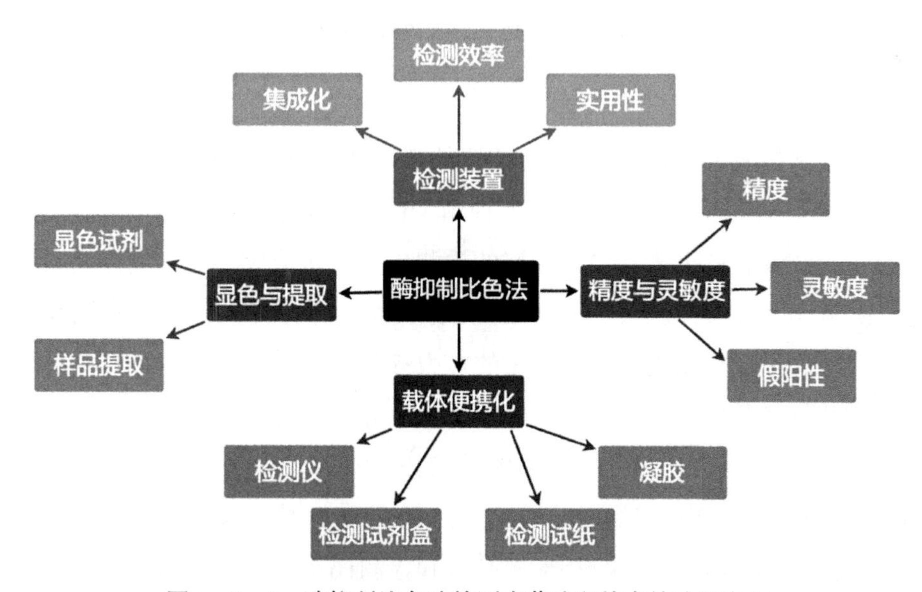


**图 4-3-2 酶抑制比色法检测农药残留技术的改进方向**

1. 检测装置改进专利技术梳理

对农药残留检测仪的改进，主要是从对装置的整体结构及模块设置进行小型设计和集成化、提高检测效率以及使用便利实用性等方面进行(见图 4-3-3)。

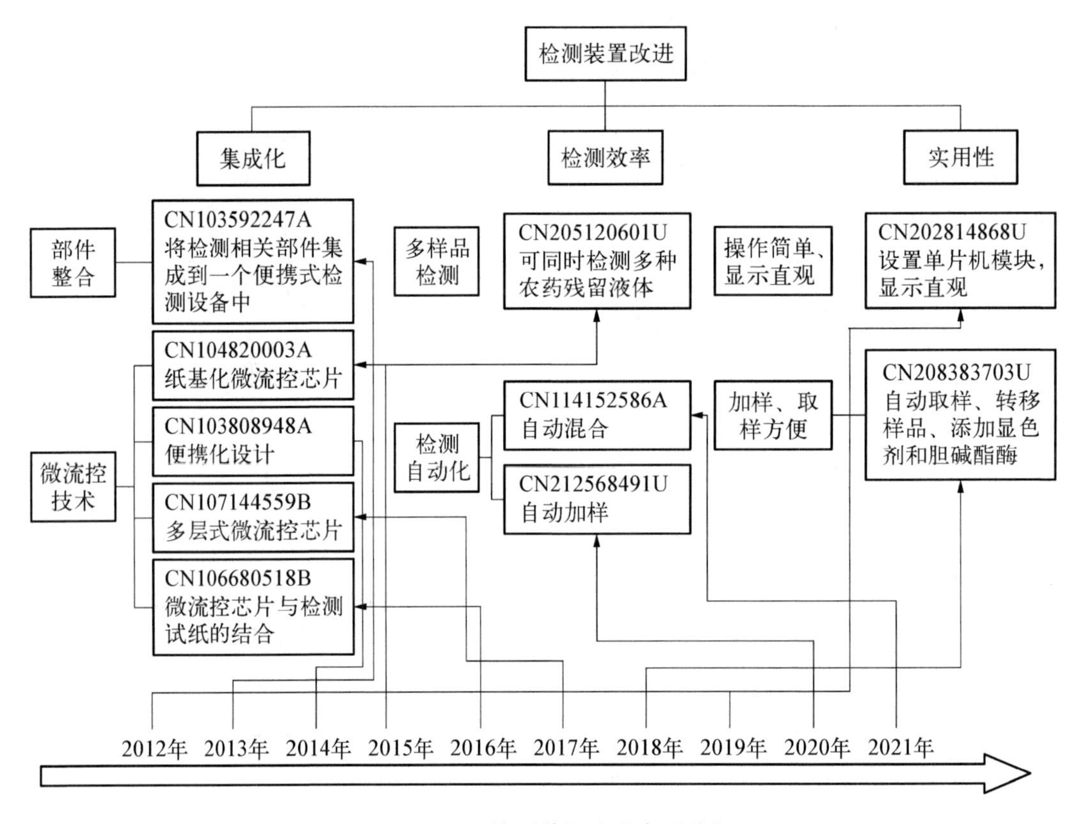


**图 4-3-3　检测装置改进专利分析**

(1) 集成化

在集成检测装置方面，通常涉及对装置的整体架构及其相关组件的优化。

专利申请 CN103592247A 公开了一种用于检测果蔬中残留农药的设备。该设备由一个覆盖检测装置的上盖和与之相连的检测装置主体构成。检测主体内含多个模块：电源模块、试剂存储模块、待检样品室、输入模块、检测模块、计算模块和输出模块。电源模块为整个检测设备提供所需的电力；试剂存储模块用于存放检测试剂，并通过管道与待检样品室相连，以便将试剂输送到样品室；待检样品室内设有样品盒和混合装置，后者负责混合样品盒中的液体；检测模块则负责对样品室内的样品进行检测；输入模块用于设定测试参数并将其输入计算模块；计算模块接收来自输入模块的测试数据，并控制试剂存储模块、待检样品室和检测模块的操作，计算检测结果，并将技术检测结果输出至输出模块。上述检测设备巧妙地将酶试剂法融入一个便携式装置中，仅需使用这款专为检测果蔬中残留农药而设计的便携式设备，即可完成整个检测流程。该设备的高集成度使得传统的果蔬残留农药检测过程得以从实验室走向现场，实现了对农产品残留农药的便捷且高效的检测。

专利申请CN211528202U公开了一种便携式农药残留检测装置。该装置由一个隔板分隔成上下两层的箱体组成。箱体的上层配置了恒温箱和分光光度计，而下层则设有可以从箱体下部侧面拉出的工具盒。工具盒内装有提取剂瓶、显色剂瓶、底物瓶、酶瓶、吸管、检测液提取瓶、试管和比色皿等必需的检测工具。这种设计将所有检测设备和工具整合于一个便携的箱体内，使得检测人员能够轻松携带，并且操作简便，非常适合外出进行现场检测工作。

专利申请CN217277894U提供了一种农药残留检测设备。该设备通过高度集成样品放置台、电子称重装置、提取液制备台、试剂放置台、加热装置、比色皿放置台以及农残快速检测仪，实现了农药残留检测流程的全部操作。这一集成化设计不仅避免了检测工具的散落，还确保了农药残留检测的快速与高效。

微流控芯片，作为一种创新的分析平台，以其微型化、自动化、集成化以及便捷快速的特点，在农药残留检测领域得到了广泛的应用。

对于纸基化的微流控芯片，专利申请CN104820003A公开了一种用于农药残留检测的纸质微流控系统及检测方法。纸质微流控系统由纸质微流控芯片、三电极体系、数据采集装置组成。将底物和农药提取液注入纸质微流控芯片，通过三电极体系将检测信号传输至数据采集装置，基于酶抑制原理快速获得农药残留检测结果。上述微流控系统操作简便，提高了酶抑制法检测过程的自动化程度，同时纸基材料的使用大大降低了成本，可应用于果蔬、土壤、水体等样本中农药残留的快速、自动、现场检测。

专利申请CN113514650A公开了一种基于放射流进样的高通量茶树有机磷农药残留检测装置。该装置由基座构成，其顶壁上配备了灯带和摄像头。在基座顶壁的边缘，安装有支架立柱，该立柱自下而上依次固定了纸芯片承载台、漏斗架、水管固定架、控制箱、环形支架以及Z形支架。上述检测装置采用纸基微流控芯片技术，实现了整个反应过程的自动化，无须人工添加试剂，从而减少了人为操作，降低了检测误差。

关于多层化设计，专利申请CN102784671A介绍了一种用于检测农药残留的离心式微流控芯片及其制备方法。该芯片是一种圆片状的微结构和微通道集成体，由多层芯片叠加而成。在离心机旋转产生的离心力作用下，芯片能够自动完成待测样品与反应试剂的混合、萃取、反应、分离和显色过程。最终，通过紫外可见光分光光度计对样品中的农药残留进行定量分析。这种离心式微流控芯片支持直接采样，无须复杂的样品预处理步骤，且样品和试剂的用量极小。它能够同时并行处理和检测多个样品，实现了农药残留检测的集成化、微型化和自动化，具备经济高效、快速便捷和便于携带的优势。

专利申请CN107144559B公开了一种创新的农药残留检测技术。该技术涉及微流控领域，并特别介绍了一种基于多层纸质微流控芯片的检测装置及其操作方法。第一步，将待测样品通过切割搅拌装置进行切割和搅拌，以制备样品混合液。第二步，将蒸馏水滴加至左进样口的吸水垫上，样品混合液则通过纸质通道流向石灰加热区。在该区域，纸芯片会受到加热处理。样品混合液接着被滴加到左进样口的吸水垫上，并通过疏水通道移动，首先与乙酰胆碱固定物结合，然后在左纸质通道中与乙酰胆碱酯酶发生抑制反应并产生颜色变化。第三步，光电检测装置对显色液进行检测，检测信号通过控制器处理后，即可得出农药的浓度。该发明的独特之处在于它将样品的进样、加热、反应和显色过程整合在一起，实现了低成本、快速且高精度的农药残留检测。

专利申请CN113155819A介绍了一种双层微流控纸芯片及其制备方法。该方法用于检测植物中的农药残留量，属于农药检测技术领域。它采用二硫代二硝基苯甲酸作为显色剂，通过有机磷和氨基甲酸酯类农药对乙酰胆碱酯酶活性的抑制作用，从而阻碍乙酰胆碱的水解过程。这一过程最终影响显色反应的平均RGB值。基于这一原理，可以实现对植物中有机磷或氨基甲酸酯类农药残留量的定量分析。该发明将乙酰胆碱酯酶和显色剂固载于第一亲水区，将底物硫代乙酰胆碱固载于第二亲水区，在进行检测时，只需要在第一亲水区滴加待检测液，在纸纤维毛细管作用下，待测液扩散至下层纸芯片的第二亲水区，与第二亲水区固载的底物进行显色反应。

专利申请CN109444120A提出了一种基于扫码式纸芯片的农药残留与亚硝酸盐检测装置及其方法。该技术结合了微流控技术和图像处理技术，能够对农药残留和亚硝酸盐等有害物质进行有效识别、检测和记录。该装置能够在加热的芯片检测腔内放置多层微流控纸芯片，这些芯片由五层胶接而成，从上到下依次叠放。每层芯片均设有条形码检测区，通过逐滴加入混合液至芯片的进样口，不同成分的样品混合液会使各层芯片条形码检测区呈现出不同的颜色。随后，智能移动设备对这些显色结果进行成像，并通过扫描来获取检测结果。该方法运用了有机磷类农药对乙酰胆碱酯酶的抑制原理以及酸性条件下氨基苯磺酸与N1萘基乙二胺的重氮耦合反应，集自动进样、智能加热、反应、显色与结果分析记录处理于一体。

关于基于微流控芯片的便携式检测装置，专利申请CN103808948A介绍了一种用于现场检测农药残留的微流控芯片系统及其方法。该微流控芯片系统由一次性使用的微流控芯片和便携式仪器构成。微流控芯片包括流体进出口、微通道、反应池和检测池。在检测过程中，样本溶液从流体进口引入，依次流经微通道、反应池和检测池，完成溶液中的酶抑制反应和显色反应。最终，在显色反应池或检测池中，利用便携式仪器进行吸光度的连续检测，从而获得农药残留的分析结果。利用上述微流控芯片系统，使用一次性的微流控芯片和便携式的仪器，在芯片上集成酶抑制反应和光度分析，特别适合于水果、蔬菜、土壤、水质等样本中农药残留的现场、快速、自动、准确检测。

专利申请CN104502617A提供了一种用于农药残留现场检测的基于酶抑制反应的全自动、高通量农药残留检测的微流控芯片系统及方法。该系统主要由一个便携式的分析检测仪器和一次性使用的微流控芯片组成；微流控芯片塑料高分子材质通过现有的微加工技术制造而成，由中心卡槽、萃取室、样品室、反应室、检测室、微槽、微孔和质控条形码构成。该检测装置内部固定有农残检测所需的试剂（包括提取液、酶、显色剂等），能够实现自动定量进样、流体分配及生化反应和分子识别等功能。

对于微流控芯片与检测试纸的结合，专利申请CN105921187A提供的一种用于农药残留快速检测的微流控芯片，由盖片层、中间层和底片层组成。盖片层包括进样口和通气口；中间层包括进样通道、酶反应池、连接通道、显色池、通气通道、胆碱酯酶纸片和靛酚乙酸酯纸片，其中进样通道连接进样口与酶反应池，连接通道连接酶反应池与显色池，通气通道连接显色池与通气口，胆碱酯酶纸片位于酶反应池，靛酚乙酸酯纸片位于显色池，液体在芯片内的驱动力为气压。使用该微流控芯片时，液体先与胆碱酯酶纸片反应，再与靛酚乙酸酯纸片反应，最后通过靛酚乙酸酯纸片的颜色变化确定液体中农药的浓度。通过将传统农药残留速测卡与微流控技术芯片相结合，显著提高了传统速测卡检测结果的准确性。

专利申请CN106680518B公开了作物农药残留检测和生化检测领域中一种自动便携的纸基微流控农药残留光电检测装置与方法。该检测装置的芯片更换传送带将第一试纸盒内部的带有靛酚乙酸酯试剂的纸基芯片传送至芯片安装片上，第二试纸盒内部的带有乙酰胆碱酯酶试剂的纸基芯片通过芯片传出传送带传送到乙酰胆碱酯酶纸基微流控芯下部的安装片上。试剂经进样口到达进样池内，经纸基芯片进样通道作用到达乙酰胆碱酯酶固定槽内，与乙酰胆碱酯酶混合。按压组件带动芯片安装片向下运动，使靛酚乙酸酯试剂与乙酰胆碱酯酶试剂充分接触发生显色反应，由光电检测装置对显色区进行检测。该发明基于酶抑制反应原理，检测分辨率和灵敏度显著提高，实现了待测样品从投入到农残量显示的自动化过程。

（2）检测效率

检测装置检测效率上的改进，主要为多样品同时检测和检测自动化的实现两个方面。

专利申请CN104677894A公开了一种农药残留检测系统。该系统由一个箱体构成，箱体左侧配备有比色皿槽，右上角设有打印机，右下角装有液晶显示器，以及在箱体右下角设置有电源开关。箱体后端下部则配备了网线接口、USB接口和电源接口。比色皿槽的开口位置装有遮光挡板，槽内设有多个方形比色池。每个比色池的中下部侧面都装有光源，而与光源正对的另一侧面则设有测光装置。箱体内部还装有控制板，该控制板包括光电转换模块、数据转换模块和总控制芯片。上述农药残留检测系统通过配备多个比色池，实现了对多个样品的同时检测。

在专利申请CN205120601U中公开的自动化农药残留检测仪，其检测器皿配备了多个检测腔体。这些腔体的右端通过管道与采集漏斗相连，能够同时对多种农药残留液体进行检测。通过中央处理单元，可以自动添加反应液体并控制反应温度，进而提升检测的效率。

专利申请CN209802974U所公开的农药检测装置，能够通过一次放样操作同时检测多个样品，显著减少了操作人员的工作量，提升了检测效率；能够迅速完成批量检测任务，并且有助于进一步降低人力成本。

专利申请CN215179696U公开的农药残留快速检测仪，可同时检测24～64个样品。该检测仪能够自动加液和自动空吹搅拌，检测效率高。三种检测试剂分别通过三个管路自动计量滴加，同时采用空吹搅拌方式，避免交叉污染，且所有加液操作、空吹搅拌、检测、加热恒温等过程全部通过处理器进行自动控制，可提高检测效率和减少人工操作。

专利申请CN114152586A公开的农药残留检测装置通过设置转轮、一号杆、偏心轮、一号筒、工作台、二号筒、滑杆和二号杆，使容器杯内的果蔬碎片和缓冲液在竖直方向和水平方向均得到充分混合摇匀，替代了使用人工进行混合摇匀的步骤，减少了耗时，提高了农药残留检测效率。

专利申请CN212568491U公开的全自动农药残留检测装置，不仅可自动化完成样本溶液和检测试剂的加注，还能自动完成管路及反应槽的清洗工作，实现全程无人值守操作，可有效提高检测效率。

(3) 实用性

在检测装置实用性改进方面，专利申请CN202814868U提供了一种操作简便高效，显示结果直观并能支持数据网络上传的多通道农药残留快速检测仪。该检测仪采用电源模块供电，LED光源通过比色池内的样品照射到集成光电传感器模块，由于样品中农药残留含量的不同，照射到传感器的光强也不同，各通道产生不同大小的电流信号，经过单片机模块及ARM9微处理器模块的处理后，最终在液晶屏上显示检测结果。上述设置使操作过程更加简单，显示界面更加美观直接，检测结果可通过打印机或显示屏输出，也能通过网络接口上传到服务器，实现了设备与远程服务器的直接数据传送，使用户操作更加简便，同时节省了电脑的费用。

专利申请CN208383703U公开了一种果蔬农药残留检测装置，其通过显色剂存储筒和胆碱酯酶存储筒结构的合理设置，使当显色剂存储筒和胆碱酯酶存储筒中的试剂用完后，可以很简单地拔出显色剂存储筒和胆碱酯酶存储筒，将新的试剂吸入显色剂存储筒和胆碱酯酶存储筒，补充试剂非常方便，且能实现自动取样、转移样品、添加显色剂和胆碱酯酶，减少人工操作的步骤，使用更加方便。

2. 显色与提取改进方向专利技术梳理

显色与提取改进方向的相关专利分析，见表4-3-1。

**表4-3-1　显色与提取改进方向相关专利分析**

| 公开(公告)号 | 发明名称 | 申请人 | 技术要点 | 改进点 |
|---|---|---|---|---|
| CN105181405A | 一种茶叶或茶青中农药残留的检测方法 | 福建省测试技术研究所 | 将胆碱酯酶与DTNB复合成Et试剂 | 显色剂优化 |
| CN114235792A | 一种拟除虫菊酯类农药残留的快速检测方法 | 广东省科学院测试分析研究所(中国广州分析测试中心) | 猪肝羧酸酯酶作为工作酶，α-乙酸萘酯作为反应底物，固蓝B盐溶液作为显色剂，十二烷基硫酸钠溶液为终止剂 | |
| CN106501424A | 基于自动化前处理系统的农残检测方法 | 嘉兴职业技术学院 | 样液提取与净化 | 样品提取 |
| CN105021436B | 一种农药提取液及其应用 | 福建省测试技术研究所 | 磷酸盐或碳酸盐和醇类混合作为提取剂 | |
| CN217033608U | 一种有机蔬菜农药残留检测装置 | 傅丰、荀立波 | 检测前进行样品浸泡以充分提取农药残留 | |

在显色剂的改进上，专利申请CN105181405A针对茶叶或茶青样品中的内源物质会对测试产生特殊干扰，研发出了一种专用于提取茶叶中残留农药的农药提取试

剂。用此试剂提取茶叶中的农药残留，无须调节 pH 、过层析柱以及氧化过程，所用试剂安全环保且用量少，首创将胆碱酯酶与 DTNB 复合成 Et 试剂，在检测时直接将其与样品待测液进行酶抑制反应，可使操作过程中少加一种试剂，检测更加简便，并减少了实验器材的使用。

专利申请 CN114235792A 选用猪肝羧酸酯酶作为工作酶，α-乙酸萘酯作为反应底物，固蓝 B 盐溶液作为显色剂，十二烷基硫酸钠溶液作为终止剂，通过加入含有拟除虫菊酯类农药残留的待测液抑制猪肝羧酸酯酶的活性，应用分光光度法测定显色产物的吸光度，通过吸光度值反映拟除虫菊酯类农药残留对猪肝羧酸酯酶的抑制效果，从而快速检测果蔬中的拟除虫菊酯类农药残留。

对于农药残留的检测，一般需要对待测样品进行农药残留的提取，主要改进涉及样品提取液的改进与优化样品中农药残留的溶解。

专利申请 CN106501424A 在进行样液制备时，将切碎的固体果蔬样品放入样液提取装置中，并向样液提取装置中加入一定量的有机溶剂和缓冲液，搅拌后果蔬样品中的农药被提取到溶液中，形成样液。然后样液提取装置排出样液，样液被输送至样液净化装置中，向样液净化装置中加入一定量的固体吸附剂，去除样液中的色素及颗粒物，从而提高提取的样液质量。

专利申请 CN105021436B 提供的由磷酸盐或碳酸盐和醇类混合而成的农药提取液，可用于提取动植物材料、食品、土壤中的农药残留，无须调节 pH 、过层析柱及氧化过程，所用试剂安全环保且用量少。

专利申请 CN217033608U 公开的有机蔬菜农药残留检测装置，其通过在检测箱主体内部远离碾压机构的一侧安装处理机构，工作人员通过在处理筒内部中放置提取液，然后使电机带动处理筒旋转，使蔬菜中的农药能充分溶入液体内。当处理筒内部的蔬菜经过溶液浸泡后，再通过输送泵工作使处理筒内部上层的上清液通过输送管被输送至比色皿的内部。通过浸泡的方式对蔬菜进行处理，可以避免检测结果出现误差。

3. 检测精度与灵敏度改进方向专利技术梳理

在农药残留检测领域，检测准确度与检测的灵敏度也是一个主要的改进方向。一般需要从检测部件、检测试剂及干扰物质的去除等方面进行改进，以提高农药残留检测的可靠性，如图 4-3-4 所示。

(1) 检测精度

在提高检测精度和准确性方向，在专利申请 KR20020080625A 公开的检测方法中，将蒸馏水添加到乙酰胆碱酯酶中，然后在冷冻和保存的同时再利用剩余物，与常规方法相比，其中底物，反应终止剂和显色试剂，无论使用多少次，都可以保持乙酰胆碱酯酶的高活性和诊断准确性。即使在装置中加入底物，反应终止剂和着色剂，也可以保持相同的活性。与使用微量自动移液器的常规方法相比，该方法的诊断度和准确度得到了证实。

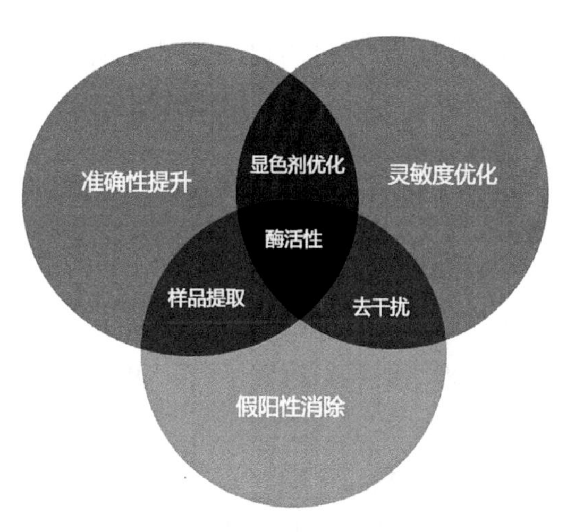


图 4-3-4　精度与灵敏度改进方向研究

在使用专利申请 CN206531811U 公开的农药残留检测仪检测时，在酶电极传感器上滴加农药检测样本，水解酶电极测试一致性好，检测结果具有可重复性。通过电流电压转换电路、次级放大电路和低通滤波电路，能很好地提取酶电极反应得到的零到几百纳安之间的微电流信号。该方法不仅简化了以往的检测过程，而且能够精确地实现果蔬中农药残留量的定量检测，检测精度高。

专利申请 CN209979481U 使用酶抑制法来检测果蔬类农产品中残留农药的含量，并利用分光光度计和抑制率分析仪对检测结果进行分析。该方法准确度高，适合大规模推广使用。

专利申请 CN111398279A 公开了一种用于检测蔬菜农药残留的便携式检测设备。在该装置中，第二弹性件处于压缩状态并对压紧件施加压力，压紧件压紧试管；电机时输出轴进行转动，进而带动第二半齿轮进行竖直方向圆周转动；当第二半齿轮与第一半齿轮接触时，第一半齿轮发生转动，进而使支撑件呈倾斜状态；当第二半齿轮与第一半齿轮分开时，因为第一弹性件的作用，支撑件复位并呈水平状态，如此循环往复，使试管进行左右晃动，实现震荡摇匀操作。该方法方便使用，操作简单，有利于提高农药残留检测效果。

专利申请 CN114019117A 公开的食品安全检测装置，通过设置清洁机构，便于利用刷毛实现检测口的自动清洁，降低了装置的清洁难度，并且避免了灰尘和污渍对检测结果的影响，有利于提高装置的检测精度。

专利申请号 CN114152586A 公开了一种农药残留检测装置。该检测装置由多个组件构成，包括固定座、转轮、一号杆、工作台、容器杯以及二号杆。在固定座的近底端区域，固定连接着一号电机，其输出轴又与一个转轴相连。转轮被精确地安装在转轴的中心位置。一号杆则固定在转轮的侧壁边缘附近，其另一端装有一号筒，一号筒的侧壁内表面与一号杆的末端（远离转轮的一端）转动相连。工作台被固定在套环的上表面，并且工作台的上表面卡有容器杯。在固定座的侧壁靠近顶端的位置，设置有一个滑槽，二号杆通过这个滑槽与固定座的侧壁实现滑动连接。工作台侧壁靠近转轮的位置固定连接着二号筒，二号筒内部设有滑杆。滑杆的顶端与二号杆相连，同时滑杆能在二号筒的侧壁内表面进行滑动。

专利申请CN110398490A公开的农药现场检测装置中，显示片采用琼脂糖包埋固定显色剂，一方面可以有效地防止显色液的渗漏，保证检测的准确性；另一方面，由于琼脂糖具有良好的光通透性，可实现对农药残留的定量分析。此外，该检测装置对水果的上、中、下、内、外均做了细致的检测划分，从而提高了整个水果各个部位农药残留检测的精细程度。

专利申请CN111398259A介绍了一种简便且高效的水体农药自动监测装置及其检测方法。该方法结合了酶抑制原理与光电比色技术。该装置能够独立定量多种试剂并进行取样，有效避免了交叉污染。它集成了自动精准取样、自动测试、自动排液清洗以及数据自动上传等多项功能。这不仅节约了试剂的使用量，而且提升了检测的精确度。

为了保证酶活性，提高检测准确度，控制温度也是一个主要的改进方向。

专利申请CN207096111U公开了一种农药残留检测仪。该仪器具备恒温功能，可确保酶活性稳定，并且监测影响酶活性的关键参数。通过在样品室内安装温控器，该检测仪能够保证样品在检测过程中的温度保持恒定，进而减少样品间检测结果的差异性，并提升检测的精确度。

专利申请CN110146667A公开的便捷型农药残留检测仪具有温度控制功能。该检测仪利用温控机构调节检测室内的温度，从而提升了酶的活性和检测的准确性。

专利申请CN209542550U公开了一种测试仪的设计。该测试仪由壳体、检测室以及显示操作面板组成。在壳体内部，集成了单片机以及与之电连接的电源模块、光电检测模块、温控组件和存储模块。测试仪的检测室内同样配备了温控组件，允许通过单片机设定特定的温度范围，确保酶在最佳的温度条件下运作，从而保持其活性，并显著提高检测结果的精确度。

专利申请CN212275566U和CN215179696U公开的装置均配备了恒温加热模块。该模块能够响应控制主板发出的信号，确保比色皿中的样品保持恒定温度。这一设计有效防止了因温度波动引起的农药残留检测结果偏差，进而提升了检测数据的精确性和可信度。

专利申请CN207423814U公开的内嵌式农残测试仪水浴加热装置，能够实现对待测溶液的均匀加热。其温度超调量极小，确保了温度的稳定性，从而显著提升了农药检测的精确度。该装置保证了乙酰胆碱酯酶在恒定的环境下进行反应，有效解决了因温度波动过大而导致的检测精度不佳的问题。

（2）检测灵敏度

关于提升检测灵敏度，专利申请 CN103305589A 公开了一种检测方法。该方法利用还原型谷胱甘肽和谷胱甘肽转移酶对氨基甲酸酯进行催化作用，从而增强氨基甲酸酯对面粉酯酶的抑制效果，进而提高检测的灵敏度。

专利申请 CN110398490A 公开的农药现场检测装置，利用褪色反应原理，通过观察颜色的变化来判断检测结果，可使结果更易于观察，并显著提升了检测的灵敏度。

专利申请 CN111705110A 对传统的酶抑制法进行了创新改进，成功制备出一种对有机磷农药具有显著抑制作用的丁酰胆碱酯酶。在此基础上，通过引入 N-溴代丁二酰亚胺作为增强剂，显著提升了检测的灵敏度，有效突破了传统酶抑制法在检测硫代型有机磷酸酯类农药时检出率低的局限。

（3）假阳性消除

在假阳性的消除方面，专利申请 CN102353670A 公开了一种农药检测方法。首先，先调节待测样品液的 pH；然后，利用酶抑制法检测含硫蔬菜中的农药残留；最后，根据待测样品液对乙酰胆碱酯酶的抑制率来判定是否含有有机磷和氨基甲酸酯类农药。在酶抑制法的基础上进行改进，以消除含硫蔬菜中硫化物对残留测定的干扰，达到消除假阳性的目的，从而准确、快速地检测含硫蔬菜中的农药残留。

在专利申请 CN104142305A 和 CN106093032A 中，通过对样品提取液进行加热处理，成功消除了假阳性现象。

专利申请 CN206891975U 公开了一种专为易产生假阳性的果蔬设计的农药残留快速检测箱。该检测箱由箱体和箱盖组成，两者通过铰链在一侧相连，而在相对的一侧则配备了锁扣。箱体内部由 T 形隔热板划分为三个区域：加热区、检测区和置物区。加热区内设有金属浴加热装置，用于加热以消除试剂挥发导致的假阳性问题。检测区配备了农药残留检测仪，而置物区则设有置物架，方便放置待检测的样品。通过这种设计，该检测箱能够有效地减少假阳性结果，提高检测的准确性。

专利申请 CN109975280A 的发明人经研究发现，常见的有机磷和氨基甲酸酯类农药不会抑制脂肪酶的活性，而蔬菜中的次生代谢物质却能抑制胆碱酯酶——一种在农药残留检测中广泛应用的酶。基于这一发现，发明人创新性地将脂肪酶应用于农药残留的检测，成功实现了无须预反应即可直接显色的新方法。脂肪酶的显色结果不仅可用于对照比色，还能检测次生代谢物质，实现了一种样品液的双重功能。这意味着在检测过程中，可以直接使用待测样品进行检测，无须空白对照，从而有效避免了农药残留速测过程中可能出现的假阳性结果。

4. 载体便携化改进方向专利技术梳理

对于载体便携化的改进，主要可以分为检测仪、检测试剂盒、检测试纸及凝胶四个方向。

(1) 检测仪

农药残留检测仪是根据国标GB/T 5009.199－2003，采用酶抑制原理和光电比色法原理研制而成的检测仪器。基于酶抑制法进行农药残留检测时，检测试剂盒是一种常用的、便携化的检测设备，检测试剂盒具有整体轻便，检测简单等优点，因此被广泛使用。与传统检测农药残留方法的气相色谱法、液相色谱、分光光度法相比，无须配置昂贵的大型仪器，适合现场操作，携带方便，经济实惠；并且以单次的农药残留检测计算，能大幅降低胆碱酯酶和试剂的耗用量。它广泛应用于产品质量监督检验、卫生防疫、环境保护、工商管理、蔬菜批发市场、蔬菜生产基地、超市、商场、农药残留监测系统等部门对蔬菜和水果中的农药残留检测。

对于检测装置，分别从样品的处理、部件的集成和优化及多样品同时检测方面对装置进行了分析。

专利申请CN202814868U公开了一种多通道农药残留快速检测仪。它由单片机模块构成。单片机模块的输入端连接集成光电传感器模块，输出端连接微处理器模块；微处理器模块输出端连接显示屏、打印机、通讯模块，集成光电传感器模块输入端连接电源模块。

专利申请CN103712978A公开了一种以酶抑制法原理为基础的便携式农药残留检测仪。该检测仪由控制芯片、可充电电池、减速马达、加热器、粘有检测药片的纸带卷轴、USB端口等部件组成；其对有机磷和氨基甲酸酯类农药的检测下限为0.0～3.0 mg/L该检测仪体积小、重量轻、仪器成本低、检测成本低廉、实用性强、携带方便、检测快、操作方便、灵敏度高、适用范围广，还可用于现场快速检测。

专利申请CN103529114A公开了一种家用果蔬农药残留快速检测仪，可现场检测蔬菜和水果中有机磷和氨基甲酸酯类农药残留。该仪器由检测面板、检测仪机体、酶生物传感器组成，带有按一定比例配制好的试剂包和固定乙酰胆碱酯酶的酶膜。该方法在利用循环伏安法的基础上，通过测量乙酰胆碱酯酶修饰后的电极接触农药前后在底物中产生电流的变化，来测量农药的浓度。采集酶电极产生的微弱电流信号，通过放大器放大、转换后，再输出到数据的处理装置，数据采集终端设有显示器与微型打印机，用来显示农药是否超标，并可将结果打印输出。

专利申请CN206891975U公开了一种适用于易假阳性的果蔬农药残留的快速检测箱，包括箱体和箱盖。箱体和箱盖的一侧通过铰链连接，相对的一侧设有锁扣；箱体由T形隔热板分割为加热区、检测区和置物区，在加热区设有金属浴加热装置，检测区设有农药残留检测仪，置物区设有置物架。该检测箱包括前处理设备及检测设备，功能齐全、结构紧凑、方便携带。

专利申请CN206920421U公开了一种带有移动电源的便携式农药残留检测装置。该测装置包括壳体、电源模块、显示模块、开关按键、检测探头、微处理器、A/D转换电路、无线模块、报警模块。电源模块有三个通道，第一通道、第二通道和第三通道。第一通道连接检测探头、微处理器、显示模块、无线模块和报警模块；第二通道为向外部供电的接口；第三通道为充电接口。检测探头一端安装有生物传感器，该生物传感器为酶抑制生物传感器。上述装置体积小，便于携带、检侧迅速并且具有移动电源的功能。

专利申请CN212568491U公开了一种全自动农药残留检测装置。该检测装置以酶抑制率法为基础来检测农药残留量，包括一个呈箱体结构的机台。机台的顶面上设置有第一凹槽，第一凹槽的底壁上嵌装有可在水平面内圆周转动的转盘。机台内设置有用于带动转盘转动的驱动机构。转盘上设置有若干间隔呈环形排布的反应槽，第一凹槽的底壁上于转盘的周边设置有加药针头、加样针头和清洗针头。反应槽的底壁上设置有排液孔，排液孔处设置有电磁阀，机台内于转盘的下方还设置有用于容置反应槽流出的废液的接液盘。此外，机台上还设置有光检测装置。采用上述全自动农药残留检测装置，不仅可自动化完成样本溶液和检测试剂的加注，还能自动完成反应槽的清洗工作，实现全程无人值守操作，可有效提高检测效率。

专利申请CN111398259A公开了一种水体中农药残留的自动检测装置。该装置包括无线传输模块、触控显示模块及控制电路板。控制电路板包括取样控制板和采集控制板。采集控制板连接有消解测量装置，其中消解测量装置由消解管和光谱测量装置构成。取样控制板连接有定量取样装置，其中定量取样装置包括若干个取样管和定容装置，每个取样管下端均连接有相互连通的蠕动泵一和蠕动泵二，蠕动泵一连接有试剂瓶，蠕动泵二与消解测量装置相连接。

专利申请CN211347625U公开了一种食品工程中的农药残留检测装置。该装置包括工作台、电动升降导轨、试管和破碎刀。工作台上表面一侧中央放置有振荡器，在振荡器的振动平台上通过卡接固定连接有eva试管模具；在基于酶抑制率法检测蔬菜农药残留时，通过调整立柱在导轨上的位置、调整横杆在电动升降导轨上的高度及螺纹杆在横杆上的位置，使破碎刀位于试管的正上方，将样本放入试管中，对样本进行破碎，样本破碎完成后升起电动升降导轨上的横杆，使破碎刀脱离试管。整个操作过程无须转移，操作方便快捷，无须通过剪刀对样本进行破碎，保证样本的破碎均匀细致，便于加入缓冲液后缩短等待时间。

专利申请CN110208257A公开了一种基于酶抑制法的高精度农药残留检测设备。该设备包括底座、控制器、供水机构、外壳、反应器、密封盖、混合机构和升降机构。供水机构包括支撑块、水箱、水泵、抽水管、输水管和控水组件，控水组件包括横杆、竖杆、浮块、弹簧、压板和密封块；混合机构包括显色剂箱、注液管、竖管、通孔、旋转组件和混合组件。该检测设备利用供水机构向外壳内提供固定量的水溶液，利用水溶液保持反应器内部的低温，防止酶的活性发生变化，提高了设备的检测精度。不仅如此，通过混合机构自动对菜叶进行切割和混合，使检测工作更方便，进而提高了设备的实用性。

专利申请CN217277894U公开的一种农药残留检测设备，包括基座、与基座连接的样品放置台、电子称重装置、提取液制备台、试剂放置台、加热装置、比色皿放置台和农药残留快速检测仪。样品放置台设有放置多种样品的隔间；提取液制备台安装于基座的顶部；试剂放置台包括底物试剂放置部、酶液放置部、显色剂放置部和稀释剂放置部；加热装置包括水浴锅及位于水浴锅下方的电加热单元；比色皿放置台包括有多个比色皿，可实现对农药残留的快速高效检测。

(2) 检测试剂盒

对检测试剂盒的改进，开始阶段主要是针对检测试剂和检测效果进行优化。

2002年，专利申请CN1512165A公开了一种农药残毒检测试剂盒及其制备方法和用途。该试剂盒由乙酰胆碱酯酶、保护剂、底物和显色剂组成。其中，所使用的乙酰胆碱酯酶是从家蝇品系头部提取的，对农药具有高度敏感性，是一种单一分子型或纯化的单聚体乙酰胆碱酯酶。该试剂盒可以在常温下保存，并且在用于检测蔬菜或水果上残留的农药时，表现出极高的敏感度和测定的准确性。

2005年，专利申请CN1687756A公开了一种农药残留快速检测试剂盒及其使用方法。该试剂盒包含比色板、滴管、提取剂、酶、底物和显色剂等组件。其使用过程简便快捷，仅需5种试剂，即可在大约20 min内完成样品检测，满足了现场快速检测的需求。

随着农药残留检测技术的广泛推广与普及，检测试剂盒的结构优化亦逐渐受到重视并得到发展。

专利申请CN203630048U公开了一种用于快速检测有机磷农药残留的试剂盒。该试剂盒包含一个盒体，盒体内装有胆碱酯酶和缓冲液的瓶子，以及容量分别为

1 mL 和 0.25 mL 的吸管。此外，试剂盒还包括一个装有机磷农药残留检测渗滤卡的密封袋和一张比色卡。所有这些组件均被放置在一个带有孔洞和凹槽的塑料泡沫支架上，以提供防震保护，防止玻璃瓶破碎。该试剂盒的生产过程简便且无污染。检测步骤快捷且准确度高，完成一个样品的检测仅需 20 min，可对果蔬进行现场检测并获取定量结果。

2022 年，专利申请 CN215574672U 公开了一种独立卡片挖孔式农药残留快速检测试剂盒。该试剂盒包括承载件和封装件。承载件的一端设置有用于存储底物的存储槽，承载件的另一端设置有分别用于存储显色剂和酶的存储槽；封装件，安装于承载件上，且封装件将存储槽封口，存储槽内分别保存有定量的酶、显色剂和底物，检测人员随用随拆，不需要再对试剂进行配比，节省了操作步骤。生产该试剂盒的过程中，需要在存储槽中依次滴加 0.1 mL 的酶、显色剂和底物，然后低温冻干后，覆上封装件；使用试剂盒时只需要将封装件从存储槽上拆除，先将有胆碱酯酶、显色剂的一端插入比色皿中搅拌，再将有底物一端插入比色皿中搅拌，取样过程简单，检测结果准确性有所提升，该检测试剂盒较适合基层实验室使用。

2022 年，专利申请 CN217766087U 公开了一种集成式蔬菜中农药残留量快速检测试剂盒。该试剂盒包括盒体和盖体。盒体由比色皿构成，比色皿的内底面上设置有药块一。盖体设于在盒体顶部，盖体包括基板、密封塞、圆筒体、隔板及药块二。密封塞一体设置于基板的底部，且密封塞的内部设置有中空的圆筒体，密封塞塞在比色皿的开口内，圆筒体位于基板的下方；隔板一体设置于圆筒体的内部，隔板的下底面固定有药块二。上述试剂盒解决了器皿难清洗，易损坏等问题，同时也减少了清理时间，由原本的约 30 min 优化至 5 min。

(3) 检测试纸

为了进一步地提高检测便利性，检测试纸或卡片也是农药残留检测领域中较为常见的检测设备。

2003 年，专利申请 CN2611892Y 公开了一种检测食物中残留农药的检测卡片。该检测卡片由含有胆碱酯酶和显色剂的纸片组成。与传统方法相比，使用该检测卡检测，方便快捷、灵敏度高、检测成本低，可广泛应用于现场样品和大量样品的快速检测。

2004 年，专利申请 CN100520373C 公开了一种简便、快速检测农药残留量的速测纸卡，其选用高灵敏度的酶原-人血清中提取的乙酰胆碱酯酶，检测灵敏度高、稳定性好。

2004 年，专利申请 CN1734257A 公开了一种蔬菜农药残留速测纸卡及其制备方法。该速测纸卡选用从人血清中提取的乙酰胆碱酯酶作为酶原，它对有机磷和氨基甲酸酯类农药的检测灵敏度为 0.001～1.2 mg/kg，是一种高敏感酶源，也是一种热稳定性好的酶源，尤其在酶液中加入稳定剂明胶或海藻糖后，在 90 ℃左右条件下，酶活性可保持 7～8 h。上述速测纸卡能对蔬菜上常见的残留农药进行检测，且操作简单快速，不需要借助农药残留检测仪就能明确判定可食用蔬菜上的残留农药是否超标，一次测定仅需 12 min。该速测纸卡成本低廉，不仅适用于家庭检测，还将给卫生防疫站、农业植保植检站等单位对蔬菜农药残留的检测带来极大的方便。

2009 年，专利申请 CN201660632U 公开了一种农药残留速测卡，由滤纸、酶片、底物、折线、透明覆盖薄膜组成。该速测卡片的尺寸规格为长 60～80 mm、宽 8～15 mm。该速测卡配合便携式多通道试纸快速读取仪，经过简单操作后，即可得到果蔬等农产品和其他产品的农药残留数据的检测结果。

2011 年，专利申请 CN202221412U 公布了一种用于快速检测食品中农药残留量的试纸条。该试纸条由支撑层、吸附层、反应显色层、保护膜层以及保护套构成。吸附层的一端固定于支撑层，而另一端则悬空并被保护套所覆盖。反应显色层同样固定在支撑层上，而保护膜层则覆盖在支撑层上的吸附层和反应显色层之上。反应显色层自下而上依次包括酶层、底物层和显色层，采用植物酯酶作为酶源。使用时，只需将吸附层一端插入待检样品溶液中约 10 s，便能在 5 min 内得到检测结果。通过与标准含量色阶进行比色，该试纸条能够直接显示被测样品的农药残留量。它适用于现场快速检测蔬菜和水果中有机磷及氨基甲酸酯类农药的残留量，特别适合在果蔬种植基地、批发市场、酒店、超市等场所使用，以快速检测果蔬中的农药残留量。

专利申请 CN202204775U 公开了一种农药残留速测卡。这种速测卡主要由底片、酶片、显色片和盖膜构成，其中酶片和显色片被巧妙地安置在底片与盖膜之间。该速测卡具备出色的灵敏度，使得检测过程既便捷又迅速，同时显著降低了检测成本。因此，它能够广泛地用于现场样品以及大规模样品的快速检测。

专利申请 CN203502356U 公开了一种快速检测果蔬中农药残留的试纸条。该试纸条由显色区和底物区组成。显色区和底物区分别为 1 片圆形滤纸片。显色区滤纸片吸附有显色剂固蓝 B 盐和植物酯酶；底物区滤纸片吸附有底物乙酸-α-萘酯，分开粘贴在不吸水的塑料条或纸条上，滤纸片上覆盖保护膜。使用时，取 2 片试纸条，在显色区分别滴加浸提液或纯净水，将试纸条对折，使底物区与显色区重叠。保温反应 3 min 后打开，观察比较 2 片试纸条显色区颜色变化情况，即可判断被测样品的农药残留量超标情况。该试纸条可用于果蔬中有机磷和氨基甲酸酯类农药残留量的现场快速检测。

专利申请 CN105928929A 公开了一种农药残留快速检测点卡，包括长条形扁平薄壳状的卡体。卡体由卡座和扣合在卡座上的卡盖组成，卡座上间隔排列有多个检测孔，检测孔内自下而上依次叠放有底物膜和酶膜，其中，底物膜由滤纸膜、玻璃纤维素膜或聚酯纤维素膜在吲哚乙酸酯中充分浸泡并经冷冻抽干后制成，酶膜由滤纸膜、聚酯纤维素膜或玻璃纤维素膜在乙酰胆碱酯酶液中经充分浸泡并经冷冻抽干后制成。卡盖由左卡盖和右卡盖组成，在左卡盖上开设有与卡座最左侧的检测孔相对应的对照品加样孔，在右卡盖上开设有与其他检测孔位置分别相对应的多个加样孔。上述农药残留快速检测点卡使用方便，检测灵敏度高，可以满足现有相关国家标准中的限量要求，在实际应用中具有较大的潜力。

专利申请 CN206274313U 公开了一种检测农药残留的速测卡，包括速测卡本体和设置在速测卡本体外侧的保温层。该速测卡本体包括上盖板、下底板、试纸放置口、连接部件、加样孔、试纸、显示片和发热纤维棉层。上盖板的底部设置有凸块，上盖板上设置有加样孔，加样孔穿透上盖板，其底部延伸至凸块的底部，加样孔顶部的上盖板处设置有滑盖；下底板的顶部设置有与上盖板底部凸块相对应的显示片；上盖板和下底板之间通过连接部件连接，上盖板和下底板之间相对于连接部件的一端设置有试纸放置口，试纸放置口内设置有试纸。上述速测卡通过设置的发热纤维棉层和温度传感器，可将温度控制在 37 ℃。在该温度下，酶的反应速度最快，可有效提高了速测卡的检测速度。

专利申请 CN106501250B 公开了一种快速检测试纸条，其包括支撑背板和贴附在支撑背板上的检测膜。检测膜包括其上设有检测带的硝酸纤维素膜。在硝酸纤维素膜左侧的支撑背板上粘贴有与硝酸纤维素膜相搭接的吸水膜，在硝酸纤维素膜右侧的支撑背板上依次搭接有底物垫、酶片和样品垫。该专利是首次利用偶合反应原理制备，作用于有机磷和氨基甲酸酯类农药残留的快速检测试纸条。试剂条结构简单、制作快捷，检测时操作方便，不需要专用仪器设备，无须配制试剂，检测人员不需要专业培训，通过观察检测带的颜色变化即可直接看出样品中有无农药残留的存在，非常直观。

2016 年，专利申请 CN106323967A 公开了一种农药残留快速检测卡，包括检测卡壳体、卡座和检测装置。检测卡壳体为一个长方体，检测卡壳体上设有观察口，且观察口为两组，检测卡壳体上设有卡座；卡座连接有支撑槽，支撑槽内设有检测装置；检测装置顶端设有盖膜，盖膜末端连接有盖板，盖板上设有检测孔，检测孔末端设有酶片，酶片末端设置有滤纸，滤纸末端设有底物片。该农药残留快速检测卡具有操作简单方便、结果精确度高的优点，解决了传统速测卡操作烦琐，以及对操作环境要求严格，不能在普通环境中进行，在普通环境精确度低的问题。

2022 年，专利申请 CN115128065A 公开了一种有机磷残留现场快速检测试纸片及其制备和检测方法。该专利中集成式自组装体的制备步骤如下：利用海藻酸钠水凝胶作为助剂与集成式自组装体进行混合，向每片空白试纸片上滴加混合溶液，在 $CaCl_2$ 溶液中充分反应，冻干后得到集成化的有机磷残留现场快速检测试纸片。本发明专利中，乙酰胆碱酯酶-胆碱氧化酶- hemin - TMB 集成自组装体负载的有机磷残留现场快速检测试纸片对有机磷农药的检测限低至 0.115 ng/mL，可检测范围为 0.397～79.4 ng/mL。利用乙酰胆碱酯酶-胆碱氧化酶- hemin - TMB 集成自组装体负载的有机磷残留现场快速检测试纸片检测谷物中有机磷农药残留含量，检测结果准确、响应灵敏、稳定性好，可实现对作物籽粒中有机磷农药残留的选择性检测。

（4）凝胶

利用检测仪检测农药残留时操作复杂且时间周期长，相较于农药残留检测仪，卡纸检测操作简单且直观，但是其结果受卡片的酶活性影响，检测结果准确率较低。

2018 年，专利申请 CN109030166A 公开了一种用于检测有机磷和氨基甲酸酯类农药含量的凝胶，包括聚乙烯醇、壳聚糖乙酸溶液、质量浓度为 37%的甲醛、活力为 0.2 μmol/ml 的胆碱酯酶溶液。它利用胆碱酯酶催化靛酚乙酸酯水解为乙酸与靛酚、以及有机磷或氨基甲酸酯类农药对胆碱酯酶有抑制作用的原理，通过聚乙烯醇（PVA）、乙酸、壳聚糖（CS）、甲醛、乙酰胆碱酯酶制作含酶凝胶，使凝胶具有很强的吸水性，可直接用于检测有机磷和氨基甲酸酯类农药含量。另外，凝胶作为酶的载体，便于保存在冷藏箱中，进而保证酶活性，从而提高检测的准确率。

2021 年，专利申请 CN114199860A 公开了一种有机磷残留检测凝胶软片及其制备方法和检测方法。第一步，制备 $MnO_2$ 纳米粒子。第二步，制备 $MnO_2$ 纳米粒子负载的凝胶软片。第三步，制备乙酰胆碱酯酶 $MnO_2$ 纳米子负载的凝胶软片：利用 $MnO_2$ 纳米粒子负载的凝胶软片的溶胀性能对乙酰胆碱酯酶进行固定，向每片 $MnO_2$ 纳米粒子负载的凝胶软片上滴加乙酰胆碱酯酶溶液，充分溶胀，冻干后得到自吸式即用型乙酰胆碱酯酶 $MnO_2$ 纳米粒子负载的凝胶软片。上述凝胶软片利用乙酰胆碱酯酶 $MnO_2$ 纳米粒子负载的凝胶软片比色检测有机磷农药残留含量，所需试剂种类少，操作简便、条件温和，可实现收获机作业现场谷物中有机磷农药的现场快速检测，检测成本低、操作简便。

#### 4.3.1.2 金纳米粒子比色检测技术

金纳米粒子由于其优良的光学性能而被用作比色探针，其溶液颜色与颗粒粒径及颗粒间距有关。当颗粒间距明显小于其粒径时，金纳米粒子易发生团聚，宏观上溶液颜色由红色变为紫色或蓝色。利用这一性质，在控制金纳米粒子粒径的同时，结合各种表面改性方法可以设计出多种多样的金纳米比色探针。基于乙酰胆碱酯酶活性抑制原理，以农药久效磷为模型，创新性地采用金纳米粒子作为比色探针，检测农药如有机磷农药的残留。

基于金纳米粒子进行的农药残留检测，主要分为半定量检测和定量检测。金纳米子粒检测技术分支的专利申请情况，如图 4－3－5 所示。

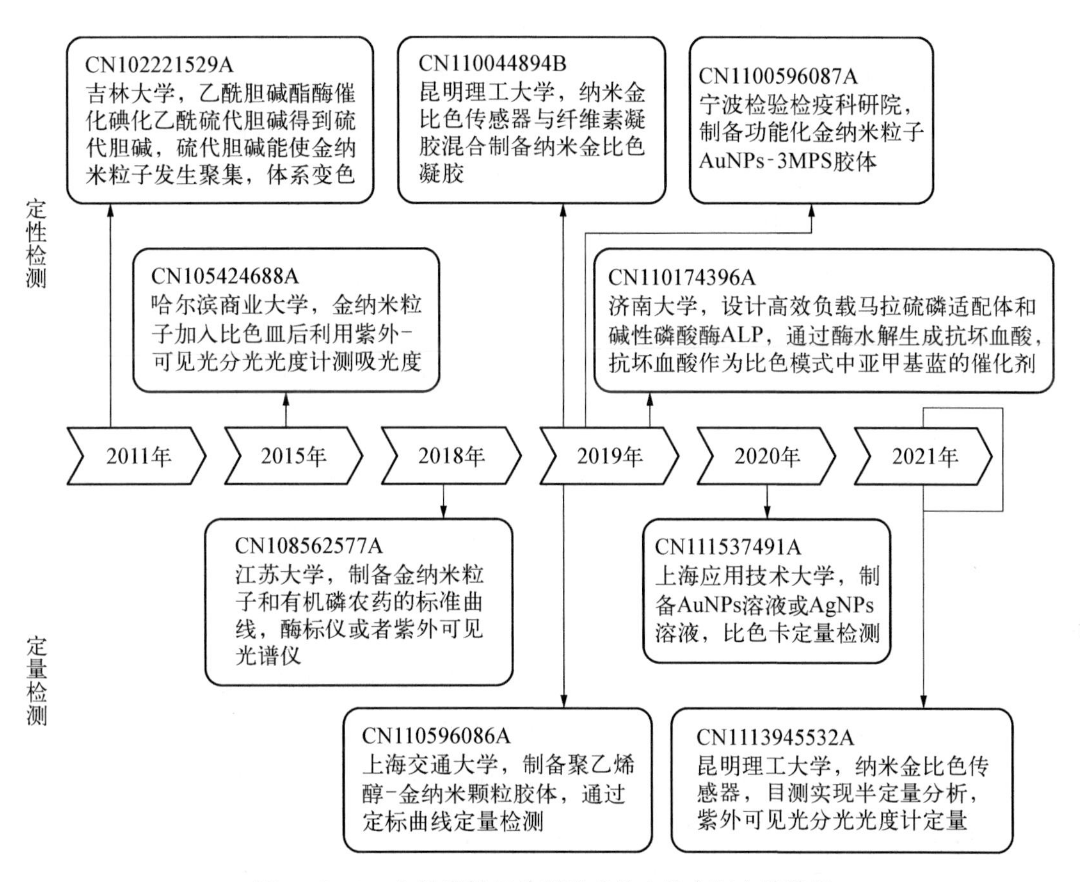


**图 4－3－5　金纳米粒子检测技术分支的专利申请情况**

1. 半定量检测

2011 年，专利申请 CN102221529A 公开了一种利用金纳米粒子的聚集和酶抑制的比色检测方法，可以快速、简单、灵敏检测食品中有机磷农药的残留量。其利用乙酰胆碱酯酶催化底物碘化乙酰硫代胆碱水解得到硫代胆碱，硫代胆碱能使金纳米粒子发生聚集，使体系由酒红色变为灰色，且金纳米粒子的特征吸收峰发生红移。当有机磷农药作用于乙酰胆碱酯酶时，会抑制乙酰胆碱酯酶的活性，因此可以通过金纳米粒子聚集程度的降低来实现对体系中有机磷的检测。

2015 年,专利申请 CN105424688A 公开了一种利用金纳米粒子探针比色法检测久效磷残留的方法。检查方法如下:,吸取制备的金纳米粒子溶液,将其加入比色皿中,再加入去离子水,混合均匀后,置于紫外 - 可见光分光光度计中测定吸光度,测得结果金纳米粒子吸收峰在 520～550 nm,从而实现对久效磷的检测。其通过紫外-可见光吸收光谱表征的比色检测结果进行定性分析,检测限有了明显提升。

2019 年,专利申请 CN110044894B 对基于金纳米粒子对三唑醇的比色检测方法进行了改进。将纳米金比色传感器与纤维素凝胶混合制备纳米金比色凝胶,纳米金比色传感器颜色变化丰富,可实现由深红色向深蓝色的变化。经过粒径优化和 pH 环境优化,识别速度更快。利用纤维素凝胶包裹纳米金比色传感器可增强比色凝胶的稳定性,在自然光、室温下储存稳定性强,且形状可控,可实现对三唑醇的半定量分析,可在紫外光谱下实现定量分析。

2019 年,专利申请 CN110174396A 公开了一种比色和电致化学发光双模式适配体传感器及用其测定马拉硫磷的方法。该专利设计功能材料高效负载马拉硫磷适配体和碱性磷酸酶 ALP,通过酶水解反应生成抗坏血酸,抗坏血酸作为比色模式中亚甲基蓝的催化剂,可通过颜色变化实现对马拉硫磷的定性检测,体系中的抗坏血酸由传感器界面磷酸酶和底物水解反应得到,有效改进了从外部加入抗坏血酸易于氧化变质,失去作用的缺陷,提高了比色检测的敏感度和抗干扰能力。

2019 年,专利申请 CN110596087A 公开了一种基于金纳米粒子的对百草枯的快速比色检测方法。第一步,采用 3MPS 和金纳米粒子 AuNPs 胶体制备功能化金纳米粒子 AuNPs - 3MPS 胶体。第二步,将不同浓度的百草枯标准溶液加入金纳米粒子 AuNPs - 3MPS 胶体中,观察并记录各个胶体混合液的颜色变化和紫外-可见吸收光谱数据,绘制不同百草枯标准溶液浓度与功能化金纳米粒子 AuNPs - 3MPS 紫外可见吸收峰值的关系曲线图。第三步,将待测百草枯溶液加入金纳米粒子 AuNPs - 3MPS 胶体中,观察胶体混合液颜色变化并记录胶体的紫外-可见吸收光谱数据,进行快速比色,检测农残留。该专利提供的基于金纳米粒子的对百草枯的快速比色检测方法,能够快速、准确地检测农药百草枯的残留,且操作简单、方便、检测时间短,可用于实际现场实时检测。

2. 定量检测

2018 年,专利申请 CN108562577A 公开了一种有机磷农药残留量的比色检测方法。检测方法如下:制备金纳米粒子,使用有机磷农药标准品,利用酶标仪或紫外可见光谱仪,检测终止反应后的溶液在可见光谱最大吸收峰处的吸光度值,并建立有机磷农药的标准曲线，从而实现对有机磷农药的定量检测。

2019年，专利申请CN110596086A公开了一种农药残留的比色和/或SERS检测及检测胶体制备方法。检测方法如下：制备聚乙烯醇-金纳米颗粒胶体(PVA-Au)，比色检测时，建立关于聚乙烯醇-金纳米颗粒胶体的待检测农药的浓度比色法标准定标曲线，根据浓度比色法标准定标曲线测量待检测果蔬样品中残留的待检测农药的浓度，通制备聚乙烯醇-金纳米颗粒胶体作为比色传感器，PVA-Au胶体比传统的AuNPs溶液更稳定，不易变质，便于保存备用。此外，PVA-Au胶体使比色检测过程稳定可控，有益于准确测定。

2020年，专利申请CN111537491A公开了一种便携可抛式表面增强拉曼/比色双传感器。该专利采用柠檬酸钠还原法制备AuNPs溶液或AgNPs溶液，将变色取样部与标准比色卡进行对比，获得待测物表面上待测分子的浓度。

2021年，专利申请CN113945532A公开了一种操作简便、快速、省时省力的三唑酮比色检测方法。将含有纳米金颗粒的溶液与缓冲溶液结合，得到纳米金比色传感器；与待检测物质结合后，可通过溶液比色、目测，实现对三唑酮的定性或半定量分析，还可以通过紫外可见光分光光度计实现快速、准确定量。该方法中纳米金颗粒制备简便，适合推广应用。

### 4.3.2 荧光分析检测农药残留的技术发展脉络

物质分子吸收了外界能量后，从基态跃迁到激发态，当处于激发态的分子以辐射跃迁的方式回到基态时，就产生了分子发光。分子发光包括荧光、磷光、化学发光、生物发光等。当特定波长的激发光照射到某种物质时，这些物质除了能对光选择性吸收产生吸收光谱外，还会发射出比原吸收波长更长的光，当激发光停止照射时，所发射的光线也很快随之消失，这种光称为荧光(fluorescence)。荧光是物质分子接受光子能量被激发后，从激发态的最低振动能级返回基态时发射出的光。荧光分析法是根据物质的荧光谱线位置及其强度进行物质定性和定量测定的方法，具有灵敏度高、选择性好、线性范围宽等优点。

图4-3-6所示为基于荧光分析检测农药残留的各技术分支专利申请量分布图。专利申请量从高到低依次是荧光传感器、基于荧光的检测装置、荧光免疫技术分支。其中，一半以上的专利申请为荧光传感器技术分支，有106件，占比59.9%；基于荧光的检测装置技术分支的专利申请有41件，占比23.2%；荧光免疫技术分支的专利申请有22件，占比12.4%。“其他”为荧光检测手段不明确的专利申请，占比4.5%。

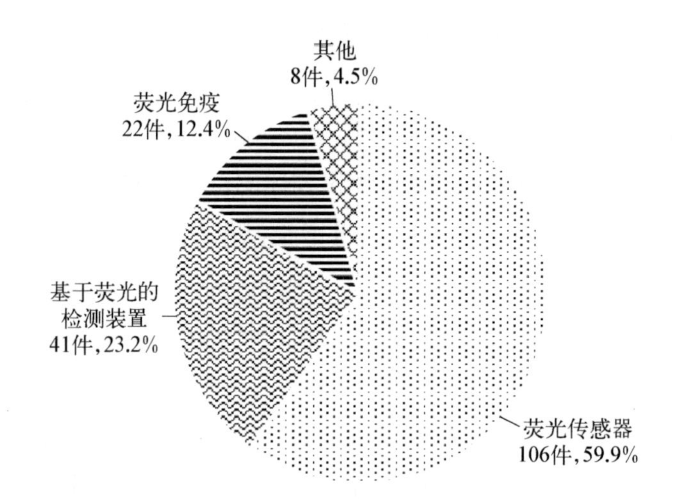


**图 4-3-6 基于荧光分析检测农残的各技术分支专利申请量分布图**

本节针对荧光传感器、基于荧光的检测装置、荧光免疫三个技术分支梳理其技术发展脉络,为进一步指明该技术的未来发展方向提供参考。

#### 4.3.2.1 荧光传感器

荧光传感器又称荧光探针,它可以选择性地将目标分子微小的浓度变化转化成荧光信号输出,以实现对目标分子的特异性识别。荧光探针通常是由受体(receptor)、供体(donor)及连接桥单元(spacer)三部分组成。受体作为待测物的识别单元可以选择性地识别目标分子;供体为荧光探针的发射单元,当目标分子与探针中的受体结合后,待识别的信息会通过供体被转换成可以被荧光光谱仪所识别的荧光信号;连接桥单元用于连接,在荧光探针中起牵线的作用。

根据与目标分子作用前后荧光信号的变化情况,通常将荧光传感器的响应模式分为 Turn-On 型(增强型)、Turn-Off 型(猝灭型)和比率型。Turn-On 型荧光传感器是其本身无荧光或有较弱荧光,识别目标分子后荧光传感器的荧光强度增加。Turn-Off 型荧光传感器是其本身有较强的荧光强度,识别目标分子后荧光传感器的荧光强度减弱或消失。比率型荧光传感器是荧光传感器本身拥有特定波长的荧光发射,识别目标分子后在荧光传感器本身的荧光发射减弱或消失的同时出现新的波长的荧光发射,利用两个或多个不同发射波长处的荧光强度比值作为检测信号。

图 4-3-7 所示为各类型荧光传感器的全球专利申请量分布图。Turn-On 型荧光传感器和 Turn-Off 型荧光传感器的专利申请量相同,比率型荧光传感器的专利申请量相对较少,其中 Turn-On 型荧光传感器和 Turn-Off 型荧光传感器专利

申请量占比均为 32.1%，比率型荧光传感器的专利申请量占比 8.5%；专利申请量占比为 27.3%的“其他荧光传感器”包括根据荧光信号变化识别目标分子，但未明确具体根据信号变强或变弱或信号比值进行检测的荧光传感器。

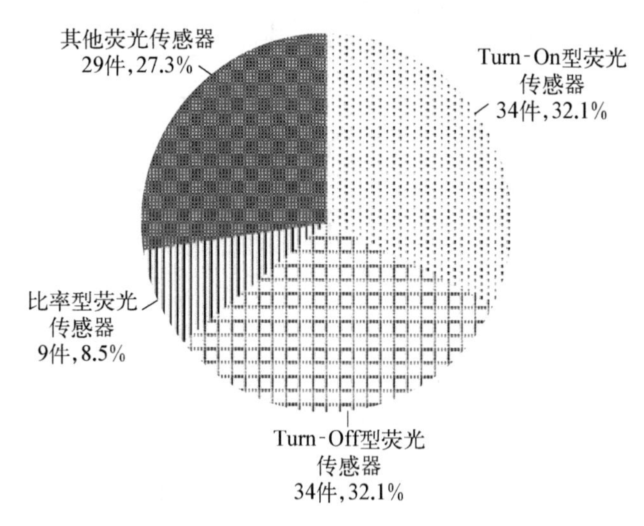


**图 4-3-7　各类型荧光传感器的专利申请量分布图**

基于荧光传感器检测农药残留的发展脉络如图 4-3-8 所示。根据荧光传感器的发展路线可知，随着技术发展，荧光传感器的类型越来越丰富，荧光信号的响应机理也更加复杂，荧光传感器总体上向提高特异性和灵敏度的方向发展。Turn-On 型荧光传感器相关的专利最早申请时间早于 Turn-Off 型荧光传感器和比率型荧光传感器。Turn-On 型荧光传感器、Turn-Off 型荧光传感器的种类比比率型荧光传感器的种类更丰富。

用于检测的荧光传感器经历的发展过程如下：最初从采用常规的荧光指示剂开始，发展为基于量子点、量子点与酶抑制法结合、结合分子印迹、合成稀土掺杂型荧光复合材料、合成新型有机荧光探针、硅基纳米粒子、金纳米颗粒、量子点-金纳米颗粒、金属-有机框架材料。通过与酶抑制法结合，使得一些自身对农药不响应的荧光传感器也能用于检测农药残留量；在结合酶抑制法的荧光传感器中，从最早且最广泛应用的乙酰胆碱酯酶，逐渐发展为其他酶（如羧酸酯酶），进一步扩大了可采用的荧光传感器的范围；与分子印迹技术结合，进一步提高了荧光传感器对目标分子的特异性识别。随着技术的发展，部分荧光传感器的荧光响应机理也越来越复杂化，新型有机荧光探针结构愈加复杂。合成荧光性能好的新型有机探针、新型荧光复合材料，以及与分子印迹法结合以进一步提高探针特异性、检测灵敏度，是荧光传感器的发展方向。

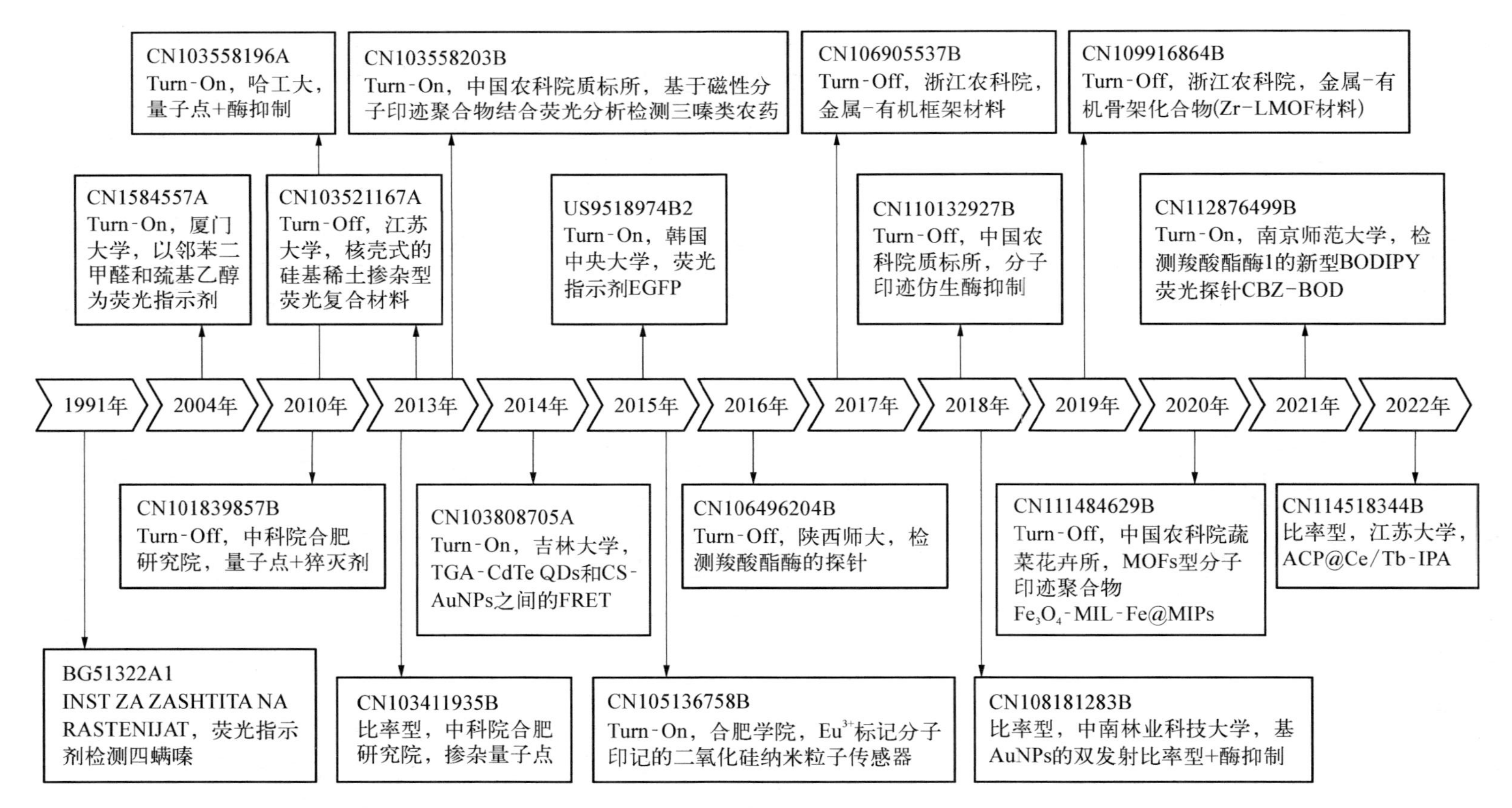


图 4-3-8 基于荧光传感器检测农药残留的发展脉络

下面对 Turn - On 型荧光传感器、Turn - Off 型荧光传感器和比率型荧光传感器的发展脉络分别分析。

1. Turn - On 型荧光传感器

图 4 - 3 - 9 所示为 Turn - On 型荧光传感器的发展脉络。Turn - On 型荧光传感器相关的专利申请时间相对要早，其经历了如下发展过程：最初采用常规的荧光指示剂，发展为利用量子点-猝灭剂-农药体系，具有“开-关-开”模式；随后基于酶抑制法在农药残留检测中的普遍应用，研究荧光可被酶的水解物抑制的荧光材料，这使得一些自身对农药不响应的荧光传感器也能用于检测农药残留量；与酶抑制法结合的传感器中，可应用的酶的种类也逐步多样化，由最广泛应用的乙酰胆碱酯酶向其他种类的酶发展，如脲酶、羧酸酯酶；所采用的荧光材料也由量子点向新型有机荧光探针、硅基纳米粒子、金属纳米粒子、金属有机框架材料发展；合成的新型有机荧光探针更加多样，结构愈加复杂。此外，将分子印迹技术应用于荧光传感器中也使得荧光传感器的特异性进一步增强。

Turn - On 型荧光传感器的重要专利介绍如下。

2004 年，专利申请 CN1584557A 是较早基于 Turn - On 型荧光传感器检测农药残留的专利。该专利以衍生化试剂(邻苯二甲醛和巯基乙醇)为荧光指示剂，氨基甲酸酯类农药在碱性条件下水解为甲胺，甲胺与衍生化试剂(邻苯二甲醛和巯基乙醇)反应生成强荧光物质，再以荧光检测器检测，最后利用标准工作曲线计算出蔬菜样品中的氨基甲酸酯类农药的总残留量。

2010 年，专利申请 CN101776601B 以卟啉化合物为荧光指示剂和显色剂。卟啉化合物与有机磷农药分子作用后，导致卟啉化合物的荧光强度增强，且荧光强度与加入的有机磷农药浓度的对数呈线性关系，由此可以定量检测有机磷农药的含量。

2010 年，专利申请 CN101839857B 提供了一种基于量子点的 Turn - On 型荧光传感器。该专利将发射绿色荧光的 CdTe、CdTe/CdS、CdSe、CdSe/CdS 或 CdS 量子点溶液加入 0.01～1 mol/L 的碱液中，在紫外光下可见明亮的绿色，加入猝灭剂[双硫腙、汞离子或 1 -(4 -吡啶基)吡啶氯盐酸盐]后荧光逐渐减弱直至猝灭(即荧光关)，也就是肉眼看不到颜色的存在；再将有机磷农药溶液加入荧光猝灭的量子点溶液中，随着有机磷农药浓度的增加，绿色荧光开始出现并逐渐恢复至明亮的绿色(即荧光开)，有机磷农药的浓度范围对应荧光开始出现至明亮绿色的恢复过程；通过荧光“关-开”模式可确立有机磷农药浓度与荧光恢复强度之间的线性关系，从而实现有机磷农药的定量检测。

2013 年，专利申请 CN103558196A 基于量子点荧光结合酶抑制法，检测有机磷农

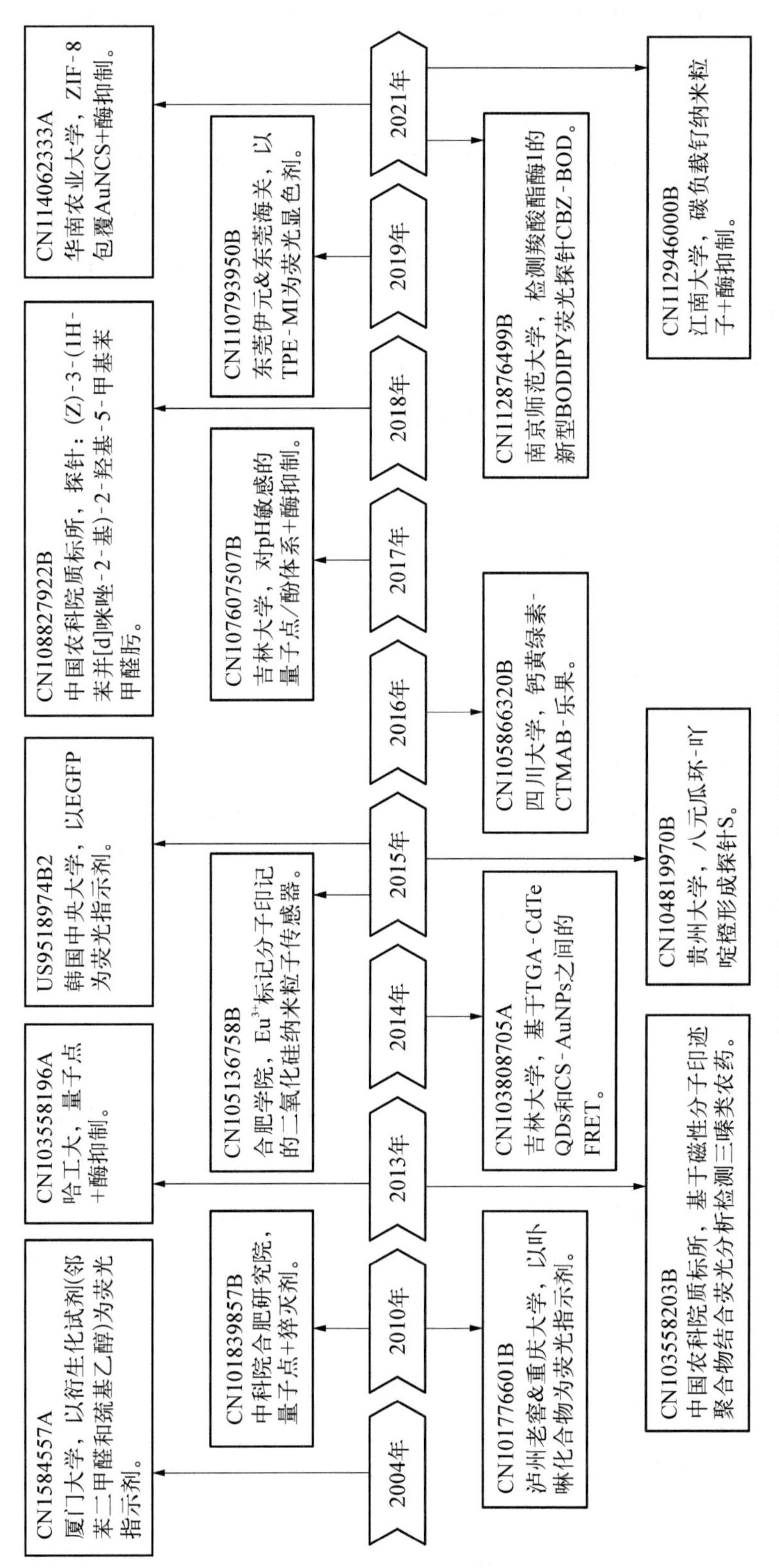


图 4-3-9 Turn-On型荧光传感器的发展脉络

药。该方法的检测原理如下：乙酰胆碱酯酶催化水解底物硫代乙酰胆碱产生乙酸和巯基胆碱，巯基胆碱可以抑制量子点荧光，导致荧光强度降低和颜色变化，点阵颜色和亮度变化裸眼可辨；而有机磷农药会抑制乙酰胆碱酯酶的活性，使巯基胆碱的浓度、点阵颜色和亮度变化程度变小，因此可以通过点阵颜色变化实现有机磷农药残留分析。

2013年，专利申请CN103558203B基于磁性分子印迹聚合物结合荧光分析，检测三嗪类农药。该专利用磁性分子印迹仿生材料替代天然抗体，借助农药分子与荧光探针对磁性印迹的竞争结合，实现了三嗪类小分子农药的非免疫法快速检测。将三嗪类农药磁性分子印迹聚合物加入5-(4,6-二氯三嗪基)氨基荧光素乙醇溶液中，再与三嗪类农药混合孵育，测定溶液荧光信号。荧光分析结果显示：荧光材料浓度不变，三嗪类目标物浓度与荧光强度成线性正相关。

2014年，专利申请CN103808705A基于量子点和金纳米粒子之间的荧光共振能量转移，检测草甘膦。该专利的检测原理如下：半胱氨酸修饰的金纳米粒子(CS-AuNPs)的最大吸收波长为528 nm，在400 nm激发光的激发下，巯基乙酸修饰的碲化镉量子点(TGA-CdTe QDs)的荧光发射波长在532 nm，两者的光谱很好的重叠；在CS-AuNPs体系中加入TGA-CdTe QDs时，金纳米粒子和量子点之间的静电作用将两者间的距离拉近，CdTe量子点发射的荧光被金纳米粒子吸收，能量从供体(TGA-CdTe QDs)向受体(CS-AuNPs)转移(即FRET)，实现了荧光猝灭；草甘膦对TGA-CdTe QDs的荧光没有影响，但含有—COOH和—$PO_3H_2$基团的草甘膦由于电离而带负电荷，可以竞争性的与带正电和的CS-AuNPs静电结合，通过静电作用使金纳米粒子发生团聚，干扰了碲化镉量子点和金纳米粒子之间的荧光共振能量转移，从而实现了TGA-CdTe QDs的荧光恢复，荧光强度的变化值与草甘膦浓度呈线性关系。

2015年，专利申请US9518974B2以增强型绿色荧光蛋白(EGFP)为荧光指示剂检测有机磷农药。从EGFP发出的荧光强度随着有机磷农药浓度的增大而增大，荧光强度与有机磷农药的浓度呈一定的线性关系，从而可以基于增强型绿色荧光蛋白(EGFP)实现对有机磷农药的检测。

2015年，专利申请CN104819970B基于超分子配合物荧光探针，测定水中多菌灵。该专利的检测原理如下：八元瓜环通过离子-偶极、疏水作用的超分子弱作用力与荧光染料吖啶橙形成摩尔浓度比为1∶1的超分子配合物，即探针S，从而引起吖啶橙的荧光猝灭；当有农药多菌灵存在时，多菌灵与探针S形成新的三元复合物(简称三元复合物)，三元复合物能使探针S猝灭的荧光得到恢复并增强数倍，且三元复合物的荧光强度在一定浓度范围内与多菌灵浓度成正比，利用此种超分子化合物的荧光开关效应可实现对水中多菌灵的检测。

2015年，专利申请CN105136758B基于稀土螯合发光原理及分子印记技术，制备了$Eu^{3+}$标记分子印记的二氧化硅纳米粒子传感器，实现了对痕量毒死蜱、吡虫啉和2,4-D三种农药分子的检测。该专利的检测原理如下：$Eu^{3+}$与3-氨丙基三乙氧基硅烷和农药目标分析物毒死蜱分子预组装，水解缩合后得到$Eu^{3+}$标记的毒死蜱分子印记二氧化硅纳米粒子传感器，从$Eu^{3+}$标记的毒死蜱分子印记二氧化硅纳米粒子传感器中洗脱了模板分子(目标分析物毒死蜱分子)后，其拥有对目标分析物毒死蜱分子选择性的识别位点，目标分析物毒死蜱分子进入二氧化硅纳米粒子传感器的识别位点后，将进一步与识别位点上的$Eu^{3+}$离子发生螯合，依据稀土螯合发光原理，目标分析物毒死蜱分子与$Eu^{3+}$离子螯合后的发光效率增大，利用荧光强度的改变，实现对痕量农药目标分析物毒死蜱分子的选择性检测。

2016年，专利申请CN105866320B以钙黄绿素为荧光指示剂，与十六烷基三甲基溴化铵(CTMAB)构成检测体系来检测农药乐果。该专利的检测原理如下：CTMAB既能与钙黄绿素反应，又能和乐果反应，CTMAB能与钙黄绿素络合而降低钙黄绿素的荧光强度，并使得荧光红移，而CTMAB结合乐果的能力强于钙黄绿素，检测液接触乐果后，在暗室中用紫外光照射，肉眼能够明显观察到有黄绿色荧光产生。利用这样的间接荧光检测原理，通过肉眼观察荧光即可完成判断，能快速、便捷地实现对乐果残留的检测。

2017年，专利申请CN107607507B基于pH敏感的量子点/酚体系结合酶抑制法，检测有机磷农药。所构建的pH敏感的量子点/酚体系，在酸性环境下具有很强的荧光性能，在碱性环境下，酚类物质会被氧化成醌式结构，从而使量子点的荧光被猝灭。在脲酶的催化作用下，脲会分解成氢氧根、铵根和碳酸氢根，导致体系pH值升高，在酚类物质存在时会导致量子点的荧光减弱；加入乐果农药后，脲酶的活性被抑制，产生的氢氧根减少，进而使醌类物质减少，量子点的荧光强度恢复；量子点的荧光强度与乐果含量之间存在一定的比例关系，通过检测荧光强度的变化可以实现对乐果的定量检测。

2018年，专利申请CN108827922B合成了一种有机磷酸酯特异性可视化响应探针(Z)-3-(1H-苯并[d]咪唑-2-基)-2-羟基-5-甲基苯甲醛肟。该探针可在碱催化下与有机磷酸酯类农药发生磷酰化反应，导致探针母环上的电子密度发生改变，从而实现荧光增强和显色反应的高灵敏度二元响应机制，识别浓度可低至纳摩尔级，荧光强度与有机磷酸酯类农药呈一定的线性关系。

2019年，专利申请CN110793950B以四苯基乙烯衍生物（TPE－MI）为荧光显色试剂检测有机磷农药残留。该专利的检测原理如下：有机磷农药在强碱性条件下可以水解成磷酸、醇类及酚类等化合物，其中，醇类与TPE－MI等可发生click加成反应，生成一种荧光物质，这种荧光物质在紫外灯的照射下能发出蓝绿色的荧光；荧光强度与有机磷农药的浓度呈一定的线性关系。

2021年，专利申请CN112876499B合成了一种用于检测羧酸酯酶1的新型BODIPY荧光探针CBZ－BOD，基于该荧光探针结合酶抑制法检测有机磷酸酯类农药。该专利利用苯甲酰氯和氟硼二吡咯通过有机合成反应制备该新型BODIPY荧光探针，该新型BODIPY荧光探针是基于氟硼二吡咯母核的小分子荧光探针，包含氟硼二吡咯基团和酯键，生物相容性较好，具有荧光量子产率高、摩尔吸收系数大、荧光谱峰窄、灵敏度高、光稳定性好等优异性能。在BODIPY的8位上引入酯键，使得探针具有对羧酸酯酶1（CES1）的识别功能，在3位活泼甲基上通过克脑文盖尔缩合反应引入N－乙基咔唑－3－甲醛基，延伸BODIPY荧光团的共轭结构，使发射波长红移到近红外区域。由于有机磷酸酯类农药与羧酸酯酶1活性位点的不可逆结合，有机磷酸酯类农药会抑制羧酸酯酶1，导致探针荧光的变化，探针的荧光强度随有机磷酸酯类农药浓度的增加呈线性上升趋势，从而检测有机磷酸酯类农药残留。

2021年，专利申请CN112946000B基于碳负载钌纳米粒子结合酶抑制法，检测有机磷农药。该专利的检测原理如下：乙酰胆碱酯酶可以催化硫代乙酰胆碱水解生成硫代胆碱，而硫代胆碱会络合钌（Ru），使得邻苯二胺无法被氧化，产生较低的背景荧光信号；而有机磷农药会抑制乙酰胆碱酯酶的活性，当有机磷农药存在时，无法产生硫代胆碱，Ru氧化邻苯二胺形成在具有橙黄色荧光的2，3－二氨基吩嗪，荧光信号增强，根据体系荧光强度的变化实现了对有机磷农药的高灵敏检测。

2021年，专利申请CN114062333A基于ZIF－8包覆AuNCs复合材料结合酶抑制法，检测有机磷农药。该专利的检测原理如下：ZIF－8包覆AuNCs复合材料中的AuNCs被限制在ZIF－8的框架内，具有聚集诱导发光效应，能够发出强烈的荧光；乙酰胆碱在乙酰胆碱酯酶的作用下酶解产生胆碱，胆碱在胆碱氧化酶作用下产生甜菜碱和$H_2O_2$，而$H_2O_2$能够将ZIF－8的框架破坏、降解，从而减弱对AuNCs的限制作用，导致荧光强度减弱；有机磷农药可以抑制乙酰胆碱酯酶的活性，导致$H_2O_2$减少，对ZIF－8的分解作用减弱，荧光逐渐恢复；检测体系的荧光强度与有机磷的浓度呈现良好的线性关系。因此，可以通过ZIF－8包覆AuNCs复合材料的荧光强度来检测有机磷的浓度。

2. Turn－Off 型荧光传感器

图 4－3－10 所示为 Turn－Off 荧光传感器的发展脉络。Turn－Off 型荧光传感器的发展经历了如下过程：采用的荧光材料经历了从稀土掺杂型荧光复合材料到新型有机荧光探针、金属有机框架材料、金属有机框架材料型分子印迹聚合物、贵金属纳米团簇等的发展过程。通过与酶抑制法结合，使一些自身对农药不响应的荧光传感器也能用于检测农药残留量，而且可被农药抑制的酶也由最初且最广泛应用的乙酰胆碱酯酶发展为其他种类的酶，比如羧酸酯酶、丙氨酸氨基肽酶，且为了进一步提高酶的特异性，结合分子印迹法制备了基于分子印迹的仿生酶。Turn－Off 荧光传感器总体也以增强特异性和提高灵敏度的方向发展。

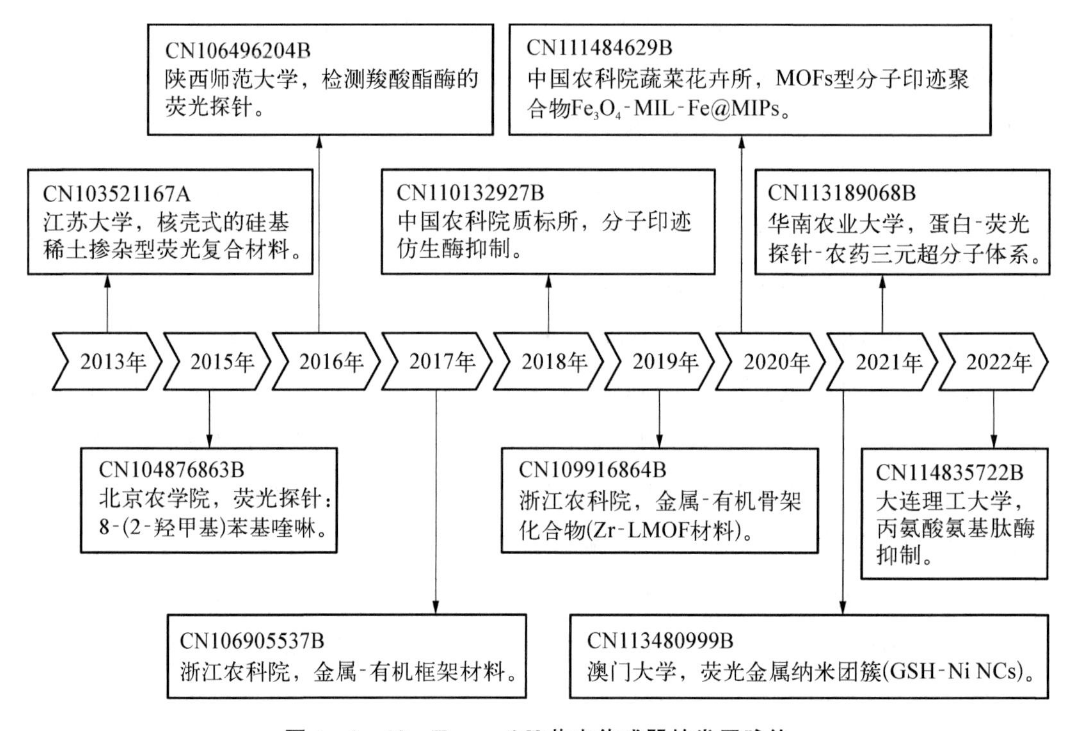


**图 4－3－10　Turn－Off 荧光传感器的发展脉络**

Turn－Off 型荧光传感器的重要专利介绍如下。

2013 年，专利申请 CN103521167A 基于硅基稀土掺杂型荧光复合材料，检测菊酯农药。通过在低温低压下利用湿化学法在多孔的二氧化硅表面负载稀土掺杂的钒酸钇纳米颗粒，获得了一种核壳式的硅基稀土掺杂型荧光复合材料。该荧光复合材料具有较好的水相分散性和光学稳定性；一定浓度的农药三氟氯氰菊酯对合成的硅基稀土掺杂型荧光复合材料的荧光具有猝灭作用，相对荧光强度与三氟氯氰菊酯的浓度呈线性关系。因此，所合成的硅基稀土掺杂型荧光复合材料具有定性和定量检测水溶液中残留菊酯类农药的能力。

2015 年，专利申请 CN104876863B 基于荧光探针 8-(2-羟甲基)苯基喹啉，检测有机磷类农药。该专利以 8-溴喹啉、2-乙氧羰基苯硼酸等为反应物制备了荧光探针 8-(2-羟甲基)苯基喹啉。该荧光探针具有特定的结构，可与有机磷类农药发生分子间相互作用，使荧光探针的荧光减弱，从而实现对磷酸酯类农药的检测。

2016 年，专利申请 CN106496204B 基于检测羧酸酯酶的荧光探针结合酶抑制法，检测农药残留量。该专利以三碳菁 IR-780 骨架为荧光母体，4-(氯甲基)苯基乙酸酯为特异性响应基团，设计合成了一种检测羧酸酯酶的荧光探针。该荧光探针本身的荧光强度非常弱，加入羧酸酯酶后，探针化合物发生反应，释放出半菁骨架荧光母体，溶液荧光显著增强，而农药对羧酸酯酶活性有抑制作用；当待测样品中有农药残留存在时，羧酸酯酶受到抑制，从而导致体系的荧光强度或荧光成像减弱。可以通过对比荧光强度或荧光成像的方式，应用该荧光探针直观地判断待测样品是否有农药残留。

2017 年，专利申请 CN106905537B，该专利合成了一种具有荧光性能的金属-有机框架材料(MOFs)，检测对硫磷农药。该专利通过具有大共轭结构的卟啉、1,2,4,5-四(4-羧基苯基)苯和 $Zn(NO_3)_2 \cdot 6H_2O$ 合成具有荧光性能的金属-有机框架材料(MOFs)；对硫磷含有硝基苯强拉电子基团，可与 MOFs 的大共轭结构卟啉之间产生能量转移，导致 MOFs 的荧光猝灭，加入的对硫磷越多，荧光猝灭也越明显。对硫磷浓度在 $5 \sim 1\,000 \times 10^{-9}$ 内时，荧光强度与对硫磷浓度的对数成反比，从而实现了对对硫磷农药的高灵敏度、高特异性检测。

2018 年，专利申请 CN110132927B 基于分子印迹仿生酶抑制原理，检测农药残留。通过在分子印迹聚合物上连接催化功能基团或离子，形成催化位点，使其形成仿生模拟酯酶，从而催化特定酯类底物水解，生成荧光产物。采用具有农药共性结构的化合物作为合成分子印迹聚合物的模板分子，从而在合成的分子印迹聚合物中形成类似于农药结构的空穴，使印迹聚合物可以特异性地结合该类农药化合物。当分子印迹聚合物结合了农药分子之后，由于农药分子的空间位阻，挡住了催化位点，同时与生荧光底物发生竞争作用，使得仿生模拟酯酶的催化活性降低，此时可观察到农药分子抑制了荧光产物的生成。根据农药对反应体系荧光信号的抑制程度，可定性定量检测农药残留。

2019 年，专利申请 CN109916864B 合成了具有荧光性能的金属-有机骨架化合物(Zr-LMOF 材料)，基于金属-有机骨架化合物检测有机磷农药。Zr-LMOF 材料的晶体粉末分散于水中后，在紫外灯下发出明亮的蓝色荧光；Zr-LMOF 材料受到激发光激发后，光致激发电子由激发态跃迁至基态而产生荧光；农药分子与 Zr－LMOF 材料结合后，光致激发电子由激发态转移至农药分子，Zr－LMOF 材料荧光减弱或熄灭。在该反应体系中，农药浓度越大，Zr－LMOF 材料的荧光被猝灭越多，Zr－LMOF 材料的荧光强度与农药浓度的对数值呈负线性相关。

2020 年，专利申请 CN111484629B 制备了一种 MOFs 型分子印迹聚合物 $Fe_3O_4$－MIL－Fe@MIPs，并基于该 MOFs 型分子印迹聚合物检测新烟碱农药残留。利用 MOFs 型分子印迹聚合物的过氧化氢酶的催化性能，同时也利用其分子印迹的仿生识别特性，还利用农药分子占位印迹聚合物表面活性位点产生空间位阻，来抑制 $Fe_3O_4$－MIL－Fe@MIPs 的催化性能，进而降低反应体系的荧光催化产物浓度，并基于新烟碱农药残留浓度的 Log 值与溶液的荧光强度相对呈线性关系，构建基于 MOFs 型分子印迹的新烟碱农药残留荧光快速检测方法，以实现农药残留的荧光快速检测。

2021 年，专利申请 CN113189068B 建立了蛋白-荧光探针-农药三元超分子体系，其中荧光探针为查尔酮 4MC、查尔酮 CD1 或查尔酮 DNC。该体系由一种蛋白质与有机荧光探针作用形成超分子体系 a，产生初始荧光信号。当具有更强结合力的农药与蛋白作用后，通过配体置换反应得到超分子体系 b，同时释放荧光探针，并产生实时荧光信号。根据荧光探针同一波长下荧光强度（$I$）的变化、或双波长比率荧光强度（$I_1/I_2$）变化、或最大发光峰波长（$\lambda$）的变化，建立荧光信号与农药浓度的关系。其中，氯虫苯甲酰胺、丁硫克百威、阿维菌素加入后，荧光强度被大幅猝灭（即 Turn－Off 荧光传感器），而氟虫腈加入后，体系在 512 nm 的荧光强度大幅降低，而在 585 nm 的荧光强度逐渐升高，随氟虫腈浓度增大，荧光颜色由绿变黄，再变红，再变橙色。

2021 年，专利申请 CN113480999B 提供了一种基于荧光金属纳米团簇（GSH－Ni NCs）检测二硫代氨基甲酸酯（DTC）类农药的方法。该专利将谷胱甘肽配体通过 S－Ni 化学键附着于镍金属纳米结构上合成荧光金属纳米团簇，该荧光金属纳米团簇具有在乙二醇和水的混合溶液中聚集诱导荧光增强的特点。DTC 类农药会使 GSH－Ni NCs 的荧光猝灭，GSH－Ni NCs 荧光的猝灭程度随农药浓度的增大而增加，相对荧光强度与农药浓度呈线性相关。因此，可将 GSH－Ni NCs 作为荧光探针检测 DTC 类农药对 DTC 类农药进行定量检测。

2022 年，专利申请 CN114835722B 提供了一种基于丙氨酸氨基肽酶抑制法检测农药残留的方法。该专利合成了丙氨酸氨基肽酶的荧光探针 FI－AAP。该探针改进了荧光团与反应位点之间的连接臂，引入了自消除基团对氨基苯甲醇，不仅增加了探针 FI－AAP 对丙氨酸氨基肽酶的亲和力，还增强了探针的灵敏度。丙氨酸氨基肽酶与荧光探针 FI－AAP 结合会产生荧光，而农药会破坏丙氨酸氨基肽酶的活性，通过对剩余丙氨酸氨基肽酶与探针进行结合产生的荧光物质荧光亮度的检测，可测定出农药对丙氨酸氨基肽酶的抑制率，从而实现对农药残留的检测。

3. 比率型荧光传感器

图 4-3-11 所示为比率型荧光传感器的发展脉络。比率型荧光传感器采用的荧光材料经历了稀土掺杂型荧光复合材料、金纳米粒子、碲化镉量子点-碳点、分子印迹比率荧光探针(MIRF)，其中大多比率型荧光探针都结合了酶抑制法，通过与酶抑制法结合，使一些自身对农药不响应的荧光传感器也能用于检测农药残留量。相比于 Turn-On 型荧光传感器和 Turn-Off 型荧光传感器，比率型荧光传感器的荧光响应过程更为复杂，这使得比率型荧光传感器的种类更少。与分子印迹技术结合，进一步提高了荧光传感器对目标分子的特异性识别。比率型荧光传感器总体上向高选择性、高灵敏度的方向发展。

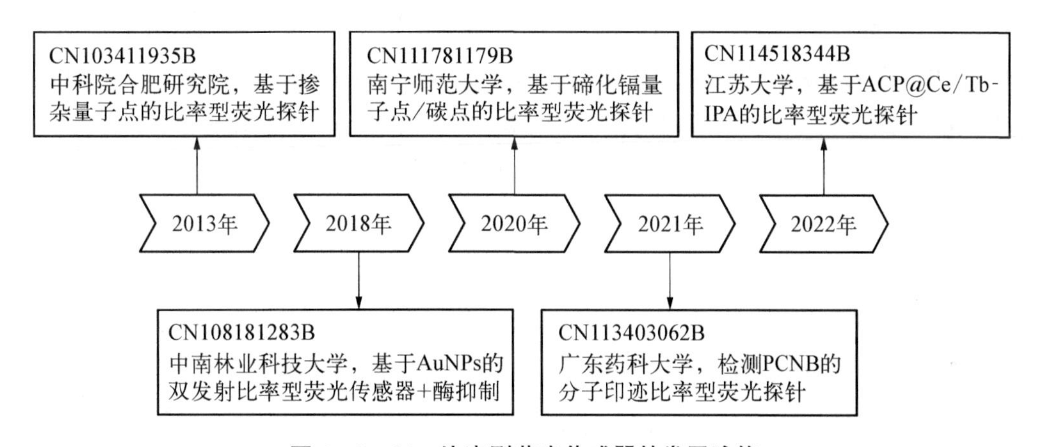


**图 4-3-11　比率型荧光传感器的发展脉络**

比率型荧光传感器的重要专利介绍如下。

2013 年，专利申请 CN103411935B 中基于掺杂量子点比率荧光法检测有机磷农药含量，利用了掺杂量子点具有双荧光发射并且易于调制荧光比率变化的特性。掺杂量子点水分散液在紫外光照射下发射双荧光，用猝灭剂(选自双硫腙、汞离子、1-(4-吡啶基)吡啶氯盐酸盐或多巴胺)使双荧光强度降至最低，最后加入含有机磷农药的溶液。这时双荧光中一个荧光强度基本不变、甚至更弱，另一个荧光强度增强，随着有机磷农药浓度的增大，混色荧光颜色逐渐向单色荧光过渡并增强。荧光颜色变化的过程也就是荧光比率变化的过程，据此确立有机磷农药浓度与荧光比率变化之间的线性关系。

2018 年，专利申请 CN108181283B 提供了一种基于谷胱甘肽修饰的金纳米颗粒自身荧光双发射性质结合酶抑制检测农药残留的方法。该专利的检测原理如下：乙酰胆碱酯酶可将硫代乙酰胆碱水解成硫代胆碱和乙酸。硫代胆碱是一种带正电荷的巯基物质，它与金纳米颗粒形成 Au—S 键而共价结合在一起，增加了金纳米颗粒表面配体的数量，而这一过程由于发生了电子转移效应，最终引起金纳米颗粒荧光发射中心的变化，使 600 nm 处荧光发射增强，800 nm 处荧光发射同步减弱。未水解的底物硫代乙酰胆碱，由于乙酰基的阻碍，没有暴露出来═SH，不能跟金纳米颗粒反应形成 Au—S 共价键来增加金纳米颗粒表面的配体数量，进而引起金纳米颗粒双发射峰强度的变化。农药会抑制乙酰胆碱酯酶的活性，双发射比率型荧光传感器在 800 nm 处和 600 nm 的荧光强度比值与农药浓度的对数值呈一定的线性关系。

2020 年，专利申请 CN111781179B 使用荧光性能优越的碳点和量子点作为信号探针，以乙酰胆碱酯酶作为有机磷农药的承载媒介，紫外光照射下拍摄得到荧光的彩色数字图像，分析获得红绿色通道后，就可以建立强度比值 $R/G$ 与有机磷农药浓度之间的线性关系式。该专利的检测原理如下：碲化镉量子点表面的巯基丙酸与铜离子的亲和常数高，能通过形成络合物降低碲化镉量子点的稳定性，结合到碲化镉量子点表面的铜离子可通过电子转移猝灭碲化镉量子点的荧光；当存在乙酰胆碱酯酶时，硫代乙酰胆碱被水解并生成硫代胆碱，巯基化合物能通过对铜离子的络合作用降低碲化镉量子点的荧光猝灭，但碳点的荧光强度仍不会发生改变。当有机磷农药存在时，乙酰胆碱酯酶活性被抑制，从而抑制上述整个过程的发生，达到检测有机磷农药的目的。其中，对有机磷农药浓度变化敏感的碲化镉量子点作为比率型荧光探针中的工作信号，而碳点具有良好的光稳定性和化学惰性且对有机磷农药浓度变化不敏感，因此碳点被选作比率型荧光探针中的参比信号。

2021 年，专利申请 CN113403062B 合成了用于检测五氯硝基苯(PCNB)的分子印迹比率荧光探针(Molecularly Imprinted Ratiometric Fluorescent probe, MIRF probe)，并基于该分子印迹比率荧光探针制备了用于可视化检测五氯硝基苯的分子印迹比率荧光试纸。该专利的检测原理如下：基于发射橙色荧光的信号材料 BPDN 及发射绿色荧光的信号材料 BPDN@$SiO_2$、模板分子 PCNB，采用分子印迹技术制备得到分子印迹比率荧光探针，MIRF 的荧光强度比与 PCNB 浓度在 50.0～600.0 μmol/L 之间呈线性关系，MIRF 溶液的荧光颜色从橙色渐变到黄色最后变成绿色，表明它具有在现场进行可视化检测的潜力。

2022 年，专利申请 CN114518344B 基于 ACP@Ce/Tb - IPA 的比率荧光和比色双模式检测有机磷农药。该专利以 ACP@Ce/Tb - IPA 为类氧化酶模拟物，在酸性条件下，其能够催化体系中的溶解氧产生超氧阴离子，显色剂(TMB)与超氧阴离子发生氧化还原反应，产生显色产物(TMBox)，使溶液由无色变成蓝色；间苯二甲酸

(IPA)配体吸收外界能量并将其转移给 $Ce^{3+}$ 和 $Tb^{3+}$，使其分别在 358 nm 处发出弱荧光和 496 nm 处发出强荧光；负载的 ACP 使 ACP@Ce/Tb - IPA 具有催化抗坏血酸磷酸酯镁(AAP)水解生成抗坏血酸(AA)的能力，从而能够将 ACP@Ce/Tb - IPA 中的 $Ce^{4+}$ 还原为 $Ce^{3+}$，导致 358nm 处 $Ce^{3+}$ 的荧光信号增强，496nm 处 $Tb^{3+}$ 的荧光信号减弱；由于 $Ce^{4+}/Ce^{3+}$ 的比值降低，ACP@Ce/Tb - IPA 的类酶活性减弱，导致 TMB 显色反应减弱；当有机磷农药对氧磷存在时，可抑制 ACP 的活性，阻碍 AAP 的催化水解过程，导致 496 nm 处的 $Tb^{3+}$ 荧光强度恢复，358 nm 处的 $Ce^{3+}$ 的荧光强度削弱，同时催化 TMB 颜色信号恢复。因此，通过测定一定时间内不同浓度的有机磷农药对氧磷与 ACP@Ce/Tb - IPA 反应的荧光比值的变化以及吸光度的变化，可实现对有机磷农残的检测。

4. 其他荧光传感器

这一部分的荧光传感器包括根据荧光信号变化检测，但未明确是根据荧光信号增强还是猝灭还是荧光强度比进行检测的传感器。

1991 年，专利申请 BG51322A1 是申请时间较早的基于荧光传感器检测农药残留的专利。该专利使用己烷从样品中提取残留的 3,6 -双(2 -氯苯基)- 1,2,4,5 -四嗪(四螨嗪)，然后在含有氧化铝和活性炭的柱中清洁提取物，然后用二氯甲烷萃取残留的四螨嗪，并用薄膜色谱法在含有荧光指示剂的氧化铝/硅胶基质上检测，用 5∶1 己烷-丙酮溶液作为流动相，通过读取红色/紫色斑点，结合当基材被 UV 光照射时由荧光指示剂产生的强烈颜色来进行四螨嗪斑点的检测和定量测定。

2004 年，专利申请 CN1727879A 提供了一种便携式荧光探针农药残留检测仪机及检测方法。该方法采用的荧光探针是 2 -丁基- 6 -(4 -甲基-哌嗪- 1 -基)-苯并「de」喹啉- 1,3 -二酮，有机磷和氨基甲酸脂类农药可以和胆碱酯酶活性中心丝氨酸上的羟基结合，使胆碱酯酶磷酰化或氨基甲酰化，阻止了底物乙酰胆碱和胆碱酯酶的结合，从而抑制酶活性，降低酶催化底物反应的速率，从而降低醋酸生成速率，引起 pH 变化减小。由于不同 pH 下共存荧光探针发出的荧光强度不同，因而 pH 变化不同，所引起的荧光强度变化率亦不同，通过检测荧光强度变化率可间接测定农药残留量。

2011 年，专利申请 CN102553497B 提供了一种复合印迹纳米球的制备方法，并将由模板农药分子得到的复合印迹纳米球应用于农药分子的定性及定量检测。该专利中合成的多功能复合印迹纳米球为大小较均一的球形，直径约为 100～300 nm，兼具荧光及磁性，可稳定分散在水相中，其对模板分子具有良好的选择性，是一种新型印迹分子。通过多功能复合印迹纳米球对模板农药分子的选择性吸附前后荧光强度的改变，对农药分子进行定性及定量检测，灵敏度高；基于多功能复合印迹纳米球本身的磁性，采取磁分离可使分离和富集更加快速简便。

2016 年，专利申请 CN107037214B 制备了基于中空光纤的农残检测传感器。以纳米粒子为衬底，合成具有农药分子印记的纳米人工抗体，对纳米人工抗体进行荧光标记获得兼有荧光标识和农药分子印记的纳米芯壳粒子，将纳米芯壳粒子组装在空心光纤的内表面。通过对纳米粒子进行农药分子印记，解决了纳米材料对农药分子的选择性富集和识别的问题。荧光标识将目标农药分子的结合转化成可输出的荧光敏感信号，通过对荧光信号进行光谱分析，从而得出相应的农药分子残留量信息。

#### 4.3.2.2 荧光检测装置

荧光检测装置是用于测量荧光的仪器，由激发光源、激发和发射单色器、样品池及检测系统等组成。为了便于选择激发光的波长，要求激发光源是能够在很宽的波长范围内发光的连续光源。在紫外-可见光区，荧光光谱仪的光源常用氙弧灯，高压汞灯也是较常用的荧光光源；激光器，特别是可调谐激光器，是发光分析理想的光源。荧光仪采用的样品池材料要求无荧光发射，通常采用熔融石英。单色器一般为光栅和干涉滤光片，需要有两个：一个用于选择激发光波长；另一个用于分离选择荧光发射波长。检测器一般采用光电管或光电倍增管，二极管阵列检测器、电荷耦合装置(CCD)以及光子计数器等高功能检测器也被广泛应用。

图 4-3-12 所示为基于荧光的农残检测装置的发展脉络。基于荧光的农残检测装置的发展主要有两个方向：方向一是侧重于对装置结构和光路设计的改进，从而使检测装置小型化、便携化，实现实时检测，主要专利涉及 BIO CHEK 公司的 US7400405B2、山东省农业科学院农业质量标准与检测技术研究所的 CN105300937B、江苏大学的 CN111220587B；方向二是侧重于提高检测精度，主要通过图像数据处理和光路设计的改进，主要专利涉及江西农业大学的 CN101013091B、中国科学院安徽光学精密机械研究所的 CN201273879Y、汎锶科艺股份有限公司的 CN103808700B 和江苏大学的 CN104931470B。

基于荧光的农残检测装置的重要专利介绍如下。

2005 年，专利申请 US7400405B2 提供了一种基于荧光检测的手持式农残检测仪，用于检查农产品中是否存在农药残留。该仪器采用类似手枪的外壳设计，配备了一个便于用户握持的把手以及一个用于指向待检测农产品以检查农药残留的筒状部件。激发源被嵌入壳体内部，其产生的光线被引导至农产品表面，以激发荧光反应。这种荧光反应携带着发射物质的光谱特征信息。光源首选为汞蒸气灯，它能够发射波长为 254 nm、315 nm 和 365 nm 的紫外光。光源被精确地定位在筒体的后端。一

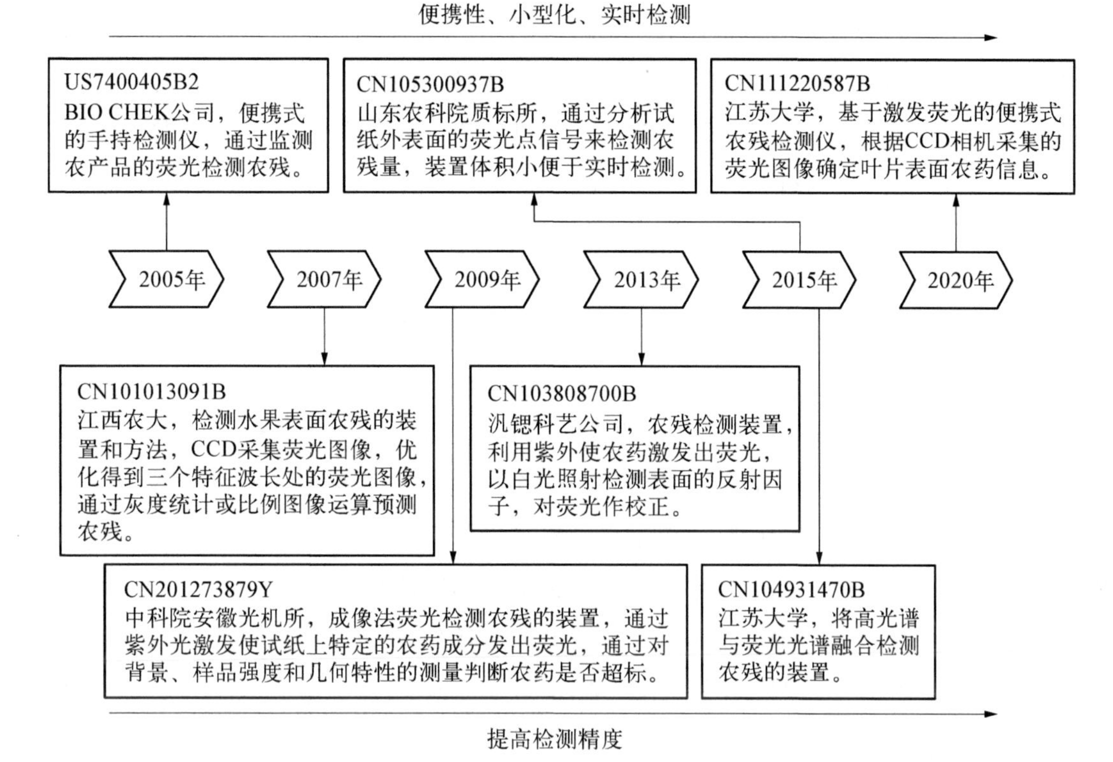


**图 4-3-12　基于荧光的农药残留检测装置的发展脉络**

束一根或多根光纤从光源向下延伸至筒体，朝向二向色滤光器以及靠近筒体前端的聚焦透镜。另一透镜则位于光纤与滤光器之间。光线穿过二向色滤光器后，由透镜聚焦于目标。二向色滤光器反射目标发出的荧光，并将这些荧光引导至位于滤光器一侧、筒体前端附近的反射镜。第二束光纤从反射镜延伸至筒体下方，朝向 UV 检测器，其中透镜位于反射镜与光纤之间，负责将反射镜反射的荧光聚焦至光纤。检测器安装于筒体后部，靠近光源。该系统通过过滤来自光源的光和目标的荧光发射，最大化目标荧光的强度，并确保仪器能够选择性地响应那些具有特定光谱特征的荧光发射，这些特征对应于待检测的一种或多种农药。为了实现这一目标，第一滤波器被安置在激发源与光纤之间，而第二滤波器则位于光纤与检测器之间。滤光器被精心挑选，以确保特定波长的光能够穿透，该波长能够激发目标物质产生最强的荧光发射，进而用于检测农药。此外，滤光器还被设计为仅允许具有该农药特征的光谱成分的荧光发射通过。为了实现对不同农药的检测，多个滤光器被成对地安装在一个旋转轮或其他适当的载体上，该旋转轮或载体能够移动，以便将特定于所需检测农药的滤光器与光源和检测器精确对准。

2007 年,专利申请 CN101013091B 提供了一种无损检测水果表面的粪便和农药污染物的方法和装置。该装置包括水果输送部件、荧光光谱图像获取部件、计算机系统和分级机构,其中荧光光谱图像获取部件包括脉冲激光器、激光扩束器、触发器、CCD 摄像头、选通式像增强器和滤波片。通过将激光照射到水果表面激发出荧光,CCD 摄像头采集各个波长处的荧光图像,通过优化方法得到三个特征波长处的荧光图像,利用三个典型波长处的光谱图像进行灰度统计或比例图像运算,再根据运算结果来预测农药残留和表面污染物。

2009 年,专利申请 CN201273879Y 提供了一种成像法荧光检测农药残留的装置。该装置包括紫外光源,紫外光源后端的光路中安装有低通滤光片、透镜、与光轴倾斜 45°的分色片。分色片前端反射光路中放置有样品,分色片后端的样品荧光反射光路中安装有放大率为 1 的两个透镜组。两个透镜组之间安装有光阑,透镜组的出射光成像于面阵 CCD 探测器,放大率为 1 的两个透镜组为对称结构。

在 2013 年,汎锶科艺股份有限公司提交的专利申请 CN103808700B 公开了一种用于检测农药残留量的装置。该检测装置由多个关键组件构成,包括外壳主体、光源模块、聚焦扫描系统、微型光谱仪、第一滤光片、第二滤光片、第三滤光片以及控制开关。外壳主体配备了一个透明窗口。光源模块设置于外壳本体内,光源模块包括白光光源、长波紫外光源和中波紫外光源。白光光源负责发射白光束,该光束沿着第一光学路径 OP1 投射至透明窗口。长波紫外光源发射 UVA 光束,沿着第二光学路径 OP2 投射至透明窗口。中波紫外光源则发射 UVB 光束,沿着第三光学路径 OP3 投射至透明窗口。聚焦扫描系统同样位于外壳主体内部,并且第一、第二和第三光学路径 OP1、OP2、OP3 均穿过该系统。聚焦扫描系统的作用是控制这些光学路径在扫描聚焦系统与透明窗口之间进行上下或左右的往复扫描动作。微型光谱仪被安装在外壳内部,与透明窗口之间设有第四光学路径。该路径的作用是在白光、UVA 光或 UVB 光束通过透明窗口照射到紧邻窗口的待测物体时,引导从待测物体表面反射的光束沿着第四光学路径投射到微型光谱仪上,以便进行进一步的分析。第一滤光片被安置在第一光学路径 OP1 上,而第二滤光片则相应地置于长波紫外光光源与第一滤光片之间,以便通过第二滤光片与第一滤光片的反射作用,使第二光学路径 OP2 与第一光学路径 OP1 部分重合。同样地,第三滤光片被放置在中波紫外光光源与第一滤光片之间,通过第三滤光片与第一滤光片的反射效果,实现了第三光学路径 OP3 与第一光学路径 OP1 的部分重叠。控制开关安装在外壳主体上,与白光光源、长波紫外光光源、中波紫外光光源以及聚焦扫描系统电性相连。该检测装置通过紫外光照射,激发待测物中残留农药产生荧光。同时,利用白光束照射检测待测物表面的反射率，进而对农药荧光进行精确校正。这一过程确保了该发明的农药检测装置能够更准确地测定农药残留量。

2015 年，专利申请 CN104931470B 提供了一种基于荧光高光谱技术的农药残留检测装置及检测方法。该检测装置由多个关键部件组成，包括激发光源模块、图像采集模块、PC 机、载物台以及支架等。与传统的 365 nm 波段固定的 UV-A 光源不同，该装置的激发光源模块采用了一个波段范围在 200～2 500 nm 的氙灯。通过使用宽带滤光片，仅保留了 200～400 nm 的激发波段。该激发波段通过光纤耦合传输至单色仪，单色仪能够精确设定激发波长至 0.01 nm。一旦激发光源波长被设定，它会再次通过光纤耦合至线光源装置，从而产生两个线光源。这两个线光源装置分别以 45°斜角固定在载物台上方的支架上，以照射载物台上的待测样品。图像采集模块由 CCD 相机和可见光-近红外光谱仪构成，其中 CCD 相机的物距设定为 42.5 cm，能够高效地捕捉待测物的荧光高光谱图像。CCD 相机与可见光-近红外光谱仪相连，而光谱仪通过数据采集通道与 PC 机相接。PC 机内置数据库和数据处理软件，负责处理采集到的荧光高光谱图像数据，并输出检测结果。此外，PC 机与载物台之间设有位移台控制器，用于精确控制载物台的移动。在检测过程中，首先建立一个数据库，其中包含不同蔬菜、不同农药及其浓度的相关信息。利用 PC 机对检测物的荧光高光谱图像数据进行处理，并调用数据库中的模型进行匹配计算，最终输出检测结果。该系统适用于现场实时检测叶菜类蔬菜表面常见的有机磷农药种类及其残留浓度。

2015 年，专利申请 CN105300937B 提供了一种基于荧光的农产品中农药残留量的检测装置。该检测装置由多个组件构成，包括粉碎箱、工作室、输料管、筛斗、激光探测器、试纸、颜色检测器以及控制箱等。粉碎箱顶部装有入料管和料斗。粉碎箱内部安装有粉碎筒，筒内设有转轴和螺旋刀片。粉碎箱的左右两侧面各有一个支撑管，其底部连接着工作室，工作室的左侧面装有报警器。粉碎箱的底部固定着输料管，输料管的末端连接筛斗，筛斗底部还固定有过滤网。筛斗位于固体样品检测箱内部，固体样品检测箱的两侧还设有加热层。筛斗下方设有置样板，置样板顶部设有漏水孔，左右两侧均装有激光探测器。激光探测器的底部固定连接着置样盘，置样盘顶部设有漏液槽，底部则固定连接输液管，输液管的末端连接液体样品检测箱。液体样品检测箱内部装有试纸，试纸外表面设有荧光点，用于通过分析荧光点信号来检测农药残留物质的成分含量。试纸的左右两侧装有颜色检测器。通过固体样品检测箱内的激光探测器和液体样品检测箱内的试纸及颜色检测器，实现对农产品中农药残留量的双重检测。液体样品检测箱底部设有控制箱，控制箱左侧装有显示屏，显示屏与中央处理器电性连接。中央处理器分别与信号传感器、电源处理单元和报警器电性连接。信号传感器分别与激光探测器和颜色检测器电性连接，颜色检测器能够向中央处理器发送监测到的电信号数据。控制箱右侧设有控制键盘，用于控制检测装置的整个检测过程。

2020年，专利申请CN111220587B提供了一种基于激发荧光的便携式农残检测仪器。该检测仪器有一个水平放置的平台，平台上安装有农残检测单元和控制单元。农残检测单元由一个圆形实验平台构成，该平台由三根水平支撑架稳固，用于安放待检测的叶片。在圆形实验平台的上方，配备了CCD相机、光源激发系统和反射光接收系统；其中，CCD相机位于实验平台正上方，负责捕捉待检测叶片的荧光光谱图像。CCD相机的上部被固定在固定支架上，该支架的竖直端部固定在水平放置平台上，并与半圆形支架相连，半圆形支架同样固定在水平放置平台上，以确保固定支架的稳定性。圆形实验平台的左右两侧对称地安装了一对弧形滑轨，光源激发系统和反射光接收系统分别安装在两个弧形滑轨上。每个系统与弧形滑轨接触的地方都装有一个电机，通过电机的控制，可以调节光源激发系统和反射光接收系统在弧形滑轨上的移动，从而调整两者之间的安放角度。控制单元由单片机组成，单片机的输入端分别连接光源激发系统、反射光接收系统和CCD相机；其输出端则连接显示屏。单片机内部预存有农药残留曲线，能够根据CCD相机采集的荧光图像，确定叶片表面农药残留的特定点。

#### 4.3.2.3 荧光免疫

荧光免疫分析是一种以荧光物作为标记物的免疫分析技术，可分为荧光免疫组织化学技术和荧光免疫测定两类。荧光免疫组织化学技术是通过化学方法使某些荧光素与抗体结合制成荧光抗体，制成的荧光抗体仍保持原抗体的免疫活性，然后使荧光抗体与被检抗原发生特异性结合，形成的复合物在一定波长光的激发下可产生荧光，借助荧光显微镜检测或定位被检抗原。荧光免疫测定是根据抗原抗体反应后是否需要分离结合的和游离的荧光标记物而分为均相和非均相两种类型。如果在抗原抗体反应后，抗原抗体复合物中的标记物失去荧光特性则不需要将结合的和游离的荧光标记物分离，可直接测定游离的抗体标记物的量，从而推算出标本中的抗原量，该方法称为均相荧光免疫分析方法。荧光偏振免疫分析法、时间分辨荧光免疫分析法等属于该类分析方法。

基于荧光免疫检测农残的发展脉络如图4-3-13所示。基于荧光免疫检测农残的专利，主要基于阵列芯片实现高通量检测和高准确度检测，制成检测试纸和试剂盒以便于现场快速准确地操作，在保证高特异性的前提下实现同时检测农药种类，而且将荧光免疫与生物条形码技术结合使检测灵敏度和特异性显著提高。荧光免疫检测农药残留的相关专利的发展方向主要集中在实现快速检测、高通量检测、增强特异性以及提高灵敏度等方面。

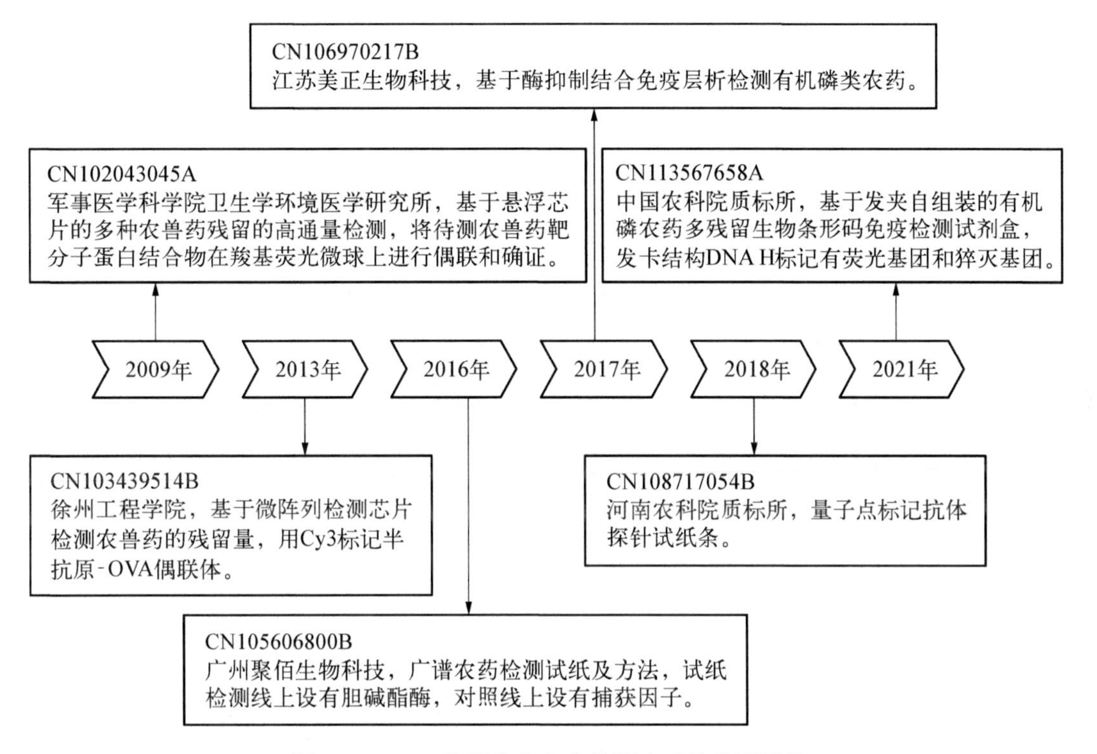


**图 4-3-13　基于荧光免疫检测农残的发展脉络**

荧光免疫检测农残基于荧光的农残检测装置的重要专利介绍如下。

2009 年，专利申请 CN102043045A 提供了一种多种农兽药残留的高通量检测方法。该专利以间接竞争法的免疫学检测原理为基础，改进了常规悬浮芯片技术在微球上固定抗体的方法，实现了一次检测可最多同时检出 7 种农兽药残留靶标物。通过制备待测农兽药靶分子蛋白结合物，在羧基荧光微球上对待测农兽药靶分子蛋白结合物进行偶联和确证，再建立农兽药残留的悬浮芯片单通道检测方法，再对多种农兽药残留同时检测并立检测标准回归曲线方程。

2013 年，专利申请 CN103439514B 基于微阵列检测芯片检测农兽药的残留量。该专利通过将农药或兽药的单克隆抗体点样于玻片上，得到带有捕获单抗探针的微阵列芯片；将农药或兽药的半抗原与卵清白蛋白偶联制备成半抗原-OVA 偶联体，再用 Cy3 标记，得到检测抗原；将检测抗原与不同浓度的农药或兽药的对照品混合，加到微阵列芯片上，用生物芯片扫描仪检测后绘制标准曲线；再将待测样品与检测抗原混合，加到微阵列芯片上，用生物芯片扫描仪检测，通过标准曲线计算得到待测样品中农药或兽药的浓度。检测原理如下：芯片上的捕获单抗探针可以与单抗原-OVA偶联体或者待检测的农药或兽药相结合，若待测样品中没有农兽药时，被荧光标记的检测抗原（单抗原-OVA偶联体）与探针结合之后，可以检测到荧光强度值；若待测样品中含有农兽药时，该残留物也会与捕获探针结合，使一部分检测抗原不能与探针结合，从而检测到另外一个强度的荧光强度值。荧光强度值一般与待检物料中的农兽药残留量成反比，通过制作标准曲线即可实现对残留量的定量检测。

2016年，专利申请CN105606800B提供了一种广谱农药检测试纸及申请方法。试纸检测线（T线）上设有胆碱酯酶，对照线（C线）上设有捕获因子；指示剂上连接有捕获标志A和B，其中捕获标志A可被胆碱酯酶捕获，捕获标志B可被对照线上的捕获因子捕获；捕获标志A和有机磷或氨基甲酸酯类农药竞争性与胆碱酯酶结合。捕获标志B为蛋白类高分子、多肽聚合物、易降解的高分子聚合物，对应的捕获因子为其抗体。检测原理如下：有机磷和氨基甲酸酯类农药会抑制胆碱酯酶的活性，有机磷和氨基甲酸酯类农药、指示剂上的捕获标志A竞争性与胆碱酯酶结合，当样品中含有较多量的有机磷或氨基甲酸酯类农药时，捕获标志A就较少地与胆碱酯酶结合，在检测线上聚集的指示剂就相对较少，检测信号，如颜色就相对较弱；当指示剂扩散到对照线时，指示剂上的捕获标志B被C线上的捕获因子捕捉，指示剂在C线上聚集，给出相应的检测信号。反之，当样品中的有机磷和氨基甲酸酯类农药含量较少，甚至为零时，则T线和C线上均具有可观的能被检测到的信号。

2017年，专利申请CN106970217B提供了一种定量检测有机磷类农药的免疫层析方法。该专利以电鳗乙酰胆碱酯酶作为免疫原免疫小鼠，制备抗电鳗乙酰胆碱酯酶的单克隆抗体，该单克隆抗体结合电鳗乙酰胆碱酯酶的位点与有机磷类农药结合电鳗乙酰胆碱酯酶的位点相同；再用化学交联法或物理吸附法将电鳗乙酰胆碱酯酶和质控分子分别偶联到指示剂（荧光染料或纳米颗粒）表面，构成电鳗乙酰胆碱酯酶标记的指示剂和质控分子标记的指示剂，并将两者混合得到标记液；构建免疫层析试纸条，其中结合垫上固定有标记液，层析膜上设检测线、质控线，检测线上固定抗电鳗乙酰胆碱酯酶的单克隆抗体，质控线上固定能与质控分子特异性结合的生物分子；将检测液滴加于试纸条的样品垫处，进行免疫层析，当检测液流经检测线和质控线后，检测线和质控线的位置将会出现指示信号，根据检测线和质控线的信号强度，实现目标物的定量检测。

2018年，专利申请CN108717054B提供了一种量子点标记抗体探针试纸条，可用于检测苯噻菌酯残留量。该试纸条结合垫上分布有量子点标记抗体探针，纤维素膜上还分布有苯噻菌酯抗原和羊抗鼠抗体；基于竞争法原理实现检测，量子点标记抗苯噻菌酯抗体探针既可与苯噻菌酯特异性结合，又可以和苯噻菌酯的抗原特异性结合，但是结合了苯噻菌酯的量子点标记抗苯噻菌酯抗体探针不能再和抗原结合；试纸条上喷涂一定量抗原作为检测线（T 线），喷涂一定浓度和抗苯噻菌酯抗体种属匹配的二抗作为控制线（C 线）；加标样品中的苯噻菌酯添加到样品垫之后，流经结合垫时和量子点标记抗体探针特异性结合；随着样品中苯噻菌酯浓度的增大，未结合抗原的量子点标记抗体探针减少，与抗原结合的量子点标记抗体探针减少，条带变弱直至荧光信号消失，苯噻菌酯浓度和与荧光相对强度（T 线荧光强度和 C 线荧光强度比值）具有一定的线性关系。

2021 年，专利申请 CN113567658A 提供了一种基于发夹自组装的有机磷农药多残留生物条形码免疫检测试剂盒及其应用。试剂盒包括：包被有机磷半抗原-卵清蛋白的黑色反应板、修饰有生物条形码和有机磷抗体的金纳米粒子、发卡结构 DNA H、标记有荧光基团和猝灭基团的发卡结构 DNA H、二硫苏糖醇和有机磷标准液，生物条形码的核苷酸序列与发卡结构 DNA H 的核苷酸序列存在互补配对的序列，发卡结构 DNA H 的核苷酸序列与荧光基团标记的发卡结构 DNAH 的核苷酸序列存在互补配对的序列。检测方法如下：向包被有机磷半抗原-卵清蛋白的黑色反应板中添加待测样品液和修饰有生物条形码和有机磷抗体的金纳米粒子的悬浮液，充分混合，孵育，洗板，得到洗涤的酶标板；向洗涤的酶标板中依次添加二硫苏糖醇和经预处理的发卡结构 DNA H 及标记有荧光基团和猝灭基团的发卡结构 DNA H，经振荡反应后，测定酶标板的荧光值，将荧光值代入有机磷的检测标准曲线方程中，计算得到作物中有机磷农药的含量。

### 4.3.3　拉曼分析检测农药残留的技术发展脉络

相比传统的检测方法，拉曼光谱检测在农药残留检测中有许多优点，比如样品可以无损检测、无需复杂的前处理、灵敏度高、操作简单、可以实时快速检测等。通过拉曼增强活性基底对农药的拉曼光谱进行增强，研究拉曼特征峰强度和农药浓度的关系，对拉曼光谱进行分析，从而对多种农药实现定性和定量分析，其为农药残留检测光学手段中的一个重要方向。

1928 年，物理学家 C.V.Raman 和 K.S.Krishnan 在实验中观测到了拉曼散射光谱。拉曼散射光谱的峰位置与入射光波长、强度、曝光时间等外界条件无关，与物质分子的能级结构有关，拉曼散射光谱可以反映物质分子内部官能团的各种振动、转动能级的结构特点，从而实现对物质分子的结构和官能团的鉴定。每一种物质由于分子结构的不同，其拉曼光谱也不同，这种特征拉曼光谱相当于物质的光谱指纹，可以根据拉曼光谱对不同的物种进行定性分析。除此之外，通过对拉曼光谱不同特征峰的强度和被检测物种含量或浓度之间的关系进行分析，对采集到的拉曼图谱进行数据处理后建立数学模型，可实现对被测物的定量或半定量分析，所以拉曼光谱技术不但可以对被测物进行定性分析对其还可以进行定量分析。

拉曼光谱虽然可以作为待测分子的指纹光谱，但是拉曼散射效应是个固有的弱过程，受限于拉曼散射截面，所以获取的拉曼信号强度很弱。当应用于痕量检测，比如对环境或食品的农药残留检测时，达不到检测要求，这一点极大地限制了拉曼光谱的应用和发展。

1977 年，V. Duyne 和 Creighton 两个研究组各自独立地发现，吸附在粗糙银电极表面的每个吡啶分子的拉曼信号要比溶液中单个吡啶分子的拉曼信号强，并指出这是一种与粗糙表面相关的表面增强效应，被称为 SERS 效应。表面增强拉曼光谱相对于普通拉曼光谱具有显著的增强效果，有利于对痕量物质的检测。

图 4-3-14 所示为农药检测拉曼检测技术分支的专利申请量分布情况，其中信号增强技术分支专利申请量最多，占比为 34%，基底类型占比 13%，选择性技术分支占比为 10%，重复使用技术分支占比 7%，装置便携化、图谱数据处理占比均为 6%，其他包括采样、富集、浓缩等前处理手段以及其他没有明确技术分支的专利申请占比为 24%。SERS 技术用于农药检测的专利申请主要集中在 SERS 基底的开发，并直接用于农药分子的 SERS 光谱采集与检测。其中提高检测灵敏度是 SERS 农药残留检测最主流的技术发展方向，包括对贵金属材料的改进，贵金属纳米颗粒的形状、尺

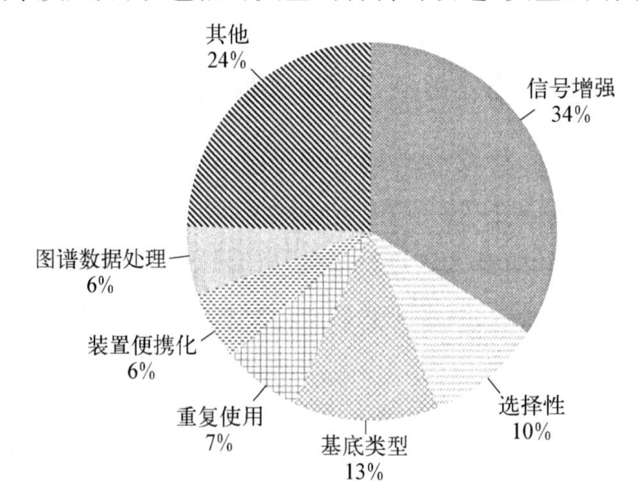


**图 4-3-14　农药检测中拉曼检测技术分支的专利申请量分布**

寸和贵金属纳米颗粒间距控制。选择性发展方向基于特异性识别残留农药,包括标记型和非标记型两种识别方式。SERS 基底重复使用发展主要包括基于溶解和光降解两种自清洁方式。基底类型的发展包括固体基底,凝胶、滤纸等柔性基底以及结合微流控芯片。

本小结梳理了农药残留的拉曼检测中信号增强、选择性、重复使用、基底类型四个改进方向的专利技术发展路线,如图 4-3-15、图 4-3-16 所示。

#### 4.3.3.1　信号增强

华东交通大学的刘燕德课题组最早开始布局基于拉曼光谱的农药检测专利,并于 2011 年提出了一种基于激光拉曼光谱的果蔬农药残留快速检测装置的专利申请。在 2014 年获得授权的专利 CN102565023B 中,采用将探头贴于待测样品表面,激光光源发出的光照射到待测样品表面后,与样品表面分子发生非弹性散射,产生拉曼散射,经探头反射至探测器,并经数据线传入处理器;将激光拉曼光谱代入拉曼指纹图谱库,检索特征峰,进行定性判别,确定为哪种农药或哪几种农药残留,代入农药残留预测模型,进行定量预测,得到相应农药残留的浓度。

华东交通大学的刘燕德课题组为进一步提高装置的检测灵敏度,2013 年提出了一种针对水果农药残留的表面增强拉曼光谱检测方法(CN103472051A)。该检测方法如下:先制备银胶溶液,将样品溶液、步银胶溶液与氯化钠溶液混合制成待测样品;将混合待测样品,滴到载玻片上,进行拉曼光谱测试,得到待测试样的 SERS 谱图;将所得的待测试样的 SERS 谱图与农药标准的 SERS 谱图对比,便可确定试样中是否含有该种农药。该方法采用银胶作为增强试剂,有效提高了拉曼检测灵敏度,降低了检测限,并增强了样品的拉曼谱图,实现了对氯吡硫磷、乐果和亚胺硫磷的快速定性分析。

SERS 热点是由表面等离子体在贵金属纳米结构的间隙、边缘、棱角或尖端等位置共振诱导产生的,且具有极强局域电场的点。如果贵金属纳米结构单元包括纳米片、纳米棒、纳米刺和纳米棱锥等具有纳米尺度的边缘、尖端或棱角的结构,除结构单元间的间隙产生的热点外,由于尖端效应,结构单元自身也可形成热点,使 SERS 基底的热点密度进一步提高,从而产生更强的 SERS 活性。

通过改进纳米颗粒形状以提高 SERS 活性的发展路线上,2016 年,专利申请 CN106525811B 提出通过银纳米颗粒原位沉积蒲公英状 $WO_{3-x}$ 微纳米结构上,形成蒲公英状 $Ag/WO_{3-x}$ 微纳米结构复合材料的 SERS 基底,其沉积的银纳米颗粒尺寸均匀,具有一定的 SERS 增强活性。该结构能够提供一种 SERS 增强天线效应,提高

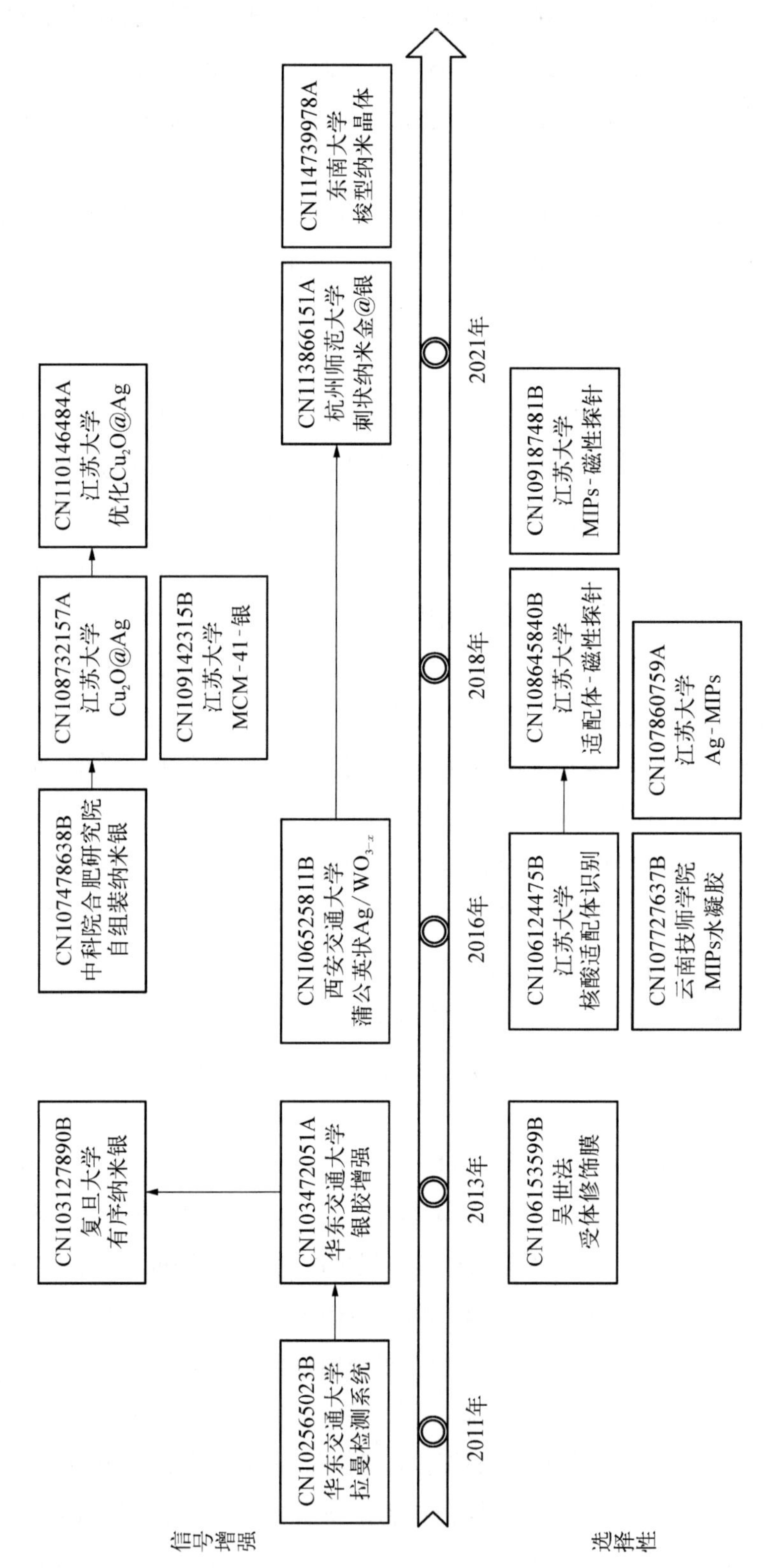


图4-3-15 拉曼光谱农药残留检测专利申请技术发展路线一

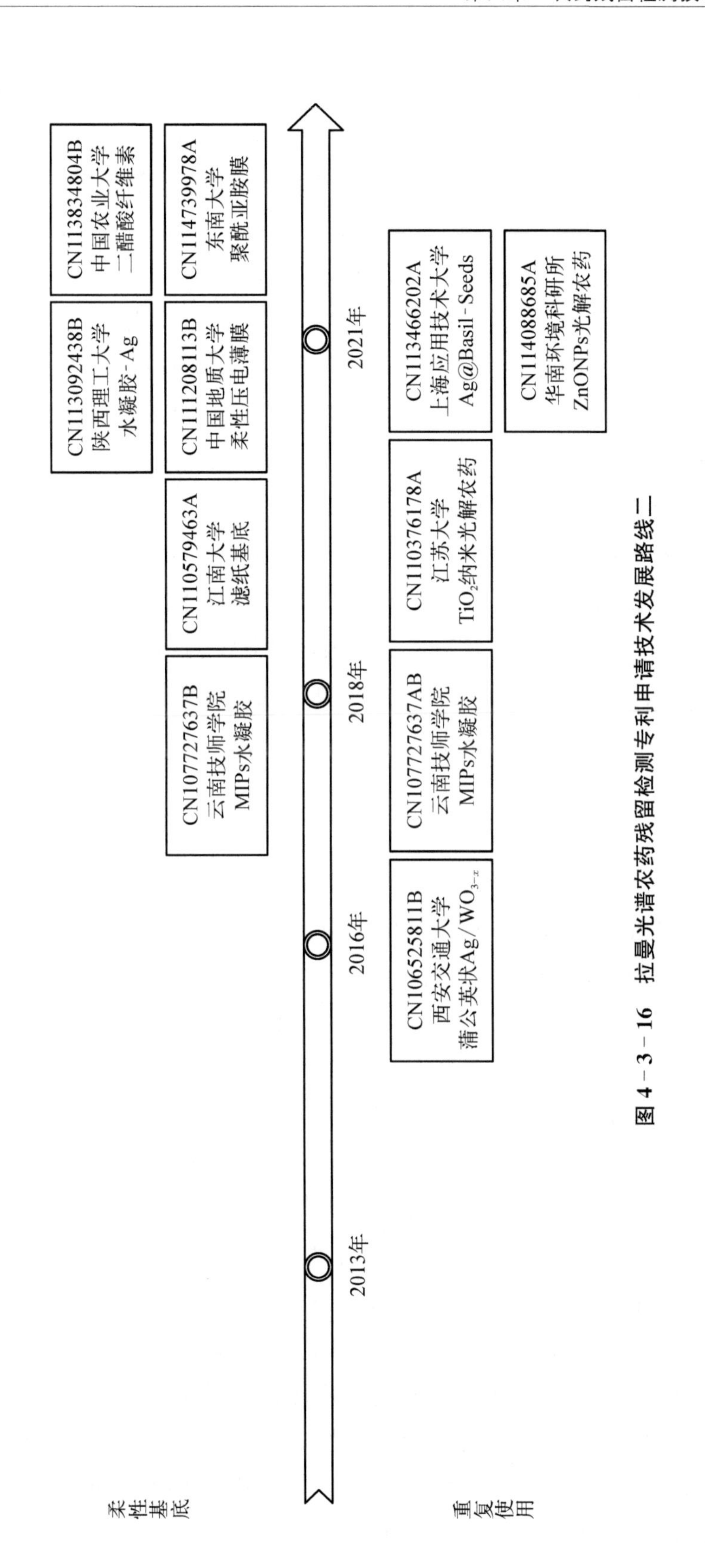


**图4-3-16　拉曼光谱农药残留检测专利申请技术发展路线二**

SERS 增强能力，极大改善了该复合材料对有机物小分子的 SERS 检测灵敏度，且 $Ag/WO_{3-x}$胶体可直接用于水果、蔬菜等复杂表面农药残留的原位检测。蒲公英状 $Ag/WO_{3-x}$($0<x<0.28$)微纳米结构的制备方法如下：以六氯化钨($WCl_6$)为前驱体，在无水乙醇中充分溶解后转入水热反应釜，于 180 ℃反应 24 h 后，可获得结构规整、分支结构较多的蒲公英状 $WO_{2.72}$微纳米结构；所获得的 $WO_{2.72}$微纳米结构直径为 400～800 nm，刺球表面针尖分支结构长 100～200 nm，针尖分支结构底部直径为 20～50 nm；利用非化学计量比的 $WO_{2.72}$自身的还原性，以硝酸银为氧化剂，通过原位氧化还原反应，在蒲公英状 $WO_{2.72}$微纳米结构表面沉积生长高密度的银纳米颗粒。通过该方法，即可得到蒲公英状 $Ag/WO_{3-x}$($0<x<0.28$)微纳米结构复合材料。所嫁接生长的银纳米颗粒直径为 5～10 nm。

2021 年，专利申请 CN113866151A 提供了一种刺状纳米金@银三重放大 SERS 信号基底。该基底制备方法如下：以刺状纳米金、硝酸银、抗坏血酸和十六烷基三甲基氯化铵(CTAC)为原料制备刺状纳米金@银；利用液液界面自组装法制备刺状纳米金@银二维单层膜，并将刺状纳米金@银二维单层膜黏附到衬底上得到刺状纳米金@银二维单层膜-衬底；对刺状纳米金@银二维单层膜-衬底进行表面粗糙化处理，得到所述的基于刺状纳米金@银三重放大 SERS 信号基底。刺状纳米金的结构产生的尖端效应，可以大幅度地增加基底的热点区域，捕获更多的探针分子落入热点间，继而通过热点效应来实现 SERS 信号的一重放大；银比金具有更强的拉曼增强效果，因此在刺状纳米金的表面包覆一层薄薄的银壳，形成金银双金属纳米结构可以实现 SERS 信号的二重放大；粗糙化的金属表面可产生更多的热点，实现 SERS 信号的三重放大。该基底应用于农药传感领域，实现农药残留的超灵敏检测，检测灵敏度可以达到 $10^{-10}$ mmol/L。

2022 年，专利申请 CN114739978A 提出了一种基于梭型纳米晶体的 SERS 检测器。该 SERS 检测器由聚酰亚胺膜和梭型纳米晶粒组成，聚酰亚胺膜作为基底，梭型纳米晶粒为核壳结构。以金纳米棒为核，金银合金为壳层，梭型纳米晶粒通过气液界面法沉积在聚酰亚胺膜上，聚酰亚胺膜上的梭型纳米晶粒通过分子间作用力紧密排列在一起，形成二维层状结构。该专利申请的 SERS 检测器中具有高长径比的金银合金异质梭型纳米晶粒表面的尖端会产生较强的固有电磁场“热点”，以及高长径比的梭型纳米粒子与粒子之间排列紧密，间隙较小，因此可实现局域电磁场热点和粒子间隙热点双重叠加的独有表面增强拉曼增敏效应，从而极大增强待检物质的 SERS 信号。该检测器可用于实际环境中农药残留物等分子的现场即时快速检测。

由于银胶容易发生团聚，增强效果的稳定性不足，提高拉曼增强效果的另一个主要发展方向是提供有序排列的贵金属纳米颗粒，克服纳米溶胶材料的团聚、颗粒不均一问题，控制纳米颗粒间距，提高拉曼增强效应。

专利申请CN103127890B中制备了一种核壳式复合微球，以单个微球作为拉曼增强活性基材，并将其应用于杀菌剂福美双的检测。该核壳式复合微球的制备方法如下：首先，通过缩聚制备均匀的三聚氰胺-甲醛微球；然后，通过原位化学还原方法，用还原剂还原硝酸银，生成的银纳米粒子均匀、致密地沉积到密胺树脂微球表面，制得MF/Ag-NPs复合微球，从而增强检测的可操控性、重现性和稳定性。

2017年，专利申请CN107478638B中制备了一种有序结构的银纳米颗粒组装的单层反蛋白石结构。由于覆于衬底上的氧化铝半球壳阵列的"宏观"定位作用，又因金膜的接种作用——使银纳米颗粒得以坐实于氧化铝半球壳上形成棒状物，目的产物的结构稳定，提高了目的产物的SERS活性。第一步，先将粒径为100 nm～10 μm的胶体球于衬底上合成单层胶体晶体后，置于105～125 ℃下至少5 min，得到置有单层胶体晶体模板的衬底，再于组成单层胶体晶体模板的胶体球间填充0.1～0.3 mol/L的硝酸铝水溶液，之后置于105～125 ℃下至少50 min，得到置有单层胶体晶体模板和硝酸铝的衬底。第二步，先使用化学或物理的方法除去衬底上的单层胶体晶体模板，之后将其置于150～170 ℃下至少6 h，得到其上置有氧化铝半球壳阵列的衬底，再在衬底上镀金膜，得到覆有氧化铝半球壳阵列和金膜的衬底。第三步，将覆有氧化铝半球壳阵列和金膜的衬底作为阴极，石墨片作为阳极，置于银电解液中，于电流密度为50～400 $\mu A/cm^2$下电沉积至少10 min，制得银纳米颗粒组装的单层反蛋白石结构。将银纳米颗粒组装的单层反蛋白石结构作为表面增强拉曼散射的活性基底，使用激光拉曼光谱仪测量其上附着的福美双或甲基对硫磷的含量，检测限低至$10\times10^{-6}$。

江苏大学的陈全胜课题组也开发了利用介孔材料固定贵金属纳米粒子以克服纳米粒子团聚的方法，其专利申请CN108732157A中同样研究了采用氧化铝半导体作为基底来提高纳米银颗粒拉曼增强的稳定性的方法。制备方法如下：首先，以不溶于水的CuCl中间体为基础生成具有介孔结构的$Cu_2O$介孔微球；然后，在上述反应的母液中加入硝酸银溶液，以母液中的抗坏血酸为还原剂在$Cu_2O$介孔微球表面附着生成Ag纳米颗粒，最终构建$Cu_2O$@Ag复合纳米表面增强拉曼基底。该基底具备了较强的吸附能力，同时又可与农药分子静电吸附后增强拉曼信号。

在陈全胜课题组后续的专利申请CN110146484A中，进一步研究了通过改变氨水的浓度和加入量来制备不同大小的具有介孔结构的$Cu_2O$介孔微球的方法。以尺寸最小的$Cu_2O$介孔微球为基础，在最优条件下加入不同量的$AgNO_3$溶液，借助母液中的抗坏血酸为还原剂在 $Cu_2O$ 介孔微球表面附着生成 Ag 纳米颗粒，最终构建 $Cu_2O$/Ag 复合纳米表面增强拉曼基底。不同条件下生成的 $Cu_2O$/Ag 附着程度不同，可通过扫描电镜得出附着程度最优的 $Cu_2O$/Ag 复合纳米表面增强拉曼基底，通过筛选结合农药分子后的拉曼特征峰，结合定性算法，建立不同农药的判别模型。

同样是利用介孔材料固定贵金属纳米粒子的增强原理，专利申请 CN109142315B 公开了一种纳米银修饰的氨基改性的 MCM－41 材料，其基底上的纳米粒子是分布相对有序的拉曼增强材料。该材料制备步骤如下：首先，制备获得纳米银溶胶；然后，制备氨基改性的 MCM－41 介孔材料，将纳米银溶胶滴加到氨基改性的 MCM－41 介孔材料中，离心后，得到纳米银修饰的氨基改性的 MCM－41。制备的 MCM－41 材料具有很好的 SERS 活性，有 MCM－41 的氯吡硫磷样品溶液的表面增强拉曼光谱在 1 041，1 116，1 500，1 550 $cm^{-1}$处特征峰明显，MCM－41 材料用于茶叶中氯吡硫磷检测，检测限达到 0.1 mg/L。

#### 4.3.3.2 选择性

江苏大学陈全胜课题组的专利申请 CN106124475B 开发了一种基于核酸适配体的痕量农药残留表面增强拉曼光谱检测方法。适配体的序列为 5′－TGT AAT TTG TCT GCA GCG GTT CTT GAT CGC TGACAC CAT ATT ATG AAG A－3′。用标记物标记的纳米材料作为增强基底，通过农药啶虫脒与适配体的特异性识别结合纳米材料在检测体系中的电荷分布平衡，引起标记物标记的纳米材料在不同检测农药浓度下的聚集差异；不同聚集程度的增强基底可对拉曼信号进行不同程度的放大，依据标记物拉曼特征峰图谱，实现对痕量农药的间接定量检测。该专利中引用核酸适配体作为特异性识别探针，一方面能够高特异性地识别检测目标物，提高特定农药的检测可信度，另一方面也能够稳定纳米材料在检测系统中的分散状态。

专利申请 CN108645840B 公开了一种基于金-磁纳米夹心式的表面增强拉曼农药检测方法。该方法通过合成具有不同尖端的金纳米星连接农药适配体，将其作为表面拉曼信号探针，同时制备磁性纳米颗粒 $Fe_3O_4$ 连接农药适配体作为磁性信号收集探针，构建基于表面拉曼增强技术的农药检测体系。制备方法如下：将磁性材料、金纳米花和检测目标分子结合为夹心式结构，以磁性材料作为信号收集探针，金纳米花作为拉曼信号探针，结合拉曼光谱技术，构建对农药分子的定量检测体系。当农药存在时，拉曼信号探针和磁性信号通过特异性作用和农药结合在一起，构成了拉曼信号探针@农药@磁性信号收集探针检测体系。随着农药浓度的改变，磁性分离后，检测体系的拉曼信号也会随之改变，从而实现实际样品中农药残留的痕量检测，且 $Fe_3O_4$@

AuNPs 具有磁性，在检测的过程中方便收集，有利于制作便携式的 SERS 基底。

为了降低特异性检测的费用，研究人员将分子印迹技术与表面增强拉曼光谱技术相结合。专利申请 CN107727637B 提出了一种用于检测农产品中农药残留的新方法，检测流程如下：取模板分子、壳聚糖、丙烯酸羟乙酯、聚乙烯亚胺、去离子水，合成带模板分子的印迹水凝胶；预处理待检测蔬菜，配制待检测试样液；去除印迹水凝胶的模板分子；制作模板分子的标准拉曼光谱图；将去除模板分子后的印迹水凝胶浸泡在待检测试样液内，捞出，进行共聚焦显微拉曼光谱检测后，将所得的拉曼光谱图与标准拉曼光谱图进行比对，从而判断样品中是否含有模板分子，并初步判定模板分子的含量范围。

专利申请 CN107860759A 提出了基于 Ag - MIPs 分子印迹传感器，通过使用少量的酸来制备具有分层结构的 Ag 样品的方法。银纳米粒子作为 SERS 基底，三氟氯氰菊酯作为模板分子，制备能识别三氟氯氰菊酯的印迹聚合物，该聚合物对检测拟除虫菊酯类农药具有高度的选择性。

专利申请 CN109187481B 介绍了一种基于 Fe3O4@AuNPs（金纳米粒子修饰的四氧化三铁纳米颗粒）和分子印迹技术的农药检测方法。以由壳聚糖包裹的磁性纳米材料 $Fe_3O_4$ 为内核，在其表面包覆金纳米颗粒形成金-磁复合粒子，最终构建 $Fe_3O_4$@AuNPs 复合纳米表面增强拉曼基底。该基底不仅保留了磁性粒子的性质，还引入了金纳米粒子优良的光学性能以及良好的生物适用性等特点，在 $Fe_3O_4$@Au NPs 拉曼基底的基础上，以农药为目标分子，壳聚糖为功能单体，戊二醛为交联剂制备纳米尺度的分子印迹微球。该分子印迹微球可对农药具有一定的选择性，可用于实际样品中农药的拉曼检测，以分子印迹技术实现了非标记检测农药。

#### 4.3.3.3　重复使用

专利申请 CN106525811B 公开了一种方法，该方法涉及在固相基底表面涂覆具有蒲公英状结构的 $Ag/WO_{3-x}$ 微纳米胶体溶液，并通过自然干燥制备出一种可循环使用的清洁表面增强拉曼散射（SERS）基底。利用 $WO_{2.72}$ 微纳米刺球与银纳米颗粒的协同作用，该基底在可见光照射下展现出显著的光催化活性。这种光催化自清洁效应使得基底表面能够自我净化，基底可循环利用。此外，$Ag/WO_{3-x}$ 胶体溶液可直接应用于水果、蔬菜等复杂表面上的农药残留物的原位检测。

专利申请 CN107727637B 介绍了一种用于检测农产品中农药残留的方法。该方法首先选取适宜的功能单体与模板分子，在介质中预先组装以形成特异性识别位点。随后，通过交联聚合反应生成聚合物凝胶，以稳定这些特异性识别位点。最后，使用适当的溶剂去除模板分子，在凝胶中形成与模板分子三维结构相吻合的“记忆”空穴。

这一过程实现了对模板分子的特异性识别，并能在特定基质中富集模板分子，使水凝胶能够重复使用多次。

专利申请CN110376178A提出了一种可用于农药残留检测且能循环利用的SERS基底制备方法。该方法利用水热合成法在钛片表面制备$TiO_2$纳米纤维，利用光还原法在$TiO_2$纳米纤维上还原银纳米颗粒，通过$TiO_2$的光催化降解作用实现农药残留的降解。$TiO_2$纳米纤维具有光催化的自清洁作用，可实现SERS基底的循环利用，合成的可循环SERS基底与之前的光催化可循环基底相比，极大地缩短了合成时间。利用此可循环SERS基底非特异性检测农药残留，可降低检测成本。

专利申请CN113466202A提出了一种果蔬样品中农药残留现场快速检测方法。该检测方法如下：AgNPs@Basil－Seeds/玻璃芯片在含有不同浓度农药的样品表面贴附、擦拭后，采用便携式拉曼光谱仪检测其光谱信号，得到农药的浓度与拉曼信号强度之间的线性关系；再利用AgNPs@Basil－Seeds/玻璃芯片在待检测果蔬的表面贴附、擦拭，利用便携式拉曼光谱仪检测AgNPs@Basil－seeds/玻璃芯片，获得待检测果蔬的SERS图谱，从而对果蔬中农药进行定性和定量分析检测。利用AgNPs@Basil－Seeds材料遇水膨胀失水收缩且不吸收乙醇的特性，初次检测完成后用30 μL乙醇溶液浸泡玻璃芯片上的AgNPs@Basil－Seeds材料10 min，使材料内吸附的对氨基苯硫酚充分被乙醇溶解。根据相似相溶及离子扩散原理，水会由低浓度向高浓度扩散运输，从而“拽出”AgNPs@Basil－Seeds材料内的水分子。将玻璃芯片检测装置在35 ℃的条件下干燥30 min，负载的AgNPs@Basil－Seeds材料即可完全干燥。然后按照上述步骤进行下一轮的SERS检测。

专利申请CN114088685A介绍了一种用于检测水体中农药残留的方法。该方法涉及制备一种含有银纳米颗粒(AgNPs)和氧化锌(ZnO)纳米颗粒的滤纸表面增强拉曼散射(SERS)检测基底。该基底负载的ZnO纳米颗粒使其在紫外光照射下降解农药污染物的能力。这种功能性SERS基底能够实现对毒死蜱、溴氰菊酯和阿特拉津等农药的可回收检测。由于表面覆盖了光催化剂，滤纸基底在紫外线照射下能够原位降解吸附在其表面的农药污染物，从而实现自清洁。通过重复的注射和照明过程，该材料可重复使用。该检测方法的最低检出限分别为毒死蜱33.7 μg/L、溴氰菊酯66.4 μg/L和阿特拉津25.0 μg/L。

#### 4.3.3.4 基底类型

专利申请CN110579463A提出了一种表面增强拉曼柔性基底以及对农药甲基对硫磷进行定量检测的方法。该方法将滤纸片浸泡在金纳米颗粒溶胶中一定时间，

AuNP 吸附到滤纸片表面形成表面增强拉曼柔性基底，产生强拉曼信号，从而实现对农药残留分子的检测；使用探针分子 4-巯基苯甲酸对基底的再现性、稳定性和灵敏度进行评价，建立 4-MBA 浓度与拉曼特征峰强度之间的线性关系；利用纸张表面增强拉曼柔性基底检测甲基对硫磷标准溶液，建立相应的标准曲线；通过“粘贴-揭起”的方法将基底应用于实际样品表面农药残留检测，将纳米材料与纸张结合构建一种表面增强拉曼柔性基底，用于快速检测实际样品表面农药残留，省去了复杂的样品前处理。

专利申请 CN111208113B 介绍了一种创新的基于 PVDF-hfp/rGO-PEI 柔性复合压电薄膜负载纳米银的自供能表面增强拉曼散射（SERS）基底。该技术已被应用于检测微量农药残留。以 PVDF-hfp/rGO-PEI 柔性压电复合多孔薄膜为基底材料，并以 $AgNO_3$ 和 $N_2H_4 \cdot H_2O$ 为原料，通过氧化还原反应在其表面上均匀地生成一层 Ag 纳米粒子层，即得到柔性多孔自供能 SERS 基底。通过对基底进行按压，会产生内部电场，并且会对 SERS 产生电化学增强，通过 SERS 基底将表面增强拉曼技术与柔性发电复合多孔薄膜相结合，实现了电压促进 SERS 基底的一体化，所得自供能 SERS 基底有较好的发电和保压性能，柔性多孔基底也使其应用更加广泛。

专利申请 CN113092438B 介绍了一种构建凝胶和纳米材料拉曼基底的方法，以及利用该基底对菊酯类农药残留进行检测的技术。该方法采用超声波还原法制备不规则形貌的纳米银、交联剂 5,6-二羧基荧光素、聚乙烯胺、5,6-二羧基荧光素和聚乙烯胺合成得到软物质水凝胶。以纳米银作为基底，水凝胶作为载体，构建拉曼基底。在拉曼基底构建过程中，作为载体的凝胶上有过量的氨基，通过氨基和纳米银的络合作用，实现对纳米银的负载。由于凝胶是一种具有三维网络状结构的高分子聚合物，含有大量的微孔，所以该方法合成的凝胶具有溶胀性，当把负载银纳米粒子的凝胶作为基底检测农药时，农药溶液进入凝胶，使银纳米粒子和农药紧密结合，且凝胶溶胀，不会使农药流出。此法利用高分子聚合物凝胶作为拉曼基底的载体，以不规则形貌的纳米银作为拉曼基底的热点，实现了被分析物和基底物质的近距离接触，有利于检测低浓度的含腈基类拟除虫菊酯农药。

专利申请 CN113834804B 介绍了一种柔性表面增强拉曼散射（SERS）基底的制备方法及其应用。该方法采用二醋酸纤维素和金纳米颗粒作为主要材料，通过过滤技术将金纳米颗粒固定在预先制备的二醋酸纤维素薄膜表面。随后，利用滴加测试或过滤富集测试技术，对对氨基苯硫酚和福美双农药进行定性及定量分析。二醋酸纤维素制备柔性表面增强拉曼基底，不仅能发挥基底的负载支撑作用，在检测过程中，还能对待测药液进行过滤富集测试，进一步降低了最低检测限的测量标准，拓宽了在水体农药残留检测的测定范围。

#### 4.3.3.5 装置便携化

专利申请CN106093006B介绍了一种用于监测蔬菜清洗过程中农药残留的拉曼循环监测装置及其方法。该装置的清洗槽设计为截面上宽下窄的锥形开口，两侧呈倾斜结构；清洗槽的中心底部配备了蔬菜吸附装置，而清洗槽的两侧壁则分别安装了低强度和高强度超声波发生器。清洗循环装置位于第二传送带的出料端，其固定座上装有旋转轮，多个均匀分布的支杆一端固定在旋转轮上，另一端与抓取装置（类似娃娃机手爪）相连；固定座的一侧还设有第一传送带，它与第二传送带相连。该装置能够同时检测蔬菜和水体中的农药残留，且不会损坏蔬菜样本。它实现了合格蔬菜的运输、自动筛选出农药残留超标的蔬菜并进行再清洗，从而构成了一个蔬菜清洗检测一体化的循环系统。这一创新为工业上蔬菜清洗及检测农药残留的设备设计提供了一个可靠的方法。

专利申请CN111537491B介绍了一种便携式表面增强拉曼/比色双功能传感器。该传感器由测样管和取样部分组成。测样管包括一个管体，两端分别设有开口端和封闭端，以及管体内部的检测溶液段和密闭段。敞口段、检测溶液段和密闭段依次排列在开口端和封闭端之间。检测溶液段内含有通过柠檬酸钠还原法制备的离子纳米颗粒胶体溶液。管体上在敞口段附近设有压痕部。在检测过程中，取样部用于擦拭待测物表面，随后将管体的密闭段折断，使检测溶液浸入取样部。之后，通过比色检测或原位表面增强拉曼散射（SERS）检测对变色的取样部进行分析，从而获得定性和定量的分析结果。与现有技术相比，该发明能够满足实验室大批量快速分析的需求，并且便于在污染现场进行一次性使用，有效避免了交叉污染。此外，它为果蔬农药残留检测、应急分析以及司法鉴定提供了新的便携式解决方案。

专利申请CN113624741B介绍了一种利用表面增强拉曼光谱（SERS）技术的柑橘中苯咪唑类农药残留快速检测系统及其检测方法。该检测系统包括外壳、SERS检测皿、样品盒、开关、微型集成拉曼光谱仪、控制电路、充电电源、激光器、激光探头以及移动终端等组件。检测方法涉及使用便携式检测装置来采集柑橘的SERS光谱数据，这些数据随后通过蓝牙模块无线传输至终端设备。终端设备内置基线校正算法、光谱匹配算法和检测模型，用于对光谱数据进行计算处理，并将检测结果显示在人机交互界面上。该便携式检测装置的特点是集成度高、体积小巧、检测速度快且成本低廉。

专利申请CN114354496B介绍了一种基于拉曼光谱技术的水果农药残留检测平台仪器。该仪器设计精巧，其结构包括安装板、安装块、固定块、旋转块以及检测装置，均有序地安装在安装底座上。通过这种设计，仪器能够便捷地对水果进行农药残留检测。试剂被固定在吸盘上，通过控制装置确保试剂片牢固吸附，避免意外脱落。工作台两侧设有滑块，滑块安装在滑轨上，便于操作者进行试剂片的放置和取下。检测装置安装在旋转块上，能够通过旋转块的调整来满足不同水果检测需求。此外，安装底座一侧还配备了清理池和水龙头，便于清洁使用后的试剂片。

## 4.4　重点申请人分析

### 4.4.1　申请人统计

对基于光学技术的农药残留检测全球专利申请情况的相关申请人进行统计，根据申请量对申请人数量进行排名分析。

图 4-4-1 所示为专利申请数量排名前 16 的申请人以及其发明专利申请授权率。从图中可以看出，江苏大学的申请量显著高于其他申请人，因此本节将江苏大学作为重要申请人进行深入分析。由于其余 15 个申请人在申请数量上差异不大，也对华南农业大学、中国科学院合肥物质科学研究院、中国农业大学、中国农业科学院农业质量标准与检测技术研究所（中国农科院农研所）进行分析。

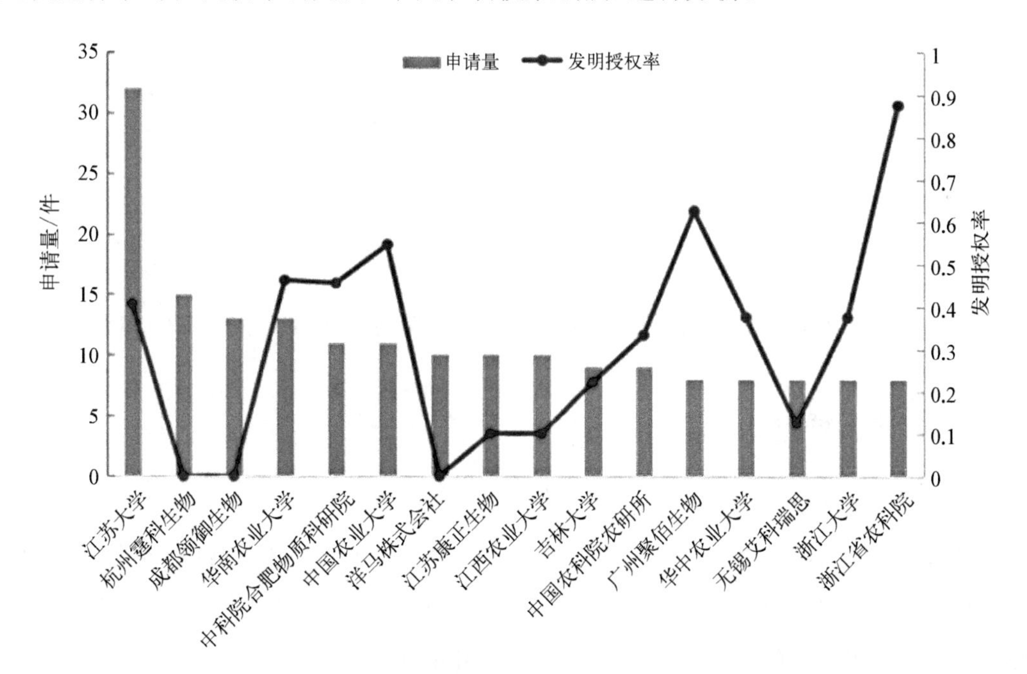


**图 4-4-1　光学农药残留检测全球专利申请量排名前 16 的申请人**

图 4-4-2 所示为 6 家重要申请人全球专利申请技术主题，其中统计并展示的是第 4.3 节详细分析的二级技术分支，即比色、荧光、拉曼、红外分析。从图中可以看出，江苏大学、中国科学院合肥物质科学研究院在上述各个技术分支都有相关专利申

请，江苏大学在比色、拉曼、红外技术分支下的申请量较高，且拉曼分支的申请量最高；中国科学院合肥物质科学研究院、中国农业科学院农业质量标准与检测技术研究所则是荧光技术分支下的专利申请量最高。华南农业大学明显侧重于比色检测技术，荧光检测分支也有布局，但均未涉足拉曼、红外两个技术分支。中国农业大学在比色、拉曼技术分支下的专利申请量相对较多，没有荧光技术分支下的申请。浙江省农业科学院在上述技术分支上的申请总量相较于上述5家申请人少，其在比色、荧光、红外技术分支方向均衡发展，且未涉足拉曼技术分支。

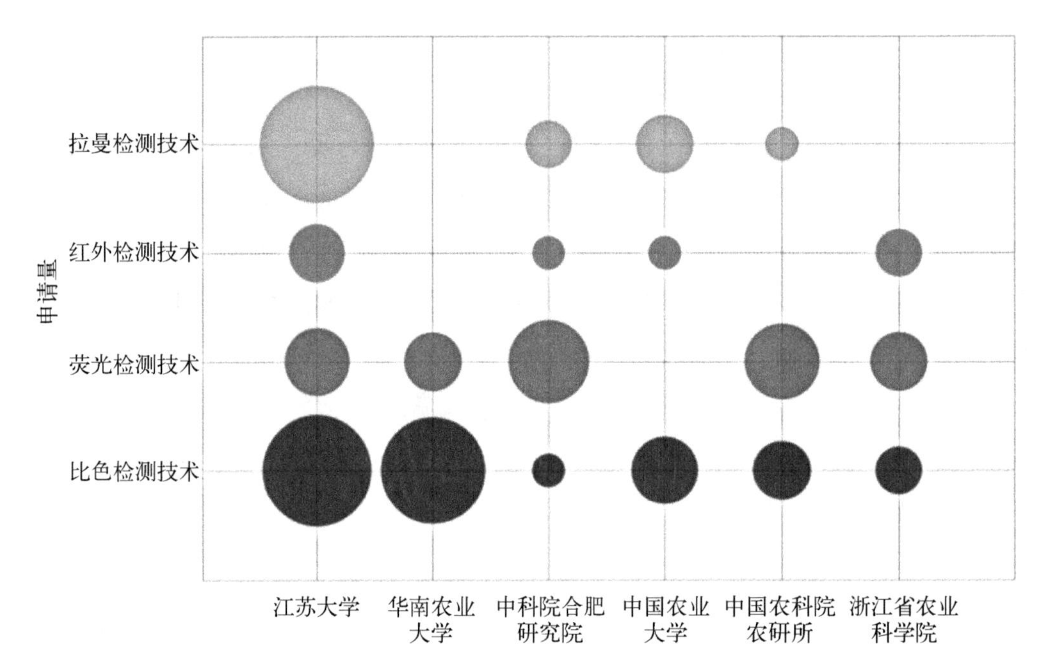


**图4-4-2 重要申请人全球专利申请技术主题分布图(图中圆圈大小代表申请量大小)**

## 4.4.2 申请人特点

### 4.4.2.1 江苏大学

江苏大学是2001年8月经教育部批准，由原江苏理工大学、镇江医学院、镇江师范专科学校合并组建的重点综合性大学，是江苏省人民政府和教育部、农业农村部共建高校。该校化学、农业科学学科进入ESI全球前1‰。

图4-4-3所示为江苏大学全球专利申请各技术分支的年代分布情况。江苏大学2013年开始探索适用于农药残留检测的荧光技术，2016年开始探索农药残留的比色、拉曼技术检测技术。此后研究主要集中于上述两个技术分支且持续提出申请，但荧光、红外两个技术分支专利申请数量不多。

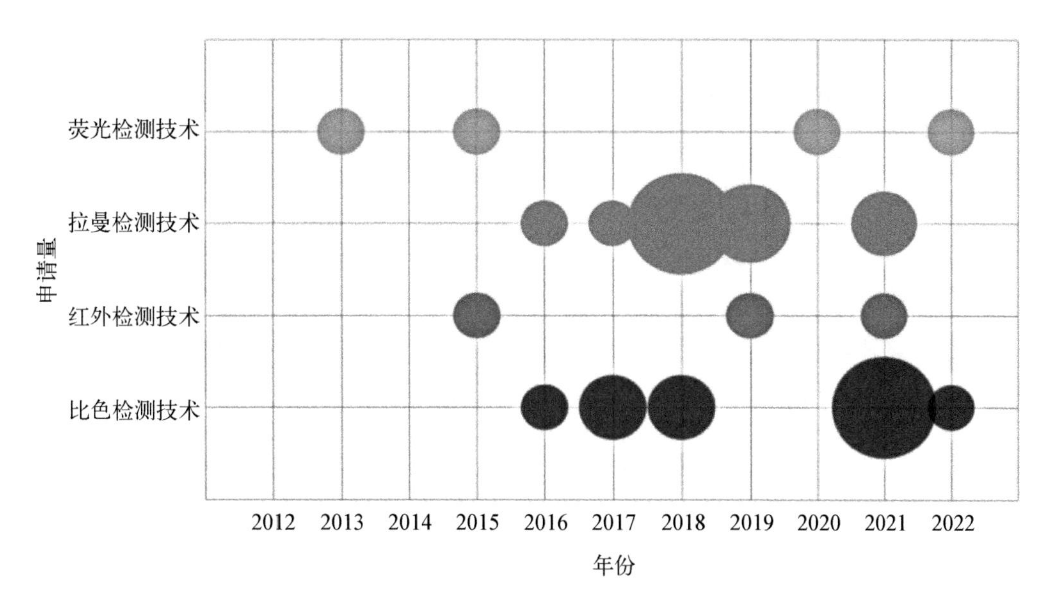


**图 4-4-3 江苏大学全球专利申请各技术分支的年代分布情况(图中圆圈大小代表申请量大小)**

江苏大学在上述技术分支下的重要专利,见表 4-4-1。

**表 4-4-1 江苏大学各技术分支下的重要专利**

| 公开(公告)号 | 申请时间/年 | 专利名称 | 法律状态 | 技术要点 | 技术分支 |
| --- | --- | --- | --- | --- | --- |
| CN104931470A | 2015 | 一种基于荧光高光谱技术的农药残留检测装置及检测方法 | 授权有效 | 基于高光谱技术、荧光光谱技术有效融合的荧光高光谱图像技术检测农药残留 | 荧光 |
| CN104990876A | 2015 | 一种快速成像化检测农药残留的方法 | 授权有效 | 基于色素成像化技术,建立农药残留对应的色素变化指纹图谱和多项式模型,可对农药残留快速直观预测 | 其他 |
| CN106680518B | 2016 | 一种自动便携的纸基微流控农药残留光电检测装置与方法 | 未缴年费专利权终止 | 基于酶抑制法检测,将芯片显色区域和反应区域集成于一体,乙酰胆碱与乙酰胆碱酯酶固定于此处,通过电机的传送自动更换芯片,以实现多组农药残留检测 | 比色 |

续 表

| 公开(公告)号 | 申请时间/年 | 专利名称 | 法律状态 | 技术要点 | 技术分支 |
|---|---|---|---|---|---|
| CN107144559A | 2017 | 基于多层纸质微流控芯片的农药残留检测装置及方法 | 授权有效 | 基于酶抑制原理，采用纸质微流控芯片和外围的自动化进样装置，集进样、加热、反应和显色于一体，使得检测成本低，时间短，装置体积小可便携 | 比色 |
| CN108645840B | 2018 | 一种基于金-磁纳米夹心式的表面增强拉曼农药检测方法 | 授权有效 | 通过合成具有不同尖端的金纳米星连接农药适配体作为表面拉曼信号探针，同时制备磁性纳米颗粒 $Fe_3O_4$ 连接农药适配体作为磁性信号收集探针，构建基于SERS的农药检测体系 | 拉曼 |
| CN109187481A | 2018 | 一种基于 $Fe_3O_4$@Au NPs和分子印迹的农药检测方法 | 授权有效 | 构建 $Fe_3O_4$@Au NPs复合纳米表面增强拉曼基底，以农药为目标分子制备纳米尺度的分子印迹微球，将磁性材料和贵金属材料以及分子印迹技术相结合作为SERS基底检测农药 | 拉曼 |
| CN109142315B | 2018 | 一种纳米银修饰的氨基改性的MCM-41材料的制备方法及其应用 | 授权有效 | 基于纳米银修饰的氨基改性的MCM41材料，用表面增强拉曼检测农药残留 | 拉曼 |
| CN111220587A | 2020 | 一种基于激发荧光的便携式农残检测仪器 | 授权有效 | 基于激发荧光的便携式农残检测仪器，由单片机根据CCD相机采集的荧光图像确定叶片表面富含农药信息的农药点 | 荧光 |
| CN113237838A | 2021 | 一种基于MOFs探针识别的便携式传感器及其制备方法和应用 | 授权有效 | 基于MOFs探针识别的便携式传感器结合比色法检测农药残留 | 比色 |
| CN113624741A | 2021 | 一种基于表面增强拉曼光谱SERS技术的柑橘中苯咪唑类农药残留快速检测方法及系统 | 授权有效 | SERS检测皿和样品检测盒能够结合便携式拉曼光谱仪快速获取样品的SERS光谱，将光谱校正、预处理、变量筛选以及模型预测算法继承在快速检测系统中，简化了光谱数据采集、导出、处理的步骤，使装置可以现场快速检测 | 拉曼 |

续　表

| 公开(公告)号 | 申请时间/年 | 专利名称 | 法律状态 | 技术要点 | 技术分支 |
|---|---|---|---|---|---|
| CN114518344B | 2022 | 基于 ACP@Ce/Tb－IPA 的比率荧光和比色双模式检测农药残留的方法 | 授权有效 | 利用不同浓度的有机磷农药(对氧磷)与 ACP@Ce/Tb－IPA 反应的荧光比值的变化以及吸光度的变化,实现对有机磷农药残留的检测 | 荧光 |
| CN106124475B | 2016 | 一种基于核酸适配体的痕量农药残留表面增强拉曼光谱检测方法 | 授权有效 | 以拉曼活性染料标记的 AuNPs 为增强基底,农药与适配体的特异性结合导致活性染料标记的 AuNPs 在盐溶液中出现聚集差异,通过便携式拉曼光谱仪获得活性染料的 SERS 谱图,从而实现对痕量农药的定量检测 | 拉曼 |
| CN109444120B | 2018 | 基于扫码式纸芯片的农药残留与亚硝酸盐检测装置与方法 | 授权有效 | 基于扫码式微流控纸芯片结合酶抑制法,在芯片设置农残检测显色区,识别有机磷农药 | 比色 |

1. *农药残留检测领域*

在农药残留检测领域,江苏大学作为申请量较大的创新主体,其检测手段较为丰富,涉及比色、荧光、拉曼等多种检测技术。

在比色检测方向,江苏大学主要是基于酶抑制法进行农药残留的检测。2016年,专利申请 CN106680518B 基于溶液反应的酶抑制反应技术极大地提高了反应均一性和可控性,特别是将便携型检测仪器进一步与纸基微流控芯片整合,大大缩小了检测装置的体积,使基于酶抑制反应的检测方法实现现场、简便、快速、准确检测成为可能,且能自动快速地实现待检测对象的采样、搅拌、混合、萃取、过滤等过程。

2017 年,专利申请 CN107144559A 基于微流控及光电检测技术,运用农药尤其是有机磷类农药对乙酰胆碱酯酶的抑制原理,采用纸质微流控芯片和外围的自动化进样装置,将进样、加热、反应和显色集于一体。该方法检测成本低、时间短、装置体积小、可便携、无须专门的从业人员操作,检测精度大大提高。

2018 年,专利申请 CN109444120B 基于扫码式微流控纸芯片以及图像处理技术,运用有机磷类农药对乙酰胆碱酯酶的抑制原理以及酸性条件下氨基苯磺酸与 N－1－

萘基乙二胺的重氮耦合反应，采用多层化学编程微流控纸芯片与外部的自动处理进样装置，将自动进样、智能加热、反应、显色与智能便捷实验结果分析记录处理集于一体。该方法检测成本低、检测时间把控好、装置便携程度高，无须专业的实验室条件、无须专业分析人员，单次实验多次检测多次分析，大大提高了反应的准确率。

2021 年，专利申请 CN113237838A 以 MOFs 为载体合成 MIP－MOFs，制备程序简单，MIP－MOFs 热稳定性高，以此构建的可视化便携传感器能够克服传统可视化检测方法中使用的适配体、抗原抗体等生物分子的高温下易失活的缺陷。

2. 荧光检测方向

在荧光检测方向，2015 年，专利申请 CN104931470A 公开了一种基于荧光高光谱技术的农药残留检测装置及检测方法。该发明专利中的检测装置主要由激发光源模块、图像采集模块、PC 机、载物台等模块部件组成。检测时，通过事先建立数据库，将不同蔬菜、农药以及不同农药浓度的相关信息采集录入数据库，利用 PC 机对检测物的荧光高光谱图像数据进行处理并调用数据库中的模型进行匹配计算，最后输出检测结果。

2020 年，专利申请 CN111220587A 提出了一种基于激发荧光的便携式农残检测仪器，能够有效解决传统的蔬菜叶片表面农药残留量检测方法耗时长，且样品需要做大量预处理、处理时间长以及不能满足实际生产中快速检测需求等问题。

2022 年，专利申请 CN114518344B 利用 ACP 活性的特异性触发抑制以及副产物对 ACP@Ce/Tb－IPA 类氧化酶和发光特性的潜在影响，实现对农药残留的双模式间接检测。通过比率荧光模式 ACP@Ce/Tb－IPA＋AAP 体系检测对氧磷，检测限低至 15 ng/mL，可检测范围宽至 0.03～1.20 μg/mL。

3. 拉曼检测方向

在拉曼检测方向，2016 年，专利申请 CN106124475B 公开了一种基于核酸适配体的痕量农药残留表面增强拉曼光谱检测方法。该方法以拉曼活性染料标记的金纳米粒子作为增强基底，农药与适配体的特异性结合导致活性染料标记的金纳米粒子在盐溶液中出现聚集差异，通过便携式拉曼光谱仪，得到相应活性染料的 SERS 谱图，从而实现对痕量农药的定量检测。

2018 年，专利申请 CN109187481A 公开了一种基于 $Fe_3O_4$@Au NPs 和分子印迹的农药检测方法。该方法通过以合成的由壳聚糖包裹的磁性纳米材料 $Fe_3O_4$ 为内核，在其表面包覆金纳米粒子形成金-磁复合粒子，最终构建 Fe3O4@Au NPs 复合纳米表面增强拉曼基底。该基底不仅保留了磁性粒子的性质还引入了金纳米粒子优良的光学性能以及良好的生物适用性等特点，在 $Fe_3O_4$@Au NPs 拉曼基底的基础上，以农药为目标分子、壳聚糖为功能单体，戊二醛为交联剂制备纳米尺度的分子印迹微球。该分子印迹微球对农药具有一定的选择性，可用于实际样品中农药的拉曼检测，通过筛选拉曼特征峰，建立该农药分子检测的标准曲线。同年，专利申请 CN109142315B 制备了纳米银修饰的氨基改性的 MCM－41，其具有良好的 SERS 活性且制作简单，基底有良好的灵敏性、稳定性和重现性，基底上纳米粒子的分布相对有序，在长时间贮存后，增强效果仍能维持，并且对农药残留的表面增强拉曼光谱检测有独到的增强效果。

此外，在对江苏大学申请的重要专利梳理后发现，光学检测技术分支在农药残留检测领域的专利申请量保持在较高水平。

因此，江苏大学作为江苏省的主要创新主体，其专利申请量贡献较大，且在农药残留检测的技术手段方面，比色、荧光、拉曼等检测技术都有涉及。

#### 4.4.2.2　华南农业大学

华南农业大学是一所以农业科学、生命科学为优势，农、工、文、理、经、管、法、艺等多学科协调发展的综合性大学。在农业领域特别是农药残留检测方面有较多的专利申请。

图 4－4－4 所示为华南农业大学全球专利申请各技术分支年代的分布情况，其专利申请主要基于比色和荧光检测技术进行。

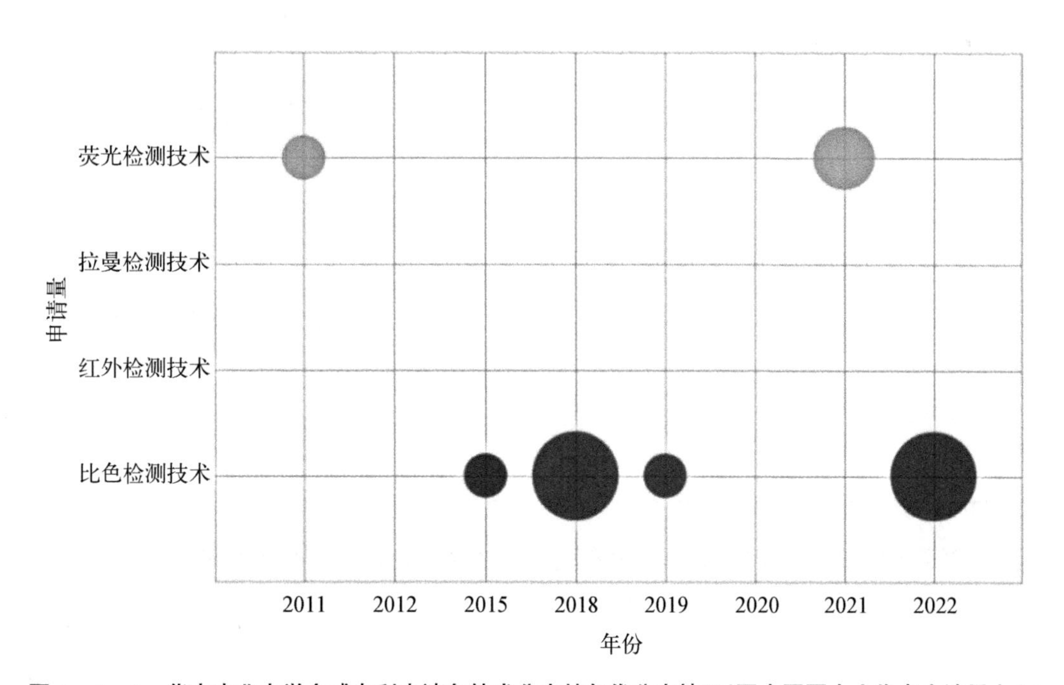


**图 4－4－4　华南农业大学全球专利申请各技术分支的年代分布情况(图中圆圈大小代表申请量大小)**

华南农业大学在上述技术分支下的重要专利申请,见表 4－4－2。

**表 4－4－2　华南农业大学各技术分支下的重要专利申请**

| 公开(公告)号 | 申请时间/年 | 专利名称 | 法律状态 | 技术要点 | 技术分支 |
|---|---|---|---|---|---|
| CN104865248B | 2015 | 一种用于检测农药残留的重组家蚕乙酰胆碱酯酶的制备方法 | 授权有效 | 重组家蚕乙酰胆碱酯酶,其稳定性好、制备操作简单、检出限低、灵敏度高、成本低廉,适合农药残留检测 | 比色 |
| CN108794632B | 2018 | 一种广谱特异性识别二乙氧基有机磷农药的纳米抗体及酶联免疫分析方法 | 授权有效 | 筛选得到纳米抗体,其能够检测多种二乙氧基有机磷农药,可用于广谱特异性识别二乙氧基有机磷农药检测 | 免疫 |
| CN108982390B | 2018 | 一种基于原子吸收光谱信息的水体农药残留检测方法 | 授权有效 | 包括光谱检测系统、数据库系统、数据分析系统、显示系统等的便携式农残检测装置能实现水体农残的定性和定量检测 | 其他 |
| WO2020215727A1 | 2019 | 一种克百威农药的纳米抗体及其制备方法和应用 | 指定期满 | 得到一种针对克百威农药的纳米抗体,检测结果准确、效果好、稳定性好,在高温和有机溶剂条件下还有很好的检测效果 | 比色 |
| CN113189068A | 2021 | 一种基于荧光分析的农药检测方法 | 授权有效 | 将有机荧光探针与蛋白结合形成具有主客体结构的荧光检测体系,利用具有更强结合力的农药与有机荧光探针发生竞争性的配体置换反应,根据产生的荧光信号与农药浓度的定量关系实现农药检测 | 荧光 |

从表 4－4－2 中可以看出,华南农业大学在纳米抗体的研究和对应性农药的检测方面取得了较好的成果,其对于农药残留的检测主要是利用比色和荧光检测技术。

2018 年,专利申请 CN108593925A 从抗二乙氧基有机磷农药噬菌体展示纳米抗体文库获得表达量高、稳定性强的二乙氧基有机磷农药纳米抗体，创制二乙氧基有机磷农药检测试剂盒。该试剂盒能够广谱特异性识别二乙氧基有机磷农药，准确地检测农产品中二乙氧基有机磷农药的残留，检测结果准确、效果好、稳定性好，且具有操作简单、灵敏度高、价格低廉等优势。

2018年，专利CN108794632B构建了一种噬菌体展示纳米抗体文库，并从噬菌体展示纳米抗体文库中筛选得到一种针对二乙氧基有机磷农药的纳米抗体。该纳米抗体能够检测多种二乙氧基有机磷农药，能够广谱特异性识别二乙氧基有机磷农药，且检测结果准确、效果好、稳定性好。该方法可以广泛应用于农产品中二乙氧基有机磷农药残留的检测，有很大的应用推广价值。在此基础上，专利申请WO2020215727A1筛选得到一种针对克百威农药的纳米抗体，该纳米抗体能够检测克百威农药，且检测结果准确、效果好、稳定性好，在高温和有机溶剂条件下还具有很好的检测效果。该抗体不仅可以广泛应用于农产品中克百威农药残留的检测，还可以作为前体，通过随机或定点突变技术进行改造，获得性质（亲和性、特异性、稳定性等）更好的突变体，进一步应用于食品、医药、农业等领域，有很大的应用推广价值。

在比色检测方向，2015年，专利申请CN104865248B公开了一种检测有机磷和氨基甲酸酯类农药残留的方法。该方法将重组家蚕乙酰胆碱酯酶与辅助试剂C混匀后制得液体酶制剂。将待测样品和适量液体酶制剂混合，2～3 min后加入辅助试剂A和辅助试剂B，1～2 min后观察待测液的颜色，如果出现紫红色，则说明农药残留未超标，如果出现浅红色或黄色，则说明农药残留超标。另外，将检测结果与标准比色卡比较，可粗略得到农药的残留量。2019年。专利申请WO2020215727A1制备得到了一种针对克百威农药的纳米抗体，能用于克百威农药的比色检测。

作为广东省的主要创新主体之一，华南农业大学在专利申请量方面作出了很大的贡献。

#### 4.4.2.3　中科院合肥物质科学研究院

中国科学院合肥物质科学研究院作为中国科学院所属的综合性科研机构之一，有4个国家工程技术研究中心，其中包含安徽省数字农业工程技术研究中心。其对农药残留的检测技术研究，起步较早且在技术上分布较广。

图4-4-5所示为中科院合肥物质科学研究院全球专利申请各技术分支的年代分布情况，其专利申请主要集中在荧光检测技术。中国科学院合肥物质科学研究院在上述技术分支下的重要专利申请，见表4-4-3。

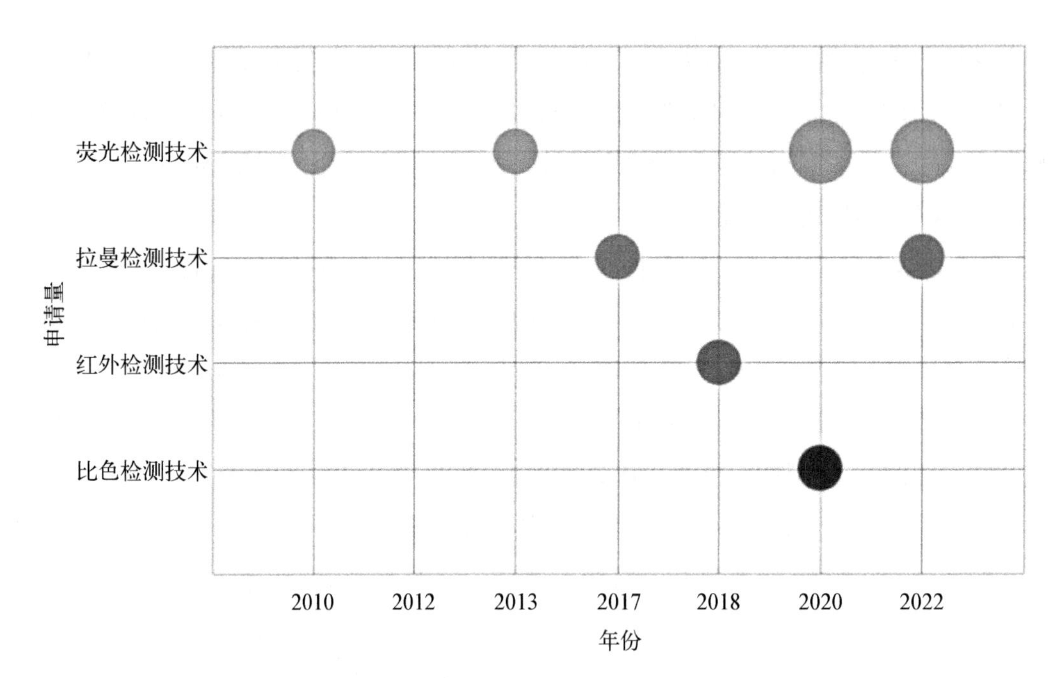


**图 4－4－5　中科院合肥物质科学研究院全球专利申请各技术分支的分布情况（图中圆圈大小代表申请量大小）**

**表 4－4－3　中国科学院合肥物质科学研究院各技术分支的重要专利申请**

| 公开(公告)号 | 申请时间/年 | 专利名称 | 法律状态 | 技术要点 | 技术分支 |
|---|---|---|---|---|---|
| CN101839857A | 2010 | 一种量子点荧光关-开模式可视化检测农药残留的方法 | 未缴年费专利权终止 | 发射绿色荧光的量子点与猝灭剂构成 Turn－On 型荧光传感器。量子点的荧光被猝灭，有机磷农药可使其荧光恢复，从而实现对农药的检测 | 荧光 |
| CN102590192A | 2012 | 一种化学发光增强型检测农药残留的方法 | 未缴年费专利权终止 | 利用表面配位抑制自由基清除的原理，设计出化学发光增强型传感器，用于特定农药成分的敏感检测 | 其他 |
| CN103411935B | 2013 | 一种掺杂量子点比率荧光法可视化检测有机磷农药残留的方法 | 未缴年费专利权终止 | 利用掺杂量子点具有双荧光发射且易于调制荧光比率变化的特性，由掺杂量子构成比率型荧光传感器，利用有机磷农药浓度与荧光比率变化之间的线性关系，实现对农药浓度的检测 | 荧光 |
| CN107478638A | 2017 | 银纳米颗粒组装的单层反蛋白石结构及其制备方法和用途 | 授权有效 | 银纳米颗粒组装的单层反蛋白石结构，其基底的结构稳定，提高了基底的 SERS 活性 | 拉曼 |

续　表

| 公开(公告)号 | 申请时间/年 | 专利名称 | 法律状态 | 技术要点 | 技术分支 |
|---|---|---|---|---|---|
| CN109507144B | 2018 | 嵌入式水体有机磷农药残留检测装置与方法 | 授权有效 | 采用近红外光谱检测技术，无须对水样进行人工采集和处理，直接放入待测水体中，实现水体中国有机磷农药含量的实时检测；利用嵌入式系统技术，构建布谷鸟算法优化神经网络的水体有机磷农药浓度的预测模型，实现水体有机磷浓度的快速、灵敏、准确、简便分析 | 红外 |

2010年，专利申请CN101839857A公开了一种量子点荧光关-开模式可视化检测农药残留的方法，包括镉系量子点的制备、荧光的猝灭和恢复。荧光猝灭就是将镉系量子点溶液加入浓度0.01～1 mmol/L碱液中，然后加入双硫腙使明亮的绿色荧光猝灭。荧光恢复就是将待测样品溶液加入荧光猝灭的量子点溶液中，使荧光恢复到明亮的绿色。根据样品浓度与荧光恢复强度之间的线性关系进行定量检测。

2013年，专利申请CN103411935B利用掺杂量子点具有双荧光发射且易于调制荧光比率变化的特性，开发出了一种基于比率荧光法的可视化检测方法。掺杂量子点的水分散液在紫外光照射下发射双荧光，可观察到双荧光的混色荧光，然后利用猝灭剂使双荧光强度降至最低，最后加入待测样品溶液。这时双荧光中一个荧光强度基本不变甚至更弱，另一个荧光强度增强。随着待测样品浓度的增大，混色荧光颜色逐渐向单色荧光过渡并增强，荧光颜色变化的过程也就是荧光比率变化的过程，据此确立荧光比率变化与待测样品浓度之间的对应关系，并建立标准曲线。最终通过可观察到的颜色变化确立可视化分析方法。

从表4-4-3中可以看出，中国科学院合肥物质科学研究院在农药残留检测方面的手段也较为丰富。

#### 4.4.2.4　中国农业科学院农业质量标准与检测技术研究所

图4-4-6所示为中国农业科学院农业质量标准与检测技术研究所全球专利申请各技术分支的年代分布情况，其研究主要集中在荧光和比色检测分析方向。中国

农业科学院农业质量标准与检测技术研究所在上述技术分支下重要专利申请，见表4-4-4。

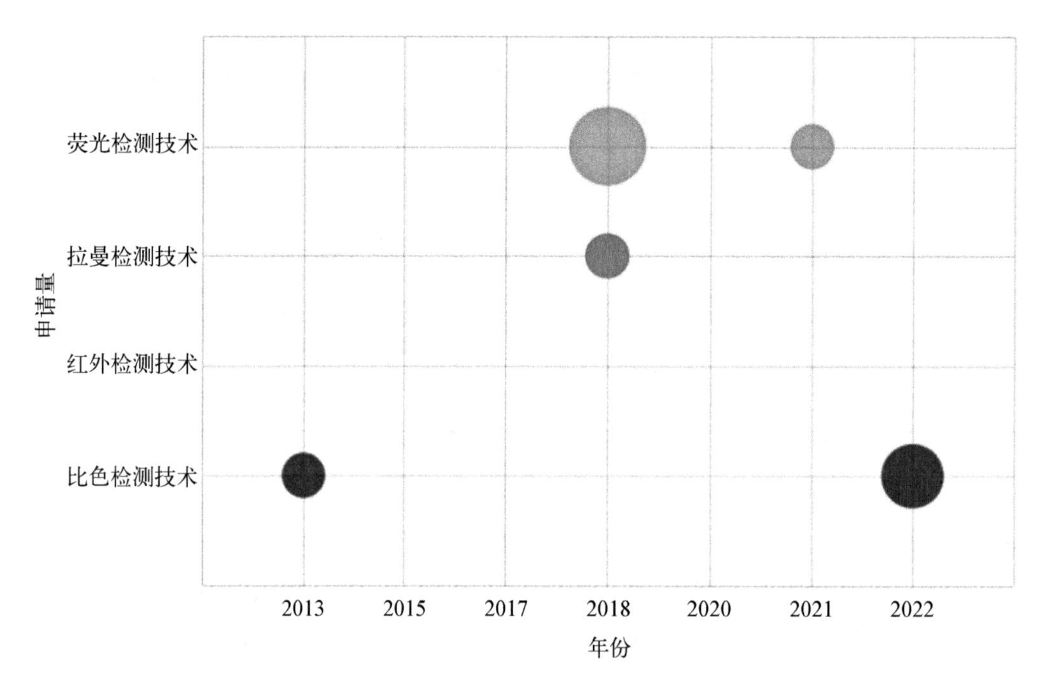


**图4-4-6 中国农业科学院农业质量标准与检测技术研究所全球专利申请各技术分支的年代分布情况(图中圆圈大小代表申请量大小)**

**表4-4-4 中国农业科学院农业质量标准与检测技术研究所各技术分支的重要专利申请**

| 公开(公告)号 | 申请时间/年 | 发明名称 | 法律状态 | 技术要点 | 技术分支 |
|---|---|---|---|---|---|
| CN103558203B | 2013 | 磁性分子印迹聚合物-荧光分析方法 | 授权有效 | 选择扑灭津为模板分子、甲基丙烯酸(MAA)为功能单体制备出扑灭津分子印迹聚合物，实现三嗪类农药的类特异性吸附 | 荧光 |
| CN108827922B | 2018 | 基于多重仿生识别的农药残留可视化快速检测技术 | 授权有效 | 在农药提取和富集净化阶段、在富集筛选阶段的优化以及在响应识别阶段利用合成的光学探针，实现荧光增强和显色反应的高灵敏度二元响应 | 荧光 |

续　表

| 公开(公告)号 | 申请时间/年 | 发明名称 | 法律状态 | 技术要点 | 技术分支 |
|---|---|---|---|---|---|
| CN110132927B | 2019 | 基于分子印迹仿生酶抑制原理的农药残留荧光检测方法 | 授权有效 | 通过在分子印迹聚合物上连接催化功能基团或离子，催化特定酯类底物水解，生成荧光产物；采用具有农药共性结构的化合物作为合成分子印迹聚合物的模板分子，特异性地结合该类农药化合物 | 荧光 |
| CN115453036B | 2022 | 一种结合薄层色谱和酶抑制原理快速检测农药的方法 | 授权有效 | 前处理的优化解决了有机溶剂提取与酶在水系溶液下反应的矛盾，并降低了农产品样品中色素等物质的干扰，提高了农药残留快速检测的效率和准确性 | 比色 |

2013 年，专利申请 CN103558203B 用磁性分子印迹仿生材料替代天然抗体，借助农药分子与荧光探针对磁性印迹的竞争结合，建立了磁性分子印迹聚合物-荧光分析方法，从技术上实现了三嗪类小分子农药的非免疫法快速检测。上述方法集成磁性纳米材料的快速富集能力、分子印迹技术的特异性识别吸附能力及荧光检测技术的高灵敏度，建立了简便快速富集、分离、检测分析土壤、水样、农作物等实际样品中三嗪类农药残留的方法。

2018 年，专利申请 CN108827922B 提供了一种基于多重仿生识别的农药残留可视化快速检测技术。针对有机磷农药快速分析过程中农药提取、富集净化、特异性识别筛选、高灵敏度可视化响应等步骤分别研发了新对策，保证了检测的高灵敏度和高准确性。

2019 年，专利申请 CN110132927B 公开了一种基于分子印迹仿生酶抑制原理的农药残留荧光检测方法。检测步骤如下：通过在分子印迹聚合物上连接催化功能基团或离子，形成催化位点，催化特定酯类底物水解，生成荧光产物；采用具有农药共性结构的化合物作为合成分子印迹聚合物的模板分子，在合成的分子印迹聚合物中形成类似于农药结构的空穴，使印迹聚合物可以特异性地结合该类农药化合物；当分子印迹聚合物结合了农药分子之后，与生荧光底物发生竞争作用，使仿生模拟酶的催化活性降低，即可观察到农药分子抑制了荧光产物的生成；根据农药对反应体系荧光信号的抑制程度，即可定性定量检测农药残留。

从表 4－4－4 中可以看出，中国农业科学院农业质量标准与检测技术研究所在荧光检测农药残留领域有较多的研究和布局。

## 4.5 小结

通过对上述重点申请人和重要专利申请的梳理可以看出，利用光学手段的农药残留检测一直是研究热点，特别是近几年对于食品安全的关注，涉及的专利申请也呈上升趋势。从申请人维度上看，对于农药残留检测，申请人一般以科研院所居多；从技术分支维度上看，比色、荧光等技术分支依旧是检测的主流，未来也有较好的发展前景。

通过技术分支梳理可以看出，比色法是相对传统且使用较为广泛的农药残留检测方法，其检测原理简单，操作便捷。随着载体的不断优化，基于酶抑制原理的比色检测也逐渐成为主流，检测试剂盒、检测试纸的定性检测，操作相对方便、检测速度快捷。产品化的农药残留检测仪检测精度较高，能实现精确的农药残留定量检测。比色检测作为农药残留检测的主要光学手段，无论是样品前处理、显色试剂的不断优化还是检测装置的不断改进，都会成为该技术分支发展的主流方向，在食品安全越来越受关注的未来，其发展前景广阔。

基于荧光分析检测农药残留的专利主要分为荧光传感器、基于荧光的检测装置、荧光免疫三个技术分支。基于荧光分析检测农药残留的相关专利侧重于对新型荧光传感器的研发。荧光传感器可实现对农药残留量的定量检测，具有特异性强和灵敏度高的特点。随着技术发展，荧光传感器的类型越来越丰富，荧光信号的响应机理也更加复杂，荧光传感器总体上向提高特异性和灵敏度的方向发展。荧光传感器从最初采用常规的荧光指示剂开始，发展为基于量子点与酶抑制法结合，合成稀土掺杂型荧光复合材料、新型有机荧光探针、硅基纳米粒子、金纳米颗粒、量子点-金纳米颗粒、金属-有机框架材料，与分子印迹法结合。通过与酶抑制法结合，使得一些自身对农药不响应的荧光传感器也能用于检测农药残留；与分子印迹技术结合，进一步提高了荧光传感器对目标分子的特异性识别。合成荧光性能好的新型有机探针、新型荧光复合材料，并与分子印迹法结合进一步提高探针特异性、检测灵敏度，是荧光传感器的发展方向。基于荧光的农残检测装置的发展方向主要有两个：一是侧重于对装置结构和光路设计的改进，使检测装置小型化、便携化；二是通过图像数据处理和光路设计的改进提高检测精度。基于荧光免疫检测农药残留的专利，主要基于阵列芯片实现高通量检测，制成检测试纸和试剂盒以便现场快速准确地操作，与生物条形码技术结合可使检测灵敏度、特异性显著提高。荧光免疫检测农药残留的专利的发展方向主要是实现快速检测、高通量检测、增强特异性以及提高灵敏度。总体而言，基于荧光分析检测农药残留的检测方法具有灵敏度高、选择性好、线性范围宽等优点。

SERS 农药残留检测可以现场快速检测，检测过程简单便捷，对非内吸附性的农药甚至可以进行无损检测，有着明显的技术优势和广阔的应用前景。但目前 SERS 技术大多数还停留在定性或半定量分析阶段，而且针对大多数农药 SERS 技术的检出限不比 GCMS 或 LCMS 低，达不到农药残留检测标准。制约 SERS 技术发展的主要因素是拉曼增强基底，拉曼增强基底目前存在着检测的均匀性、重现性较差的问题。此外，金属溶胶基底针对待测物而言并不是特异性的，对其他物质也可能是拉曼增强的作用，在实际的农药残留检测如土壤、食品等基质中，待测农药是痕量的但其基质是复杂的，这会使得拉曼光谱的分析难度大大地增加。目前，国内相关专利申请人对 SERS 技术的研究主要集中在 SERS 基底信号增强上，如何合成稳定性和增强效果更好的拉曼增强基底，是 SERS 技术的关键所在，这决定了 SERS 信号的重现性和强度。近年来，结合特异性识别分子提高特定农药的检测可靠性，开发自清洁的 SERS 基底以便于循环重复使用，以及研发各种柔性基底以便于农药残留检测现场采样和检测的专利申请量逐渐上升。此外，建立起完整的农药拉曼图谱，实现拉曼检测平台对数据处理的自动化和智能化，也是拉曼检测农药残留的发展方向。随着纳米材料与技术、分析化学、图像分析处理的发展，绿色、低成本、高效、有针对性的拉曼增强基底会被广泛应用于农药残留检测领域中。

# 第五章

# 核污染检测技术专利分析

为了了解环境领域中核污染检测技术相关专利申请的整体态势，本章对全球及中国该领域的专利申请情况进行分析。具体分析内容包括：专利申请的发展趋势、专利申请的区域分布、专利申请的重要申请人以及技术主题，旨在为我国核污染检测技术的发展提供参考。

## 5.1 全球专利申请状况分析

### 5.1.1 全球专利申请趋势分析

对全球范围内涉及环境中核辐射污染检测的专利申请总体发展趋势进行分析，所有数据均以目前已公开的专利文献量进行统计和整理。

为了解全球范围内核污染检测技术专利的发展现状，在 HimmPat 数据库中检索(截至 2023 年 03 月)发现，涉及环境中核辐射污染检测的专利申请有 3 105 项。对检索到的专利申请按时间序列进行统计，得出其申请量随时间的变化趋势(见图 5-1-1)。根据专利申请的申请日/优先权日，统计时间段为 1920—2022 年。1920—1945 年，专利申请量仅零星数件；1945—1954 年，每年专利申请量均在 5 件以下(图中未有显示)。同族专利合并为一项进行统计。1955 年，申请了 1 件专利申请。之后，申请量开始呈现整体上升趋势，至 2021 年达到历年峰值，申请量达到 260 件。随后，专利申请量出现一定程度的下降，这可能是由于 2021 年和 2022 年数据不完整所致。整个发展过程可大致分为以下三个阶段。

第一阶段(1945—1970 年)：萌芽阶段。早在 20 世纪 40 年代就已有公司生产与核辐射检测相关的设备，但其更多的是用于军事和科研用途，环境领域的专利申请在这一时期已累积了一定数量对技术成果。该阶段受制于辐射探测器研究进展，相关

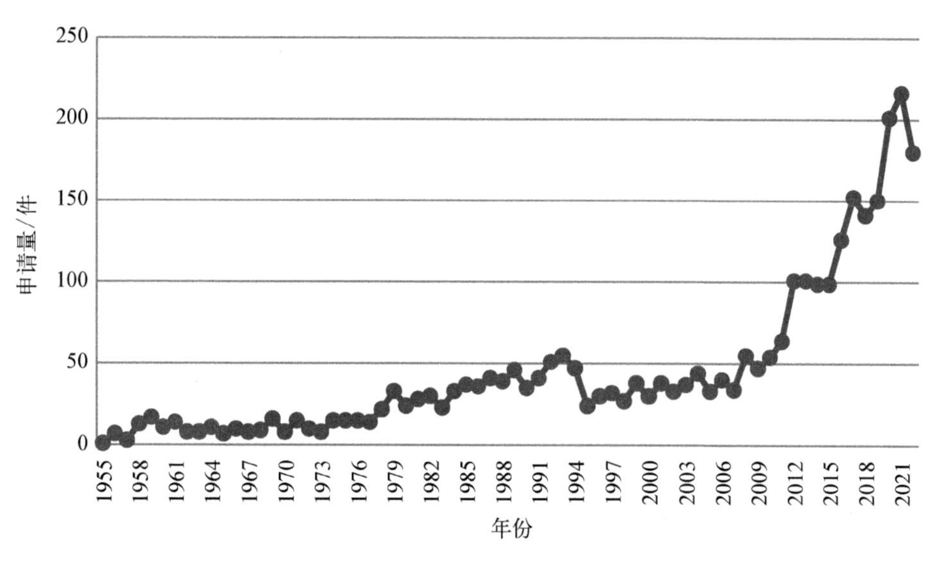


**图 5－1－1 全球范围内环境领域核污染检测技术的专利申请趋势**

检测设备的集成度以及检测精度还不够成熟。因此，该阶段专利申请量较少，年申请量在 20 件以下。

第二阶段(1971—2010 年)：平稳发展阶段。随着探测器制造工艺逐步发展和成熟，核辐射检测装置领域的申请人数量也开始逐步增多。该阶段的专利申请量在波动中稳步提升，年申请量从 20 件振荡上升，于 1993 年达到高峰，有 55 件。然而，从 1995 年往后的 10 年间，申请量开始从高位下降，并稳定在年均 30 件左右。直至 2008 年，申请量又开始重新回到了之前的水平。

第三阶段(2011 年至今)：快速发展期。在全球经济高速发展的背景下，对清洁能源的需求日益增长，比如核能，核电站建设规模不断扩大，涉及核污染检测的专利申请量在该阶段快速上升。此外，2011 年福岛核泄漏事件的发生也引发了全球对核辐射检测行业的关注，专利申请量也随之出现增长。自 2011 年以来，该领域每年的专利申请量维持在百件以上，并在 2021 年达到了峰值，共计 216 件。

### 5.1.2 全球专利申请区域分布分析

从图 5－1－2 中可以看出：中国的专利申请量最多，达到了 1 104 件，占全球总申请量的 36%；排名第二的是日本的专利申请量，达到了 968 件，占比达到了 31%；排名第三的是美国，专利申请量为 262 件，占比 9%；排名第四的是韩国，专利申请量为 179 件，占比 6%；排名第五的是德国，专利申请量 136 件，占比 4%。由此可见，排名前五位的国家的专利申请量占全球专利申请总量的 86%。环境领域中核污染检测技术的专利布局较为集中，技术掌握在少数几个国家手中，技术壁垒较高。

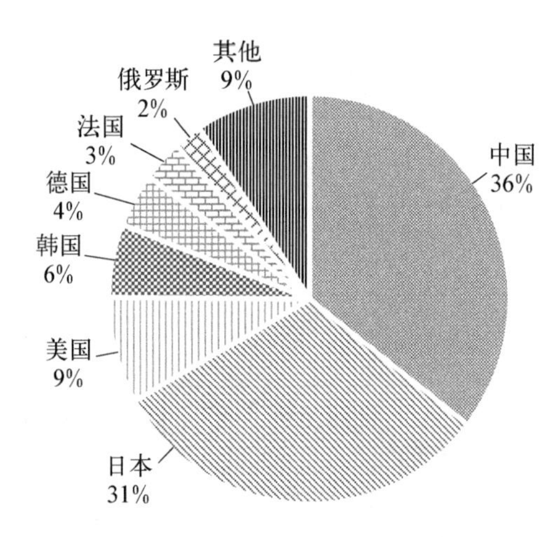


**图 5-1-2　全球范围内环境领域核污染检测技术专利的申请国家分布情况**

下文将针对申请量占比位居前五的国家的专利申请趋势，进行专利技术分析。

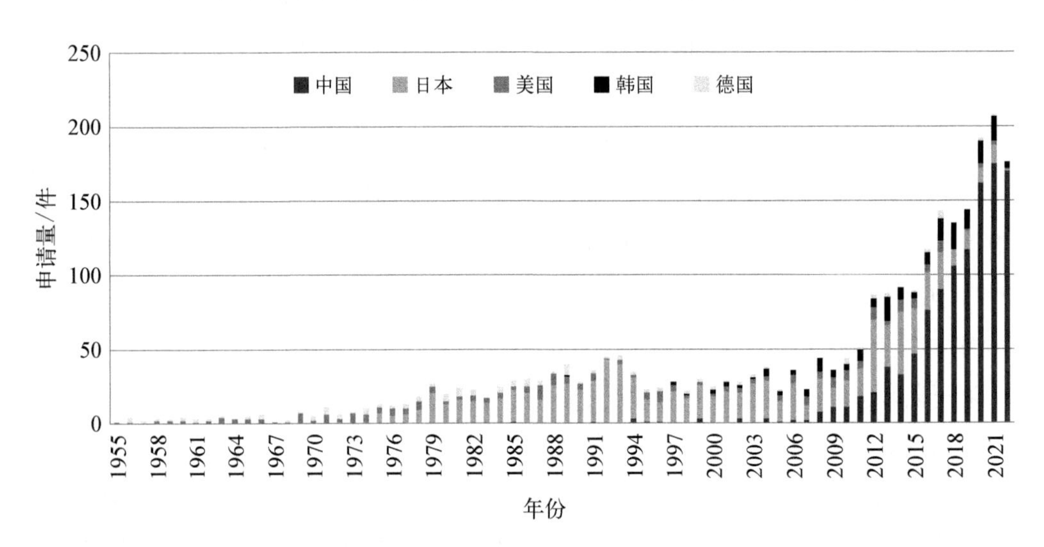


**图 5-1-3　全球范围内，环境领域核污染检测技术专利申请排名前五的国家的申请趋势**

从图 5-1-3 中可以看出，全球范围内，环境领域核污染检测技术排名前五的国家分别为中国、日本、美国、韩国、德国。德国和美国在该领域的专利申请布局较早，在 20 世纪 40 年代就开始布局，但其年申请量一直保持在较低水平，且近 10 年的申请量较小，尤其是德国，进入 21 世纪后，在很多年份申请量甚至为 0。因此，德国和美国在该领域的专利总量并不占据优势。

日本进入该领域较美国晚，主要是受 20 世纪 70 年代日本政府决定向核能转变的影响，开始在该领域进行专利申请布局。在之后的 30 年间，随着日本国内核工业的大力发展，其在该领域的专利申请量持续增长，年申请量长期占据全球第一的位置。2005—2015年,日本的专利年申请量平稳中有所波动;2015年后,日本的专利申请量呈现明显下降趋势;2012年,日本的专利申请量出现大幅跃升,从2011年的19件跃升至2012年的49件,并在之后三年保持在较高的申请量水平。对2012年日本专利局受理的49件专利申请进行分析后发现,这些申请主要涉及对大气、车辆、家畜、鱼类的核辐射检测。这可能是受2011年福岛核电站泄漏的影响,市场对生活领域核辐射检测装置的需求大幅提升,因此在事故发生后的几年内出现了一个申请小高峰,而后逐渐回落。

在2000年前,中国的专利申请量较小。自2008年开始,申请量逐年攀升,并在2018年出现了跨越式增长,年受理量保持在百件以上,并在2021年达到峰值175件,占当年全球申请总量的81%。虽然中国专利布局起步晚,但经过近一二十年的积累,专利申请总量已位居世界第一,成为该领域的主要专利申请主体。

韩国进入该领域较晚,最早的专利申请始于1989年,且在2000—2010年间,年申请量都在10件以下。2011年后,专利申请的增长趋势明显,年申请量较之前翻了一番,但在2022年申请量又迅速回落,这可能是因为一部分申请尚未公开。

德国进入该领域较早,在1956—1980年间申请量较为稳定,在1985年后鲜有本领域的专利申请。从图5-1-3中也可以看出,德国自2000年以后,在环境领域核污染检测技术的专利申请量一直处于较低水平。

为了更好地分析全球专利申请的区域分布状况,选取了专利申请量排名前四的中国、日本、美国、韩国在2000年以后的专利申请情况进行分析,如图5-1-4所示。

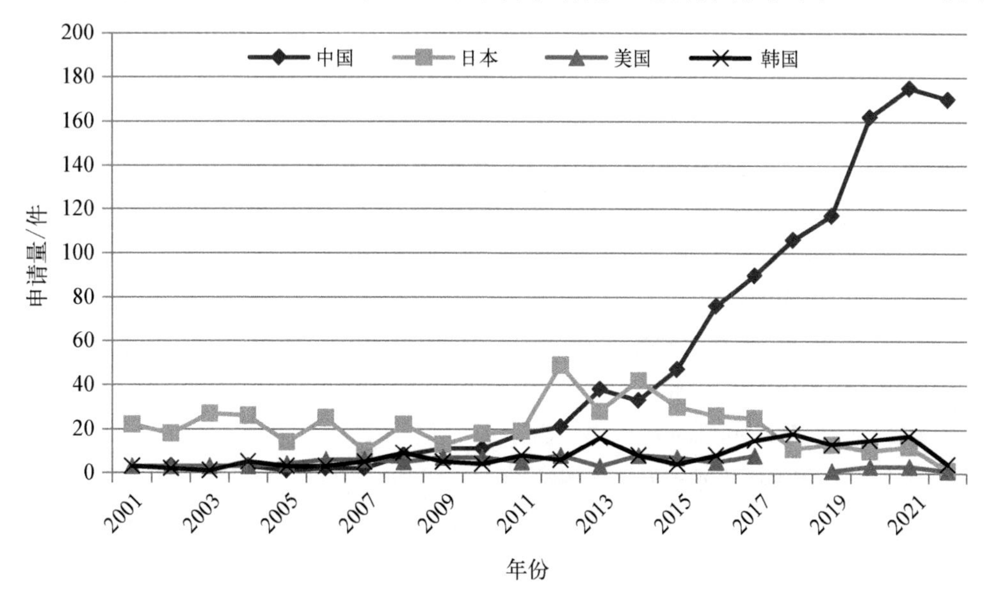


**图5-1-4　2000年以后环境领域核污染检测技术专利申请排名前四为的国家的申请趋势**

美国在2000年后在该领域的布局较为稳定，每年专利申请量都不多，整体处于在较低水平。日本的专利申请量在2013年之前一直高居首位，但在2015年后呈现持续下降的趋势。韩国的专利申请量在进入21世纪后开始逐渐增多，2010年后专利申请量有所上升，但专利申请总量仍不高。中国的申请量在2010年之前相对较少，2010年之后开始快速增长，并在此后保持着高速增长的态势，年受理量由11件逐步攀升至175件，增长十多倍。中国专利申请量占全球申请总量的比例不断上升，从2003年的不到10%逐渐升高至2020年的69%，并在2021年达到了76%。从申请量看，经过近20年的发展，中国的专利申请量已经超越了美国和日本，位列全球首位。

### 5.1.3 全球专利申请的申请人分析

从图5-1-5中可以看出，全球范围内关于环境中核污染检测的专利申请量排名前十的申请人，和之前的专利申请区域分布情况基本一致，主要来自中国和日本。日本企业在该领域的优势较大，前十名的申请人中排名前四的东芝株式会社（简称“东芝”）、日立制作所（简称“日立”）、三菱电机株式会社（简称“三菱”）、富士电机控股株式会社（简称“富士”）均为日本企业，其中东芝占据了绝对的领先位置，其专利申请量达到了288件；日立紧随其后，专利申请量为188件；其次是三菱，专利申请量为118件；富士的专利申请量只有84件。仅这几个日本公司的专利申请量就占据了全球专利申请总量的21.8%，占日本国内专利申请总量的70%。

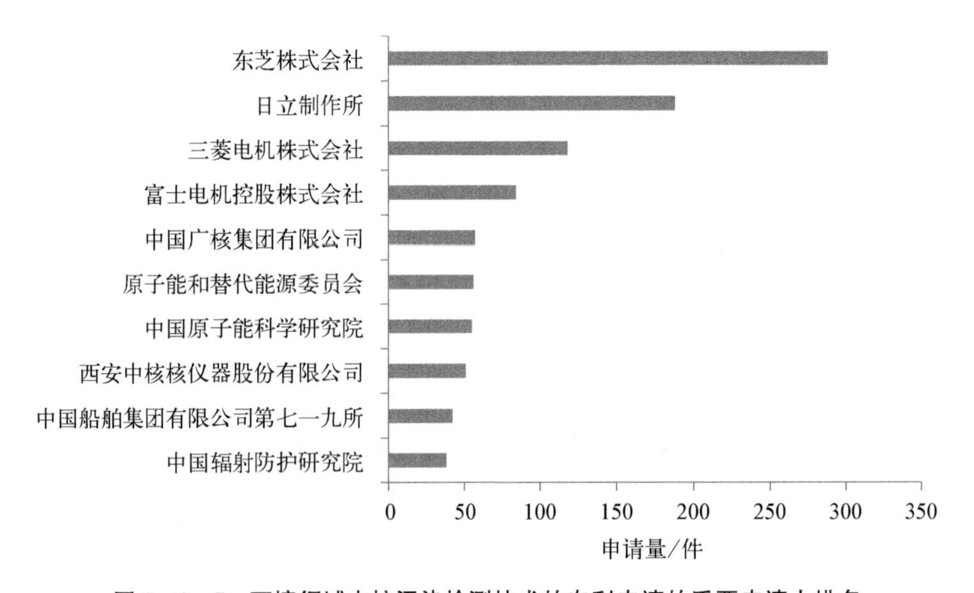


**图5-1-5 环境领域中核污染检测技术的专利申请的重要申请人排名**

排名前十的申请人中有五位来自中国，分别是中国广核集团有限公司（简称中广核）、中国原子能科学研究院（简称“原子能院”）、西安中核核仪器股份有限公司（简称“中核核仪”）、中国船舶集团有限公司第七一九所（简称“七一九所”）、中国辐射防护研究院（简称“中辐院”）。虽然进入全球排名前十的中国申请人数量较多，但与日本相比，我国几位申请人在具体的专利申请量上与日本的差距还很大，申请量最多的中广核也仅有57件专利申请，排名第五。此外，还有一家来自法国的申请人原子能和替代能源委员会，其申请量有56件，仅次于中广核。从申请量上看，日本申请人的申请量遥遥领先，中国和法国申请人的申请量相当，差别不大。

### 5.1.4　全球专利申请技术主题分析

我们对环境领域中核污染检测技术的专利申请进行分析，根据环境中常见的检测对象，将这些专利申请进行分类，主要包括大气、水体、土壤、生命体、物品、三废和其他等几类。① 大气：包含空气、气溶胶、放射性尘埃、颗粒物等与大气环境相关的检测对象。② 水体：包含环境中的各类水体、液体、流体等与水体相关的检测对象。③ 土壤：主要是针对核原料开采、大气层核爆炸地区，在土壤中半衰期较长的放射性元素锶和铯等进行检测。④ 生命体主要是针对人体、水产、禽类表面的放射性等进行放射性检测，不包含通过CT等成像手段进行的体内检测。⑤ 物品：包含石材、样品、衣物、食品等生活中的各类物品。⑥ 三废主要指核电站周围的废气、废液和固体废弃物。⑦ 其他：包含未明确检测对象，以及与核技术相关的辅助检测装置或方法。

大气中的污染物种类多、来源广、影响大，在针对环境中的放射性污染检测的专利申请中，用于大气中污染物的放射性检测的申请最多，占比达到33%。根据解决的技术问题，将这类专利进一步细化为检测精度、检测效率、便携性、实时性、远程及其他等方面。通过分析发现，有近一半的专利涉及检测精度，表明提高检测精度是大气中放射性污染物检测专利的研究重点。对检测精度的专利进一步分析发现，主要涉及以下技术路径：优化气体中放射性物质富集的收集部件、整体装置的结构；改进放射性含量计算的数据处理方式；提高检测信号灵敏度的电路优化等方面。据此，形成了包含大气、水体、土壤、物品、生命体、三废及其他的一级分支；针对大气的放射性检测专利申请，又形成了包含精度、效率、便携、实时、远程及其他方面的二级分支；针对精度分支，进一步形成了包含收集、结构、数据处理、电路及其他方面的三级分支。

从图5-1-6中可以看出，针对大气放射性检测的专利申请量最多，为1 010件，占比33%；其次是物品类，专利申请量为514件，占比17%；针对水体放射性检测的专利申请有407件，占比13%；针对生命体表面的放射性检测的专利申请量为

311 件，占比 10%；针对三废检测的专利申请有 208 件，占比 7%；针对土壤放射性检测的专利申请量最少，只有 147 件，占比 5%；由于其他中涉及未明确检测对象、相关的辅助检测装置或方法，其技术分布较为杂乱，此处不再展开分析。

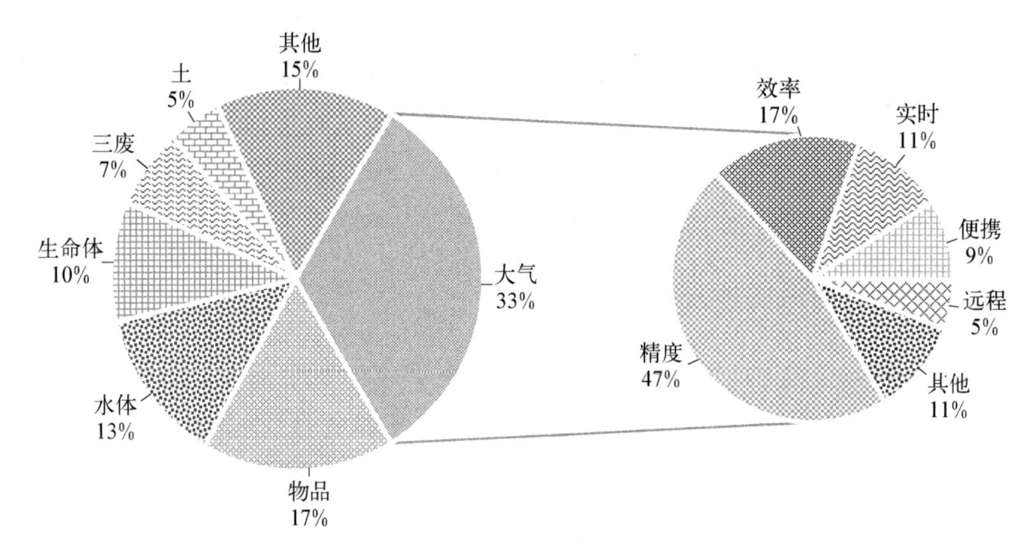


**图 5-1-6　全球环境领域中核污染检测技术的一级分支和二级分支图**

对大气放射性检测的专利进一步分析发现，涉及检测精度的专利申请居多，有 471 件，占比 47%；其次是涉及检测效率的专利申请，有 174 件，占比 17%；涉及实时检测的专利申请有 108 件，占比 11%；涉及便携性的专利申请有 92 件，占比 9%；涉及远程检测的专利申请有 56 件，占比 5%；其他方向的专利申请有 109 件，占比 11%。可见，全球范围内的大气放射性检测专利的重要研发方向是提高检测精度，其次是检测效率。

既然是检测，那么保证检测结果的准确度和灵敏度是最基本也是最重要的，因此，该方向也是研发的重中之重。如图 5-1-7 所示，对提高检测精度的技术路径进一步分析发现，改进对气体放射性物质富集的收集部件的相关研究最多，专利申请有 168 件，占比 36%；其次是针对整个检测装置结构优化的专利申请，有 112 件，占比 24%；通过优化电路提高检测信号灵敏度的专利申请有 68 件，占比 14%；针对改进放射性物质含量的计算方法的专利申请，有 79 件，占比 17%，其他方向的专利申请有 44 件，占比 9%。

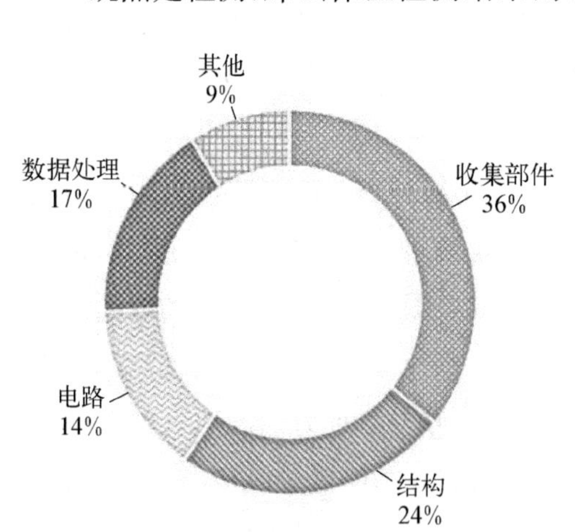


**图 5-1-7　全球环境领域中核污染检测技术的三级分支图**

## 5.2　中国专利申请状况分析

### 5.2.1　中国专利申请趋势分析

从图 5－2－1 可以看出，相较于国外从二十世纪四五十年代就开始布局环境领域中核污染检测技术专利，国内起步较晚。最早的一件专利申请是在 1985 年，在之后的 15 年间仅有零星数件专利申请；2000—2010 年期间处于平稳发展期，其年申请量基本处于 20 件以下；2010 年以后的 10 年间处于一个快速发展期，申请量呈现指数级增长的趋势，年申请量从 20 件左右增加至 175 件。对比该领域全球专利申请趋势可知，中国在该领域的国内申请量占全球申请总量的比例不断上升。这表明尽管中国在本领域虽起步较晚，但近 20 年中发展迅猛。从图中两条曲线不断接近的态势也能看出，中国专利申请量占比不断提高，以 2021 年为例，中国在该年的专利申请量占全球比重已经达到了 81％。

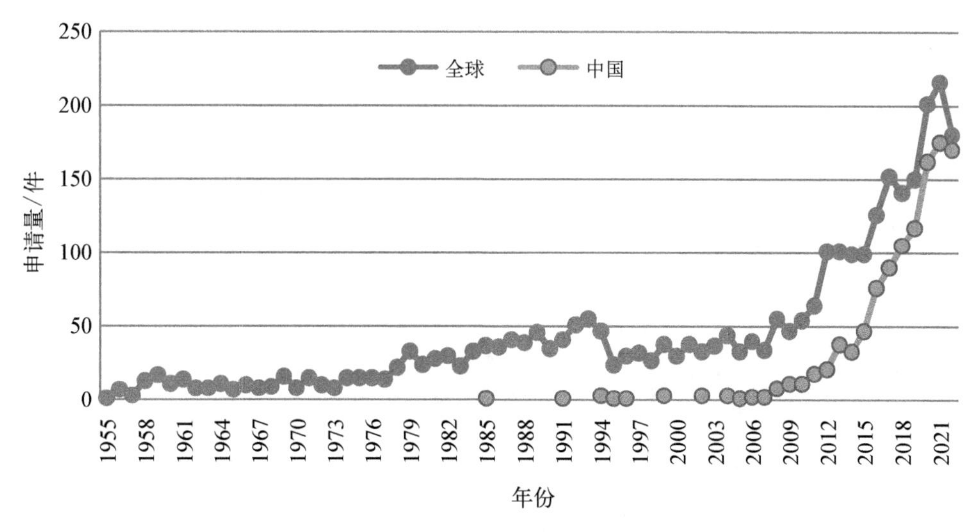


**图 5－2－1　全球和中国环境领域中核污染检测技术的专利申请趋势对比**

### 5.2.2　中国专利技术来源分析

在全球和中国在核污染检测技术领域的专利申请趋势对比的基础上，进一步分析国内专利申请中技术来源国的具体分布情况。如图 5－2－2 所示，通过对国内专利技术来源区域进行分析发现，国内专利申请以国内主体为主，占比 95％；仅有 5％

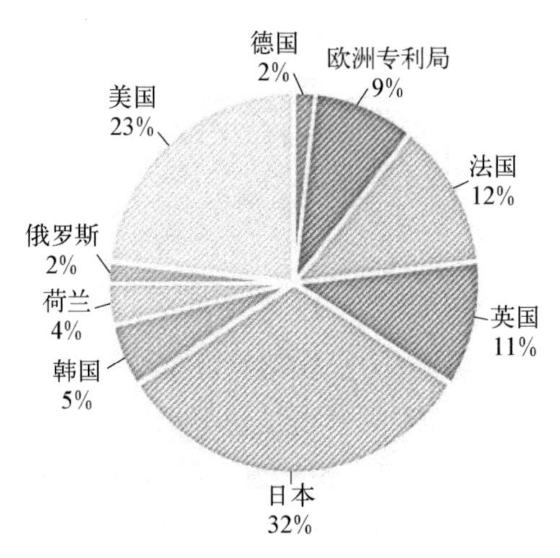


**图 5-2-2　环境领域中核污染检测技术的中国专利申请国外来源占比情况**

的申请量来自国外，主要是日本、美国、法国、英国、韩国、荷兰、德国和俄罗斯，其中来自日本的专利申请最多，占了这 5% 申请量的 32%。这表明来自日本的申请主体最为重视中国市场，在核辐射检测领域在中国有一定的技术布局；其次是来自美国的申请，占比 23%。其他几个国家虽然起步较早，但在中国市场的专利布局并不多，这可能是因为这几个国家的专利申请量本身就不多，以及它们对中国市场的专利布局并不重视。

从图 5-2-3 中可以看出，自 1995 年开始，日本开始在我国进行专利布局。然而，由于早期国内在该领域的专利申请量较小，日本在我国专利申请量占比波动较为激烈。进入 21 世纪后，伴随着中国国内核工业的不断发展和民众对核辐射关注的不断提高，涌现出一批核电相关院所。与此同时，知识产权技术布局意识的增强，国内申请主体的专利申请量不断增加，占比不断提高，日本及其他国家的申请主体的专利申请量占比不断下降。

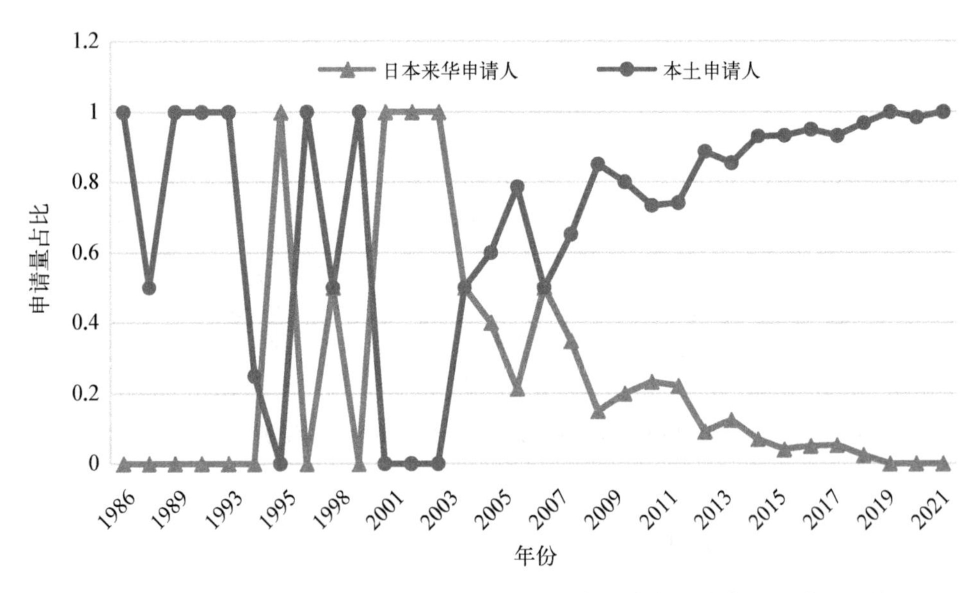


**图 5-2-3　中国专利申请中日本在华和中国国内申请主题的专利申请占比情况**

中国专利申请和全球专利申请的法律状态情况，如图 5-2-4 所示。中国专利申请中，处于有效授权状态的专利占比为 52%，处于在审或待审状态的专利占比为

23%,处于失效状态的专利占比为25%。国内专利申请的有效状态占比较高,这是由于中国国内的布局起始较晚,主要从2010年之后开始大规模申请,并且由于该领域研发门槛较高,专利申请质量相对较高,使得授权专利具有较高的有效率。在全球失效专利中,中国占比很少的原因主要是早期专利申请主要来自美国和日本,美国从1940年开始布局,日本于1975年后高度布局,并在20世纪70年代和90年代经历了高速发展,相关专利申请已经过了最长专利保护期限。在审查期间以及专利权维持的专利中,中国专利占比很高。这主要是因为中国专利申请于近十年内开始井喷式增长,成为全球专利申请的主要来源。因此,有效状态和在审状态的中国专利申请在全球专利申请量中占比较高。

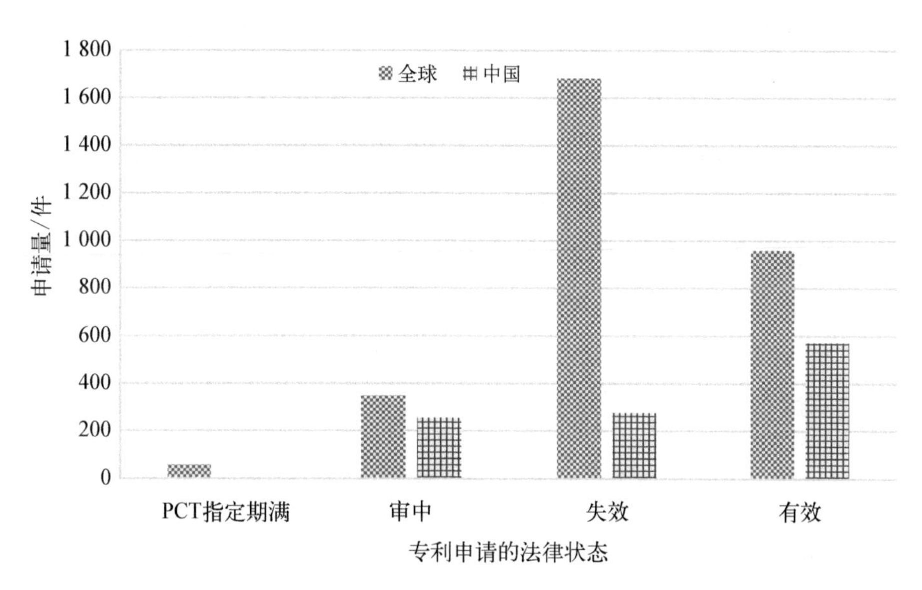


**图5-2-4 环境领域中核污染检测技术的全球和中国专利申请的法律状态对比**

### 5.2.3 中国专利申请的申请人分析

从图5-2-5中可以看出,北京市以206件的专利申请量高居第一位;居于第二梯队的是排名第二和第三的四川省和陕西省,专利申请量分别为147件和102件;排名第四和第五的是广东省和江苏省,专利申请量分别为83件和81件。这些地区的申请量较高,主要是因为国内主要的核物理研究所多集中在四川省和陕西省,国内大型核工业企业中广核位于广东省,相应地带动了相关企业在此聚集。第一梯队和第二梯队申请人的专利申请总量占据了全国专利申请总量的一半。位于第三梯队的是上海市、湖北省和山西省,其专利申请量较低,在50件左右。

虽然中国在环境领域中核污染检测技术的专利申请量在全球范围内处于领先地

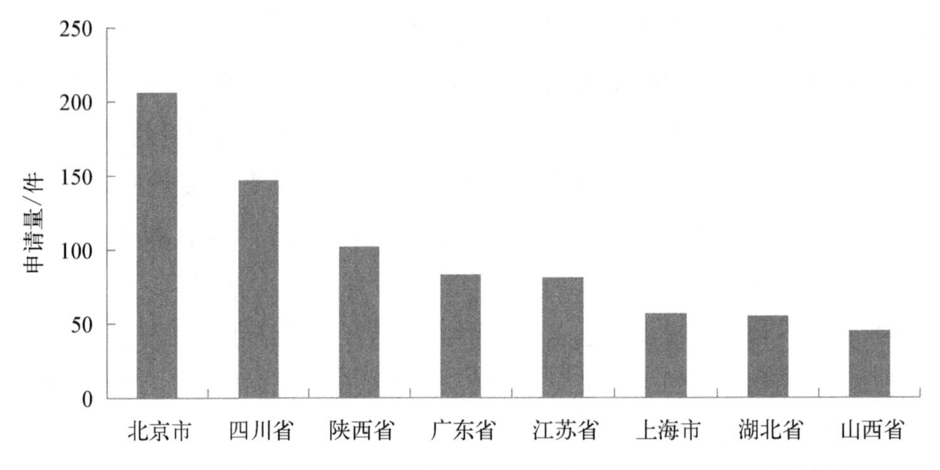


**图 5-2-5 环境领域中核污染检测技术的中国专利申请区域分布情况**

位，但是其申请人较分散，且单个申请人的申请量并不高。从图 5-2-6 中可以看出，各个申请人之间的申请量差距并不显著，尤其是前三位申请人；相较于全球的重要申请人，中国的几位重要申请人在申请量上还存在着很大差距。在重要申请人中科研院所和企业均有涉及，既有领域内权威研究机构，又有仪器设备生产企业。从重要申请人的区域分布来看，与上述中国专利区域分布情况一致，这些重要申请人主要位于申请量排名靠前的北京市、四川省、陕西省、广东省等地。此外，从申请量的对比也能看出，重要申请人对其所属省份的相关领域专利申请具有较强的带动作用。

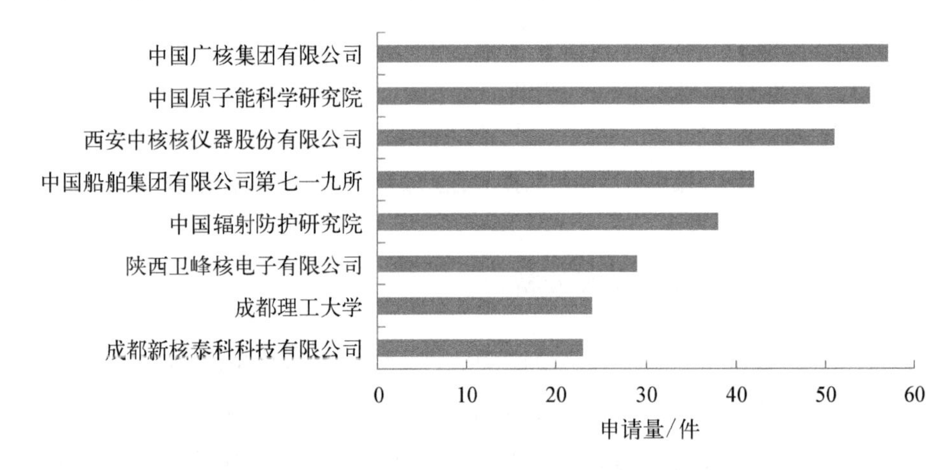


**图 5-2-6 环境领域中核污染检测技术的中国专利申请的重要申请人分布**

## 5.2.4 中国专利申请技术主题分析

根据图 5-1-6 中的技术分支，对各技术分支下的中国专利申请量进行了统计分析，结果如图 5-2-7 所示。

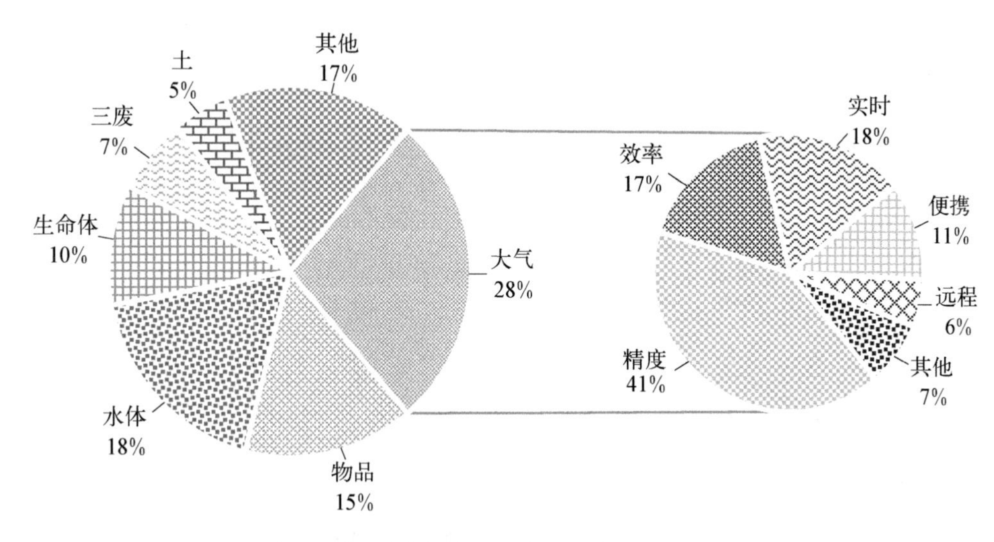


**图 5-2-7　中国环境领域中核污染检测技术的一级分支和二级分支图**

与全球专利申请的情况一致，中国专利申请中，针对大气放射性检测的专利申请量最高，为 306 件，占比 28%；其次是针对水体放射性检测的专利申请有 201 件，占比 18%；针对物品放射性检测的专利申请有 167 件，占比 15%；针对生命体表面放射性检测的专利申请有 116 件，占比 10%；针对三废放射性检测的专利申请有 74 件，占比 7%；针对土壤放射性检测的专利申请最少，仅有 55 件，占比 5%；其他方向的专利申请有 187 件，占比 17%。其中，针对大气放射性检测的专利申请在全球专利申请总量中的占比偏低，但是针对水体、物品、生命体、三废和土壤放射性检测的专利申请占比和全球情况高度相似。

对大气放射性检测的专利进一步分析，发现针对检测精度的专利申请居多，有 125 件，占比 41%；针对实时检测的专利申请有 55 件，占比 18%；针对检测效率的专利申请有 51 件，占比 17%；针对便携性的专利申请有 35 件，占比 11%；针对远程检测的专利申请有 17 件，占比 6%；其他方向的专利申请有 23 件，占比 7%。可见，提高检测精度不仅是全球范围内大气放射性检测专利的重要研发方向，也是中国专利的研究重点。与全球专利申请趋势不同的是，全球专利中申请量仅次于检测精度的是检测效率，而中国专利中紧随其后的是关于实时检测的专利申请，检测效率位于第三。

在检测过程中，保证检测结果的准确度和灵敏度是最基本也是最重要的。如图 5-2-8 所示，进一步分析提升检测精度的技术路径后发现，在中国的专利申请中，主要以优化结构布局为主，专利申请有 46 件，占比 37%；其次是针对气体放射性物质富集的收集部件进行改进的专利申请，有 42 件，占比 34%；在数据处理方法上进行改进的专利申请有 19 件，占比 15%；通过优化电路以提高检测信号灵敏度的专利申请有

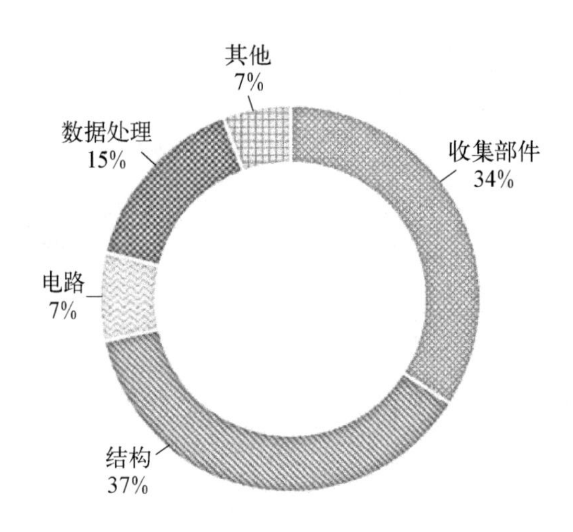


**图 5-2-8　中国环境领域中核污染检测技术的三级分支图**

9 件，占比 7%；其他类别的专利申请有 9 件，占比 7%。相较于全球专利申请趋势，中国在提升检测精度方面的专利申请更倾向于结构优化，同时亦重视收集部件的改进。结构优化和收集部件改进这两个技术路径并行发展。

## 5.3　重要技术发展脉络

大型核设施发生的意外事故，厂内人员可能受到放射损伤和放射性污染的影响，严重时可能导致放射性物质泄漏到厂外，对周边环境以及公众健康造成危害。核辐射的放射性物质可以直接污染土壤、水源、大气等环境要素，导致环境的长期污染，进而影响地球生态系统的平衡。经全球及中国专利数据分析可知，大气领域的占比居于首位，这表明大气监测是核辐射环境监测的重点方向。对大气中的核辐射污染检测技术的相关专利进行分析，可以发现其技术改进主要集中在提高精度、实现设备的小型化/便携、远程操作、实时监测、延长使用寿命、提升效率以及其他方面。通过全球和中国在大气的核辐射检测领域的专利梳理可知，旨在提升提高精度的专利申请在全球和中国的占比达到了 47%和 41%。这表明，提升大气核污染检测的精度是该领域专利申请的核心关注点。基于这一目标，进一步的技术改进可以细分为对气溶胶、粉尘或尘埃等收集系统的优化、装置整体结构的改进、电路设计的改进、数据处理能力的提升以及其他相关技术的改进。因此，下文将重点对大气中核辐射污染检测精度的改进方向进行深入分析。

### 5.3.1 收集系统

用于监测大气核辐射污染的检测装置，通常采用收集大气中的悬浮颗粒并进行放射性分析的方法。因此，前端集尘结构的优化直接关系到设备整体精度的提升。根据图 5-2-8 所示的技术分析，针对收集端改进的专利申请占比 34%，表明对收集端的优化是提高检测精度的关键途径。因此，收集端滤纸的更换、腐蚀、变形以及输送等环节均会对设备的检测精度均会对设备。接下来，将对收集系统精度提升的相关改进技术进行详细分析，重要专利的梳理详见图 5-3-1。

1963 年，专利申请 US3109096A 公开了一种使用连续纸卷滤纸确定气溶胶（空气中的颗粒和气态气溶胶）放射性的系统。然而，该滤纸存在气密密封难，以及滤纸容易损坏等缺陷。

1982 年，专利申请 US4464574A 公开了一种采样装置。该采样装置使用过滤器。该过滤器包括夹在两片塑料之间的滤膜，这两片塑料具有将滤膜暴露于气态介质的孔。塑料片可以容易地被拾取，从而简化插入采样设备的难度且可以在采样设备内移动时保护过滤材料。此外，可以很容易地将包围过滤介质的塑料制成气密密封，从而可以容易地进行放射性测量。

氡气是镭元素的放射性衰变所产生的副产品，它不断地从地下的镭沉积物中逸出，并透过地壳表面进入大气。对氡浓度水平进行精确测量，必须在封闭环境中进行，且采样时间以日为单位计算。鉴于上述测量方法的局限性，1987 年，专利申请 US4801800A 所提出的技术显著缩短了在住宅结构内部环境空气中进行准确采样的时间需求。该技术采用木炭罐收集方法，无须将罐体长时间暴露于测试环境中，从而在减少采样时间的同时确保了数据准确性。

在进行大气尘埃/颗粒进行放射性检测时，若使用连续或单个滤纸进行采样，滤纸可能会遭受腐蚀性气体的侵蚀，导致破损，进而造成测量过程的中断，影响检测结果的准确性。1989 年，专利申请 JPH03135786A 提出采用具有更佳耐腐蚀性能的乙烯树脂作为滤纸的制备材料。这种由树脂和四氟乙烯纤维制成的滤纸可耐受高温腐蚀性气体，不易因腐蚀而受损，从而提升了检测设备的精度。

专利申请 JPH03135786A 针对滤纸材料进行了创新改进，旨在通过连续或单个滤纸来收集大气中的尘埃/颗粒，进行放射性检测。在先前的检测系统设计中，并未充分考虑滤纸更换或供给速度对气体尘埃放射性测量可能产生的影响。针对这一问题，东芝公司在 1991 年申请的专利 JPH05157845A 中提出了一种解决方案。该方案着重于滤纸的更换和有效集尘面积。在该方案中，带有尘埃的滤纸被收集到集尘器

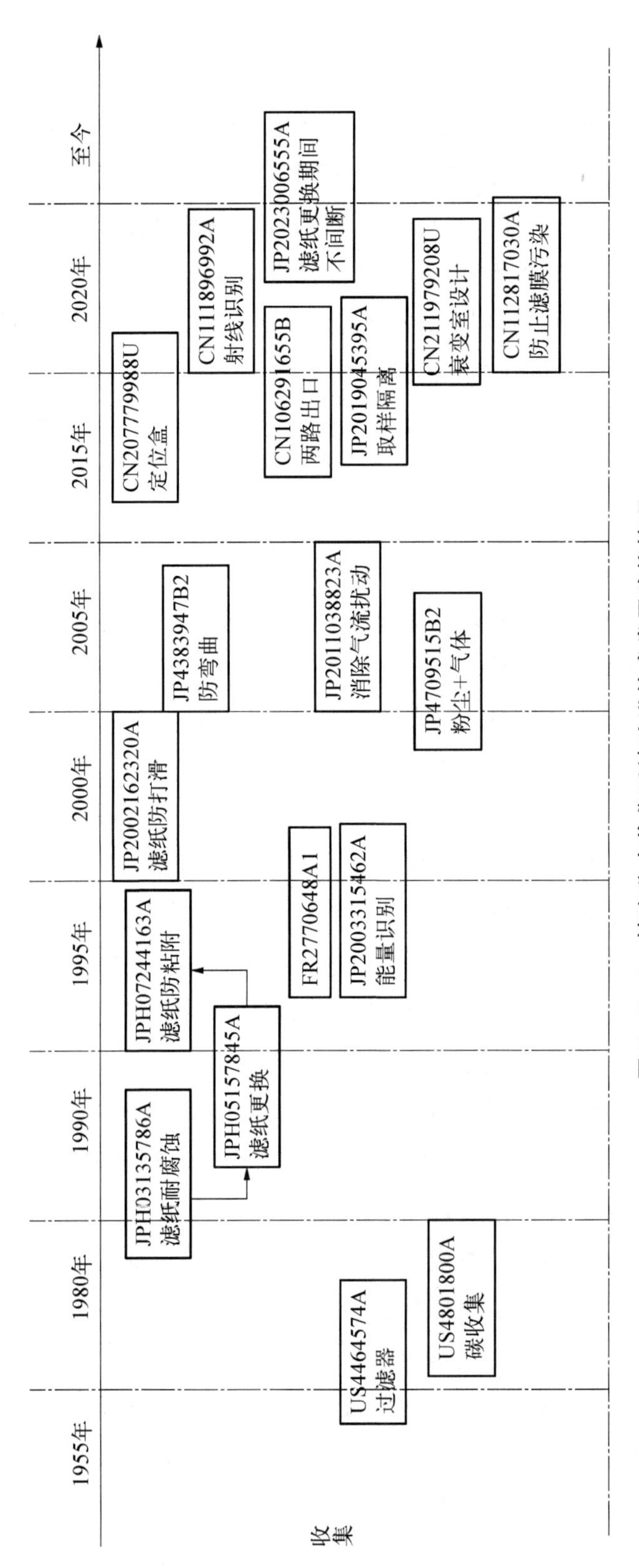


图5-3-1 精度分支收集系统改进技术发展脉络梳理

单元内，集尘后的滤纸通过切割机构进行切割。此外，滤纸进给机构的控制装置负责精确控制滤纸的输送速度。最终，滤纸经过冷凝处理后，通过放射线检测器检测尘埃的放射性浓度。

在采用滤纸进行核辐射检测时，需要移动滤纸以进行实时测量。东芝公司在先前的专利申请中已经对滤纸的更换及供给速度对测量结果的影响进行了考量。滤纸在集尘单元内进行移动和集尘的过程中，可能会因滤纸上下表面压差过大或其他原因导致滤纸移动不顺畅。若滤纸由于黏附而无法移动，将会导致数据缺失和检测精度降低。针对上述问题，东芝公司在 1994 年的专利申请 JPH07244163A 中提出了一种解决方案，即在集尘单元中设置防止灰尘收集时滤纸黏附的装置。通过加热器对滤纸施加压力、对空气进行加热除湿操作，以及使滤纸保持干燥等手段，减弱滤纸黏合力，从而防止其长时间黏附在集尘器上，提高装置的检测精度。

1997 年，法国原子能和替代能源委员会在其专利申请 FR2770648A1 中提出，空气经过该过滤器处理后，粉尘被气溶胶富集。然后，使用塑料闪烁体或硅二极管检测气体循环时沉积在过滤器气溶胶上的总放射剂量，再采用原位光谱法测量至少一种放射性元素的光谱，用以确定大气中以气溶胶形式存在的放射性元素。通过这两套检测系统实现了对总体辐射剂量和包含的放射性元素的测量，从而提高了检测的准确度和精度。

1997 年，专利申请 FR2770648A1 提出了一种方法，通过两套检测系统实现了对总辐射剂量以及其中包含的放射性元素的测量。2002 年，专利申请 JP2003315462A 提供了一种具有 α 射线能量判别功能，并且能够单独同时测量 α 射线和 β 射线的放射性尘埃监测器。在滤纸集尘面相对的位置设有具有 α 射线能量判别功能的 α 射线检测器，在所收集的尘埃与 α 射线检测器之间仅形成空气层 $d$；通过空气层中的能量损失换算可得出 α 射线的能量，在滤纸集尘面的背面侧，设置有 β 射线检测器。

2000 年，专利申请 JP2002162320A 中，通过精确控制滤纸在驱动辊上所承受的张力，确保了滤纸输送位置的稳定性，有效预防了滤纸的滑动现象。此外，通过引入增强的按压装置，即便在设备小型化的同时，也能够实现精确的控制和采样操作。该创新技术能够精确测定单位体积空气中放射性物质的总含量。

针对集尘组件的维护，滤纸更换需要人工取出滤纸和滤纸架。这个过程中存在工人遭受放射性污染的风险。基于此，后期多采用滤纸自动递送和回收装置。在自动输送装置中针对滤纸打滑问题，2000 年，专利申请 JP2002162320A 提出通过控制滤纸在驱动辊上承受的张力，保证滤纸输送位置稳定，防止滤纸打滑；通过增加按压装置，使装置在小型化的基础上能够精确控制并进行采样，从而实现对单位体积空气内包含的放射性物质总量的测定。

循环泵将工作环境中的空气引入集尘箱滤纸上方的空间中，在集尘箱的吸入压力作用下，会使安装部件向下弯曲从而导致滤纸弯曲。传统的放射性粉尘监测器中会设置栅格结构以对滤纸进行支撑，但栅格部分会导致遮挡且使气体流通区域压力变小，从而导致捕获粉尘量减少，其格栅部分由于遮挡也无法检测到放射性物质，进而造成放射性检测系统整体的灵敏度降低。2004 年，专利申请 JP4383947B2 针对上述问题改进了格栅和支撑件的设置，将栅格面向滤纸布置，并将其设置在传感器的放射性检测表面上，测量被滤纸捕获的尘埃的放射线。滤纸支撑件布置在可使平坦位置彼此重叠的地方，以防止滤纸弯曲，从而实现检测精度的提高。

在常见的放射性尘埃监测装置中，将尘埃导入采样容器内并使用滤纸进行捕集，能够以较高的灵敏度高效地捕集空气中所含的尘埃，但难以高灵敏度地检测样品中气态放射性物质的辐射剂量。针对该问题，2004 年，专利申请 JP4709515B2 中提供的放射性尘埃监测器不仅可以高灵敏度、高效率地检测空气中所含的粉尘状放射性物质，而且可以检测空气中所含的气态放射性物质。该放射性粉尘监测器通过滤纸捕捉样品中的灰尘，同时在采样容器内放置吸附剂吸附样品中的放射性气体，从而检测尘埃和放射性气体的辐射量。

在核电站附近使用的放射性气体监测器，需测量的放射性剂量范围涵盖了从平常时间的自然本底辐射到事故发生时高浓度污染的广泛区间。该监测器对来自排气烟囱的废气进行采样，利用检测单元检测废气中的放射性物质的辐射，并测量其剂量以确定放射性物质浓度。随后，用泵将气样排出。为消除背景辐射的影响，经过过滤器等净化后的气样会被送入检测单元以测定本底辐射剂量。在此过程中，使用电磁阀实现在原始气样和过滤后气样间的流路切换。针对核事故发生期间可能出现的突发停电或其他紧急状态，2009 年，专利申请 JP2011038823A 设计了一种放射性监测仪。针对电力系统瞬间停电后恢复供电过程中，电磁阀先由于断电关闭，泵因惯性会导致检测室出现负压；在恢复电源重新启动运行时，由于检测室残留的负压，电磁阀打开的瞬间，负压吸入的气流量会叠加到气泵流量上，从而造成流量波动，气泵可能由于振动或低流量警报而停止工作。基于此问题，使用电磁阀，在采样期间若工厂电源系统中存在停电故障，采样电磁阀将保持打开状态。该种设计可避免检测室内产生负压，从而保证在电力恢复后不会对气样流动产生干扰，确保气泵正常运转。

现有的核设施气载放射性监测设备包括放射性气溶胶探测器、放射性碘探测器和放射性气体探测器、信号处理装置、取样及其他组件。这些设备的测量灵敏度低、探测下限高、响应时间长，不能很好地满足高危害气载放射性物质的高灵敏度和快速响应的监测要求，这些问题给核设施的设备工艺安全和工作人员安全带来了隐患。2016 年，专利申请 CN106291655B 提供了一种气载放射性监测器。该监测器包括气溶胶碘探测系统、放射性气体探测系统和取样系统。取样气体入口端与气溶胶碘探测系统和取样系统相连；气溶胶碘探测系统的出口分为两路，其中一管路与放射性气体探测系统相连，另一管路与取样气体出口端相连，且该管路上设有手动截止阀；取样系统的出口与取样气体出口端相连。这种监测器灵敏度高、探测下限低、响应时间短，能够更好地实现气载放射性物质的快速有效测量。

国外早期针对集尘部件及其滤纸组件进行了一系列布局，从滤纸的材质、输送、定量控制、元素识别、剂量检测、能量确定均有所涉及。相较于国外较早地对集尘部件及其滤纸组件进行改进，国内对该方面的关注和专利布局开始得较晚。2017 年，专利申请 CN207779988U 提供了一种大气放射性气溶胶监测设备，其包括滤纸盒定位装置。该定位装置能够通过简单并且可靠的方式定位盒或其他元件。

在发生核事故的紧急情况下，使用具有碘采样器的碘收集器和滤纸收集和吸收高浓度的放射性物质。收集的材料和滤纸被带回监控中心时，使用锗半导体探测器进行精确测量，探测器必须放在双层塑料袋中进行工作，以免被污染。2017 年，专利申请 JP2019045395A 公开了一种放射性碘取样容器，将该碘取样容器的收集材料密封并与周围的空气隔离，可避免探测器被污染的风险。

双滤膜测氡法是在 1960 年前后提出的，但缺少准确计算氡浓度的公式，长期以来只被用作相对测量方法。后托马斯推导出了托马斯公式，使双滤膜测氡法可用于氡浓度的绝对测量。但托马斯公式未解决重力沉降、探头结构等的影响，基于上述问题，在 2019 年提出的专利申请 CN211979208U 中，测量室能够分别测量校准源、入口滤膜卡计数、出口滤膜卡计数，并可快速地切换模式。衰变室采用柱形设计，衰变室采用垂直设计，由支架固定到地面，样气进入衰变室后，垂直与地面向上运动，垂直的安装方式，减少了子体因重力沉降导致在衰变室壁上的损失，使测量结果稳定，重复性好，提高了子体在出口滤膜卡上的收集效率。

为了有效控制核污染对环境的影响，对于排放到环境中的含有放射性物质的气体需要进行实时监测并对环境进行清洁监控。目前，常用的检测方法是通过泵抽取含有放射性物质的大气，并经过滤膜过滤，使带有放射性的粉尘沉积到滤膜上，再将滤膜送至实验室进行分析检测。这种检测方法工作效率低、反应速度慢，对事故研判和应急响应的时效性较差，难以在核事故发生后第一时间测得所需的与大气放射性物质相关的数据，不能满足对核事故进行应急响应的需要。2020 年，专利申请 CN112817030A 提供了一种检测准确、工作效率高的测量装置，其能够快速完成对大气中放射性物质的在线取样。该装置的滤膜组件采用卡片式结构，换取方便、快速，最大程度地避免了换取滤膜时测量放射性物质污染装置，从而显著提高了检测的准确度。

2020年，专利申请CN111896992A设计了一种具有γ核素识别功能的人工放射性气溶胶监测设备。该专利中，真空泵通过收集机构的进气管抽进外部的空气，经过滤纸将空气中的核素沉积在滤纸上，再经过测量模块A和测量模块B进行检测，有效地提高了放射性气溶胶的检测精度，且降低了工作人员的劳动强度。

2021年，专利申请JP2023006555A设计了一种在更换收集滤纸的过程中，也可以连续检测(测量)的放射性粉尘检测器。该专利的核心是设计了第1放射性尘埃监视器和第2放射性尘埃监视器。在更换收集滤纸的时间段，从第1放射性尘埃监视器改为由第2放射性尘埃监视器对环境辐射进行检测和运算处理。

当核动力装置的一回路发生泄漏，某些放射性产物便可能通过破损点逸出，形成放射性气体。这种气体因其高放射性，对人体健康构成威胁。因此，确保对环境气体放射性进行实时监控，并提升检测精度，是当前亟待解决的问题。

2021年，专利申请CN214845797U针对现有技术的缺陷，提出了一种基于塑料闪烁体的惰性气体探测系统。该系统通过安装微尘过滤器及其配套的调节阀，确保在需要维护时，惰性气体的流通路径能够改变，从而避免气体泄漏，保障现场人员的安全。同时，微尘过滤器对被测气体进行净化处理，确保进入辐射探测装置的惰性气体不含微尘杂质，进而提高惰性气体辐射探测的准确性，增强使用效果。

气载放射性监测主要依赖于抽气采样技术，通过这种方式收集并测量富集的放射性物质，进而根据采样体积计算出气载放射性水平。然而，这种监测方法存在响应时间较长的缺点；在一个测量周期内，可能会重复对周围气体进行抽气采样，这会影响测量结果的准确性。此外，抽气装置的体积和重量较大，限制了其在小型无人机等平台上的应用。

2022年，专利申请CN115793023A介绍了一种高效的气载放射性监测系统。该系统适用于多种监测场合，包括固定式、单兵移动式、飞行器载监测以及车载监测。它集成了电源系统、定位系统、气象探测系统、气载放射性物质富集系统、气载放射性探测系统、智能计算系统和通信系统于一体。气载放射性物质富集系统由滤纸和自动走纸机构构成，采用类似循环传送带的结构设计。自动走纸机构能够驱动滤纸持续循环移动，确保滤纸的外表面部分始终用于富集气载放射性物质，而另一部分则靠近气载放射性探测系统，以便实时在线探测和测量富集在该表面的放射性物质。

气溶胶颗粒直径小于2 μm可以在大气中悬浮较长时间，一旦被吸入，人们就会遭受内照射的放射性影响。随着公众对环境污染问题的关注度日益增加,放射性对健康造成的潜在威胁也引起了人们的广泛关注。为了有效监测核事故对居住环境空气造成的放射性污染,必须进行现场实时测量,以便迅速而准确地评估空气中的放射性核素污染物。为此,2022 年,专利申请 CN114706113A 介绍了一种用于实时测量空气中放射性污染的系统。该系统能够检测采样空气中的 α 和 β 放射性气溶胶或放射性核素,将 α 和 β 射线转换为荧光信号,进而对这些荧光信号进行检测和处理,转换成电信号。通过这种方式,可以实时掌握空气中放射性污染物的状况,帮助人们及时了解空气质量,克服了传统实验室分析的局限性,能够检测空气中的短期污染,并实现对环境空气放射性污染的连续监测。

大气中核污染检测装置的核心组件是大气中放射性尘埃的收集系统,亦即前端集尘部件。前端集尘结构的优化是提升检测精度的关键因素。多种放射性核素可能存在于大气之中,其中生活中最为普遍的是氡的同位素。氡作为镭的衰变产物,能够从含镭的岩石、土壤、水体以及建筑材料中释放至大气,并且极易附着在气溶胶颗粒上。通常,采集放射性气溶胶采用的是滤料阻流采样法,其原理与大气中颗粒物的采集原理一致。早期的专利申请多采用滤纸或滤膜作为气溶胶的采集介质。然而,使用滤纸作为采集介质时,其易受腐蚀性气体侵蚀而损坏,这会导致测量中断,进而影响检测的准确性。随着技术进步,人们开始采用耐腐蚀性更强的材料,如乙烯树脂,来制造采集滤纸。在使用连续滤纸收集大气尘埃/颗粒进行放射性检测的过程中,滤纸的输送、更换和供给速度等因素都会对测量效率产生影响。国外在早期对收集系统进行了一系列的专利布局,包括滤纸的选材、输送、定量控制、元素识别等方面。与国外较早对集尘部件进行的专利布局相比,国内对集尘部件结构的关注和专利布局起步较晚。

### 5.3.2　结构优化

大气中的核污染检测是通过一个检测装置或检测系统实现的,要提高其检测精度,除了样品前端收集系统改进外,对检测装置或系统的结构进行优化也是其中一个重要方向。下面对检测装置或系统的结构优化改进技术相关的专利进行梳理,如图 5-3-2 所示。

现有测量放射性气溶胶的方法是将灰尘收集后经过滤器分离,然后采用检测器测量收集的灰尘中的放射性辐射。这些检测器与过滤器存在一定的距离,以便适应收集和测量之间所需的时间延迟。由于放射性物质具有半衰期,半衰期短的放射性物质测量结果不准确,需要缩短测量与样品收集之间的延迟时间。

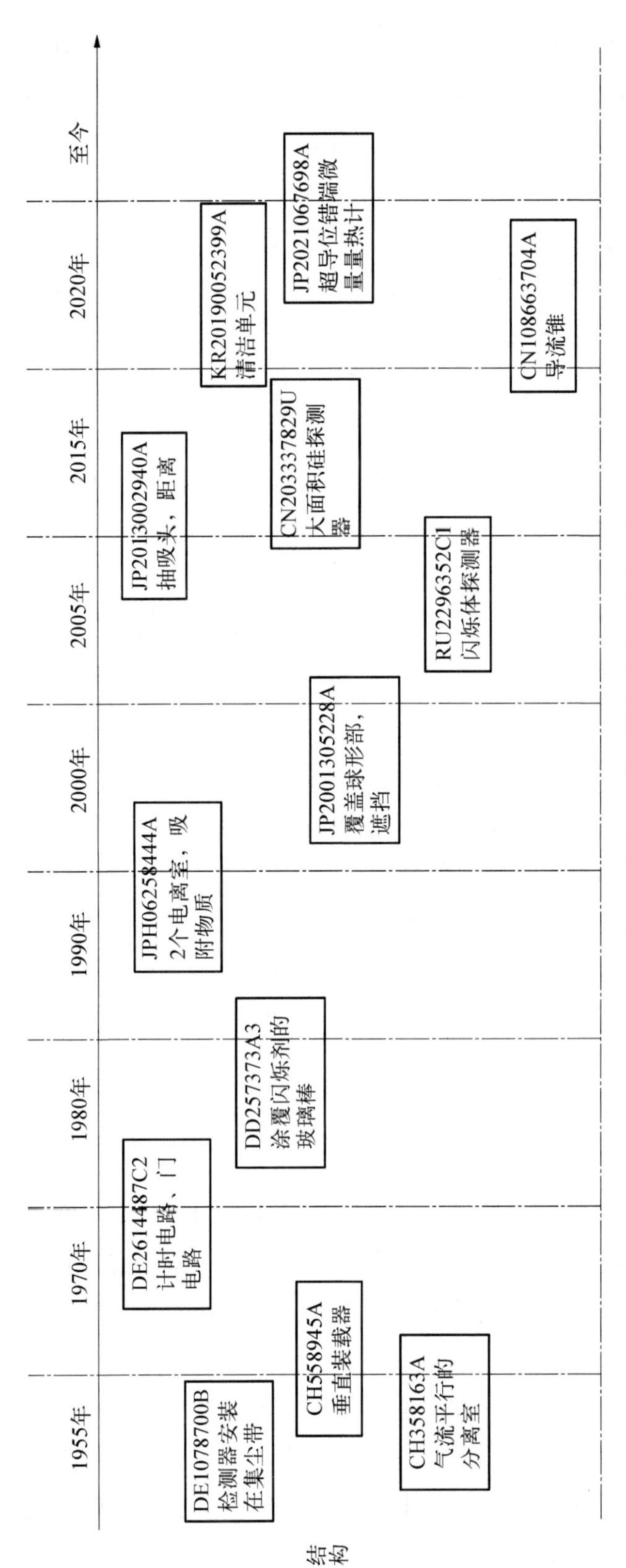


图5－3－2　精度技术分支中装置结构改进技术梳理图

1955 年,专利申请 DE1078700B 公开了一种测量气溶胶放射性的装置。该装置的结构如下:将灰尘沉积在集尘带上,集尘带设置在圆环的外表面,该圆环以恒定速度转动,用于带动集尘带移动,检测器正对集尘带安装在集尘带的外表面的一个扇形区中,当集尘带上的沉淀物到达检测器时,对其进行检测。该结构对短半衰期的放射性物质也可以进行准确检测。

1958 年,专利申请 CH358163A 公开了一种测量空气放射性的装置。该装置设置了一个可连续驱动的集尘带,该集尘带被引导通过分离室并形成其边界壁,而其中的空间被设计为分离电极和反电极,该分离室与从待测空间取出的气流平行。在横向于集尘带的运动方向设置电场,并在集尘带的后续运动路径上设置测量装置,通过可驱动的集尘带可以实现连续测量,且静电过滤器的分离效果好于机械过滤器,使得检测结果更准确。

当对大气中的放射性样品进行分析时,样品易被外部其他辐射污染,导致检测结果不准确。1970 年,专利申请 CH558945A 公开了一种分析大气中放射性样品的装置。该装置包括接收样品的垂直装载器,穿过装载器并连接到垂直可移动平台的第一通道和与可移动平台成角度倾斜的第二通道。该装置通过调整样品输送通道的高度和角度偏移,避免了装载器中的探针发射的辐射穿过检测器,确保检测结果的准确性。

1985 年,专利申请 DD257373A3 公开了一种放射性气体活度检测仪。该检测仪包括检测器室和二次电子倍增管。检测器室是玻璃管,给玻璃管中密封的玻璃棒涂覆闪烁剂,使闪烁层与玻璃管内壁之间的距离足够小,降低检测器的自吸收损失,记忆效应最小,提高检测器的灵敏度。

1990 年,专利申请 JPH0438585U 公开了一种用于气体放射性监测的放射性检测装置。在该装置中将辐照管封闭,经垫圈朝上插入,然后将刚性环弹性地装在垫圈的内周上,最后通过螺钉固定。这种结构提高了探测器的灵敏度,进而提高了气体放射性检测结果的灵敏度。

1993 年,专利申请 JPH06258444A 公开了一种气体放射性测量装置。该装置由第一电离室、第二电离室以及吸附物质组成。第一电离室由第一集电极、环绕第一集电极的第一外侧电极,以及第一电源构成,第一电源在第一集电极与第一外侧电极之间施加具有特定极性的电压。第二电离室则由第二集电极、环绕第二集电极的第二外侧电极,以及第二电源构成,第二电源在第二集电极与第二外侧电极之间施加与特定极性相反的极性电压。吸附物质负责吸收放射性物质并促使其积累,这样可以增加 α 射线的强度,从而提升检测的灵敏度。

在常规的气体放射性检测设备中，样品收集区域一般设置在检测器的正前方。这导致从吸入过滤器中获取的空气样本必须经过检测器表面。若检测器与过滤器过于接近，可能会干扰过滤器中的气流。因此，确保过滤器与检测器之间保持一个理想的距离是至关重要的，这样可以防止气流受到干扰，并避免检测器表面受到污染。

为了解决这一问题，1987 年，专利申请 US4701621A 提出了一种改进的空气中放射性粒子监测器。该监测器由多个空气入口端口组成，其中第一和第二入口端口均被连续的收集器所覆盖，例如，一条纸带从供应卷轴传输至收紧卷轴。辐射探测器安装在可移动臂上，使其能够定位到纸带上任意两个收集点之一。在任意时刻，只有一个入口端口是开放的。当空气样本从第一入口端口被收集到纸带的特定区域时，探测器则定位在第二入口端口上方的纸带另一区域附近。此时，第二入口端口对腔室的气流是关闭的，这允许探测器测量之前收集的样本。通过提供独立且适当间隔的收集与检测位置，确保采样空气不会流经探测器表面，从而使得探测器能够达到最高的计数效率和能量分辨率。

2000 年，专利申请 JP2001305228A 公开了一种气体辐射剂量率仪。该检测仪包括在放射性检测器上覆盖半球形的球形部，与球形部的下部相连的圆筒部和圆筒部的下端用于安装台座的凸缘部。校正夹具通过圆筒部的外表面及凸缘部的上表面准确地定位，能够将放射线源安装在罩的中心轴上，通常测定时不会遮挡放射线，进而保证了检测结果的精确度。

2005 年，专利申请 RU2296352C1 公开了一种闪烁体探测装置，其可用于空气或其他气态介质的放射性分析。该装置包括配备入口孔和出口孔的壳体，在壳体内部存在覆盖反射器并由狭缝孔分开的闪烁检测器。其中，闪烁体探测器包括有机圆环闪烁体面板和无机圆环闪烁体主体。光电倍增管通过光学窗口连接到闪烁检测器，过滤器完全位于闪烁检测器的槽孔中，过滤器的盒形主体具有与有机闪烁体环面板一致的形状，其内部水平横截面面积等于有机闪烁体环面板的面积。在开始检测放射性核素的放射性辐射时，由于滤波器延迟，放射性气溶胶被过滤器机械地保留，挥发性气态放射性化合物被固定在过滤器上，由此可以确定短寿命放射性核素的放射性成分的含量，从而以更高的精度测量气态介质的浓度水平。

在放射性尘埃监测器中，使用了闪烁体部件以高灵敏度检测所产生的光。为此，在闪烁体部件的背面安装了遮光结构，即暗室，以阻挡外部光线。同时，正面也配备了遮光结构。然而，由于正反两面的压力差异，遮光膜的形状可能会发生改变，影响检测的精确性。

针对这一问题，2006 年，专利申请 JP2007248266A 公开了一种在闪烁体中面向滤纸的放射线入射面的表面构造。该表面至少覆盖有一层薄膜，这层薄膜包括保护层、遮光膜和粘着层。遮光膜优选地由含铝的薄层构成，其透射从外部进入的辐射并阻挡从外部进入的光。遮光层的厚度经过精心设计，旨在最大程度地减少辐射损失，同时充分发挥其遮光性能。保护层由一种允许辐射穿透的材料制成，同时为遮光膜提供对外部环境的防护。通常，保护层通过涂布或印刷的方式形成均匀厚度的固化涂层。其厚度旨在尽可能不减弱辐射的穿透力，同时确保具备必要的保护功能。由于遮光层是通过热转印技术形成的，因此它不会因压力变化而发生变形。

在样品收集时，样品容器入口管和出口管的压力损失较大，容器内的样气成负压。当其因样品气体的脉动而振动时，硅半导体元件与铝蒸镀膜之间的杂散电容发生变动，进而产生噪声。

为了解决气流噪声导致检测精度降低的问题，2009 年，专利申请 JP2011128052A 提出了一种创新方案：在内部进气口上设置气孔。这一设计即使在外部入射辐射膜中形成偏转，也不会影响内部入射辐射膜与半导体传感器之间的距离。此外，它还能有效控制两者之间杂散电容的变化，从而防止样本气体脉动引起的噪声干扰半导体传感器。进一步地，通过将双电屏蔽和复合电缆的外屏蔽通过 POWER 单元的 0V 点连接至测量部分的接地线，并将样品容器与屏蔽体分别接地，可以有效防止检测部分的接地线和外部噪声通过地面流入。半导体传感器和辐射检测器的前置放大器被置于内电磁屏蔽和外电磁屏蔽的双重电磁屏蔽保护之下，同时确保内电磁屏蔽与外电磁屏蔽之间的压力平衡。由于内部入射膜保持平整，因此可以避免样品气体脉动引起的噪声干扰进入半导体传感器。此外，作为前置放大器信号传输路径的同轴电缆，采用了双重电磁屏蔽设计，包括屏蔽层和最外层屏蔽层，以保护芯线免受外部噪声的干扰，从而增强抗噪声能力。这种设计确保了放射性气体监测仪的高度可靠性。

2011 年，专利申请 JP2013002940A 公开了一种放射性灰尘监视仪。该监视仪通过吸入装置将含有灰尘的试样气体吸入气密箱中。灰尘收集装置将吸入的灰尘收集在收集件上，由放射线检测装置检测灰尘中含有的放射性物质放出的放射线。同时还设置了一个屏蔽装置，从环境放射线中屏蔽放射线检测器和灰尘收集装置的一部分，经灰尘收集装置收集灰尘后的气体由气体排出装置排出。吸入装置的气体喷出口配置在灰尘捕集构件的抽吸头的上表面与吸入细孔接近处。灰尘捕集装置由滤纸、将试样气体中含有的灰尘捕集到滤纸上的抽吸头和滤纸驱动机构成。通过上述结构改进可以避免灰尘飞散到抽吸头，保证了检测结果的精确度。

2013 年，专利申请 CN203337829U 公开了一种空气 β 放射性监测装置。该装置采用多个罐体连通取样管道抽取空气样品，罐体通过探测通道与探测器相通，并采用在线式循环扫描监测方式进行监测，增大了监测范围，提高了测量精度。

2017 年，专利申请 KR20190052399A 公开了一种设备，测量生活环境中的大气辐射。该设备包括辐射测量单元和清洁单元。辐射测量单元安装在管道内部，用于测量待测空气中的辐射；清洁单元用于清除沉积在辐射测量单元中的细小颗粒。

2018 年，专利申请 CN108663704A 公开了一种人工 α 放射性核素气溶胶浓度连续监测装置。该专利设计了实时测量与固定测量两种测量模式。该监测装置包括测量室、进气管道、出气管道、真空泵、电磁阀、滤纸带、纸带传送装置、导流锥、α 探测器、信号处理与数据采集卡、嵌入式控制模块、显控系统、压力传感器和提醒装置。其中，电磁阀用于高精度测量模式下，关闭测量室进气端，辅助测量室内抽真空；导流锥用于取样过程中空气导流，保证样品在滤纸带上均匀分布，同时安装并固定 α 探测器。通过测量室抽真空的方式进行高精度测量，很大程度上降低了天然 α 放射性核素由于能量衰减造成拖尾而对人工 α 放射性核素测量带来的影响，从而提升了测量的准确度。

2021 年，专利申请 JP2021067698A 公开了一种放射性粉尘自动连续分析仪。该分析仪包括滤波器、超导位错端微量量热计和分析处理部分。过滤器设置在空气流动的副管中，并收集可能包含在空气中的 α 射线核素。超导位错末端微量量热计与过滤器相对设置，检测从 α 射线核素发射的特征 X 射线和 α 射线。分析处理部分根据收集的 α 射线核素，分析可能包含在空气中的 α 射线核素，其能够精确地分析可能包含在尘埃中的 α 射线核素，同时减少检测器检测表面的污染。

大气中核污染检测装置的核心部件是核辐射探测器，此外，探测器与前端集尘部件之间的连接方式也是专利申请的重点方向之一。早期的专利申请布局主要集中在如何设置探测器的安装位置，使检测器可以在集尘带运动过程中进行检测，以克服因放射性物质半衰期而带来的采集与测量之间存在的时间延迟，保证检测结果的精确度。随着后期核辐射探测器技术的发展，专利申请逐渐向探测器结构改进方向发展，如将探测器的检测室设置成玻璃管结构，在玻璃管中密封涂覆闪烁剂的玻璃棒，使闪烁层与玻璃管内壁之间的距离足够小，从而使检测器的自吸收损失低，记忆效应最小，或者通过改变电离室结构来提高检测器的灵敏度，进而提高检测结果的精确度。前期的专利申请虽然也涉及探测器结构的改进，但其改进主要是针对气体探测器的检测室的结构，随着更高精度的闪烁体探测器和半导体探测器的出现，大气中核污染检测的专利申请布局也开始涉及探测器种类的选择，如采用闪烁体探测器或半导体探测器替换气体探测器。此外，不管如何优化探测器与前端采集部件的连接结构，或者选用探测精度更高的探测器，环境中的噪声都无法避免，都会影响检测结果的精确度，在后期的专利申请中，也关注到了噪声的影响，申请的专利涉及消除噪声的方式和方法，如依据核污染的特殊性而设置屏蔽装置或通过抽真空方式消除环境噪声，通过除尘或清洁单元消除探测器表面的灰尘进而消除环境噪声。由上述结构优化方面的相关重要专利技术的梳理可以看出，目前大气中核污染检测基于提高检测精度的相关专利布局主要包括探测器结构的改进、选用更高精度的探测器、探测器与前端集尘部件的连接结构优化，以及消除环境噪声的相关结构设置。随着闪烁体材料和半导体技术的发展，为了检测大气中的核污染，未来的专利申请可能在探测器方向布局。此外，由于环境噪声是一直存在的且环境条件会越来越复杂，因此消除环境噪声的影响仍是是未来专利申请的一个重要方向。

### 5.3.3　电路改进

大气中核污染检测整体结构不仅包括前端样品收集部件，检测装置结构，还包括了电路部分。下文对电路改进方向相关重要专利进行脉络梳理，如图 5－3－3 所示。

1957 年，专利申请 DE1196799B 公开了一种用于检测气体中气溶胶的放射性辐射的装置。该装置设置了两个辐射探测器，其中一个外壁为负高压，另一个的外壁接地，并且分别配置一个用于记录检测放射性辐射的计数率测量装置，即计数管。如果两个计数管附近的空气中含有放射性同位素，这些放射性同位素就会积聚成气溶胶，被负高压的计数管的夹套吸引并富集。两个计数率测量装置的两个二极管的连接方式如下：一个二极管的阴极连接到另一个二极管的阳极，借助差分放大器可以获得两个计数管之间的差异，同时借助 RC 电路测量两个计数管对应的差动电流，进而获得放射性辐射测量结果。该检测装置具有更高的测量精度。

在现有技术中，采用差分电路进行辐射检测时，对于随时间恒定的强辐射水平难以做出反应，因此其灵敏度不足以满足预期的检测目的。1963 年，专利申请 DE1241000B 公开了一种响应检测器装置的放射性辐射控制装置。该装置在检测器下游并联设置了两个积分电路和一个连接到积分电路输出端的比较电路。检测器通过前置放大器和单谐器脉冲整形器与积分电路连接，触发电路则连接到包含两个晶体管的积分器的输出端。其中一个晶体管连接具有较小时间常数的积分器的输出端，当该积分器输出电压发生变化时，它是正常阻塞的；另一个晶体管则连接具有较大时间常数的积分器的晶体管的栅极，通过该时间常数较大的积分器的输出电压是固定的，从而增加了作用在显示装置上的差分电压。通过这种电路设置方式，可以达到预期的检测灵敏度。

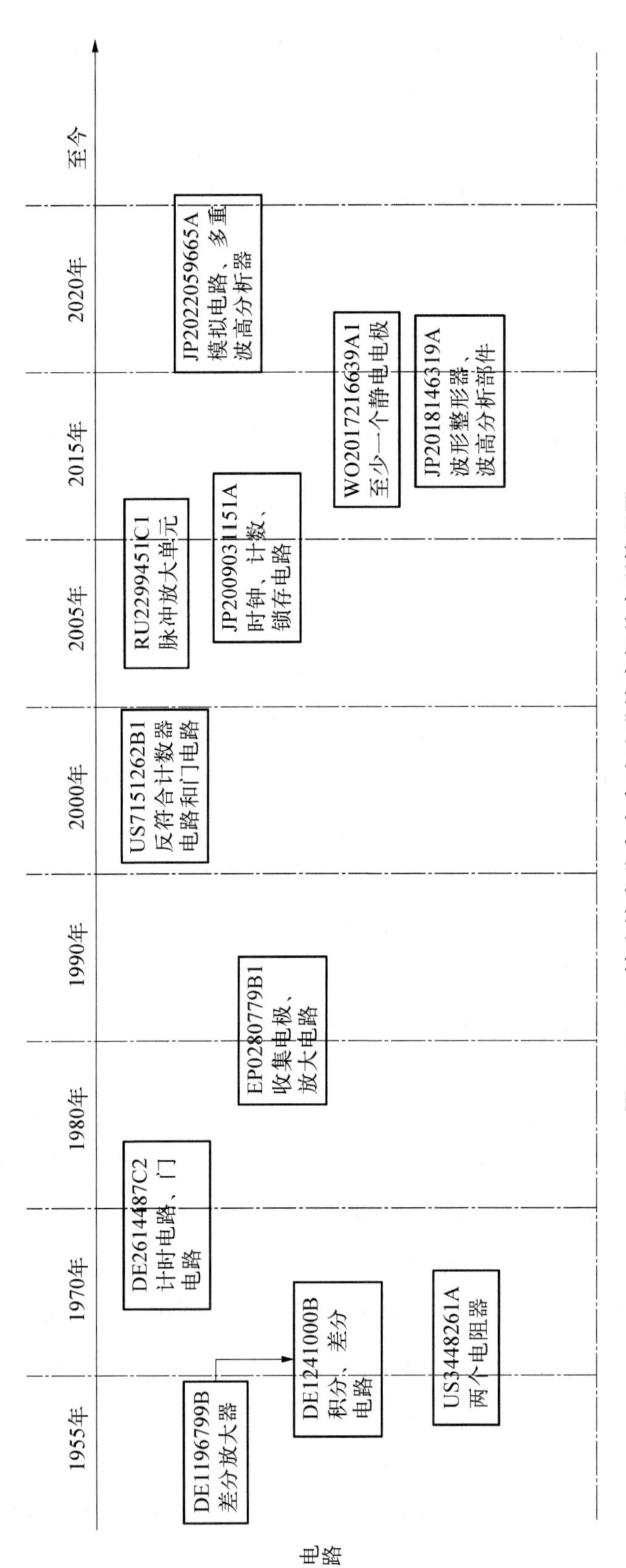


图5-3-3 精度技术分支中电路改进技术相关专利梳理图

1965年,专利申请US3448261A公开了一种基于气态介质电离的装置。该装置包含串联的检测电离室和参考电离室,其中参考电离室为不饱和电离室,其内部与周围介质直接接触,且其电极间距大于测量电离室。两个电离室之间的公共点连接到金属氧化物半导体器件的栅极电极,并通过负载电阻器的漏极引脚和另一个电阻器进行连接。电压源的一个极和电阻器的源电极相连接。通过上述设置,可以补偿压力波动,进而提高检测精度。

1976年,专利申请DE2614487C2公开了一种用于评估脉冲序列电路装置,适用于由于放射性而发射随机短脉冲序列的气体检测器。短脉冲作用于计时电路和门电路的第一输入端。计时电路包含门电路,并由第一短脉冲触发,将长脉冲传送到具有延迟时间的门电路的第二个输入端,延迟时间大于短脉冲的持续时间,长脉冲的持续时间与延迟电路一起小于预定的短脉冲速率的倒数。该设置可以大大提高检测器的灵敏度。

1987年,专利申请EP0280779B1公开了一种气体计量仪,将一个或多个集成电路置于气体体积下方,并通过集成电路使收集电极和气体直接接触。电路可在气体体积内产生电场,并将其中的离子移动至收集电极。收集电极是设置在集成电路内放大电路的一部分,放大器的输出代表辐射的剂量信号。该剂量计以电子方式精确记录并显示总辐射的暴露量和暴露速率。

在检测气体中某一种放射性物质时,由于其他干扰放射性气体的存在,通常难以准确地测量某一种物质。2000年,专利申请US7151262B1公开了一种放射性气体测量装置。该装置使用闪烁体探测器作为子探测器,其包括反符合计数器电路和门电路。反符合计数器电路在接收到主检测器的输出而不接收闪烁体检测器的输出时进行计数;门电路使用板状半导体检测器作为主检测器,同时采用不发射70～90 keV范围内的特征X射线的材料用于屏蔽结构。半导体检测器的厚度设置在2～7 mm的范围内,以提高分析精度。

通常情况下,放射性物质的检测只能获取其总体活度值,准确测量某一核素浓度的难度较大。2006年,专利申请RU2299451C1公开一种辐射危害行业排放气体中放射性核素浓度的确定方法以及实现该方法的装置。该装置包括配备有检测器的检测装置、连接到幅度-数字转换单元的脉冲放大单元、高压和低压电源单元,以及连接到幅度-数字转换单元的光谱分析仪。该装置在确定放射性核素的浓度时增加了灵敏度和精度。

2007年,专利申请JP2009031151A公开了一种高精度的环境辐射监测装置用于分析脉冲信号数据。该装置包括:时钟电路,输出时钟信号;计数电路,用于对该时钟信号进行计数以计时;锁存电路,用于在规定的时间点将来自 α 射线和 β 射线的脉冲信号锁存;FIFO(First In,First Out)存储器电路,能够按照写入的顺序读出数据;数据临时存储单元,用于将脉冲信号数据写入 FIFO 存储器电路,脉冲信号数据包括表示输出端子以及在该时间点计数电路进行计时的数据;数据处理单元,具备依次读出并存储 FIFO 存储器电路中的脉冲信号数据的主存储器,并从该主存储器中读取存储的脉冲信号数据,并制作由这些脉冲信号数据表示的统计数据的运算处理部。

以往为了保证空气中放射性核素含量测定的灵敏度和精度,通常要求腔室足够大,以提供足够体积的气溶胶。然而,这种做法会受到空间的限制,对于较小的空间,要获得较高精度的测量结果通常较困难。

2016 年,专利申请 WO2017216639A1 公开了一种用于确定环境空气中放射性核素含量的装置。该装置包括:对环境空气开放的静电电极,其安装方位有利于放射性核素从装置附近的空气中进入;至少配置一个传感器,其能够检测由静电电极上和/或静电电极附近的放射性核素发射的 α 粒子和/或 β 粒子和/或 γ 辐射;处理单元,用于获取并处理上述传感器的信号;至少两个连接电极,配置为电连接到电网;电源单元,配置为从连接电极接收电压,并向至少一个静电电极提供相对于一个或多个连接电极具有恒定分量的电压,该电压的绝对值大于恒定分量和/或均方根的绝对值和连接电极之间的可变电压分量的值。通过这种改进的电路设计可实现在小空间范围内放射性核素的高灵敏检测。

2017 年,专利申请 JP2018146319A 公开了一种监视空气中放射性灰尘放射能浓度的放射性灰尘监视器。该监视器的检测部分包括:输出脉冲信号;波形整形器,放大脉冲信号;波高分析部分,从放大的脉冲信号中提取波高分布;响应函数数据库部分,存储响应函数;放射性浓度计算部分,使用存储在响应函数数据库中的响应函数执行信号再现计算,基于计算结果计算入射到检测部分上的辐射的放射性浓度,可以提高测量目标的灵敏度。

现有的测定锶-90 的方法,需要将 γ 射线放出的核素预先设想为存在铯-137、铯-134。因此,在测定环境中存在 γ 射线放出的其他核素时,无法高精度地测定锶-90。基于此,2020 年,专利申请 JP2022059665A 公开了一种能够精确地评价粉尘中锶-90 的辐射分析装置。该装置包括检测器、模拟电路、多重波高分析器、运算部分以及光谱比较器。当放射线入射时,检测器输出与该放射线能量值对应的波高的、作为检测信号的电脉冲信号。模拟电路对检测器输出的电脉冲信号的信号电平进行放大,并将其脉冲波形整形为适于后级的电路的形式。多重波高分析器将来自模拟电路的电脉冲信号 P 变换为基于该波高的值的数字值。然后,多重波高分析器将各电脉冲信号分别辨别为具有与其数字值的大小相当的能量范围的各通道，对各通道的电脉冲信号的数量进行计数，多重波高分析器生成表示各电脉冲信号的每个能量值的计数，且作为第一能量分布的波高谱 M 并输出。光谱比较器将多重波高分析器输出的波高光谱和预先记录在数据库内的光谱数据进行对比，确定锶-90 的含量。

电路是实现核辐射探测器与数据采集、数据处理部分的重要连接部件。早期，在大气中核污染相关专利申请的技术方案中主要是设置 2 个探测器，通过差分放大电路获得 2 个探测器获得的信号之间的差异，然后借助电阻-电容电路测量放射性物质，或者通过设置积分电路和比较电路响应辐射水平随时间的变化，以实现放射性的高精度测量。虽然采用了比较电路或差分电路实现高精度测量，但并未考虑气体检测时，气体压力波动的影响。到了 20 世纪 60 年代中期申请的相关专利开始关注气体压力波动对检测结果的影响，专利申请中涉及采用负载电阻器，通过负载电阻器与半导体器件的栅极电极的连接来补偿压力波动以提高检测精度。随着对精度要求的提高，七八十年代的专利申请也开始关注电路方面时间延迟的影响，主要是通过设置门电路相关的计时电路以克服延迟时间的影响。随着时钟电路、门电路、波形整形器的应用发展，到了 21 世纪初大气中核污染检测装置的相关专利中也涉及时钟电路、锁存电路、波形整形器等，用于获取相应的信号以便于后续分析计算，实现高灵敏度的检测。对电路改进方向相关的重要专利的梳理可知，目前电路改进方面的相关专利主要涉及设置相关的差分电路、门电路等进行数据采集、计数、设置放大电路将采集的电流或电压信号进行放大，或设置波形整形电路将脉冲信号进行适当的整形或处理，实现大气中放射性物质的高灵敏度检测。

### 5.3.4　数据处理

前面几节主要从与检测系统数据采集相关的方面如样品收集、检测装置结构和电路防线进行了技术梳理，而在采集后对采集的数据进行处理也是一个重要方面，数据处理的质量影响着检测结果的精确度。本节对数据处理方面的重要专利进行脉络梳理，如图 5-3-4 所示。

1971 年，专利申请 DE2255180B2 公开了一种用于测定气流中放射性碳和氚双标记物质的放射性的装置。该装置通过热导检测器测定放射性物质的质量，通过比例计数器得到放射性物质含量。输出的检测结果分别通过绘图软件绘图，通过取峰值来确定二氧化碳和氮气的量。然后通过相关数据处理来获取放射性碳和氚双标记物质的含量。

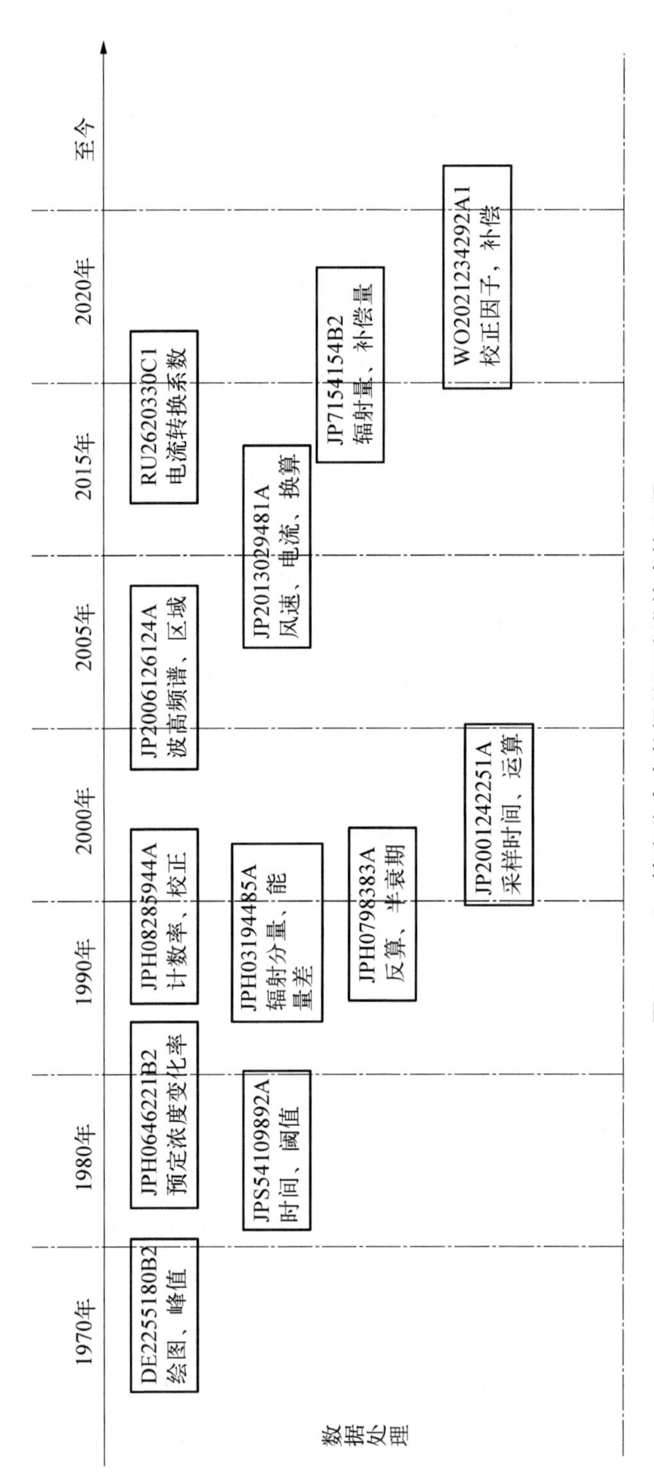


图 5-3-4 精度分支中数据处理改进技术梳理图

1978年，专利申请JPS54109892A公开了一种高精度测定放射性稀有气体含量的装置和方法。该装置具体测量周围空间$\gamma$射线的剂量率。时间$T_1$表示由于自然辐射引起剂量增加的波形，而时间$T_2$则表示由于核污染释放的放射性稀有气体导致剂量增加的波形。获取这些波形之间的标准偏差，当阈值被设定为高于天然辐射的标准偏差且低于放射性稀有气体的标准偏差时，可以将天然辐射的剂量增加与放射性稀有气体的剂量增加区分开。若将该阈值设置为尽可能小，甚至可以区分由于放射性稀有气体引起的轻微剂量增加。此外，通过$\Delta T$以上的自然辐射的风向条件来校正自然辐射的剂量率变化，可以精确地测量由放射性稀有气体引起的剂量率变化。

在环境大气中检测放射性物质时，通常是通过延长采样时间来保证足够的样本量。而通过较长时间蓄积的放射性物质的放射性的强度可能存在非常大范围的变动，难以保证检测结果的精确度，因此需要准确度和采样时间之间相互平衡。基于此，1983年，专利申请JPH0646221B2公布了一种放射性检测设备。该设备通过监测单元响应，反复比较起始时刻与终止时刻放射性物质在采样器中的浓度，进而确定检测期间放射性物质浓度的变化率。它通过降低装置响应确定单元导出的特定浓度变化率，缩短测量时间，并将测量时间设定为浓度变化率的函数。此外，该设备还配备了在放射性物质浓度达到第一预定水平时禁用监测单元并启动第二测量周期的机制，以及在放射性物质浓度达到第二预定水平时结束第二测量周期的机制。它还包含一个装置，用于计算第一预定水平与第二预定水平之间浓度差值与第二测量周期的关联，从而得出浓度变化率。通过设置上述数据处理组件，该设备能够在较短的时间内实现精确的测量。

由于自然界中也存在着一些辐射放射性物质，因此要检测排放的核污染物中放射性物质的含量则需要去除自然辐射的量。1989年，专利申请JPH03194485A公布了一种辐射粉尘监测装置的设计。该装置利用安装在采样器主体内的$\alpha$射线检测器和$\beta$射线检测器，对通过滤纸收集的放射性粉尘进行辐射检测。通过分析$\beta$射线检测器的信号，能够识别出包括自然放射性成分Rn和Tn在内的计数率。接着，装置通过比较辐射粉尘的$\alpha$射线能量与自然放射性成分Rn和Tn的$\alpha$射线能量之间的差异，仅提取自然放射性成分的脉冲波高度差。然后，将仅包含自然放射性成分的$\alpha$射线计数率乘以一个常数，以转换成相应的$\beta$射线计数率。最后，通过将包含自然放射性成分的$\beta$射线计数率除以仅基于自然放射性成分的计数率，得到的商数即为去除了自然放射性成分的辐射探测数据，从而能够精确评估设施排放的放射性粉尘量。

传统的粉尘辐射检测方法需要定期进行样品收集及取样，但难以克服因放射性物质半衰期引发的改变导致的问题。基于此，1993年，专利申请JPH0798383A公开了一种粉尘辐射监测仪。该监测仪的数据处理单元根据更换过滤单元前后放射线检测单元的检测结果来计算灰尘放射性浓度，基于该计算结果来反算正确的放射性物质半衰期，并根据正确的半衰期来计算灰尘放射性浓度。此外，数据处理单元根据更换过滤单元前后放射线检测单元的检测结果来计算灰尘放射性浓度。基于这些计算结果求出半衰期，在该半衰期内反复进行集尘和灰尘放射性浓度计算，并监视灰尘放射性浓度的变化情况。当确认灰尘放射性浓度发生了变化时，向过滤单元的驱动单元输出更换指令，根据更换过滤单元前后的灰尘放射性浓度来设定变更半衰期。该专利申请的计算方案可以准确测定半衰期粉尘的放射性浓度。

相较于高浓度放射性核素的检测，在天然放射性核素浓度很高的环境中，低浓度人造放射性核素的浓度测定一般比较困难。基于此，1995年，专利申请JPH08285944A公开了一种粉尘监测仪。该监测仪使用半导体检测器来检测放射线，根据脉冲波高值来区分α射线和β射线，并求出各自的计数率，再利用α射线的计数率对β射线的计数率进行校正，求出仅针对人工放射性核素的β射线计数率，根据该值求出空气中灰尘的放射性浓度。

一般对粉尘中放射性物质进行检测时，通常都会受到背景计数值的影响，使检测结果精度较低。基于此，2000年，专利申请JP2001242251A公开了一种防氡型粉尘辐射监测仪。该监测仪包括：放射线检测部，辨别并测定尘埃中的放射性物质的α射线和β射线；时间测量部，测定从采样开始起经过的时间；计数率运算部，基于放射线检测部的α射线和β射线来计算α射线、β射线计数率；运算处理部，利用计算出的α射线、β射线计数率，以及从采样开始起经过的时间，对天然放射性核素的影响进行评价校正的运算，并输出运算结果的。

为了消除背景计数值的影响，2004年，专利申请JP2006126124A公开了一种放射性粉尘监测仪。该监测仪包括：放射线检测单元，检测从灰尘发射的放射线，并将放射线转换成电脉冲信号；频谱测量机构，测定该电脉冲信号的波高，基于该波高数据测量波高频谱；测定对象区域计数值运算单元，针对该波高谱的测定对象区域求出α射线的计数值；放射能测定单元，从上述计数值中去除背景计数值，利用得到的净值计数值来运算测定对象核素的放射能浓度并作为测定值输出；背景计数值推定单元，基于上述波高频谱以指数函数对子核素的谱峰的尾进行近似，并以近似后的指数函数来运算混入测定对象区域的背景计数值，最终实现高灵敏度地测量核素含量。

常规的放射性物质放射性的测量结果是放射性物质放射的放射线量的累计值，

并不是其放射线量的空间分布值，测量精确度达不到要求。基于此，2011 年，专利申请 JP2013029481A 公开了一种大气放射性的测定装置和方法。该装置通过计算机将基于电离离子的测量电流换算为放射线量，进而求出待测物的放射线量分布。送风单元向离子检测单元吹送气体的周边存在电离离子，使待测物放射的放射线被电离，计算机规定了向离子检测单元侧吹送的气体的风速、时间电流和换算系数之间的关系，基于上述电流及换算系数来运算各网格的放射线量，从而计算出待测物的放射线量分布。该方法可以实现高灵敏度地放射性测量。

2016 年，专利 RU2620330C1 公开了一种配备了流动室的检测装置。该装置由分析过滤器系统、具备流动室的第一检测单元、捕获单元以及带有流动室的第二检测单元组成。捕获单元特别设计了低温井系统，用于捕获惰性气体。该系统依据液体闪烁计数法，不仅测量捕获的放射性物质的活性，还测定捕获的惰性气体的量。通过这些数据，可以确定电流转换系数。

测定放射性尘埃的放射性浓度时，由于天然放射性物质的影响，精确度达不到要求。基于此，2019 年，专利申请 JP7154154B2 公开了一种放射性粉尘监测仪及其放射性浓度测量方法。该监测仪包括：取样部分，收集包含颗粒放射性物质的空气；辐射检测器，检测目标物质辐射的辐射剂量；补偿量数据库，存储部分，保存与天然放射性材料中的多种物质的辐射量比率一致的补偿量作为数据库；补偿量确定部分，根据自然辐射剂量的计算结果，确定与天然放射性材料中的辐射量比率相对应的补偿量。基于检测到的放射线量、确定的补偿量、收集的空气量，来计算检测目标的放射性浓度。该方法可以补偿天然放射性物质的影响，从而实现精确地放射性尘埃放射性浓度测量。

2020 年，专利申请 WO2021234292A1 公开了一种连续监测大气放射性污染的方法和系统。该系统包括测量大气放射性污染的测量装置和对颗粒尺寸进行计数和分类的装置。对样本中的颗粒尺寸进行计数和分类，通过至少一个特征量来确定至少一个校正因子 $k$，校正与自然 $\alpha$ 辐射、人工 $\alpha$ 辐射相关的活动。测量与人工 $\alpha$ 辐射相关的大气采样的活动性的一个第一原始活动量（至少一个）、与自然 $\alpha$ 辐射相关的大气采样的活动性的第二活动量（至少一个），在利用校正因子 $k$ 和第二活动量补偿自然活动之后，通过第一原始活动量确定人工放射性核素的污染状态。这种方法确定的核素污染状态更精确。

前端采集、结构改进、电路装置都是检测系统硬件方面的关键部件，最终都需要通过数据处理来实现最后的检测。因此，数据处理也是与提高大气中核污染检测精度相关的专利申请的重要布局方向。20 世纪 70 年代的专利申请，主要是通过绘图软件绘图，根据图中的峰值确定检测结果，这种方法能保证检测的基本精度要求。因为大气中放射性污染物的衰变特性，时间也是影响检测精度的重要因素。在数据处理方面的专利主要布局在克服时间因素的影响，如设置时间阈值、各时间点的浓度变化率、计算半衰期等。由于环境噪声的影响，后期专利申请的布局也涉及消除或补偿环境噪声的影响。数据处理阶段消除噪声影响方面在 2000 年以后关注的较多，随着计算机技术的发展以及各种算法的出现，大气中核污染检测中数据处理时消除环境噪声或进行环境噪声补偿将会是未来专利申请涉及的一个重要方向。

## 5.4 重要申请人分析

在核污染检测领域，重要申请人的专利申请量超过了该领域全球专利申请总量的五分之一。可以说，重要申请人的技术发展情况很大程度上反映了该领域的专利技术情况。因此，本小节对全球排名前四的重要申请人，即东芝株式会社、日立制作所、三菱电机株式会社、富士电机株式会社的专利技术情况，以及我国的重要申请人，如中国广核集团有限公司、中国原子能科学研究院、中国船舶重工集团公司第七一九所、中国辐射防护研究院的重要专利进行分析。

### 5.4.1 国外重要申请人分析

#### 5.4.1.1 东芝株式会社

在东芝株式会社的众多技术领域中，测量与核物理领域的专利申请量位居第三，成为公司技术布局的重点之一。图 5-4-1 展示了该领域历年来的专利申请量分布情况。

20 世纪 70 年代，日本的电力需求创下新高，政府开始向核能变道，东芝由此进入核电行业，接受了通用电气的转包，参与福岛核电站一号机的建造。也是由此开始，东芝开始了核物理领域的全球专利布局。1970—1982 年，东芝的专利申请量一路走高，并在 1991—1993 年达到了高峰，其中 1992 年的专利申请量达到了 25 件。2015 年之后，随着东芝集团的经营状况的急转直下，其专利申请量维持在较低数量。此外，东芝的专利申请海外布局较少，只在美国申请了 8 件，法国 4 件，中国 3 件，德国 3 件，英国 1 件。

图 5-4-2 和 5-4-3 所示为东芝在核污染检测技术领域的专利申请分析图。

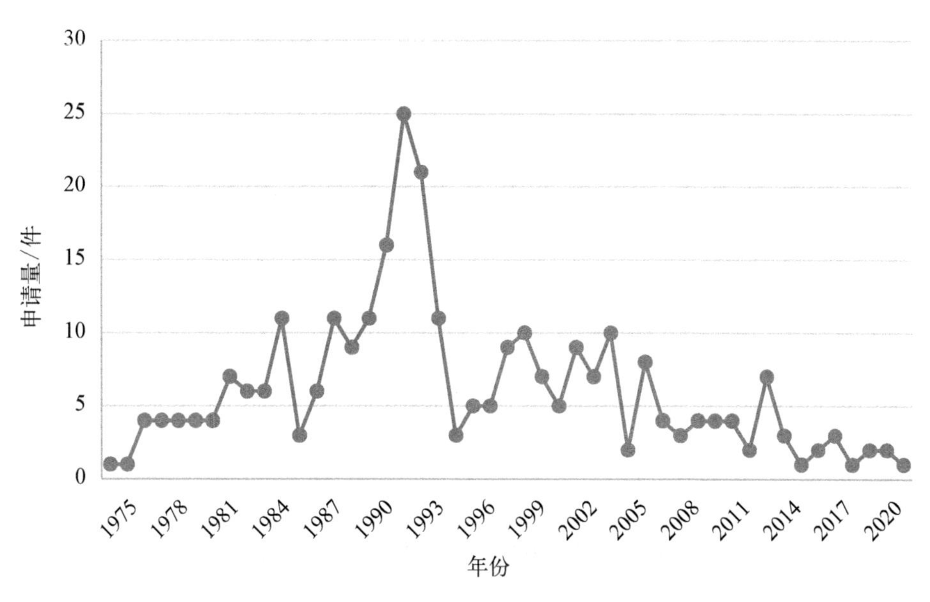


图 5-4-1 东芝在核污染检测领域的专利申请量趋势图

从图中可以看出,东芝在各个检测对象上均有分布。针对大气放射性检测的专利申请量最多,有 97 件,占比 34%。在气体放射性的检测中,占比较多的是气体中尘埃的放射性检测;其次是生活场景下各种物品的放射性检测,比如建材、衣物、样品表面的放射性检测,有 68 件,占比 24%。针对核电站周围的废水、废气、固废等三废放射性检测的专利申请量有 31 件,占比 11%。针对人体表面放射性检测的专利申请量有 17 件,占比 6%。针对水体的放射性检测的专利申请量有 16 件,占比 5%。针对土壤放射性检测的专利申请量最少,只有 4 件,占比 1%。其他相关的专利申请量有

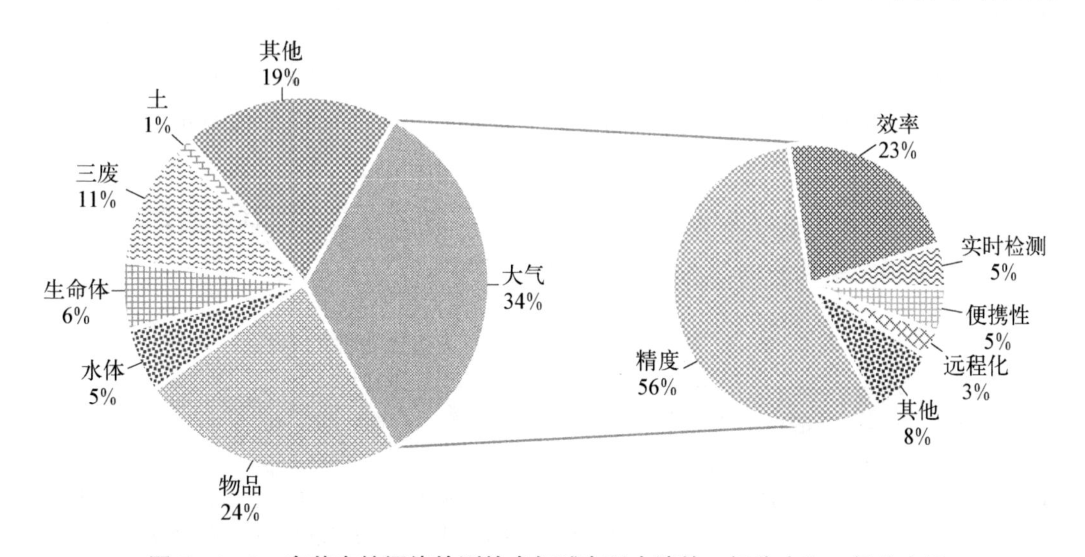


图 5-4-2 东芝在核污染检测技术领域专利申请的一级分支和二级分支图

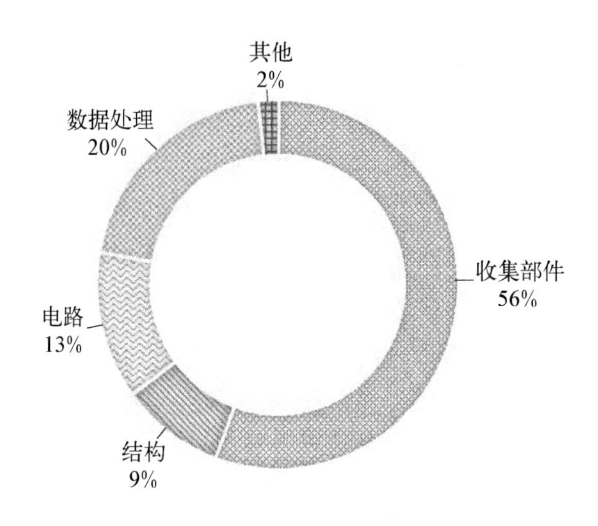


图 5-4-3　东芝在核污染检测技术领域专利申请的三级分支图

55 件，占比 19%。可见，东芝在大气放射性检测方面的专利布局优势比较明显。

从解决技术问题的方向，分析这类大气放射性检测的专利，发现涉及检测精度的专利申请最多，有 54 件，占比 56%；其次是涉及提高检测效率的专利申请，有 22 件，占比 23%；涉及提高便携性和实时检测的专利申请各有 5 件，占比 5%；涉及远程检测的专利申请有 3 件，占比 3%；其他相关的专利申请有 8 件，占比 8%。可见，提高检测精度是该公司的研发重点，而检测精度的提高可以从多个方面着手。对这类专利进行深度挖掘，可以发现主要涉及大气收集部件的改进、结构优化、数据处理优化以及电路设计等方面。其中，超过一半的专利申请涉及收集部件的改进，比如集尘部件、过滤部件等，相关的专利申请有 30 件，占比 56%；其次是数据处理的优化，相关的专利申请有 11 件，占比 20%；然后是电路设计，相关的专利申请有 7 件，占比 13%；结构部件的改进方面的专利申请有 5 件，占比 9%，其他相关的专利申请有 1 件，占比 2%。

针对东芝的专利申请梳理情况，笔者筛选了一部分在技术上具有代表性的重要专利，分析了相关专利的创新点，见表 5-4-1。

表 5-4-1　东芝在核污染领域的具有代表性的专利

| 公开(公告)号 | 申请日/优先权日 | 创新点 |
| --- | --- | --- |
| JPS51131681A | 19750513 | 在每个测量循环之前去除沉积在电极装置的阴极上的子核素，避免由其引起的测量结果失真的情况 |

续　表

| 公开(公告)号 | 申请日/优先权日 | 创　新　点 |
|---|---|---|
| JP2014145644A | 20130129 | 集尘部分设置流入控制机构,高度精确地计算待测物的放射性浓度 |
| JP2021196291A | 20200616 | 在粉尘浓度大幅变化的情况下,也能够在较宽的测量范围内不间断地连续测量粉尘的放射性浓度 |
| US6326623B1 | 19990415 | 能够避免因灰尘的自吸收而导致的检测效率降低的情况,以及实现均匀地捕获灰尘 |
| JPH10227865A | 19970213 | 实现多种待测物的放射性污染测量,而不考虑待测物的存在形式 |
| US8461540B2 | 20091110 | 当辐射检测器接触管道装置或将其作为待测对象的另一构件时,也可以使检测器的损坏不影响检测性能 |
| JP2005016980A | 20030623 | 可有效回收待测气体的水分含量,实现连续测量而无须相关人员参与 |

东芝的专利申请主要涉及大气的放射性检测,其早期的专利申请也主要是关于大气的放射性检测,研究的技术重点是提高检测精度。

1975年,专利申请JPS51131681A公开了一种监控待检测气体中的气态裂变产物的装置。该装置可在每个测量循环之前去除沉积在电极装置的阴极上的子核素,并且避免由其引起的测量结果失真的情况。该装置的沉积单元有一个入口和一个气体出口。在沉积单元中固定了一个电极装置,该电机装置由一个阳极和多个阴极组成。该沉积单元有一个控制装置,该控制装置在每个沉淀循环中(测量循环之前)循环地在至少一个阴极上,施加一个相对于阳极为负的沉积电压。

2013年,专利申请JP2014145644A提供了一种灰尘辐射监测装置及方法。该方法能够高度精确地计算气体所含灰尘的放射性浓度。该装置配备了集尘部分流入控制机构。此机构能够在第一接合点处,将气流从净化管线引导至下游采样管线。从上游采样管线引出旁路管线,待测气体沿着旁路管线通过。旁路管线控制机构设置在旁路管线或第二接合点处。利用第二集尘部分收集旁路管线中待测量气体所含的灰尘。

提高检测精度一直是东芝的研发重点。1997年,专利申请PH10227865A就公开了一种高效能的放射性表面污染监测设备。此设备能够灵活应对不同形态、不同性质的待测量对象,进行准确的放射性污染测量。其工作原理如下:放射线检测器在单位时间内,精确测定待测量释放的放射线强度,并将一数据以计数率的形式输出。待测物体通过传送器被运送到检测器附近，设备根据检测器提供的计数率进行测量，从而实现对物体放射性表面污染的实时监测。

1999 年，专利申请 US6326623B1 公开了一种粉尘取样装置。此装置旨在解决灰尘自吸收导致的检测效率下降问题，通过确保空气通道均匀通过滤纸，实现灰尘的均匀捕获，从而防止灵敏度校准偏离校准射线源。灰尘采样装置包括：采样器本体，从外部环境吸入气体，并在捕获辐射灰尘后将气体排出；滤纸支架，设置于采样器本体内，用以保持滤纸，从吸入的气体中捕获辐射灰尘；辐射检测器，设置于采样器本体内，用于检测来自捕获的辐射灰尘的辐射；一个构件，设置于采样器本体内，用于搅动被吸入的气体通道。该专利已进行过 1 次转让。东芝不仅在大气的放射性检测方面有所建树，同时在各种物品与设备的放射性检测领域也进行了深入研究与布局。

2009 年，专利申请 US8461540B2 公开了一种管壁内放射性污染监测仪。该监测仪包括：具有多边形横截面的杆状导光条；多个闪烁体，这些闪烁体被固定于导光条的外周向表面；网状保护管，用于覆盖闪烁体的外周，并在闪烁体表面与保护管之间保持一定空间；引导部分则连接在网状保护管的端部，用以支撑导光条的端部，并设计成直径逐渐减小的形状。这种设计使得监测仪即使在接触管道装置或其他待监测对象时，也能有效防止检测器受损，同时不影响其检测性能。

2020 年，专利申请 JP2021196291A 公开了一种粉尘辐射测量方法和装置。即使在粉尘浓度发生大幅度变化的情况下，该装置也能够在较宽的测量范围内实现连续、不间断地粉尘辐射测量。这一装置的关键组成部分包括辐射检测器、计数处理电路、平均电流处理单元，以及浓缩操作单元。其中，浓缩操作单元包括：计数率浓缩操作单元，根据计数率计算计数率的浓度；平均电流浓度运算单元，根据平均电流计算平均电流浓度；相加平均值计算单元，在计数率浓度高于低浓度参考值且平均电流浓度低于高浓度参考值的情况下，计算计数率浓度和平均电流浓度的相加平均值。在气体放射性检测领域，提高检测效率至关重要。

东芝对于涉及三废的放射性检测技术研究尤为重视。例如，2003 年的专利申请 JP2005016980A 中公开了一种针对气态废物中氚的测量装置。此装置可高效回收待测气体的水分含量，并持续监测其辐射水平。具体操作流程如下：将待测气体自排气管道引入水回收罐，通过冷却装置的主冷却剂管道使罐内大气冷却，从而冷凝气体的水分，并在罐底部进行回收；接着，利用辐射计数器在由辐射检测部分捕获的、再循环水中的氚中，检测出放射性 β 射线。此辐射检测部分包括设置在罐底表面的闪烁体及其光敏部分。通过此种方式，即在主冷却剂管道外部进行冷却和冷凝，并持续监测辐射，可以高效回收废气中的水分含量，避免了人工搬运或接近再循环水的需要，确保了操作的安全性和效率。

通过上述分析可知，在全球核污染检测领域的专利申请中，东芝占据领先地位。其专利布局始于1976年，在20世纪70～90年代初，随着日本核工业的快速发展，东芝的专利申请量也呈现稳步增长态势。在技术分支领域方面，东芝的专利布局涵盖了各种检测对象，其中在大气放射性检测方面尤为突出，占比达到34%。此外，其在物品、三废、生命体等方面的放射性检测也有涉及。在针对大气检测的专利申请中，提高检测精度是东芝的研发重点，相关专利占比高达56%。此外，提高检测效率、装置便携性以及实时检测也是其关注的重点。东芝主要通过改进收集部件来实现检测精度的提高，相关专利占比超过一半，其次是通过优化数据处理、电路设计和结构部件等方法。

#### 5.4.1.2　日立制作所

尽管核辐射测量不是日立制作所的主要技术领域，但其在核污染检测领域的专利申请量却表现突出，以总计188件申请量位列全球第二。如图5-4-4所示，日立自20世纪70年代起便开始进行核辐射污染检测相关的专利布局，与东芝相似，在1994年的申请量达到最高峰，共计11件。尽管日立在申请量上不及东芝，但其海外专利布局却更为广泛。具体而言，日立在美国拥有14件专利，欧洲9件，德国4件，法国4件、中国2件，立陶宛1件。

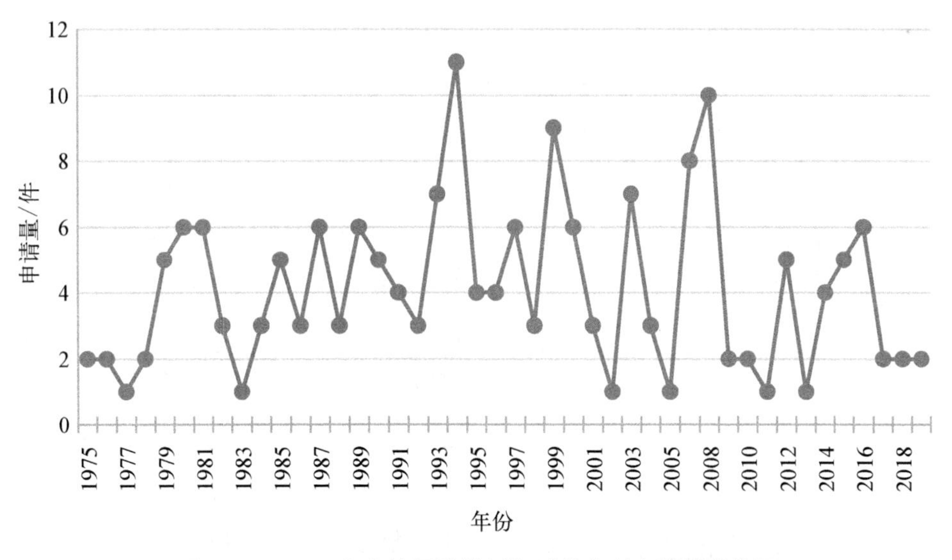


**图5-4-4　日立在核污染检测领域的专利申请量趋势图**

由图5-4-5可知，日立针对大气的专利申请量最多，有68件，占比36%；针对生活场景中各种物品如建材、衣物、样品表面等的放射性检测的专利申请有33件，占比 17%；针对水体的放射性检测的专利申请有 18 件，占比 10%；针对生命体的放射性检测的专利申请有 15 件，占比 8%，涉及三废放射性检测的专利申请有 13 件，占比 7%；其他领域的专利申请有 41 件，占比 22%。可见，日立的研发重点主要集中在大气放射性检测领域。

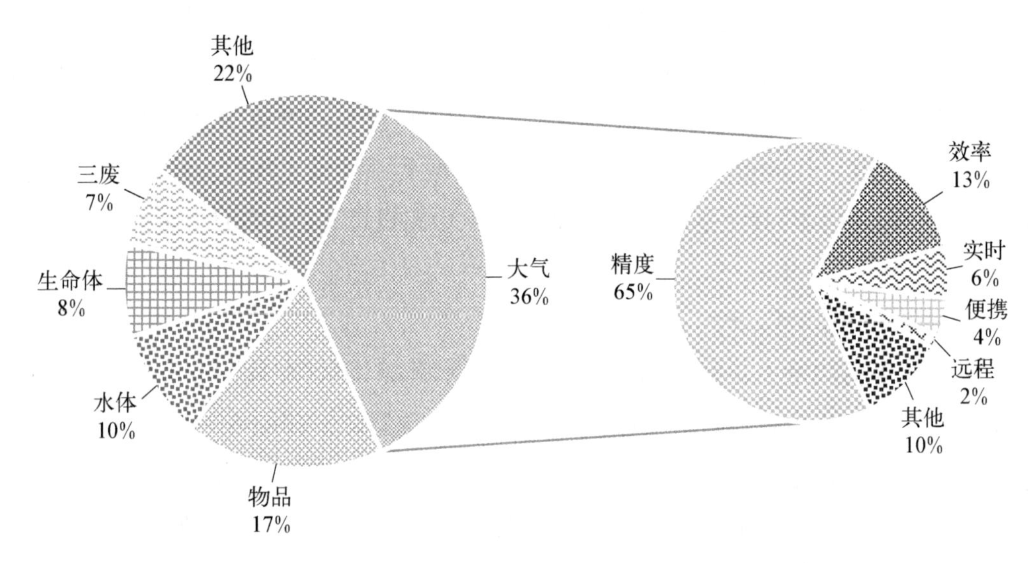


图 5-4-5　日立在核污染检测技术领域的专利申请的一级分支和二级技术分支图

在大气放射性检测领域，涉及提高检测精度的专利申请量最多，有 44 件，占比 65%；其次是提高检测效率的专利申请有 9 件，占比 13%；实时检测相关的专利申请有 4 件，占比 6%；提高便携性的专利申请有 3 件，占比 4%；涉及远程检测的专利申请有 1 件，占比 2%；其他技术方向的专利申请有 7 件，占比 10%。由此可见，提高检测精度是日立的研发重点。

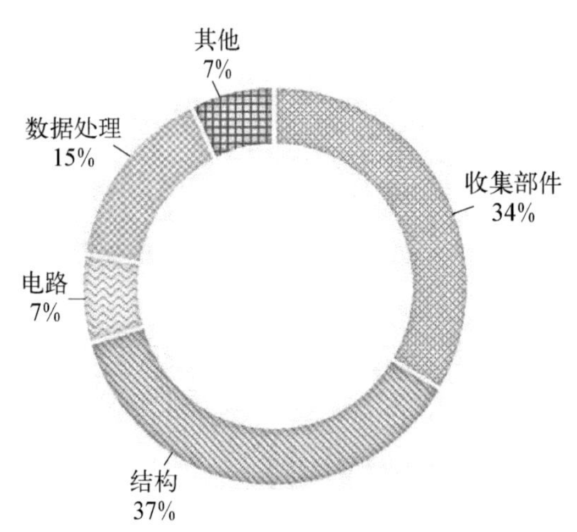


图 5-4-6　日立在核污染检测技术领域的专利申请的三级分支图

对提高检测精度的专利申请进行细分，由图 5-4-6 可知，涉及结构优化的专利申请量最多，有 16 件，占比 36%；其次是涉及数据处理优化专利申请有 9 件，占比 21%；涉及收集部件的专利申请只有 7 件，占比 16%；涉及电路优化的专利申请有 3 件，占比 7%；其他类别的专利申请有 9 件，占比 20%。

通过对日立专利申请的梳理，我们筛选了一部分在技术上具有代表性的重要专利，并分析了这些专利的发明亮点和技术方案，见表 5-4-2。

**表 5-4-2　日立在核污染检测领域的重要专利梳理**

| 公开(公告)号 | 申请日/优先权日 | 发明亮点 |
|---|---|---|
| JPS527289A | 19750707 | 在化学收集系统中，循环使用雾化器浓缩处理由化学收集系统收集的放射性物质 |
| US4532103A | 19811124 | 为降低放射性浓度测量过程中的背景噪声，采取了有效措施防止测量管中的液位升高 |
| JPH1164529A | 19970813 | 找到消除氡衰变系列影响的计数率，基于该计数率，确定作为监测对象的人造放射性核素在空气中的浓度 |
| US20090070070A1 | 20080818 | 以经济高效的方式，实现大规模的环境放射性测量样本处理 |
| JP2023006555A | 20210630 | 在材料更换时刻和可检测时刻之间的时间范围内，系统仍能够持续检测，确保放射性浓度等于或低于用户所设定的安全标准 |

和东芝一样，日立最早的一件专利申请是 1975 年的专利 JPS527289A。该专利公开了一种放射性气体监测仪，具体采用雾化型设计。此监测仪在化学收集系统中循环使用雾化器，以浓缩收集到的放射性物质。通过这种方式，可以实现对同心度低的气态放射性物质的有效测量。

1981 年，专利申请 US4532103A 公开了一种用于测量从核电站排放的放射性流体中的放射性浓度的装置。该设备主要包含以下组件：垂直延伸的放射性浓度测量管；流体供应装置，将流体精确地输送到测量管内，确保流体沿着测量管的轴线向下流过测量管而不接触测量管的内表面；放射性浓度测量装置，安置在测量管的外部，测量在测量管中流动的流体中的放射性浓度；排放装置，将放射性流体排放到测量管外部。该装置还配备有气体供应管和止回阀，气体供应管的一端通向大气，另一端与测量管的内部连通；止回阀设置在气体供应管中，并在高于大气压力的压力下操作。当测量管中的压力降至大气压力以下时，可启动止回阀使测量管中的内部压力始终保持在大气压力，防止测量管中的液位升高，降低在放射性浓度测量期间的背景噪声。

1997 年，专利申请 JPH1164529A 公开了一种灰尘监测器的设计。该监测器能够测量并消除天然放射性核素干扰后的人造放射性核素浓度。它采用了 $\alpha-\beta$ 分离检测器和γ射线检测器来分别检测粉尘中的α、β、γ射线。脉冲高度计数器通过脉冲高度分析来识别由氡的β衰变子体核素发射的γ射线。为了精确捕捉氡子体核素的β衰变事件，计数器必须同时对检测器信号中的γ射线和β射线进行计数。算术处理单元计算监测对象辐射的氡衰变系列的计数率，并从总计数率中扣除这一数值。通过这种方式，可以得到排除氡衰减影响后的计数率，进而确定监测对象中人造放射性核素的浓度。

2008年，专利申请US20090070070A1公开了一种环境放射性测量系统，以及放射性核素放射性强度的分析方法。该系统的第一测量仪器，以第一检测效率对辐射进行总体测量，被部署在测量样本的采样工地处；第二测量仪器，以第二检测效率对辐射进行总体测量；辐射测量装置，通过分析辐射的能量来识别放射性核素，并计算放射性核素的放射性强度；分析专用计算机，将第一检测效率和第二检测效率预先存储到存储器单元中，该存储器单元被部署在分析中心，用以精确测量样本。

2021年，专利申请JP2023006555A提供了一种即使在收集材料更换时刻和可检测时刻之间的时区内，也能够连续检测放射性浓度等于或低于安全标准的灰尘放射性监测器。该放射性灰尘监测器包括：滤纸，收集空气中的灰尘；滤纸进给机构，执行滤纸的进给；算术处理器，控制滤纸进给机构；第一放射性灰尘监测部，检测空气中的放射性浓度；第二放射性尘埃监测部，第二放射性尘埃监测部中的运算处理器控制该部中的滤纸进给机构，使得第二放射性尘埃监测部中收集材料更换时刻和可检测时刻之间的时区，与第一放射性尘埃监测部中放射性浓度等于或低于安全标准的时间重叠。

综上可知，日立从20世纪70年代就开始了核辐射污染检测领域的专利布局。因此，专利申请的法律状态也较多地由于保护期限而处于失效状态。日立很注重海外的专利布局。在技术分支方面，日立的专利申请侧重点在大气放射性检测上，在这类专利中主要涉及提高检测精度，相关专利占比65%，而检测精度的提高主要通过检测装置的结构优化。

#### 5.4.1.3 三菱电机株式会社

三菱电机株式会社专利研发的优势领域为照明与制冷制热、半导体零配件、发电和输变电、通信传输系统、光电辐射测量与核物理。光电辐射测量和核物理是三菱的重点研发方向之一。

如图5-4-7所示，三菱从20世纪70年代开始有核辐射污染检测领域的专利申

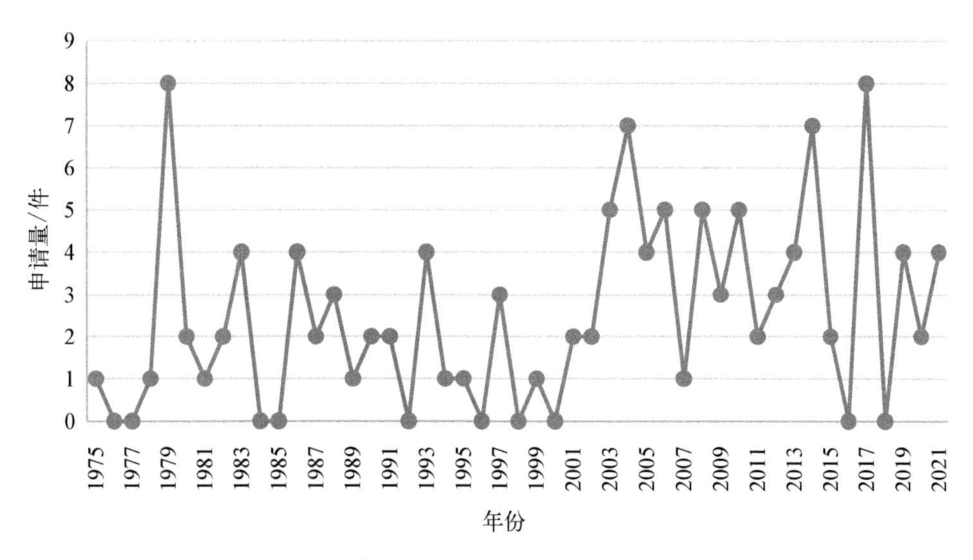


**图 5-4-7 三菱在核污染检测领域的专利申请量趋势图**

请，其申请量在 1979 年达到高峰，进入 80 年代后申请量有所振荡，进入 21 世纪后申请量有所回升，总体呈现振荡趋势，近几年申请量有所回落。

如图 5-4-8 和 5-4-9 所示，三菱在各个检测对象上均有分布，其中针对大气中核污染检测的专利申请最多，有 61 件，占比 52%，在针对气体放射性的检测中，占比较多的是气体中尘埃的放射性检测；三菱针对核电站周围的废水、废气、固废三废中各种物品的放射性检测的专利申请有 13 件，占比 11%；涉及物品上放射性检测的专利申请有 11 件，占比 9%；在核辐射检测的应用对象中，人体接受的核辐射剂量是工人在核辐射环境下重要的安全参数，三菱还有部分涉及生命体的放射性检测装置

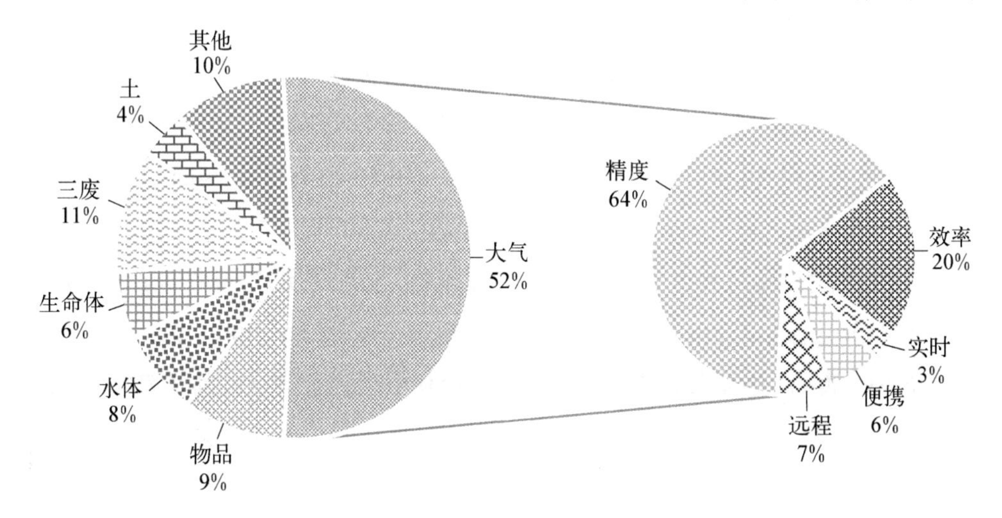


**图 5-4-8 三菱在核污染检测领域的专利申请的一级和二级分支图**

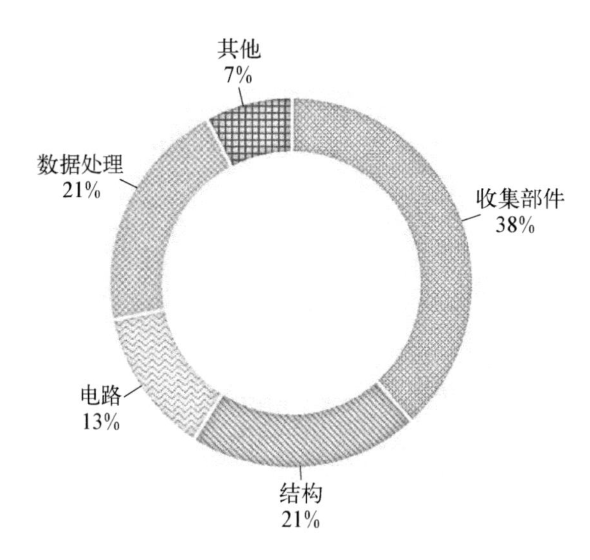


图 5-4-9　三菱在核污染检测领域专利申请的三级分支图

的专利申请有 7 件，占比 6%；水体的放射性检测相关的专利申请有 9 件，占比 8%；土壤放射性检测相关的专利申请较少，仅有 5 件，占比 4%；其他的专利申请有 12 件，占比 10%。由图 5-4-8 可知，三菱在大气放射性检测方向的专利布局优势比较明显，大气放射性检测方向是三菱的研究重点。

三菱对核辐射污染的检测主要集中在大气领域，比如，放射性污染设备的环境修复核电站连续运行与安全设计、放射性物质的监控与处理、空气污染控制等过程中物质放射性的检测。环境监测是为了保证放射性物质的环境释放量处于法律法规限定的范围内，即要求进行流量监控或通道收集，兼顾在线测量与离线测量，通过高流量收集、长时间收集及使用高精密仪器来提高测量的灵敏度。从解决问题的技术方向分析这类大气放射性检测的专利申请，发现涉及检测精度改进的专利申请最多，有 39 件，占比 64%；其次是提高检测效率的专利申请有 12 件，占比 20%；提高装置便携性和实现远程检测的专利申请共有 8 件，分别占比 6%和 7%；涉及实时检测的专利申请有 2 件，占比 3%。可见，提高装置检测精度是三菱的研发重点。而精度的提高可以从多个方面着手，我们对这类专利进行深度挖掘，发现主要涉及收集部件的改进，结构、数据处理、电路设计的优化等方面，其中超过一半的专利申请涉及收集部件的改进，比如集尘部件、过滤部件的改进等，相关专利申请占比 38%；其次是结构和数据处理的优化，各占比 21%；然后是电路设计的优化，占比 13%；其他相关专利申请，占比 7%。

三菱在大气核污染检测领域的重要专利申请的技术梳理，如表 5-4-3 所示。

**表5-4-3　三菱在环境中的核污染检测领域重要专利梳理**

| 公开(公告)号 | 申请年/优先权年 | 发明亮点 |
| --- | --- | --- |
| JPH0441314B2 | 1983 | 在放射线测量装置的周围设置多个采样器,并提供适当的盖型屏蔽体,防止放射性气体对标称设备产生有害影响并提高精度。 |
| JP4377580B2 | 2002 | 减小距滤纸集尘表面的检测距离。 |
| JP4573746B2 | 2005 | 载气由载气再生装置除湿并再生,以在闭环中循环,并且载气由载气补充装置自动地补充,可以大大减少载气的消耗,可以减少更换载气瓶的频率。 |
| JP2011038823A | 2009 | 电力系统瞬时停电后恢复供电或电磁阀由于功率损失而关闭时,在恢复电力时不会对样气的流动产生大的干扰。 |
| JP2015143663A | 2014 | 实现多种检测的同时实现小型化和便携性。 |
| JP2007225416A | 2016 | 通过电离室的输出信号补偿α射线对辐射测量值的影响。 |
| JP2021060427A | 2021 | 从α射线检测器的检测表面灰尘,以保证下次检测的精度。 |

1983年,专利申请JPH0441314B2提供了一种提高检测精度的方法。通过结构的改进实现检测装置精度的提高,在放射线测量装置的圆形转盘周围设置多个采样器,并设置辐射测量仪器和盖型屏蔽体,以防止放射性气体对设备产生影响从而提高检测精度。在转台上6个均等圆周位置处,布置有5个盖型屏蔽体和辐射测量仪器,盖型屏蔽体覆盖非测量采样器的前表面。

为了提高α、β射线检测器的检测效率,可使检测器的检测表面积大于滤纸灰尘收集表面的面积,同时减小距滤纸集尘表面的检测距离。2002年,专利申请JP4377580B2介绍了一种滤纸集尘器的设计。该集尘器利用滤纸在集尘口处抽吸含有粉尘的气体,从而在滤纸的集尘表面上捕集灰尘。探测器被安装在滤纸的集尘表面附近,用于检测从滤纸上收集的灰尘所释放的α和β射线。滤纸部分和滤纸出口部分采用具有光滑R曲面的结构,这种结构与集尘口的各个侧面相匹配,确保纸张能够顺畅地引导至集尘口。即便集尘表面与探测器平面非常接近,R曲面结构也能保证气体流动路径的间隙,从而在探测器表面与滤纸的集尘表面之间维持较低的压力损失。

在常规的监测装置中,由于载气恒定地流动,因此消耗较大且需要频繁地更换气缸。为了解决此类的问题，现有的技术通常是吸入空气，通过过滤器除去其中的颗粒物，通过中空丝膜除去压缩空气中的水蒸气。将处理后的空气作为载气。2005年，专利申请JP4573746B2中，载气通过载气再生装置进行除湿和再生处理，实现了在闭环系统中的循环利用。此外，载气补充装置能够自动进行载气的补充，显著降低了载气的消耗量，并减少了更换载气瓶的频率。

在核电站附近使用的放射性气体监测仪，要测量的放射性剂量范围涵盖了从正常时间的自然本底到发生事故的高浓度污染的广泛区间。放射性气体监测器对来自排气烟囱的废气进行采样，并利用检测单元检测气样中放射性物质的辐射，对其剂量进行测量以确定放射性物质的浓度，然后用气泵将气样排出。为了消除背景辐射的影响，将净化后的气样送入检测单元以测定本底辐射剂量，使用电磁阀实现在原始气样和过滤后气样间的流路切换。电力系统瞬间停电后恢复供电的过程中，电磁阀断电关闭时，气泵因惯性会使检测室产生负压；在恢复电源重新启动运行时，在电磁阀打开的瞬间，检测室的负压吸入的气流量会叠加到气泵流量上，从而造成流量波动，气泵可能会因为振动或低流量警报而停止工作。

2009年，专利申请JP2011038823A提出了一种针对放射性气体监测器的设计方案。该方案特别考虑了工厂电源系统在采样期间可能出现的停电故障。在这种情况下，采样电磁阀将保持开启状态，以防止检测室内形成负压。这一设计确保了在电力恢复后，不会对气体样本的流动造成干扰，从而保障了气泵的正常运行。

在测量β射线的辐射剂量时，通常采用塑料闪烁体或电离室，但这些方法难以准确测定β射线的能量，从而导致无法有效识别特定的放射性核素。2014年，专利申请JP2015143663A介绍了一种放射性气体监测器的设计方案。该方案能够以一种更为小巧且相对简单的方法，测量由各种核素产生的β射线放射性剂量；同时实现了多种检测功能的集成，以及设备的小型化和便携性。

在自然界中，存在多种类型的自然辐射。以检测β射线的放射性气体监测仪为例，由于其产生机理，检测结果中很可能会混入α射线的背景辐射。此外，样品气体中还可能含有作为天然放射性核素的环境γ射线。为了提高系统的测量精度，三菱在其2006年的专利申请JP2007225416A中提出了一种提高β射线测量精度的气体检测系统方案。该方案中将样品气体送入电离室进行辐射剂量值的测量。随后，通过对电离室施加电压，将被电离的粒子转换为电离电流，并进行检测。基于这一设计，可以利用电离室的电离电流信号来补偿α射线对辐射测量值的干扰。

通常通过收集空气中的尘埃，并检测这些尘埃所产生的α射线，以实现对放射性尘埃的连续监测。鉴于α射线的短射程特性，这些监测技术要求收集到的尘埃必须靠近或直接接触α射线检测器的检测表面，否则无法确保测量的准确性。2021年，专利申请JP2021060427A介绍了一种放射性尘埃连续监测装置。该装置配备了尘埃收集机构、α射线检测机构，以及一个移动机构，用于将收集机构运送到α射线检测位置。此外，装置还包括一个去除（清洗）机构，该机构能够清洁α射线检测机构的表面，去除可能含有放射性物质的粉尘，从而确保后续检测的精确度。

可知，三菱的专利申请主要针对：大气核辐射监测装置结构、电路的优化，收集（集尘）系统的改进，对检测器表面的清洁、本底噪音的去除，以及监测精度的提高。

从专利申请布局来看，三菱比较注重在大气检测方向上各技术分支的专利布局，相关专利申请占比超50%，且布局对象包括水体、生命体、物品、土壤，布局较为完善和全面。大气检测是指通过放射性气体的收集、检测，监控放射性污染设备的环境修复、核电站连续运行与安全设计、放射性物质的监控与处理、空气污染控制等过程。大气检测方向，从改进动机的角度来看，旨在提高检测精度的专利申请，占比为59%；紧随其后的是针对提高检测效率的专利申请，占比为18%；致力于提升装置便携性和远程检测能力的专利申请，各自占6%。这表明，提升检测精度是三菱的研发重点，通过改进收集部件提高精度是其重点布局方向。

#### 5.4.1.4　富士电机株式会社

日本富士电机株式会社成立于1923年8月29日，总部位于日本，是以大型电气机器为主产品的日本重电机制造商之一。该公司开发的辐射监测管理系统包括个人剂量监测系统、内部照射管理系统、表面污染监测系统、环境辐射监测系统、工艺辐射监测系统。

如图5-4-10所示，富士电机对环境中核辐射污染检测装置的研发从1979年开始，与前述三家日本企业相比，其专利申请量不大。富士电机在核辐射污染检测领域的专利申请量虽然不是特别突出，但从其产品线的布局和产品的市场占有情况来看，其产品还是占据了一定的市场比例。

根据图5-4-11和图5-4-12的数据显示，富士电机在大气相关领域的专利申请量最多，共计33件，占总申请量的39%。紧随其后的是生活场景中各类物品的放射性检测，比如建材、衣物以及样品表面的放射性检测，共有17件，占比为20%。此外，针对生命体放射性检测的专利申请有13件，占比为16%；涉及三废（废水、废气、废渣）的专利申请有1件，占1%；与土壤相关的专利申请有5件，占比为6%；其他类别的专利申请共计15件，占比为18%。由此可见，富士电机的研发重点主要集中在大气放射性检测领域。

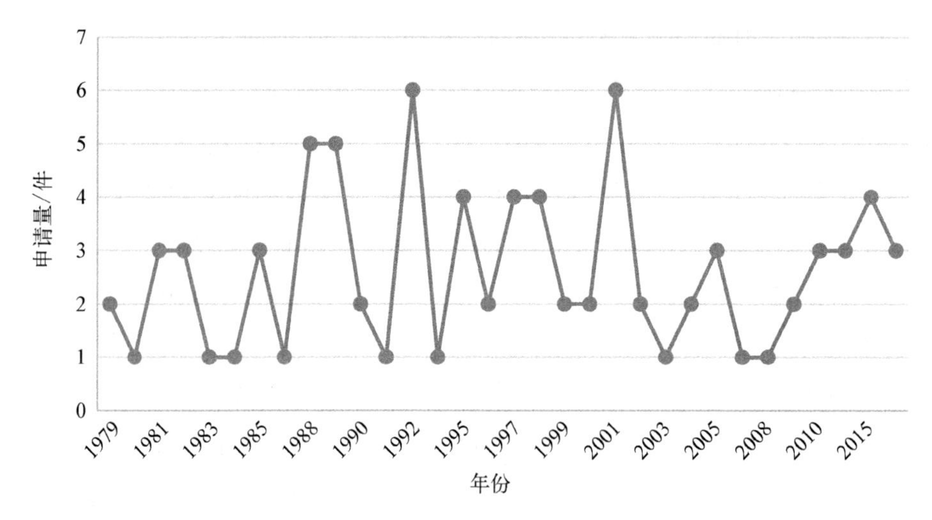


图 5-4-10 富士电机在核污染检测领域的专利申请量趋势

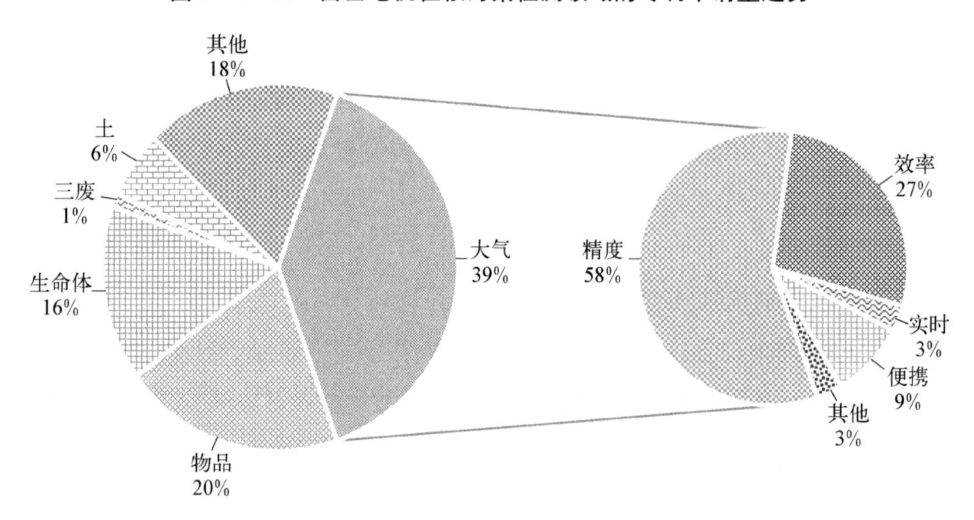


图 5-4-11 富士电机在核污染检测领域的专利申请的一级和二级技术分支占比情况

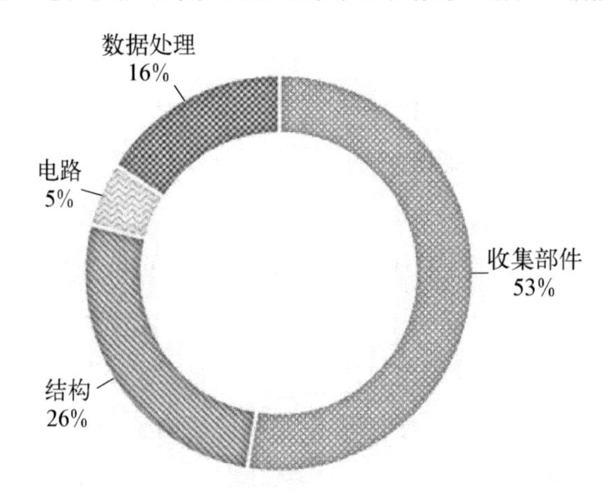


图 5-4-12 富士电机在核污染检测领域的专利申请的三级技术分支占比情况

在分析与大气放射性检测相关的专利时，发现富士电机大多数的专利申请集中在提升检测精度上，共计19件，占专利申请总量的58%。其次是关于提高检测效率的专利申请有9件，占比为27%。仅有1件专利申请关注实时检测，占比为3%；而关于增强检测设备便携性的专利申请有3件，占比为9%。此外，还有1件专利关注其他方面，占比为3%。这表明，提升检测精度是该公司研发工作的重点。进一步分析那些旨在提高检测精度的专利申请，可以发现其中涉及收集部件改进的专利申请最多，达到10件，占该类专利申请的53%；其次是结构优化方面的专利申请有5件，占比为26%；数据处理方面的专利申请有3件，占比为16%；最后是电路优化相关的专利申请有1件，占比为5%。

在对富士电机的专利申请进行梳理后，我们筛选了一系列在技术上具有代表性的重要专利，并对其发明创新点和技术方案进行了深入分析，见表5-4-4。

**表5-4-4　富士电机在核污染检测领域的关键专利梳理**

| 公开(公告)号 | 申请日/优先权日 | 发明亮点 |
| --- | --- | --- |
| JPH06130153A | 19921021 | 可用于低能辐射检测的放射性气体监测仪 |
| JP2003315462A | 20020425 | 同时测量α射线和β射线，并识别α射线能量。 |
| JP2005265483A | 20040316 | 拓宽集尘范围 |
| JPH1184016A | 19970904 | 滤纸不需要将回收滤纸转移到提供装置的位置 |
| JP2016148524A | 20150210 | 设置有加热器，抑制收集块中的排气温度的降低并且抑制腐蚀性气体的产生 |
| JP2016194479A | 20150401 | 放射线测量装置能够响应从低浓度水平到高浓度水平的宽范围内的连续监视的要求 |

1992年，专利申请JP2003315462A提供了一种放射性气体监测仪，该设备适用于检测低能辐射。在工人从辐射控制区域离开时，在门中布置多个检测器以监测表面辐射水平。一旦检测到的辐射剂量低于预设的阈值，门便会解锁，允许工人安全离开，从而完成辐射检测过程。

2002年，专利申请JP2003315462A公开了一种具备α射线能量识别功能的放射性尘埃监测器。该设备能够同时测量α射线和β射线，其设计原理是在滤纸的集尘面相对的位置安装了一个具备α射线能量判别功能的α射线检测器，确保收集到的尘埃与α射线检测器之间仅由一层空气层d隔开。此外，在滤纸集尘的背面，稍远的位置上，还设置了一个用于检测β射线的β射线检测器。

2015 年,专利申请 JP2016148524A 提供了一种用于测定排气中废尘放射性浓度的放射性测量装置。该装置通过进气管从焚烧设备吸入高温废气,并将其引入收集箱。检测器被悬挂在收集箱内,从而避免了热量直接传递至检测器。检测器被设置在收集装置的下方,用于检测尘埃的放射性辐射。与将检测器安装在上方的结构相比,这种设计简化了组装流程并降低了成本。

2015 年,专利申请 JP2016194479A 提供了一种放射线测量装置。该装置能够响应从低浓度到高浓度水平的宽范围内的连续监测需求,同时避免了监测设备尺寸和复杂性的不必要增加。其解决方案如下:高浓度放射性测量装置被安装在一个具有预定体积的测量空间内,确保检测表面正对该测量空间;而低浓度检测器则被设置在距离被测气体较远的位置,其检测面同样朝向测量空间。

1997 年,专利申请 JPH1184016A 公开了一种滤纸放射性自动测量装置。滤纸可自动转移至回收滤纸的容器中,完成滤纸的回收,无须人工取出滤纸和滤纸架。

综上所述,富士电机也是从 20 世纪 70 年代便开始了核辐射污染检测领域的专利布局。尽管在专利申请量上不及东芝等企业,但其产品普及率高,并且远销海外。在技术分支方面,与前述的三家日本企业相似,富士电机的专利申请重点同样集中在大气放射性检测上,其次是物品、生命体、土壤和三废的检测。在针对大气放射性检测的专利中,主要关注的是检测精度,占比达到 65%;其次是检测效率。提高检测精度主要通过改进收集部件来实现,其次是优化装置结构。

## 5.4.2 国内重要申请人分析

### 5.4.2.1 中国广核集团有限公司

中国广核集团有限公司,原中国广东核电集团,总部设在广东省深圳市,是一家由国务院国有资产监督管理委员会控股的中央企业。中广核随着我国改革开放和核电事业发展,逐步成长为中央企业中的核心企业。中广核由 25 家主要成员公司组成,是中国最大的核电企业,也是世界第三大核电企业。截至 2023 年 3 月,中广核集团及其旗下相关企业在核污染检测领域的申请总量达到 57 件,居国内首位。申请人包括中国广核集团有限公司及其 14 家子公司。如图 5-4-13 所示,自 2008 年起,该集团的专利申请量总体呈现稳中有升的态势,并在 2021 年达到顶峰。在这些专利中,只有 1 件专利申请在英国进行了布局,其余均为国内申请。

如图 5-4-14 和 5-4-15 所示,中广核的专利申请主要集中在大气放射性检测领域,共有 23 件,占比 40%;其次是水体放射性检测,有 14 件,占比 25%;三废检测方面的专利申请有 8 件,占比 14%;接下来是物品表面放射性检测,专利申请有 3 件,

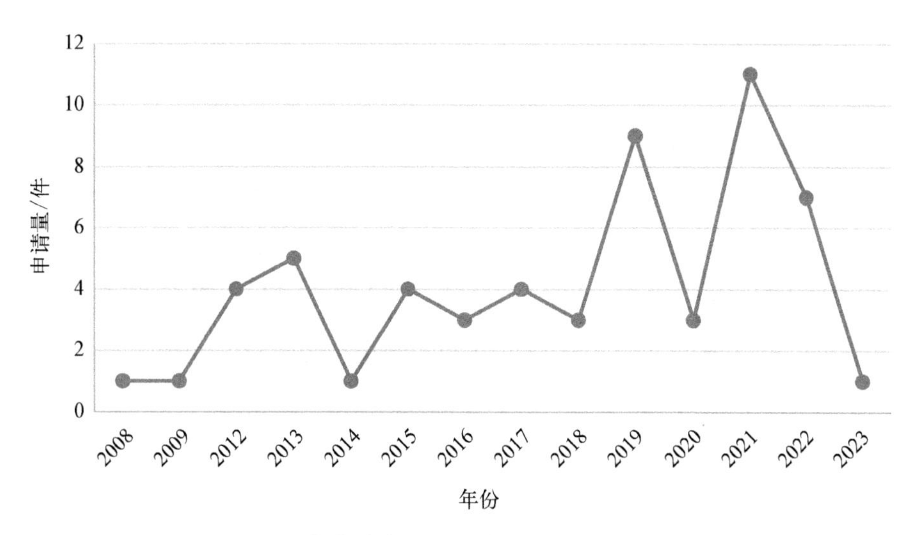


图 5-4-13　中广核在核污染检测领域的专利申请量趋势

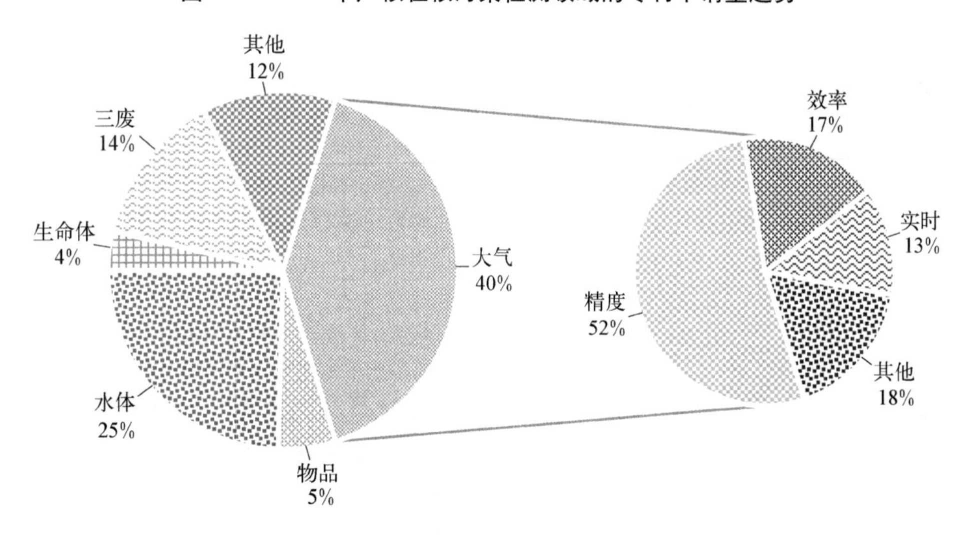


图 5-4-14　中广核在核污染检测领域专利申请的一级和二级技术分支图

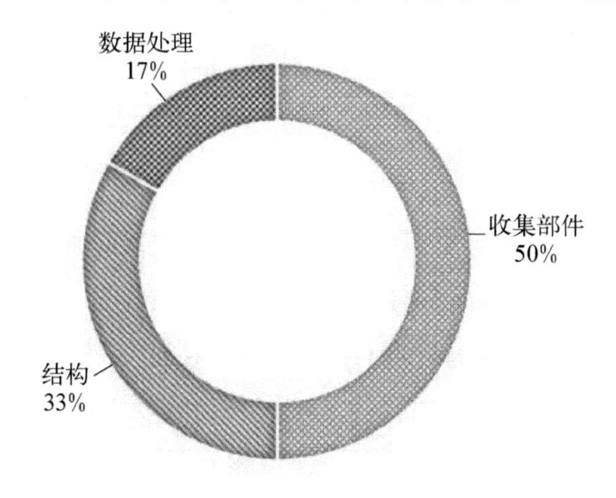


图 5-4-15　中广核在核污染检测领域专利申请的三级技术分支图

占比5%,人体表面检测的专利申请有2件,占比4%,其他类别的专利申请则有7件,占比12%。

深入分析中广核涉及大气领域的专利申请,发现超过半数的申请集中于提升检测精度,专利申请有12件,占比52%;其次是涉及检测效率的专利申请有4件,占比17%;涉及实时检测的专利申请有3件,占比13%;其他的专利申请占比18%。进一步对那些旨在提高检测精度的专利进行细分,发现关于收集部件的专利申请最多,有6件,占比50%;其次是装置结构优化方面的专利申请有4件,占比33%;涉及数据处理的专利申请则相对较少,仅有2件,占比17%。

在对中广核的专利申请进行梳理后,我们筛选了一部分在技术上具有代表性的关键专利,对这些专利的创新点和技术方案进行了深入分析,见表5-4-5。

**表5-4-5 中国广核在核污染检测领域重要专利申请的梳理**

| 公开(公告)号 | 申请日/优先权日 | 发明亮点 |
| --- | --- | --- |
| CN201477211U | 20090901 | 提出了一种非取样的核电站放射性废液排放监测仪,以解决原取样连续监测仪因非异常原因引起的故障报警在主控室长期存在的问题,从而对电厂运行造成的影响 |
| CN207336493U | 20171102 | 利用真空泵抽气,形成一个真空环境。在真空环境中,可以降低空气对α射线的衰减、提高测量效率、减小拖尾、降低本底的干扰,从而能够更为准精确的测量值 |
| CN102879797A | 20121009 | 提出了一种体积小、可携带、操作简单,适合一般普通民众使用的检测仪 |
| CN111856543B | 20200623 | 通过系统程序配合控制,可实现无人值守的智能化操作,且检测准确度高 |
| CN104166154A | 20140626 | 可实现对气载流体中的PIG进行累积取样测量,提高了PIG中放射性核素测量的准确度,且测量结果具有较好的实时性 |

大气中的放射性检测是中广核重点布局的领域之一。2014年,专利申请CN104166154B公开了一种PIG取样及监测系统和方法。该系统主要包括取样回路单元和放射性测量分析控制单元。取样回路单元,包括气溶胶累积取样子单元和放射性气体累积取样子单元。其中,气溶胶累积取样子单元的主要组件包括过滤器;放射性气体累积取样子单元包括气体累积取样器和分子滤膜。放射性测量分析控制单元包括HPGe探测器、能谱分析仪和计算机。HPGe探测器同时对上述两个子单元

的放射性进行测量;能谱分析仪对测量信息进行处理并输出放射性能谱信息;放射性能谱信息和取样回路单元的流量控制信息将被传输至计算机进行处理,得到气载流体中各核素的活度浓度。

2018年,专利申请CN207336493U提供了一种用于测量放射性气溶胶的抽真空装置。该装置由多个组件构成,包括真空航空插头、上真空腔室、直线运动机构、前置放大电路板、PIPS探测器、密封橡胶垫、下真空腔室、气压计、气管以及真空泵。上真空腔室与直线运动机构是固定连接的,前置放大电路板安装在PIPS探测器的上方,两者都位于上真空腔室内部。密封橡胶垫被设置在上真空腔室和下真空腔室之间,确保在上真空腔室受压时能有效密封。气压计、气管和真空泵都安装在下真空腔室的下方,并且下真空腔室和真空泵通过气管相连。此外,气压计位于气管之上,并与气管保持连通状态。

水体中放射性物质的检测是中广核研发工作的另一个重点。例如,2020年,专利CN111856543B公开了一种用于在线监测水中总β和总γ放射性的装置,以及计算水中总β和总γ活度浓度的方法。该监测装置由样品管道组成,管道上依次安装有取样单元、浓集单元和测量单元。测量单元包括一个用于盛放浓集液的容器,一个用于检测浓集液中总β和总γ活度浓度的第一检测机构,以及一个专门用于检测浓集液中总γ活度浓度的第二检测机构,还有数据采集器。

中广核的专利申请中有较多涉及核废物检测或处理的方案。例如,2009年,专利申请CN201477211U提供了一种核电站放射性废液排放监测仪,旨在解决传统取样连续监测仪因非异常故障而频繁报警,从而对主控室及电厂运行产生长期干扰的问题。该发明专利提出了一种无须取样的监测仪,包括:安装在放射性废液排放管道外部的被测管段上,用于检测管内流过的放射性废液的辐射探测器;与辐射探测器相连,负责处理探测器输出的电脉冲信号的电子信号处理器;与电子信号处理器相连,将处理后的数据传输至主控制室的接线箱。该监测仪结构简洁、成本低廉且运行可靠性高。

随着检测技术的进步,市场对易于安装的大型检测设备的需求不断增长。同时,对于便携式、适合家用的检测仪器的需求也在迅速上升。2014年,专利申请CN102879797A提出了一种体积小、便于携带、操作简便的检测仪器,旨在满足普通大众的使用需求。该检测仪包括NaI探测器、光电倍增管、脉冲信号放大器、单道分析器、微处理器、LCD显示屏、按键、蜂鸣器、蓄电池、计算机接口,以及特别设计的铅屏蔽室和底部凹陷的样品杯。NaI探测器与光电倍增管相连,光电倍增管输出的信号经过脉冲放大器放大后,分别传递至单道分析器。单道分析器处理后的信号再送至微处理器进行进一步分析处理。微处理器同时连接了 LCD 显示屏、按键、指示灯、蜂鸣器和计算机接口，以实现数据的显示、操作和传输。此外，电源部分通过蓄电池将 220 V 电源转换为检测仪各部分所需的电压。该检测仪器适用于检验检疫、食品安全监管、研究机构等领域，用于检测食品及其他物品中的放射性含量(比活度)。

经过深入分析可以看出，中广核在核污染检测领域的专利申请数量在国内是领先的。尽管如此，中广核在这一领域的专利申请起步相对较晚，始于 2008 年。随着中国经济的迅猛发展，近年来中广核的专利申请数量显著增加。在技术层面，中广核与国际上的主要申请者一样，主要关注大气放射性检测，其相关专利占比达到 40%。由于中广核集团负责多家核电站的建设与运营，因此也有大量关于三废处理的专利申请。在大气检测相关的专利申请中，中广核特别注重提升检测精度，相关专利占比高达 54%，其次是提高检测效率和实现实时检测。在提升检测精度方面，公司主要通过改进收集部件来实现，其次是优化结构和数据处理。

5.4.2.2　中国原子能科学研究院

中国原子能科学研究院，隶属于中国核工业集团公司，并接受中国核工业集团公司与中国科学院的双重领导。它的历史可追溯至 1950 年成立的中国科学院近代物理研究所二部，是核科学技术的摇篮，同时也是国防核科学研究、核能开发以及核基础科学研究创新的重要基地。

图 5-4-16 所示为在环境核辐射污染检测领域，原子能院的专利申请趋势。作

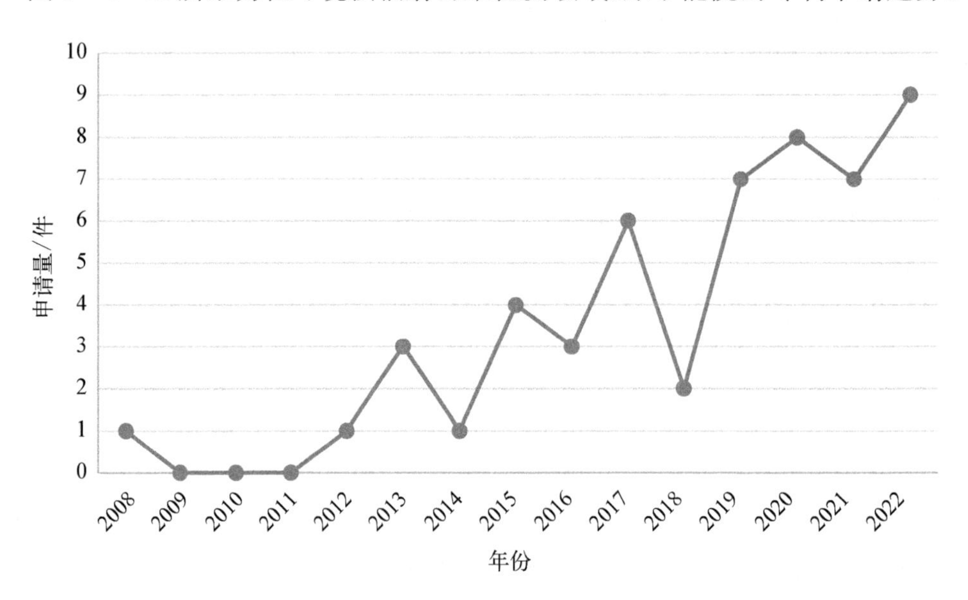


**图 5-4-16　原子能院在核污染检测领域的专利申请趋势**

为国内主要的申请人之一，从图中可以看出，相较于国际上的申请者，原子能院在这一领域的布局起步较晚。具体来说，原子能院自 2008 年起开始布局环境核辐射污染检测领域的专利申请，早期的申请量较少，每年仅有零星几件；整体申请量呈现出波动增长的趋势。尽管原子能院在核辐射污染检测领域的专利申请总量为 55 件，与国际巨头企业相比数量较少，但其优势在于强大的研发背景，这为其提供了显著的科研优势。进一步分析原子能院核在该领域的专利申请类型，可以发现原子能院的专利申请中发明占比较高，达到了 95%。

从申请受理局的布局来看，原子能院所有申请均为国内申请，未涉及 PCT 或巴黎公约的国际申请。尽管原子能院在核污染检测领域的起步时间晚于国际同行，但其有效专利的比例较高，且当前在审专利量较多。

由图 5－4－17 和 5－4－18 可知，专利申请在各类检测对象上的分布情况。其中，针对大气的专利申请量最多，有 19 件，占比为 35%。在气体放射性检测领域，占比较多的是气体中尘埃的放射性检测；针对水体的专利申请有 10 件，占比为 18%；针对日常生活环境中各种物品的放射性检测，包括建材、衣物以及样品表面等，有 6 件专利申请，占比为 11%；针对核电站周边的废水、废气、固废等"三废"检测的专利申请占比 5%，土壤放射性检测占比也为 5%；其他类别的专利申请量占比 22%。从原子能院整体系统检测对象分布图中可以看出，原子能院在核污染检测方面的重点主要集中在大气（35%）、水体（18%）和物品（11%）。同时，原子能院的整体系统检测对象也涵盖了土壤和生命体等其他领域。

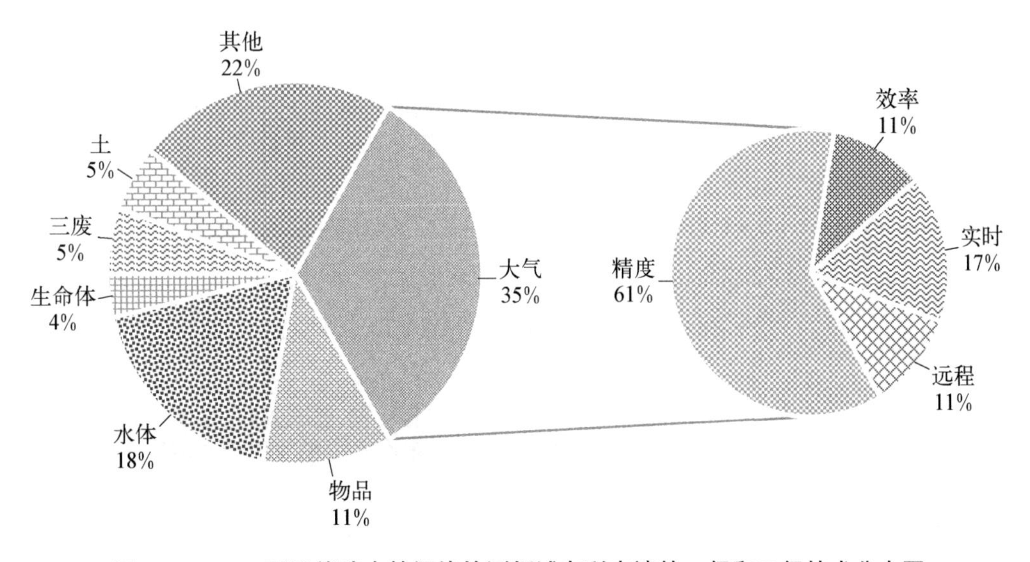


**图 5－4－17　原子能院在核污染检测领域专利申请的一级和二级技术分支图**

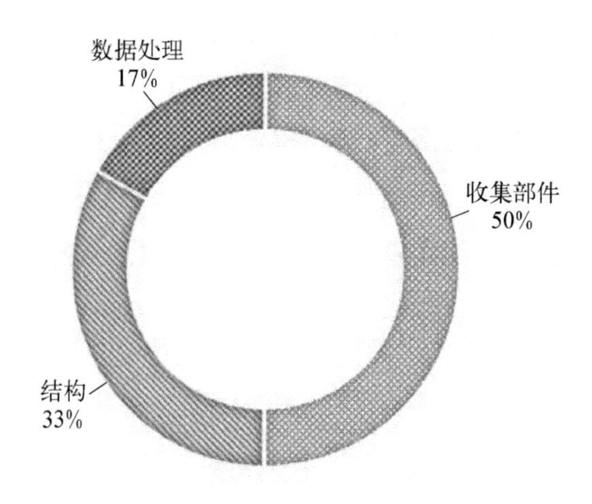


图 5-4-18 原子能院在核污染检测领域专利申请的三级技术分支图

深入分析大气放射性检测领域的专利技术问题，发现其主要涉及精度、实时性、远程监测和效率四个分支，其占比分别为 61%、17%、11%和 11%。显然，提升检测精度是该申请人的研发重点。为了实现精度的提升，可以从多个方面着手。经过对相关专利的深入研究发现，原子能院的专利申请主要集中在大气收集部件的改进、结构优化以及数据处理技术方面，占比分别为 50%、33%和 17%。进一步地，对原子能院的专利申请进行梳理，我们筛选了一部分在技术上具有代表性的关键专利，分析了这些专利的创新点和技术方案，见表 5-4-6。

表 5-4-6 原子能院在核污染检测领域的重要专利申请梳理

| 公开(公告)号 | 申请日/优先权日 | 发 明 亮 点 |
|---|---|---|
| CN104570038A | 20141230 | 一种快速测量氡浓度的方法及装置，对氡浓度变化响应迅速、测量准确度高且可以实时监测氡浓度值的变化 |
| CN107117312A | 20170522 | 利用无人飞行器低空辐射监测系统 |
| CN108535763A | 20180328 | 操作方便，无液体源污染危险 |
| CN112394386A | 20201022 | 放射性钠气溶胶取样监测装置。 |
| CN114296125A | 20211217 | 一种放射性气溶胶取样测试系统，通过设置气溶胶发生装置、条件控制装置、测试管路、检测装置和尾气处理装置等单元，来准确测量放射性气溶胶在管道内的损失 |
| CN114488270A | 20211230 | 确定了放射性氚和其他气态放射性核素在总反射性中的贡献占比 |

目前常规的氡测量方法及所用装置，尚无法实现对氡浓度变化的快速测定和实时展现氡浓度变化曲线。在高氡浓度的环境中进行空气质量监测时，传统的监测手段往往无法迅速反映氡气浓度水平，从而无法及时提醒工作人员采取防护措施，降低吸入氡气导致的内部辐射伤害。

针对这一问题，2014 年，专利申请 CN104570038A 提供了一种能够快速测量氡浓度的方法及其配套装置。该装置由多个关键部件构成，包括高效空气过滤器、静电收集器、衰变室、流气式平行板电离室、静电计、流量控制系统以及真空泵。其中，静电收集器与高效空气过滤器相连，衰变室的前后两端分别连接静电收集器和电离室。真空泵和流量控制系统通过管道与电离室相连。该测量方法如下：含氡的空气经过高效空气过滤器和静电收集器的处理后，进入衰变室；在衰变室内，氡衰变时释放出的 α 粒子与空气分子碰撞，产生电子离子对；这些电子离子对被电离室的收集极捕获，并产生电流信号；通过分析这些电流信号与预先设定的刻度曲线，可以实时获得氡浓度的准确数值。该发明所提出的方法和装置，具有对氡浓度变化响应迅速、测量精度高以及能够实时监测氡浓度变化的特点。

2017 年，专利申请 CN107117312A 提供了一种无人飞行器低空辐射监测系统。该系统旨在迅速收集(事故)现场的辐射监测数据和放射性污染分布信息，为应急决策和救援行动提供技术支撑，并显著降低应急工作人员的辐射暴露量。该辐射监测系统主要由无人飞行器系统、探测器吊舱和数据管理和展示系统三个部分组成。该发明中的无人飞行器系统包括多旋翼无人机、固定翼无人机和无人直升机等多种类型。无人飞行器系统作为探测器吊舱的搭载平台，应根据监测任务的具体需求和巡测区域范围来选择合适的无人飞行器类型。这些无人飞行器支持远程遥控和地面站两种控制模式，并具备实时影像传输、实时显示飞行速度和飞行高度等功能。

放射性惰性气体氡广泛存在于自然界和人工建材中，是人体所受天然环境辐射的主要来源之一，占总辐射量的 54%。目前，我国的氡气测量标准均为相对标准，包括我们单位的国防计量最高标准——电离室测氡标准装置。这些标准的定值最终都追溯至镭标准物质。然而，由于标准镭源具有较高的不确定度(3%)这成为了氡标准不确定度(电离室测氡标准 5%)的主要来源。此外，液体镭源本身操作复杂，重复性较差，并存在污染危险，导致我国的氡测量标准与国际先进水平存在显著差距。

2018 年，专利申请 CN108535763A 提供了一种改进的小立体角法氡绝对测量和氡气气体源产生系统。该系统解决了测量同一冷凝氡源的能谱和源几何参数的问题，并克服了探测器易受污染的难题。它提供了一种不依赖于镭源标准物质定值的标准氡气源，从而根本上改善了氡测量的不确定度水平至 2%。此外，该系统操作简便,避免了液体源泄漏和污染的风险。

液态金属钠因其活泼的化学性质,在泄漏时可能会引发剧烈燃烧,并产生大量气溶胶。若这些强放射性的钠气溶胶随着厂房的排风系统释放到环境中,将对公众安全和环境造成严重威胁。因此,对放射性钠气溶胶进行有效探测显得尤为关键。目前,国内在这一领域的监测设备主要包括总 α、总 β 测量装置、总 γ 测量装置以及剂量率监测装置等。

2020 年,专利申请 CN112394386A 提供了一种专门用于放射性钠气溶胶取样监测装置。该装置专为钠冷快堆放射性钠火事故监测设计,包括钠气溶胶专用取样器、探测装置,以及配套的流量计、压差计和电磁阀。这一创新显著提升了放射性钠火事故监测设备的可靠性,并赋予了设备核级特性,有望填补国内在核级辐射监测设备探测放射性钠火方面的空白。

在监测核设施排放烟囱中的放射性气溶胶时,受厂区布局、现场条件和辐射安全的限制,通常需要借助长距离的采样管道,将气态流出物中的监测目标,即放射性气溶胶或放射性气体,抽吸至取样器中进行测量分析。然而,在采样过程中,放射性气溶胶会因重力沉降、扩散迁移和湍流沉积等机制在管道内沉积,这可能导致对放射性物质排放量的估算出现偏差。

为解决这一问题,2021 年,专利申请 CN114296125A 提供了一种放射性气溶胶取样测试系统。该系统通过配置气溶胶发生装置、条件控制装置、测试管路、检测装置和尾气处理装置等单元,能够准确测量放射性气溶胶在管道内的损失。通过在实际核设施的气溶胶流出物中捕集颗粒进行测试,增强了测试结果的说服力,并能够明确不同类型的核设施气态流出物的放射性特性与气溶胶颗粒迁移规律。此外,该系统还考虑了流速、温度和湿度对放射性气溶胶在取样管道中沉积损失的影响,确保测试工况与现场工况相同或相似,从而保证了测试结果的准确性。

目前,核电站尚未配备专门的设备和方法来监测放射性氙。现有的监测主要依赖于对放射性气态流出物进行总 γ 或总 β 测量。这种方法存在检出限高、采样和测量周期长的缺点,并且无法区分放射性氙与其他气态放射性核素的贡献比例。2021 年,专利申请 CN114488270A 公开了一种放射性氙连续快速在线测量装置。该装置由氙分离膜、氙收集器、探测器和屏蔽体组成。氙收集器和探测器均设置在屏蔽体内部,探测器位于氙收集器的一侧。氙收集器内填充了对氙具有选择性吸附能力的多孔吸附材料,用于捕捉氙气。氙分离膜固定在屏蔽体外部,并与氙收集器相连通。通过氙分离膜的采样气体使氙气得到富集和浓缩,从而在单位时间内显著提高放射性氙的采样量。经过分离膜浓缩后的富氙气体进一步被收集在多孔材料中,增强了放射性氙的连续快速在线测量能力。探测器负责计算放射性氙各核素的含量，并推算其活度浓度值，这有助于实现对气态放射性流出物的精细化管理与控制。

尽管原子能院在核辐射污染检测领域的起步时间晚于国际同行，但其拥有的专利有效率相对较高。近年来，由于专利申请量的增加，目前待审的专利量庞大。此外，原子能院在该领域的战略部署主要集中在国内，尚未在国际上形成有效的布局。在各种检测对象上，原子能院都有所涉猎。

在核辐射污染检测方面，原子能院的工作重点主要分布在三个领域：大气（占35%）、水体（占18%）和物品（占11%）。在大气检测分支下，研究主要集中在提高检测的精度、实时性、远程操作能力和效率。其中，提升检测精度是原子能院研发的核心方向。为了实现这一目标，原子能院的研究主要集中在大气检测设备的收集部件改进、结构优化以及数据处理技术的提升上。

### 5.4.2.3　中国船舶重工集团公司第七一九研究所

中国船舶重工集团公司第七一九研究所（简称“七一九所”），成立于1965年，位于湖北武汉，是中国唯一专门从事核动力舰船总体设计研究机构。作为一家国家重点科研院所，它集总体研究、设计以及民用产业化等业务于一体，涵盖了多学科和多专业领域。七一九所在核辐射监测系统、核三废处理系统、新能源船舶电驱动技术、有机废弃物资源化处置、石油测井仪器以及特种试验装置等多个领域，培育出了一系列具有鲜明特色、竞争力强大的优势产品和项目，其中不少填补了国内市场的空白。在核污染检测领域，七一九所的专利申请总量达到了42件，包括30件发明专利和12件实用新型专利。从图5－4－19可以看出，该所自2011年起在核辐射探测领域

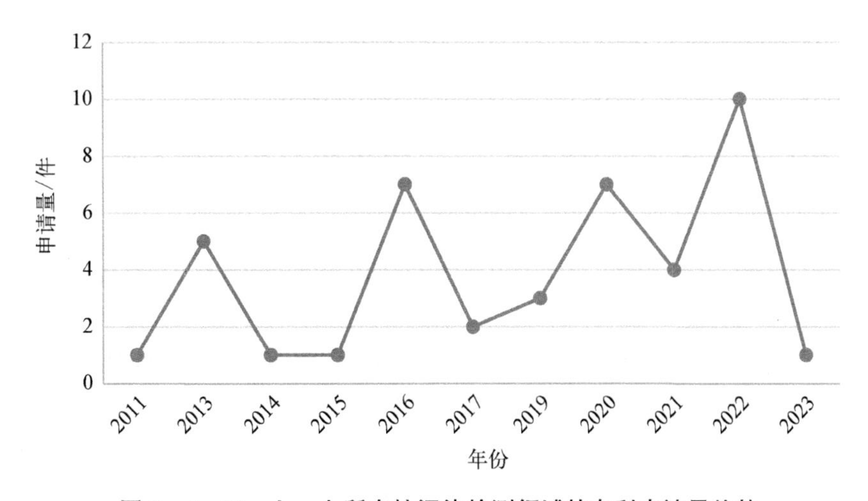


**图5－4－19　七一九所在核污染检测领域的专利申请量趋势**

开始进行专利布局。2023年，由于部分专利申请尚未公开，数据量有所减少。

从图5-4-20和图5-4-21中可以看出，七一九所的检测对象主要集中在大气、水体、生命体以及物品上。在这些领域中，大气放射性检测的专利申请量最多，达到22件，占申请总量的52%，这一比例超过了其他所有分支的总和。紧随其后的是水体放射性检测，专利申请量为5件，占12%；而涉及日常物品放射性检测的专利申请有4件，占10%。

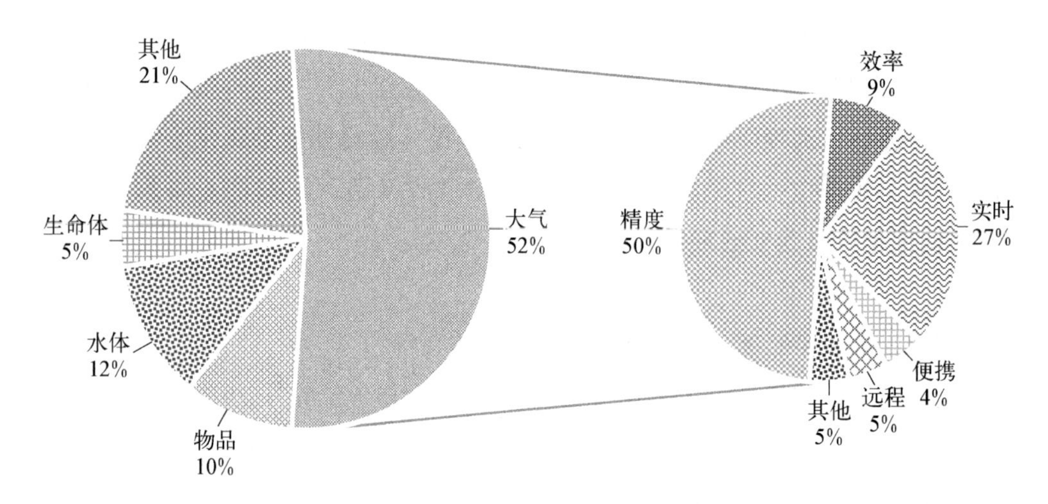


**图5-4-20　七一九所在核污染检测领域专利申请的一级和二级技术分支图**

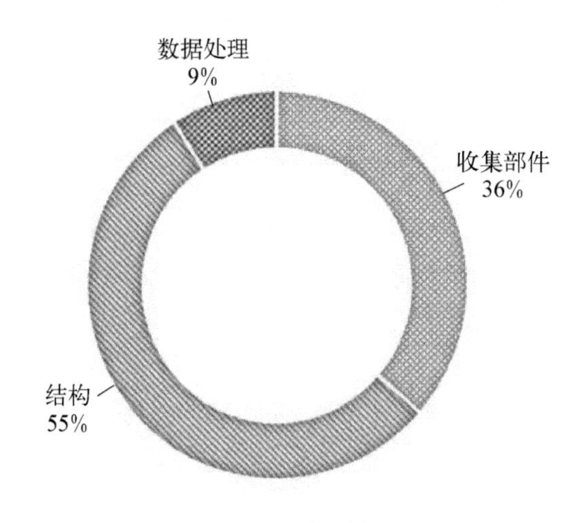


**图5-4-21　七一九所关于大气中核污染检测精度领域的专利申请三级分支图**

进一步对大气放射性检测领域的专利申请进行分析，我们发现其中对精度改进的关注度最高，专利申请占比50%，其次是实时检测，占比27%，其他方面包括效率(9%)、远程检测(5%)和便携性(4%)。在精度改进方面，主要集中在检测装置的结构优化，样品收集以及数据处理算法上。具体来说，结构优化相关的专利申请有6件占 55%；样品收集部件相关的专利申请有 4 件，占 36%；而数据处理方面的专利申请仅有 1 件。

经过对七一九研究所的专利申请进行细致梳理，我们挑选出了一系列在技术上具有代表性的关键专利，深入分析了这些相关专利的创新点和技术方案，见表 5-4-7。

**表 5-4-7　七一九所在核污染检测领域的重要专利申请梳理**

| 公开(公告)号 | 申请日/优先权日 | 发明亮点 |
| --- | --- | --- |
| CN103543462A | 20131017 | 溴化镧探测器固定于由气体取样回路形成的空腔内，利用溴化镧探测器探测放射性核素所产生的 γ 射线 |
| CN104216001A | 20140816 | 采用 2 个除湿器轮流工作，使用蜂巢硅胶作为除湿介质，使用电伴热组件对除湿后的气体进行加热，实现对高湿气体的有效辐射测量 |
| CN106054237A | 20160728 | 由气溶胶发生装置产生的放射性气溶胶，同时流经标准气溶胶活度浓度测量装置和待校准气溶胶监测装置 |
| CN106371129A | 20160831 | 将多个闪烁体探测器设置成阵列模式，同时设置与探测器阵列对应的多通道能谱分析与处理组件 |
| CN110927771A | 20191203 | 将气体置换式差分环境电离室下部腔室端盖与进气口对应位置设计为张角结构，以使放射性气体进入后能够短时间内穿过前端导流板 |
| CN112764084A | 20201208 | 使用多探头符合测量滤纸上核素 β+衰变后的湮灭 γ 射线，可用于对空气中的 F-18 等 $\beta^+$ 放射性气溶胶进行连续测量 |
| CN115390124A | 20220819 | 待测气体通过取样管路进入探测装置的取样腔室内，在腔体内部发生 β 衰变，衰变电子由铍窗进入到探测器灵敏体积内沉积能量 |

七一九所在核污染检测领域的专利布局侧重于大气的放射性检测方面，其中对大气中气溶胶的辐射性进行检测占有一定比例。

2013 年，专利申请 CN103543462A 提供了一种放射性气溶胶核素识别装置。在当前技术中，放射性气溶胶的测量通常依赖于探测放射性核素发射的 α 和 β 射线。但由于放射性核素的 β 谱延伸较宽且多分布在低能量区域，这导致在测量能谱时不同核素的 β 谱重叠严重，难以区分。此外，天然氡钍系气溶胶的干扰也限制了 α 谱的识别能力。因此，现有的测量方法无法有效区分所测放射性气溶胶中的核素种类，并且难以消除环境本底对测量结果的影响。为了解决这些问题，该申请提出了一种使用溴化镧探测器来探测放射性核素产生的 γ 射线的方法。该溴化镧探测器被固定在气体取样回路形成的空腔内，并通过自动走纸机构实现连续取样。利用溴化镧探测器进行气溶胶放射性测量后，信号处理单元通过寻峰和拟合算法识别出能谱中的能峰位置，并结合核素库中的信息来分辨出能谱中的核素种类。通过扣除能谱中的放射性本底，计算出各种核素的具体含量。

2016年，专利申请CN106054237A公开了一种放射性气溶胶监测设备的校准系统平台及其工作方法。该专利主要解决了现有放射性气溶胶监测设备所采用的二次校准方法无法准确测量某些干扰因素，例如，滤纸过滤效率、气溶胶沉积均匀性、滤纸托盘反散射以及滤纸自吸收等对校准结果的影响，从而导致校准置信度低和测得的放射性活度浓度不准确的技术难题。该专利提出了一种方法，即利用气溶胶发生装置产生的放射性气溶胶同时流经标准气溶胶活度浓度测量装置和待校准的气溶胶监测设备。由于放射性活度浓度相等，且标准气溶胶活度浓度测量装置已经过标准量传，因此能够准确测量不同活度、不同类型的气态放射性气溶胶的活度浓度值。该方法具有动态校准、高精度、可调节测量范围、标准装置与待测装置同步测量以及适用于在线监测和离线监测等多种优势。

在现有的气溶胶核辐射探测技术中，由于无法区分滤纸上的$\beta^+$放射性核素释放的正电子与环境中其他放射性气溶胶核素释放的$\alpha$、$\beta$粒子，因此难以进行低水平$\beta^+$放射性核素的测量。为了解决这一难题，2020年，专利申请CN112764084A公布了一种$\beta^+$放射性气溶胶探测装置。该装置利用连续移动的滤纸带收集$\beta^+$放射性气溶胶，并通过两个相对的闪烁体探头测量由$\beta^+$放射性气溶胶释放的正电子湮灭产生的湮灭$\gamma$射线。此外，该专利设计了双层气体容器结构，其中内层气体容器限制气溶胶的沉积区域，而容器壁则限制正电子湮灭发生的区域。外层气体容器确保了气密性，从而实现了低探测下限和高稳定性的测量。

2014年，专利申请CN104216001A公布了一种用于高湿气体取样的辐射监测装置。该装置针对一个实际问题：当取样气体的湿度太高时，辐射测量仪表的性能会下降，这会导致测量结果不准确，甚至可能错误地触发报警。为了解决这一问题，该装置提出了一种创新的解决方案，即通过电磁阀的切换控制两个除湿器交替工作。它采用蜂巢硅胶作为除湿介质，并利用电伴热组件对除湿后的气体进行加热。通过结合温度传感器和温度开关，该装置能够自动控制加热温度。此外，装置通过排气带走水蒸气，从而自动恢复除湿器的除湿能力，无须额外的放射性污水排水管道。为了测量放射性气体含量，该装置使用了流气式电离室，其响应速度快，灵敏度高，能够在不降低灵敏度的情况下对高湿气体进行有效的辐射测量。同时，该装置在运行时不会产生放射性冷凝水的就地排放，确保了设备的稳定性和可靠性，以及方便的运行和保养。

除了检测精度，实现对气体放射性的实时监测同样是一个重要的发展方向。2019年，专利申请CN110927771A介绍了一种空气放射性实时监测系统。该系统采用了一种气体置换式差分环境电离室探测装置，它由两个相互独立的不锈钢圆柱体腔室组成，分别是上部腔室和下部腔室。下部腔室的顶部配备了电极烘烤装置和本底射线产生装置。此外，气体置换式差分环境电离室的下部腔室端盖与进气口相对应的位置设计为张角结构，以便放射性气体在进入后能够迅速穿过前端的导流板。电极烘烤装置确保了电离室在长时间使用后仍能保持良好的绝缘性能和高测量准确度。通过改进气体置换式差分环境电离室的结构，该系统在保证检测精度的同时，还提高了检测效率，实现了实时监测。

环境大气放射性检测主要依赖于核辐射探测器，所以提升这些探测器的使用效率至关重要。2022年，专利CN115390124A公开了一种创新的放射性气体探测装置。该装置基于硅漂移探测器设计，其特点是在取样腔室的顶部设置了一个圆形孔洞，硅漂移探测器就安装在腔室的上方。铍窗正对着这个圆形孔，确保待测气体能够通过进气管进入腔室，并通过错位布置的出气管流出。前放电路板和信号处理板通过固定卡座安装在硅漂移探测器的上方。通过对比模拟数据与真实的X射线数据，装置能够计算出$\gamma$本底计数。这一设计使得仅使用一块探测器即可在检测放射性活度的同时进行核素识别，显著提升了探测器的利用率。

放射性物质一旦进入海洋、湖泊等水体，便会引起水体和水生生物的污染。因此，开发实时水体放射性监测和核素识别技术已成为一种必然趋势。尽管国际上在水体放射性核素监测技术方面的研究主要依赖于单晶体闪烁探测器，但快速的探测响应时间往往要求晶体体积增大。然而，目前无论是国内还是国际市场上，晶体尺寸都存在极大的限制。此外，随着晶体体积的增加，其探测分辨率往往会下降。2016年，专利申请CN106371129A公开了一种水体低活度核素多晶体阵列监测系统及其监测方法。该系统通过将多个NaI闪烁体探测器和多个$CsBr_3$闪烁体探测器配置成阵列模式，并配备相应的多通道能谱分析与处理组件，实现了在水体高本底环境下对低活度放射性核素的快速响应探测。同时，该系统保持了较高的核素分辨能力，并能够根据实际需求动态调整晶体阵列的布局方案，从而实现探测响应时间的动态控制和调整。

经过深入分析可知，七一九所在核污染领域的研究起步较晚，首次布局始于2011年，但其专利申请量呈现出波动上升的趋势。七一九所主要专注于大气核辐射污染的监测技术，其研究占比超过一半，其次是针对水体中核污染的测量技术。在大气核污染监测方面，七一九所主要致力于提升监测精度，并且在提高监测时效性上也有所作为，即实现对污染的实时监测。在提升监测精度方面，七一九所主要通过优化整体装置的结构来实现。

#### 5.4.2.4 中国辐射防护研究院

中国辐射防护研究院，隶属于中国核工业集团公司，成立于 1962 年。该研究院致力于辐射防护、核应急响应与核安全、放射医学与环境医学、核环境科学、放射性废物处理与核设施退役、辐照技术、环保技术、核电子信息技术、生物材料以及职业病诊断与治疗技术等领域的研究、应用和生产经营活动。此外，中辐院还为国家相关职能部门提供辐射防护与核安全管理的技术支持。在辐射监测系统技术领域，中辐院拥有多样化的产品线，涵盖个人便携式设备和剂量监测管理系统等。

由图 5－4－22 可知，中辐院作为国内专利申请总量排名第五的申请人，其在环境核辐射污染检测领域的布局相较于国际申请人起步较晚。自 2005 年起，中辐院开始在该领域进行专利申请，但初期的申请量较少，年均仅数件，且年申请量波动幅度较大。中辐院核辐射污染检测领域专利申请总量为 38 件，虽然较国外巨头企业的布局数量较低，但优势在于依托中辐院的研发背景，且产学研结合方面也具有明显优势，其旗下拥有一系列核辐射防护和检测装置，这些装置广泛应用于核电站和日常生活中。

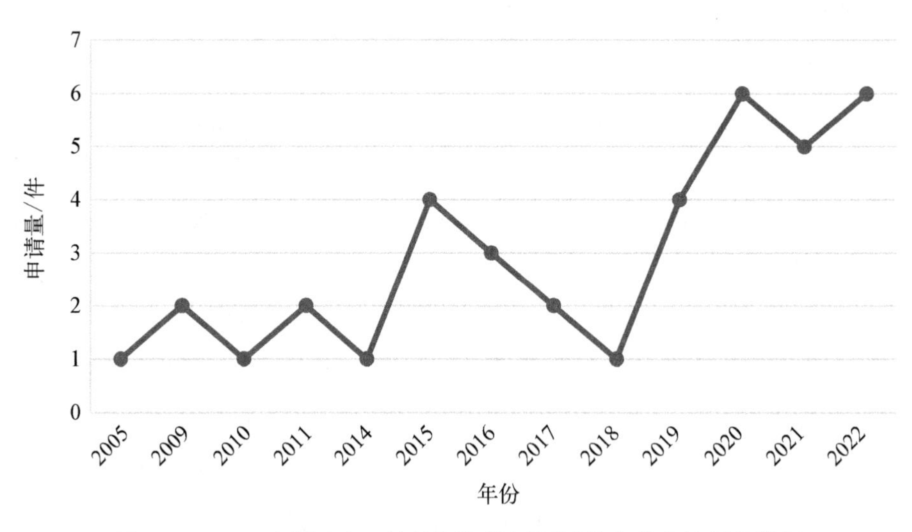


**图 5－4－22　中辐院在环境核污染检测领域的专利申请量趋势图**

由图 5－4－23 和图 5－4－24 中可知，中辐院的专利申请在不同检测对象上的分布情况。针对大气的专利申请量最多，占申请总量的 42％。接下来依次是三废、物品、土壤、水和其他类别，它们所占的比例分别为 8％、19％、5％、5％、21％。进一步从技术问题解决方向对大气放射性检测相关的专利进行分析，发现涉及检测精度的专利申请占比最高，达到 50％。其次是提升实时检测能力的专利申请，占比为 19％。同时，提高检测效率和实现便携性的专利申请分别占比 13％和 12％。这表明，提升检测精度是该公司的研发重点。这表明，提升检测精度是该公司的研发焦点。为了提高精度，可以从多个角度进行努力。深入研究这些专利发现，它们主要集中在大气收集部件的改进和数据处理技术上。具体来说，有 50％的专利申请关注于收集部件的改进，比如集尘部件和过滤部件等。数据处理优化的专利申请占比为 25％，而其他方面的改进也占了 25％。

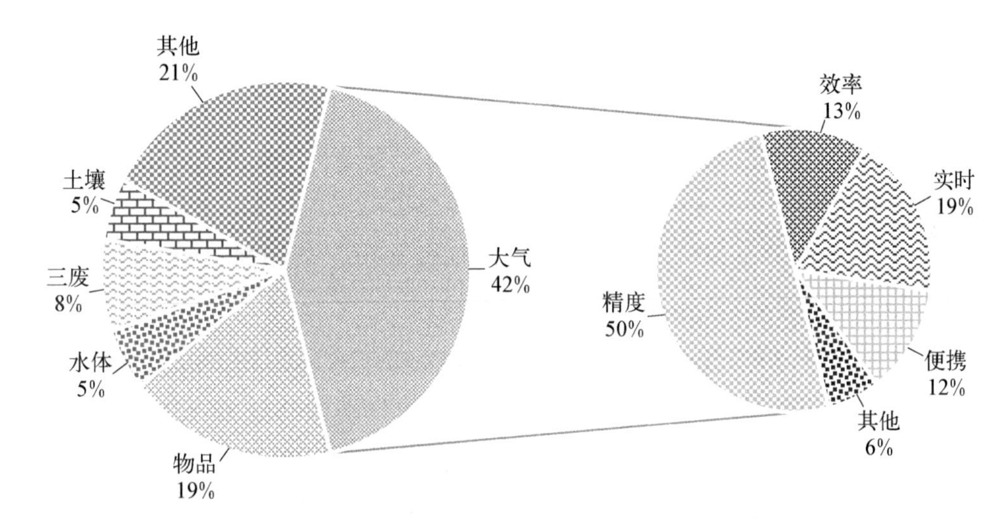


**图 5-4-23　中辐院在核污染检测技术领域专利申请的一级分支和二级技术分支图**

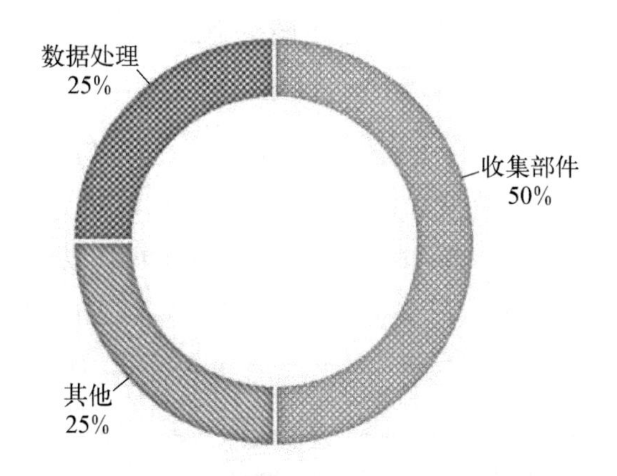


**图 5-4-24　中辐院在核污染检测技术精度方面的专利申请三级技术分支图**

通过对中国辐射防护研究院提交的专利申请进行细致梳理，我们筛选出了一系列技术上具有代表性的关键专利，并对其创新点及技术方案进行了深入分析，见表 5-4-8。

**表 5-4-8 中辐院在核污染检测领域的重要专利申请梳理**

| 公开(公告)号 | 申请日/优先权日 | 发明亮点 |
|---|---|---|
| CN2789889Y | 20050325 | 利用导纸轮实现连续走纸 |
| CN103135123A | 20111130 | 采用硅光电倍增器来替代传统的由光阴极和电子倍增系统两部分组成的光电倍增管 |
| CN106291653B | 20150629 | 采用闪烁纤维或闪烁纤维管阵列探测器，实现流体中总α、总β放射性的连续在线监测 |
| CN110988972A | 20191012 | 通过三维调节来确定仪器探头距平面源的相对位置 |
| CN114019557A | 20210929 | 一种土壤内放射性核素活度就地测量装置 |

通常，放射性气溶胶的连续监测是通过使用过滤纸来采集气溶胶样本，随后利用探测器进行分析。为了实现监测的连续性，一般会采用走纸装置。然而，现有的走纸装置体积庞大，安装复杂，且依赖多个齿轮驱动，这导致了累积误差的增加和滤纸断裂的风险。

鉴于这些问题，2005 年，专利 CN2789889Y 公布了一种创新的放射性气溶胶连续走纸探测装置。该装置在下固定座的下方配备了供纸和收纸轮。其中，收纸轮由伺服电机驱动，作为主动轮，负责将使用过的滤纸卷绕回收；供纸轮作为被动轮，用于固定新的滤纸带，并持续向走纸系统提供滤纸。此外，在下固定座上还设计了延时导纸轮，确保滤纸带在到达收纸轮之前能够绕过它。装置还包括一个测距轮，用于精确测量滤纸的传动长度和距离，从而实现走纸的精确定位。

2011 年，专利申请 CN103135123A 公开了一种基于硅光电倍增器的环境 X 和 γ 辐射测量方法及其装置。该装置采用硅光电倍增器作为光电转换元件，取代了传统由光阴极和电子倍增系统构成的光电倍增管。由于硅光电倍增器是由多个在盖革模式下工作的雪崩二极管(APD)组成的阵列，每个单独的 APD 对可见光的响应产生的电信号大小是恒定的，与光的强度无关，表现出数字器件的特性。当多个 APD 组合成阵列时，它们输出的电信号总和与光强度成正比，从而实现了对可见光的探测。与常规的光电倍增管相比，硅光电倍增器因其体积小、工作电压低、响应时间短等优势，能够显著提升辐射测量装置的探测效率和便携性。

鉴于 α 和 β 粒子在流体中的射程较短，使用闪烁体探测器进行检测时，必须减小闪烁体的尺寸。基于这一原理，2015 年，专利申请 CN106291653B 公开了一种流体总 α、总 β 放射性连续在线监测方法及装置。该装置包含一个流体前期处理单元，该单元具有流体入口、采样器、粒子过滤器、γ探头以及压力流量调节装置。流体前期处理单元的输出端与α、β探测器的输入端相连。在α、β探测器中，每个探测器的一个输出端连接至装置的流体出口。这样的设计减小了放射性物质与闪烁体之间的距离，确保了α粒子和β粒子的大部分能量被闪烁体吸收，从而激发其发光。此外，该设计极大地增加了测量的灵敏区域，提升了探测效率，并显著提高了光传输效率。

2019年，专利申请CN110988972A公开了一种高精度三维便携式表面污染仪检定装置。该装置利用一个维移动模块与两个探头固定架相连，能够在三个维度上实现对固定和支撑组件的精确移动与旋转。这种设计不仅提高了表面污染仪检定和校正的效率，还显著提升了测量结果的精度。因此，它在电离辐射监测和辐射防护领域展现出了广泛的应用前景。

土壤样品的测量技术传统上依赖于现场采集后在实验室进行分析。然而，将大量样本送回实验室进行分析不仅提高了运输、处理和保存的成本，还增加了实验室受污染的风险。分析结束后，这些样品变成废物，这不仅增加了人力和经济成本，而且处理起来相当棘手，给实验室的正常安全运行带来了额外的挑战。相比之下，现场使用γ谱仪进行测量虽然方便，但受到现场环境条件的显著影响，其探测限远高于实验室分析。为了降低探测限，必须延长测量时间。此外，现有的γ谱仪重量较大，需要人工手动操作，这不仅增加了现场工作的劳动强度，还导致了工作效率低下和资源的大量消耗。

2021年，专利申请CN114019557A介绍了一种用于土壤中放射性核素活度的现场测量装置。该装置由移动机构、控制箱、升降平台以及便携式γ谱仪组成。控制箱被固定在移动机构上，而升降旋转平台则安装在控制箱上，便携式γ谱仪则安置在升降平台上。在实际应用中，移动机构能够将便携式γ谱仪运送到特定位置，使其能够抵达受污染土壤的现场。这种方法避免了将污染土壤带入实验室可能造成的污染风险，并且减少了土壤运输的成本。控制箱的设置在移动机构上，使得操作者能够控制升降旋转平台，进而带动便携式γ谱仪进行升降和旋转动作。这样的设计确保了便携式γ谱仪能够根据现场环境进行适当调整，从而提高了对核设施周围环境中放射性核素活度浓度监测结果的精确度。

中辐院隶属于中国核工业集团公司，拥有一个全面的产品系列。在专利申请方面，其重点布局在检测装置领域，涵盖大气和土壤等环境的检测技术。此外，中辐院还专注于样品采集方法、探测器的选择以及其部署位置的研究。为了更好地适应不同的检测环境，中辐院致力于提升检测装置的精确度和效率。

## 5.5 小结

核污染检测技术的全球专利发展始于1920年，经历了20世纪50年代的初步发展阶段，随着检测设备制备技术的进步以及日本等国家对核能领域的投入，70年代迎来了技术发展的第一个高峰期，之后发展逐渐稳定。2011年，随着中国经济的快速增长，该领域的专利申请量迅速增加，推动全球专利申请总量快速增长，并在2021年达到顶峰。从区域分布来看，中国的专利申请量最多，占全球申请总量的36%，其次是日本、美国、韩国和德国。中国和日本的专利申请量合计占全球总量的67%，而排名前五的国家占据了86%的全球申请总量，显示该技术领域主要集中在几个大国手中，区域分布极为集中。从时间维度分析，德国和美国较早进入该领域，自20世纪40年代起就开始布局，但年均申请量较少，特别是德国，在21世纪的某些年份申请量甚至出现了空白。日本自20世纪70年代开始向核能领域转型，其专利年申请量长期占据全球申请总量的50%以上，保持了30多年的全球领先地位，直到2015年被中国超越。此后，日本的专利申请量占比逐年下降。进入21世纪后，随着中国核工业的持续发展和公众对核辐射问题的关注度提升，中国的专利申请量和占比持续上升。在市场方面，日本企业如东芝、日立、三菱和富士等主导了辐射污染检测/监测市场，这些公司的专利申请量占全球申请总量的21.8%，占日本国内专利申请总量的70%。中国有5家申请人在全球前十名中，但与日本企业相比，专利申请量仍有较大差距。从技术分支来看，大气放射性检测的专利申请量最多，占33%，其次是各类物品、水体、生命体、三废和土壤检测。在大气放射性检测的专利申请中，提高检测精度是主要焦点，占47%，其次是检测效率、实时检测、便携性和远程检测。在提高检测精度的技术路径上，改进气体放射性物质富集的收集部件是主要方向，占36%，其次是检测装置结构优化、提高检测信号灵敏度的电路优化以及改进放射性物质含量计算方法的数据处理优化。

我国在环境核污染检测技术领域的专利申请起步较晚，始于1985年。在随后的二三十年间，专利申请量一直保持在较低水平。然而，自2010年起，该领域迎来了迅猛发展，专利申请量呈现井喷式增长，至2021年达到峰值。在这一年，中国的专利申请量在全球占比高达81%。从技术来源分析，中国专利申请量主要来自国内，本土申请占比高达95%。在区域分布上，北京市以18%的申请量位居全国首位，四川省和陕西省紧随其后。同时，国内主要的申请人也集中在这些地区。从技术分支来看，与全球专利趋势一致，大气放射性检测的专利申请量最多，占 28%，略低于其在全球专利中的占比；其次是水体、物品、生命体、三废和土壤的放射性检测。在中国专利中，各技术分支的占比与全球专利中的占比高度相似。在大气放射性检测领域，提高检测精度是中国专利申请的重点，占比达到 41%，其次是实时检测、检测效率、便携性和远程检测。在提高精度方面，中国专利主要侧重于优化结构布置，同时也非常注重对气体放射性物质富集收集部件的改进。此外，改进数据处理方法和电路优化也是研究的焦点。

在针对大气环境中的放射性物质进行检测时，提高检测结果的精度是全球研究的重点。为实现检测目标，首先需要采集样品，多为大气中的尘埃或气溶胶，随后对气溶胶或尘埃进行放射性检测。因此，前端的集尘装置是其特有的结构。整体来看，检测系统主要包括装置结构设置、电路以及后端的数据处理部件。对于大气中放射性污染的检测通常使用连续收集装置，将空气中的放射性颗粒物富集在滤纸上，利用检测装置检测滤纸上的放射性物质，然后通过相关电路和数据处理系统进行数据的收集、传输和处理，最终得到放射性检测的结果，计算得到物质的放射性浓度。由此可见，检测精度的高低与前端样品收集、装置结构、电路设计以及后端数据处理相关。本章主要从这四个方面进行检测精度的技术梳理。通过对集成端技术发展脉络的深入分析，我们可以清晰地看到，国外在早期对集尘部件及其滤纸组件进行了全面的布局。在一段时间内，他们不仅关注了滤纸的材质选择，还对滤纸的输送机制、定量控制技术、元素识别方法、剂量检测手段以及能量测定等方面进行了广泛研究。与国外相比，中国对集尘部件及其滤纸组件的改进和专利布局的关注起步较晚。在早期的专利申请中，针对提高结构精度的优化主要依赖于放射性物质的半衰期特性，通过调整探测器相对于过滤集尘部件的位置或角度，以便更有效地检测短半衰期放射性物质。随后，技术进步使得探测器内部集成了闪烁剂或放射性吸附材料，进一步提升了探测精度。此外，在检测装置中引入屏蔽结构或清洁部件以排除杂质干扰，以及选用更高灵敏度的探测器，都是增强探测灵敏度的重要改进措施。在电路改进的初期阶段，主要通过安装二极管或晶体管，并基于这些元件的连接方式来提升数据质量。随着时钟电路、门电路和计数电路的进步，这些电路被逐渐应用于大气污染检测，以增强检测数据的灵敏度。随后，波形整形电路和波高分析电路的引入，进一步促进了对特定核素含量的高精度检测。在数据处理方面，改进的关键在于精确地确定能谱图峰值，从而准确地量化特定放射性物质的含量。通过分析波形变化和时间参数，可以有效去除背景辐射的干扰，进而提升检测的精确性。这一过程逐渐演变为通过设定补偿参数或补偿因子来获得更精确的污染物含量数据。从大气核污染检测相关的专利来看，结构优化和数据处理技术都着重于背景噪声的消除或补偿。换言之，减少背景噪声的影响是提升检测精度的关键专利策略之一。鉴于环境噪声的持续存在，它将继续成为未来专利布局的关键方向。通过上述几个方面的改进，不仅能提高对总体放射性物质的检测能力，还能精确计算特定核素的浓度。这不仅使我们能够在大范围内高灵敏度地检测总体辐射水平，还能在小空间内实现对放射性的高灵敏度监测。此外，该技术同样适用于在空间内对高浓度和低浓度放射性物质进行高灵敏度检测。

在全球范围内，核污染检测领域的专利申请数量排名前十的申请人主要来自日本和中国。其中，排名前四位的均为日本公司，申请量集中，呈现出明显的巨头化趋势。由于专利保护期限为20年，因此日本企业中失效的专利占据了相当比例。中国企业和科研院所在核污染检测领域的专利申请起步较晚，基本在21世纪之后，申请量上相比国外申请人有一定的差距，且海外专利布局数量较少，但可喜的是发展迅猛，从发展趋势来看，未来还会继续保持高速发展的态势。从技术分支上看，不管是国内申请人还是国外申请人，都是针对大气的放射性检测的专利申请居多，且在大气放射性检测方向又以提高检测精度为主。在针对其他检测对象和提高检测精度的技术路径上，不同国家申请人的侧重点有所不同。比如，国外申请人侧重于物品的放射性检测，关注提高检测精度和检测效率；而中国申请人则侧重于水体的放射性检测，关注提高检测精度和实时检测。

# 参 考 文 献


[1] 鲍新华,张戈,李方正. 承载生命的航船 地球环境[M]. 长春：吉林出版集团有限责任公司,2013：84-85.

[2] 北京瑞利分析仪器公司知名品牌产品,现代科学仪器[J],2001,6：68-69.

[3] 蔡守秋. 人与自然关系中的伦理与法：上[M].长沙：湖南大学出版社,2009,12：103.

[4] 陈艳红. 传感器技术及应用[M]. 西安：西安电子科技大学出版社，2013：190-194.

[5] 程天民.核事件医学应急与公众防护[M]. 北京：人民军医出版社，2011：11-12

[6] 杜婷.基于发光金属有机框架的重金属传感器设计制备及性能研究[D]. 杨凌：西北农林科技大学，2022.

[7] 胡琴,陈建平. 分析化学[M]. 武汉：华中科技大学出版社,2020：254-256.

[8] 廖成中. 生态文明视阈下区域环境污染治理政策体系研究[M]. 武汉：武汉大学出版社,2019：11.

[9] 林基兴. 为何害怕核能与辐射?[M]. 北京：中国原子能出版社,2014：46-51.

[10] 刘宇. 仪器分析[M]. 天津：天津大学出版社,2010：136-137.

[11] 毛泽禾. 卫生系列高级专业技术职务任职资格考试参考用书[M]. 北京：科学技术文献出版社,2009：397-402.

[12] 王福荣. 生物工程分析与检验[M]. 北京：中国轻工业出版社,2005：114-115.

[13] 王金南. 中国环境规划与政策[M]. 北京：中国环境出版集团,2019：69-87.

[14] 王峻东. 痕量金属离子有机荧光探针的制备及其性能研究[D]. 北京：北京印刷学院，2023.

[15] 奚旦立,孙裕生,刘季英.环境监测[M]. 3 版. 北京：高等教育出版社,2007：368-393

[16] 杨敏. 三元 ZnCdS 和 CdTeS 量子点基荧光探针的构建及对生物小分子的检测

研究[D]. 西安：西北大学，2022：15－16.

[17] 章宇. 现代食品安全科学[M]. 北京：中国轻工业出版社，2020：30.

[18] Canfield D E, Glazer A N, Falkowski P G. The evolution and future of Earth's nitrogen cycle[J]. Science, 2010, 330 (6001): 192－196.

[19] Liu W S, Jiao T Q, Li Y Z et al., Lanthanide coordination polymers and their $Ag^{+}$ modulated fluorescence[J]. Journal of the Amercian Chemical Society, 2004, 126(8): 2280－2281.

# 附　　录

关于本书的数据来源、数据检索、术语约定以及重要专利的定义和筛选，以下做进一步的说明。

数据来源：对于相关专利的检索，主要包括专利数据的检索和相关专利的法律状态查询两个部分。① 专利数据来源：本书采用的专利文献数据主要来自国家知识产权局网站检索系统以及黑马(HimmPat)检索系统。② 法律状态查询：专利申请法律状态数据来自 Global Dossier 五局查询系统。

数据检索：在数据检索方面，数据检索截止日期为 2023 年 4 月。由于部分专利申请可能需要 18 个月之后公布，一些 2022 年、2023 年提交的专利申请可能存在尚未公开的情况，因此本书的专利分析仅基于已经公开的专利申请。

检索采用模块化检索和增量化检索的策略：构建行业中外企业名录；搜集相关分支对应的准确分类号；结合项目分解表整理扩展相关的关键词；构建全面的检索方式。

术语约定：此处对本书上下文中出现的以下术语或现象，一并给出解释。

项：同一项发明可能在多个国家或地区提出专利申请。在进行专利申请数量统计时，对于数据库中以一族(这里的“族”指的是同族专利中的“族”)数据的形式出现的一系列专利文献，计算为“1 项”。

件：在进行专利申请量统计时，例如，为了分析申请人在不同国家、地区或组织所提出的专利申请的分布情况，将同族专利申请分开进行统计，所得到的结果对应于申请的件数。1 项专利申请可能对应于 1 件或多件专利申请。

专利被引频次：指专利文献被在后申请的其他专利文献引用的次数。

同族专利：同一项发明创造在多个国家申请专利而产生的一组内容相同或基本相同的专利文献出版物，称为一个专利族或同族专利。

同族数量：一件专利同时在多个国家或地区的专利局申请专利的数量。

诉讼专利：涉及诉讼的专利。

全球专利申请：申请人在全球范围内的各专利局的专利申请。

中国专利申请：申请人在中国国家知识产权局的专利申请。

国外在华专利申请：外国申请人在中国国家知识产权局的专利申请。

日期约定：依照最早优先权日确定每年的专利申请数量，无优先权日的以申请日为准。

图表数据约定：由于2022年、2023年专利数据的不完整性，其不能完全代表真正的专利申请趋势，数据仅供参考。